教育部高等学校电子信息类专业教学指导委员会规划教材

高等学校电子信息类专业系列教材

软件无线电入门教程

使用LabVIEW设计与实现

吴光　编著

清華大學出版社

北京

内容简介

本书是一本系统论述软件无线电的立体化教材(含纸质图书、电子书、教学课件、源代码和视频教程)。全书共分为10章：第1章为LabVIEW简介；第2章介绍无线电系统设计与仿真；第3章介绍软件无线电RTL-SDR；第4章介绍接收机系统性能分析与优化；第5章介绍动态链接库封装和调用；第6章介绍LabVIEW和MATLAB混合编程；第7章介绍软件无线电接收机；第8章介绍开源软件无线电；第9章介绍高性能软件无线电；第10章介绍数字通信算法。

本书适合作为广大高校通信工程专业“软件无线电”课程教材，也可作为软件无线电技术开发者的自学参考用书。

图书在版编目(CIP)数据

软件无线电入门教程：使用LabVIEW设计与实现/吴光编著. —北京：清华大学出版社，2022.1
(2023.4重印)

高等学校电子信息类专业系列教材
ISBN 978-7-302-59346-1

Ⅰ.①软…　Ⅱ.①吴…　Ⅲ.①软件无线电－高等学校－教材　Ⅳ.①TN8

中国版本图书馆CIP数据核字(2021)第207762号

责任编辑：盛东亮　吴彤云
封面设计：李召霞
责任校对：刘玉霞
责任印制：曹婉颖

出版发行：清华大学出版社
网　　址：http://www.tup.com.cn，http://www.wqbook.com
地　　址：北京清华大学学研大厦A座　　**邮　　编**：100084
社 总 机：010-83470000　　**邮　　购**：010-62786544
投稿与读者服务：010-62776969，c-service@tup.tsinghua.edu.cn
质量反馈：010-62772015，zhiliang@tup.tsinghua.edu.cn
课件下载：http://www.tup.com.cn，010-83470236
印 装 者：三河市天利华印刷装订有限公司
经　　销：全国新华书店
开　　本：185mm×260mm　　**印　　张**：14.75　　**字　　数**：361千字
版　　次：2022年1月第1版　　**印　　次**：2023年4月第2次印刷
印　　数：1501～2300
定　　价：59.00元

产品编号：090185-01

高等学校电子信息类专业系列教材

前言

PREFACE

2012年，芬兰一名工程专业的学生 Antti Palosaari 在 V4L GMANE 开发者论坛上表示，他能够用 Realtek（瑞昱）的一款电视棒侦听无线电信号，由此引发了软件无线电硬件解决方案的研发热潮。在过去的9年，各种软件无线电的硬件实现方案相继推出。例如，在业余无线电领域有 Realtek 的 RTL-SDR、Michael Ossmann 的 HackRF；在专业无线电领域有 Ettus Research 的 USRP 等。

早在20世纪90年代，软件无线电技术就被应用于军事通信中，其目的是解决不同电台之间的互通性问题，以提高协同作战能力。后来经过国际电信联盟的推动，软件无线电进一步成为3G/4G实现的技术基础。正是看到了软件无线电的巨大应用前景和产业价值，世界各国的研究者和业余无线电爱好者在各自领域对软件无线电技术的理论和实现问题进行了大量的研究。在专业的工程教育领域，软件无线电更是成为通信专业实验课的首选方案。例如，在美国 MathWorks 公司发布的5G白皮书中，就明确指出软件无线电是5G原型验证的解决方案。与此同时，美国国家仪器公司（National Instruments，NI）通过收购 Ettus Research 的 USRP 系列产品扩大自身的5G仪器生态。近几年，美国 ADI 公司也加入了这一市场，先后推出 AD936X 系列产品。例如，2018年，ADI 公司发布了通信原理实验教学的超低成本解决方案 ADALM-PlutoSDR。

那么，软件无线电究竟是一项什么样的技术呢？1992年，在 Joseph Mitola Ⅲ博士发表的论文中，就对软件无线电有着明确的定义。软件无线电被定义为一种多频段的无线电技术，它能够支持多种无线通信协议，其硬件实现方案模型主要由天线、射频前端、模/数和数/模转换器以及数字信号处理器构成。其中，数字信号处理器、数/模和模/数转换器是硬件的核心器件。在过去的几十年，受限于核心器件的发展水平，软件无线电的硬件实现进展缓慢。近10年来，随着处理器技术的高速发展，研究人员意识到这项技术实现的可能性。与此同时，移动通信从2G到3G，再到4G，乃至现在的5G，系统更新换代的速度越来越快，设备更新成本越来越高，这就为未来通信系统的部署提出了新的挑战，即未来通信系统的升级换代不应受硬件限制。在这种背景下，软件无线电技术为解决该问题提供了新的方向：将信号处理尽可能交给数字信号处理器完成，通信系统协议升级通过升级软件实现。

软件无线电主要融合了电子信息、通信和计算机等专业技术，对于初学者，会简单的编程就可以利用开源软件无线电平台进行一些开源项目探索，但是要深入掌握这门技术，并进行创新项目开发，就需要深入学习一些专业基础课，如模拟电路、数字电路、数字信号处理、无线通信、通信系统设计、射频微电子、嵌入式系统开发，以及 LabVIEW/MATLAB 编程等专业课程和编程技能。从业余到专业，不仅需要更多的编程实践，还需要不断充实更多的理论知识，并能够将这些理论应用于实践，融会贯通，才能够领悟软件无线电的本质。本书采用 LabVIEW 作为主要的编程软件，再搭配实践案例介绍软件无线电，尽量避免复杂的理论推导，使学习过程轻松有趣。

本书可作为通信工程、电子信息工程等专业基础课选修教材，也面向工程科技类普通读者，尽可能删减繁杂、抽象的公式、定理和理论推导。读者除需要具备基本的数学知识和编程能力外，无须预修任何课程。本书特别理想的受众是无线通信系统、电子侦测与对抗、雷达系统、无线电安全以及通信基带芯片设计等领域需要用到 LabVIEW 进行开发的研发人员；本书也为业余软件无线电开发者提供了有价值的参考。

感谢南方科技大学孟庆虎院士，张璧、贡毅、王锐、张青峰、虞亚军等老师对本书提出的宝贵意见。感谢邵竹元先生（老邵的开源世界）对本书文字的校对，使本书的内容更加清晰形象，概念的解释更加具体准确。感谢南方科技大学在本书写作过程中提供的资源和支持。感谢清华大学出版社的大力支持，他们认真细致的工作保证了本书的质量。

由于编者水平有限，书中难免有疏漏和不足之处，恳请读者批评指正！

编　者

2022 年 1 月

目录

CONTENTS

第1章 LabVIEW简介

CHAPTER 1

LabVIEW是美国国家仪器公司(National Instruments,NI)开发的一款图形化编程软件,它与传统的文本编程(如C/C++语言)方式不同,开发者通过调用图形化的函数模块,可以快速完成控制界面设计和模块化编程,从而节省软件开发时间,提高项目开发效率。

第1集 LabVIEW编程介绍

1.1 LabVIEW编程基础

1.1.1 VI的创建

本书使用的是LabVIEW 2013版本。在成功安装LabVIEW之后,双击LabVIEW图标,或者在计算机“开始”菜单中找到LabVIEW 2013图标并单击,就可以启动LabVIEW,如图1-1所示。

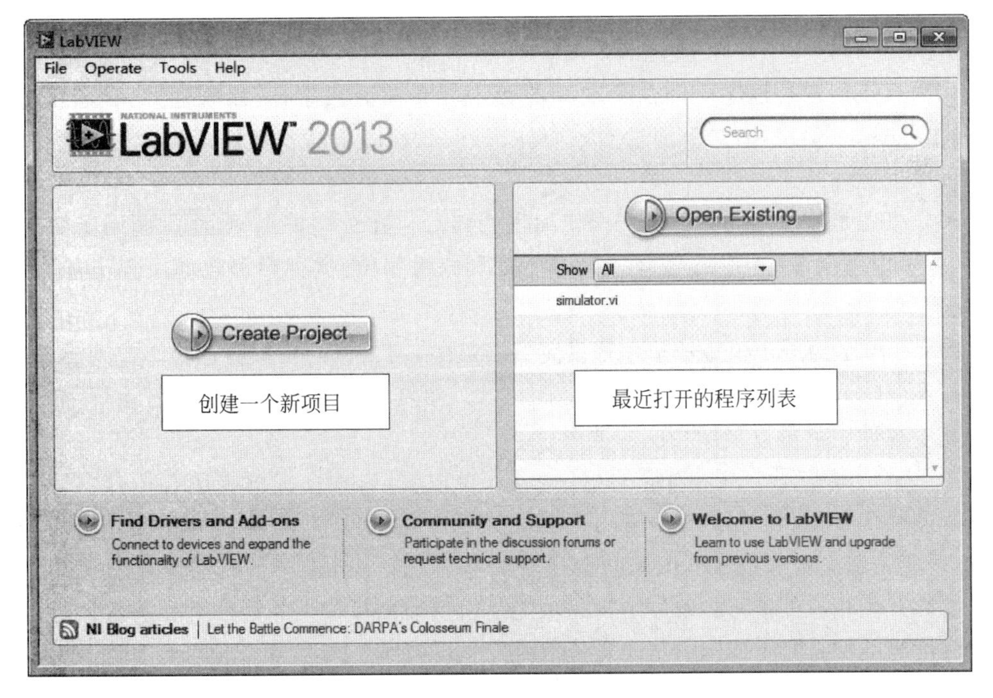

图1-1 LabVIEW 2013的启动界面

在 LabVIEW 编程中，VI 是 Virtual Instruments（虚拟仪器）的缩写，我们常说"一个VI"，指的就是一个 LabVIEW 程序。在启动界面中，可以通过 File→New VI 菜单命令新建一个空白的 VI（快捷键：Ctrl+N）。

一个 VI 由 Front Panel（前面板）和 Block Diagram（程序框图）两部分构成。如图 1-2 所示，灰色格子背景的界面就是前面板，白色背景的界面就是程序框图（切换两个界面的快捷键：Ctrl+E）。

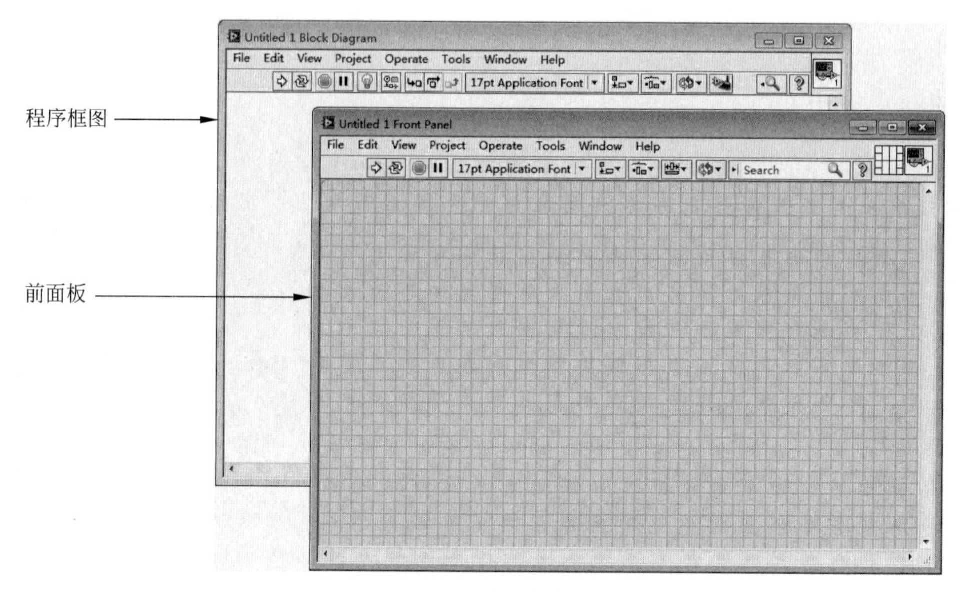

图 1-2　前面板和程序框图

前面板是用户与程序之间信息交互的界面。在前面板中，可以创建 Controls（输入控件）和 Indicator（显示控件）。通过输入控件，可以向程序中输入数据；通过显示控件，可以观察程序返回的结果。

程序框图是整个 LabVIEW 图形化编程的核心。在程序框图中，通过调用函数库中的模块，就可以完成 VI 程序的编写。与传统文本编程相比，这种图形化的编程更加直观，编程体验更好。

图 1-3 所示为一个模拟波形信号发生器。其中，图 1-3(a)模拟的是操作控制界面（前面板），在左侧输入控件中设置参数值，如信号类型、幅度、频率和相位等，然后运行程序，在右侧的显示控件中就可以显示相应的波形。

图 1-3(b)是与图 1-3(a)对应的程序框图，可以看到，程序框图中包含信号类型、幅度、频率等连线端，还包含 Simulate Signal 模块（信号产生模块）、条件结构和循环结构等。其中，连线端是前面板和程序框图之间的模块关联标识；Simulate Signal 模块的功能是根据输入参数产生相应的波形；条件结构的功能是根据前面板输入的信号类型确定信号发生器输出的信号类型；循环结构的功能是使信号发生器持续工作。

1.1.2 控件创建

通过前面板中的控件，可以将外部数据传递到程序框图中，也可以将程序框图中的数据

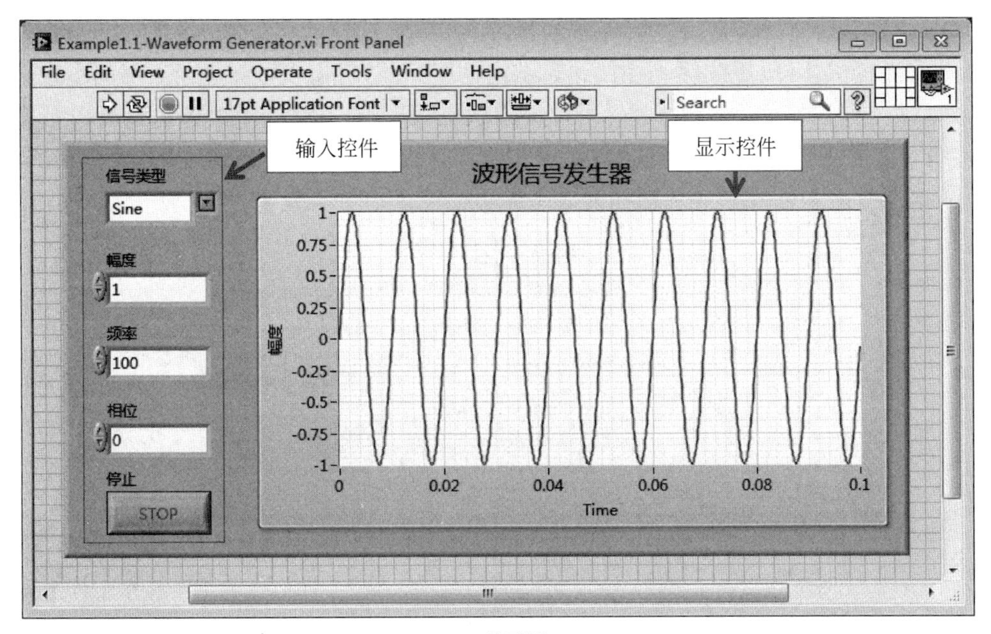

(a) 前面板

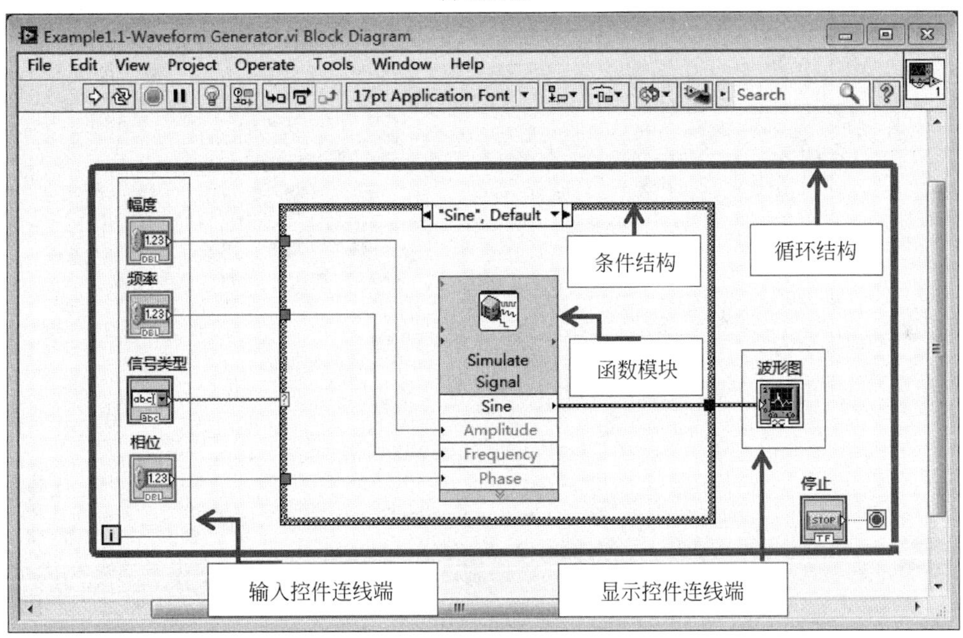

(b) 程序框图

图 1-3 模拟波形信号发生器

显示出来，前面板中输入控件和显示控件的创建步骤如下。

（1）在前面板中任意空白处右击，就会弹出 Control Palette（控件选板），或者执行 View→Controls Palette 菜单命令也能够弹出控件选板，控件选板提供了各种类型的输入控件和显示控件，如数值输入控件和显示控件、波形显示控件等，如图 1-4(a)所示。

（2）单击需要选择的控件并拖动到前面板中即可完成该控件模块的创建，或者双击控件图标，也可以完成该控件的创建。例如，在图 1-4(b)中，创建了数值型（Numeric）、布尔型

(Boolean)和字符型(String)的输入/输出控件。

在前面板中,可以更改输入控件和显示控件图标的风格,以增强界面显示的直观性。例如,数值输入可以是文本框输入,也可以是滑块输入、旋钮输入等;数值显示可以是文本框显示,也可以是表盘显示或容器显示等;布尔输入可以是按键开关或拨动开关等,如图 1-4(c)所示。这些直观的输入和显示图标为将来的界面设计提供了方便。

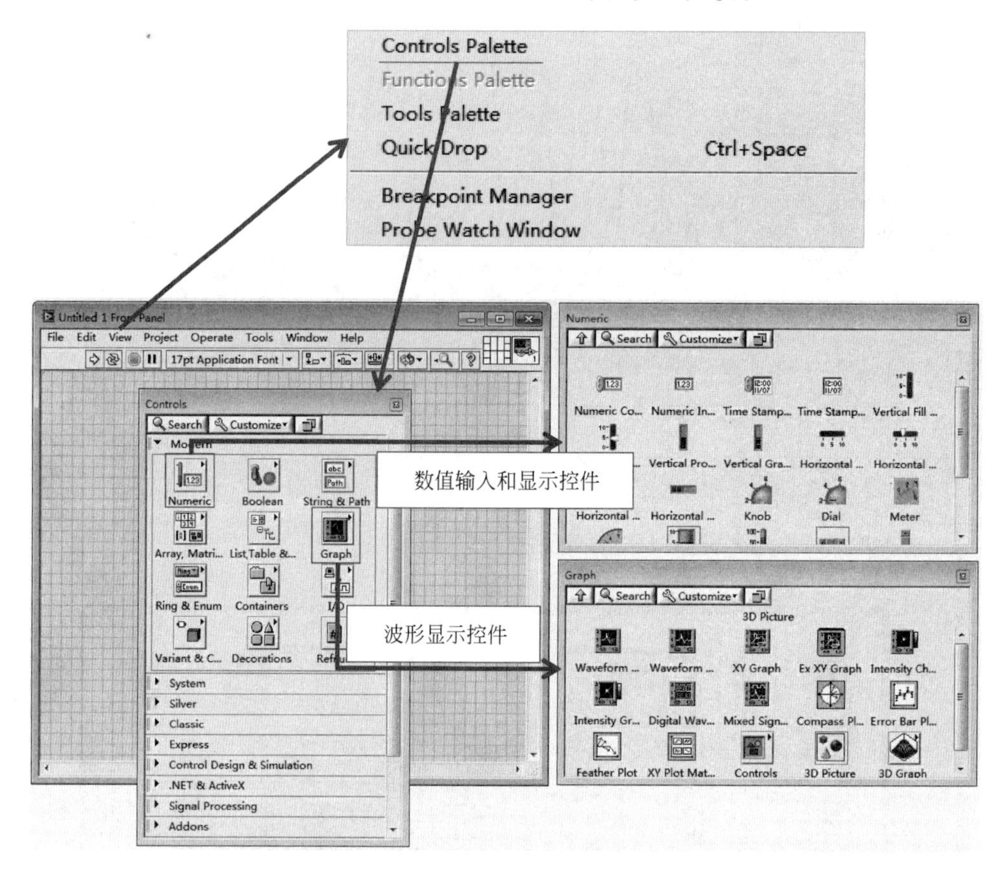

(a) 控件选板

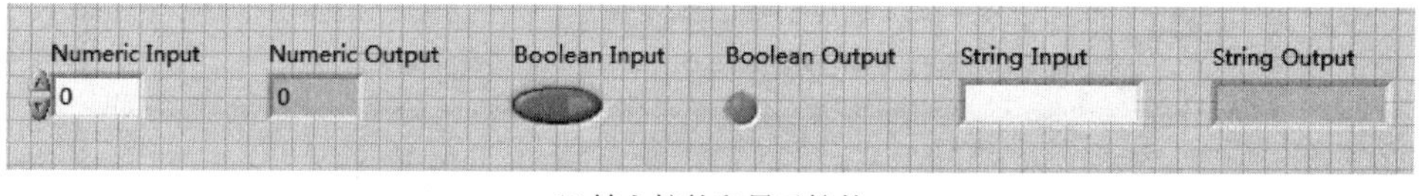

(b) 输入控件和显示控件

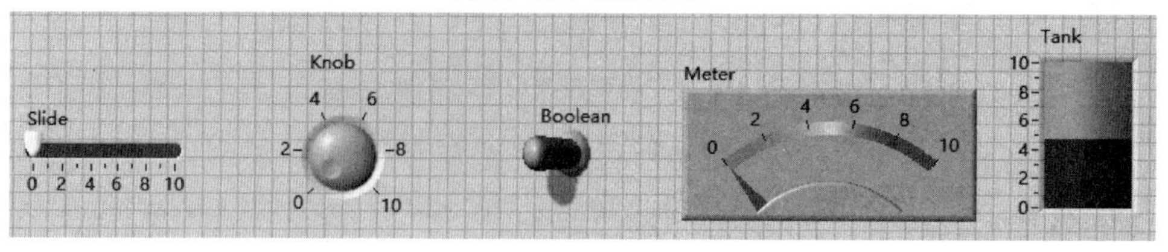

(c) 不同风格的控件

图 1-4 创建控件

1.1.3　函数模块创建

在程序框图中，可以创建各种函数模块，这些模块的创建过程与前面板中的控件创建过程类似，其创建步骤如下。

（1）在程序框图中任意空白处右击，就可以弹出函数选板，或者在程序框图中执行View→Functions菜单命令，也可以打开函数选板。函数选板中提供各种类型的函数模块，如数值计算函数、结构控制函数和信号处理函数等模块，如图1-5所示。

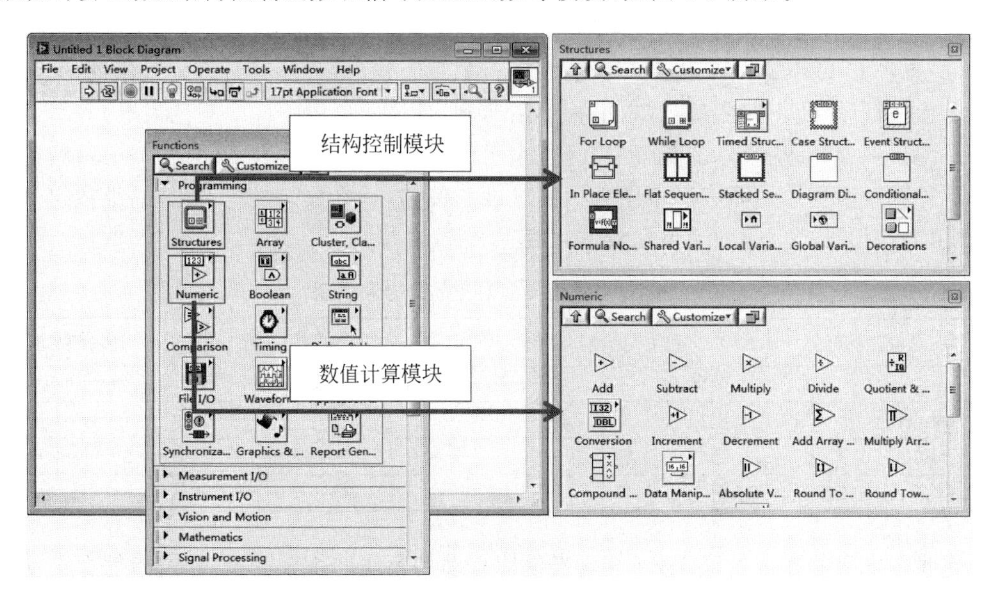

图1-5　函数选板

（2）单击选定的函数模块，将其拖动到程序框图中，就可完成该函数模块的创建；或者双击该函数模块图标，也可以完成该模块的创建。

需要注意，在前面板中创建输入/输出控件模块时，程序框图中会自动同步创建对应的输入/输出控件连线端。在图1-3所示的信号发生器的例子中，在前面板中创建一个“幅度”输入控件时，在程序框图中会自动创建一个名称为“幅度”的连线端，如图1-6所示。这里值

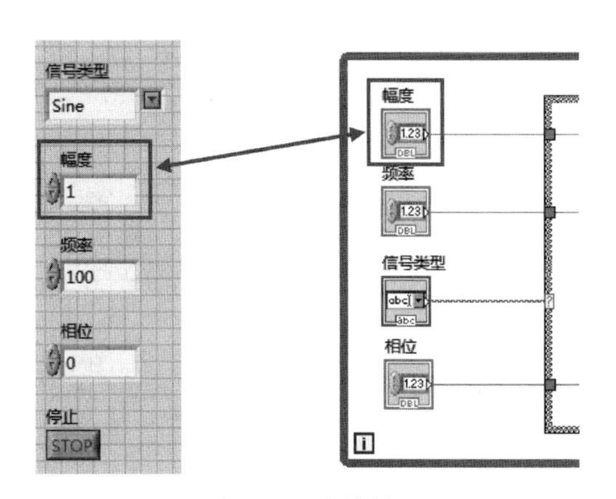

图1-6　连线端

得注意的是，双击程序框图中的连线端图标，便可切换到前面板并定位到对应的控件上；双击前面板中控件的边框，也可以定位到程序框图中对应的连线端。

1.1.4 连线

在图 1-3(b)所示的程序框图中，除了包含函数模块外，还包含了模块与模块之间的连线，这些连线是模块之间数据传输的通道。这里需要特别注意的是，LabVIEW 程序并非按照从左到右的顺序执行，而是按照 Dataflow(数据流) 的模式执行的。所谓的数据流，简单来说，就是当函数模块的所有输入端均获得输入值时，该函数模块才会执行，并返回执行结果，这一点和 C/C++或 MATLAB 等文本编程语言所遵循的程序执行方式是不同的。

在程序框图中，不同的颜色(本书为黑白印刷，具体颜色以软件中颜色为准)表示不同的数据类型。例如，蓝色表示的是整型，橙色表示的是浮点型，绿色表示的是布尔型，粉色表示的是字符型。不同的线型表示不同数据的维度。例如，一维数组线宽略粗，二维数组是两条线，常用的数据类型对应的颜色和线型如表 1-1 所示。

表 1-1 数据类型对应的颜色和线型

类　型	颜　色	标　量	一维数组	多维数组
整型	蓝色			
浮点型	橙色			
布尔型	绿色			
字符型	粉色			

连线端之间的连接过程十分简单，当鼠标移动到模块的一个连线端时，指针会自动变成连线工具，该连线端区域会闪烁，表示连线将接通该连线端，单击该连线端，然后将连线工具移向目的连线端，单击目的连线端，就可以完成两个连线端之间的连接。

需要注意的是，当不同的数值类型连接到函数的输入端时，函数将以更长的表示法作为返回值，如图 1-7(a)所示，在加法器的输入连线端中，a 是 I32 整型，b 是浮点型，那么输出的类型就是浮点型，并且在加法器端口会出现一个红色的点，提示将整型自动转换为浮点型，此时程序可以运行。右击连线端图标，在弹出的快捷菜单中选择 Representation，可以在弹出的对话框中更改输入控件的数据类型。

当数据类型不匹配的时候，会出现坏线，程序无法运行，如图 1-7(b)所示，加法器输出的是浮点型，而显示控件是布尔型，它们之间的连线会产生坏线，将鼠标移动到这个红色叉

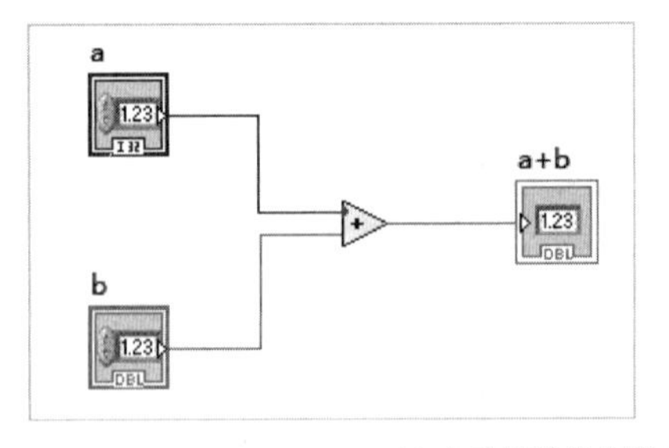

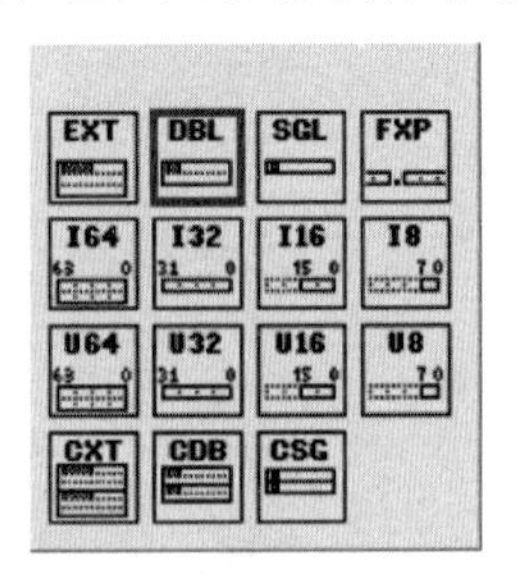

(a) 自动转换数据类型

图 1-7 连线

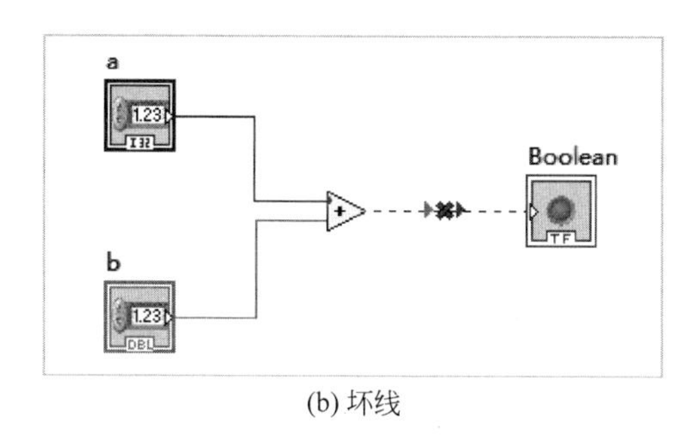

(b) 坏线

图 1-7 （续）

的地方时，就有一个错误提示。注意，此时程序是无法运行的。在编程中，可以按 Delete 键删除选定的坏线，或者使用 Ctrl+B 快捷键一次性删除程序框图中所有的坏线。

1.1.5 实例 1：加法器

第 2 集 LabVIEW 编程-加法器

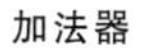

第 3 集 LabVIEW 程序执行模式

例 1-1 利用 LabVIEW 编程实现一个简单的二端口加法器。

LabVIEW 编程步骤如下。

（1）新建一个空白的 VI，命名为 Adder。

（2）在前面板中创建两个数值输入控件和一个数值显示控件，分别命名为 a，b 和 a+b，如图 1-8(a)所示。

（3）在程序框图中创建加法函数模块，将 a 连线端连接到加法器 x 连线端，将 b 连线端连接到加法器 y 连线端，将加法器 x+y 连线端连接到 a+b 连线端，连线后的程序框图如图 1-8(b)所示。

（4）在前面板输入控件 a 和 b 中分别输入 5 和 7，单击运行按钮，就可以获得加法器的计算结果，如图 1-8(a)所示。

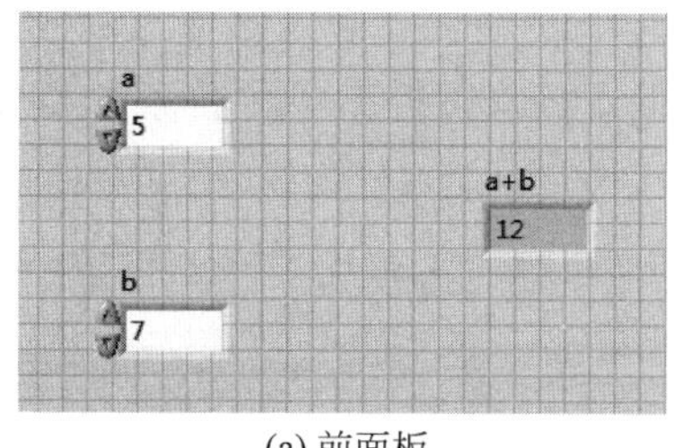

(a) 前面板

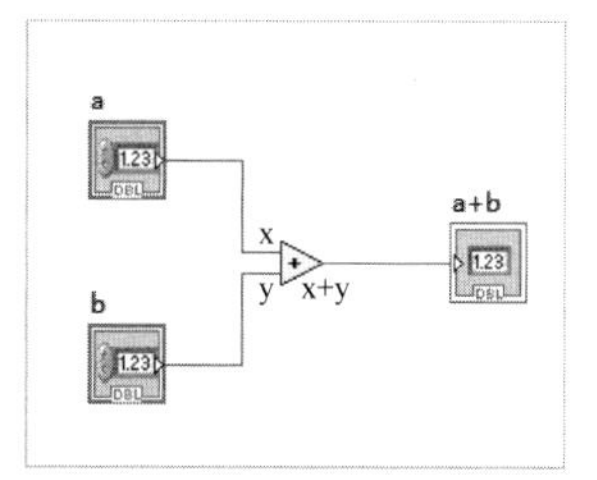

(b) 程序框图

图 1-8 二端口加法器

（5）在程序框图的工具栏中找到灯泡形状的按钮，先单击将其点亮，然后单击循环运行按钮，循环运行程序，这时会看到有数据点在连线上流动，这个现象形象地解释了 LabVIEW 的数据流运行模式。如图 1-9 所示，在这个加法器例子中，当加法器的两个输入端分别得到数据 5 和 7 时，加法器模块才会执行，并将计算结果 12 传给显示模块。

（6）修改 VI 的默认图标。双击 VI 前面板的 LabVIEW 图标，弹出图标编辑对话框，如图 1-10 所示。首先利用右侧工具栏中的选中工具将黑色方框中的默认图标选中，然后按 Delete 键就可以删除该图标，最后使用文本编辑工具，在黑框中输入文本即完成图标的编辑。图标编辑完成之后，单击 OK 按钮，VI 前面板和程序框图中 LabVIEW 图标将会变为修改后的图标。

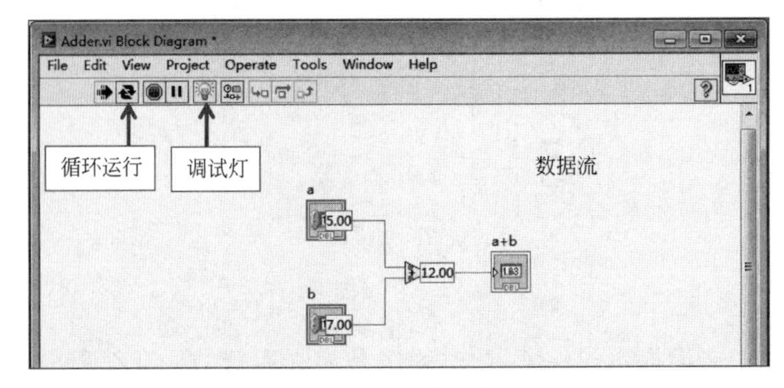

图 1-9 调试模式

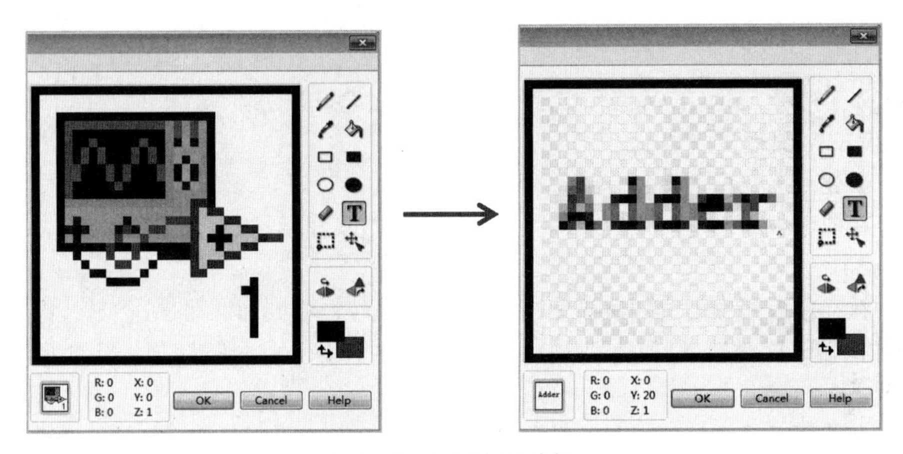

图 1-10 VI 图标的编辑

还可以采用图形作为 VI 的图标，这样看上去更加直观。如图 1-11 所示，如果 VI 功能是定时，可以采用“手表”图形作为图标，这里直接将图标库中的图标拖入图标编辑区就可以完成图标的编辑。

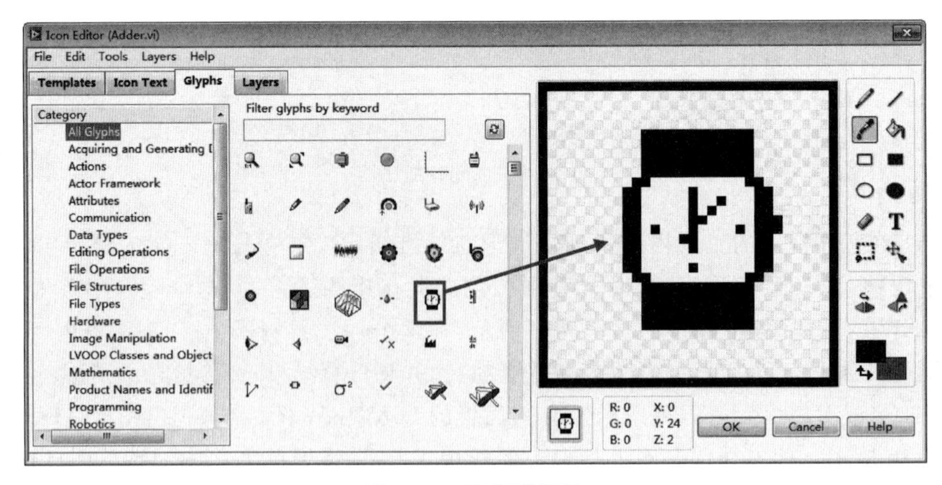

图 1-11 VI 图形图标

1.1.6 条件结构

在 LabVIEW 编程中，有一种频繁使用的条件结构，就是 Case 结构，或者说是分支结构。图 1-12 所示为一个条件结构的流程图，当条件判断结果为真(True)时，执行 Case 1 模块中的程序；当条件判断结果为假(False)时，执行 Case 2 模块中的程序。

条件结构在不同的编程语言中有着不同的表达形式。例如，在 C/C++语言中，条件结构采用 if 或 if-else 等关键词表示；在 LabVIEW 中，条件结构采用图形化的编程实现，如图 1-13 所示，在 LabVIEW 编程中，这样的一个方框表示 Case 结构。

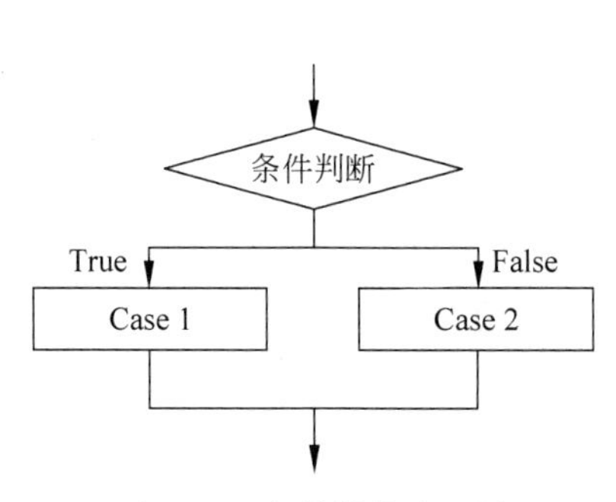

图 1-12 条件结构流程图

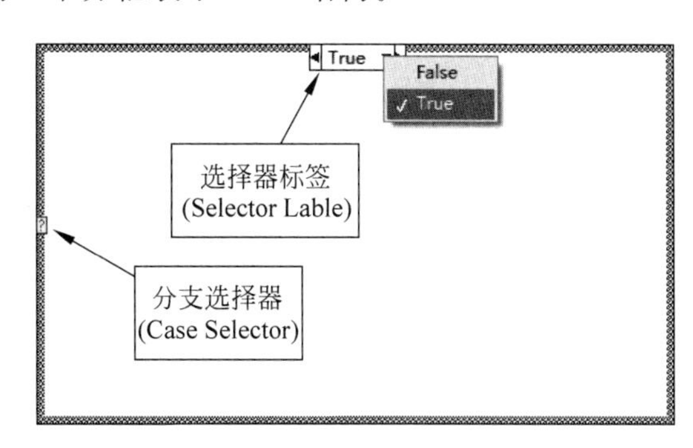

图 1-13 Case 结构

为了正确使用 Case 结构，需要了解 Case 结构中的两个关键部分。首先是左边框上的问号，它是分支选择器，可以接受逻辑变量；然后是边框顶端的选择器标签，在下拉选项中有 True 和 False 两种情况。Case 结构的执行原理：如果分支选择器输入值为真，则执行 True 下面的程序；如果分支选择器输入值为假，则执行 False 下面的程序。此外，Case 选择器除了接受布尔型输入数据外，还可以接受数值、字符等其他数据类型输入，这些用法将在后续的实验项目中进一步讨论。

Case 结构的创建过程如下。首先在函数选板的 Programming→Structures 选板中找到 Case Structure(Case 结构)，如图 1-14 所示。

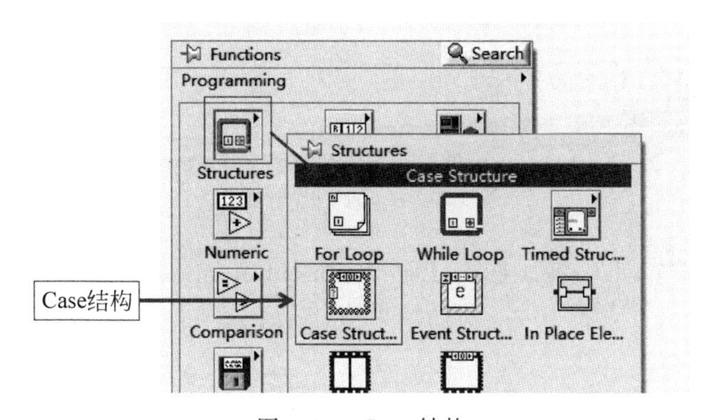

图 1-14 Case 结构

单击该图标，鼠标指针会变成一个含有问号的图标，然后在程序框图中拖动鼠标画一个矩形框，就完成了 Case 结构的创建。

第4集 LabVIEW 编程-选择器

1.1.7 实例 2：选择器

例 1-2 输入一个数，如果该数大于 10，则在该数上加 5 输出；如果该数小于或等于 10，则在该数上加 10 输出。

LabVIEW 编程步骤如下。

(1) 新建一个 VI，在前面板中创建一个数值输入控件，命名为 Input，再创建一个数值显示控件，命名为 Output。

(2) 创建一个 Case 结构、一个比较器和一个常数 10，将 Input 连线端与比较器 x 连线端相连，将 10 与比较器 y 连线端相连，比较器的输出与分支选择器相连。

(3) 在 True 分支下创建一个加法器和一个常数 5，将 Input 连线端直接连到加法器 x 连线端，将常数 5 连接到加法器 y 连线端，将加法器 x+y 输出直接连到 Output 连线端。注意，这条连线和分支结构的边框有一个交叉点，如图 1-15 所示。

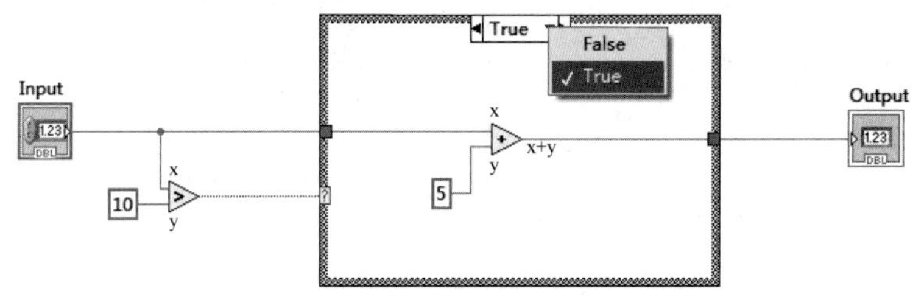

图 1-15 True(真)分支

(4) 以同样的方式完成 False 分支下的程序，创建一个加法器和一个常数 10，这里直接将左边的交叉点和加法器 x 连线端相连，将常数 10 连接到加法器 y 连线端，将加法器 x+y 输出直接连到右边的交叉点上。同时注意，这个时候，交叉点变成实心的了，如图 1-16 所示。

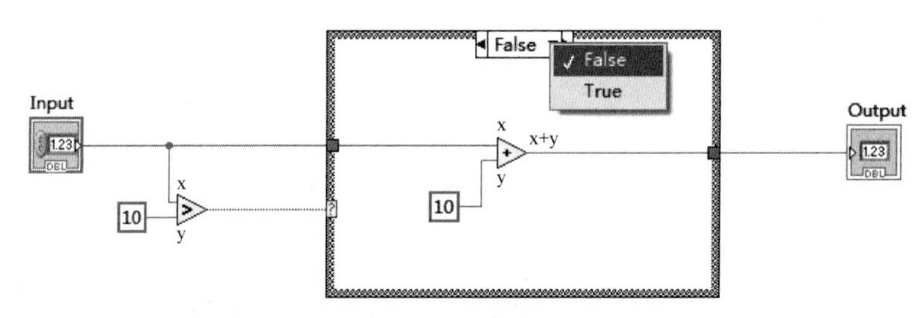

图 1-16 False(假)分支

(5) 验证这个程序的正确性。回到前面板，在 Input 输入控件中输入 6，得到的结果应该是 16，如图 1-17 所示；输入 16，得到的结果应该是 21。

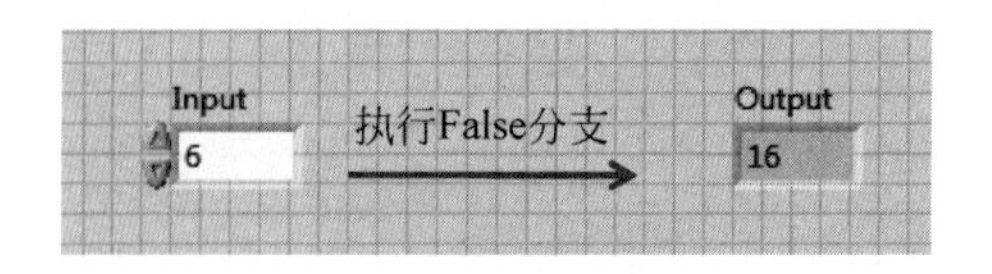

图 1-17 前面板输出

(6) 点亮调试灯,观察数据流。可以看出,第 1 次输入的数据 6 首先和 10 比较,执行的是 False 分支的程序;第 2 次输入的数据 16 首先和 10 比较,执行的是 True 分支的程序,如图 1-18 所示。

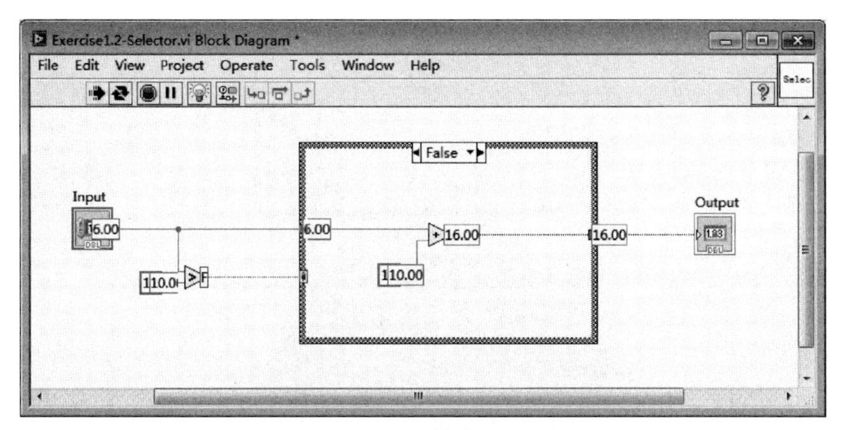

(a) Input值为6

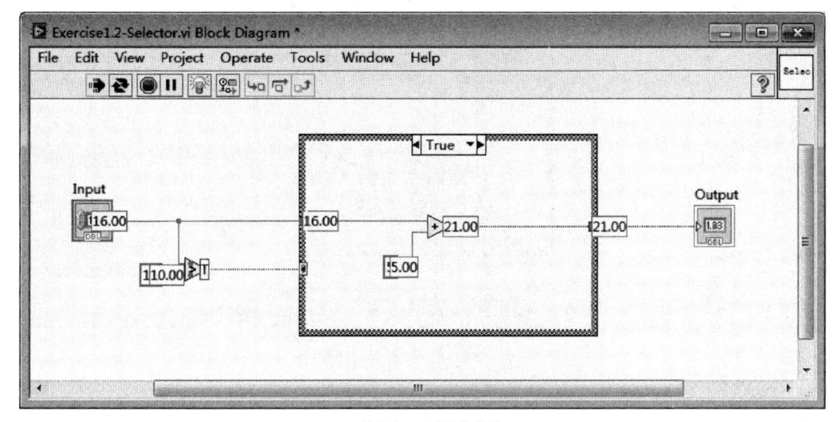

(b) Input值为16

图 1-18 调试输出

在 Case 结构中,加法函数模块的输出端和分支的右边界有一个方形的交点,这个交点就是 Tunnel(隧道)。隧道相当于临时寄存器,无论是 True 分支还是 False 分支,输出的结果都会临时存放在隧道中。无论分支中是否有代码,隧道必须赋值,否则程序将无法运行,如图 1-19 所示。

当分支选择器中的 True 分支或 False 分支有一种情况未被定义时程序无法运行。如果要使程序正常运行,需要右击隧道,并将隧道设置为 Use Default If Unwired(未连线时使用默认),如图 1-20 所示。注意,未定义条件下输出值是默认值,该默认值可以自定义,若未定义,则默认值为 0。

1.1.8 循环结构

在 LabVIEW 编程中,还有一种频繁使用到的结构,就是循环结构,常用的循环结构有两种:一种是 For 循环,另一种是 While 循环。一般情况下,当循环总次数已知时,采用 For 循环;当循环总次数未知时,采用 While 循环。

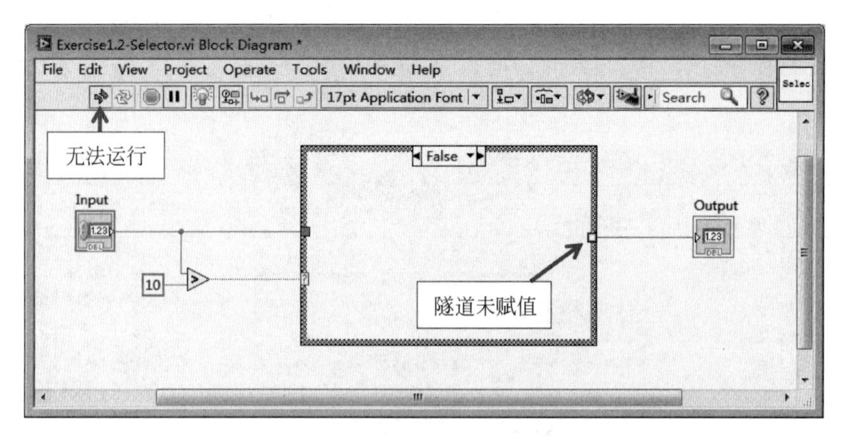

图 1-19 隧道未赋值

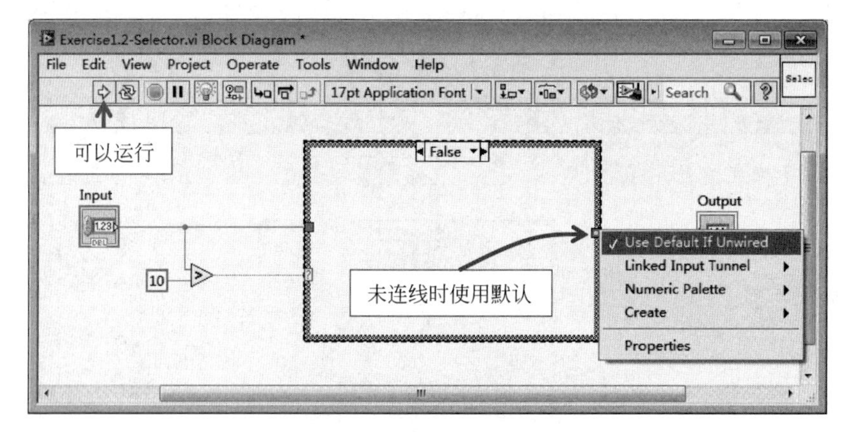

图 1-20 未连线时使用默认

图 1-21 所示为一个简单的 For 循环流程图。在这个例子中，N 表示循环总次数，i 表示循环计数器。流程开始时，首先设置循环总次数 N 为 100，然后初始化循环计数器 i，设其初始值为 0，接下来判断 i 的值是否等于 N，如果等于，则循环结束，如果不等于，则执行循环体内的程序，程序执行完成之后，循环计数器 i 会自动加 1，然后再次判断 i 的值是否等于 N，如此反复运行，直到 i 的值等于 N，则循环结束。

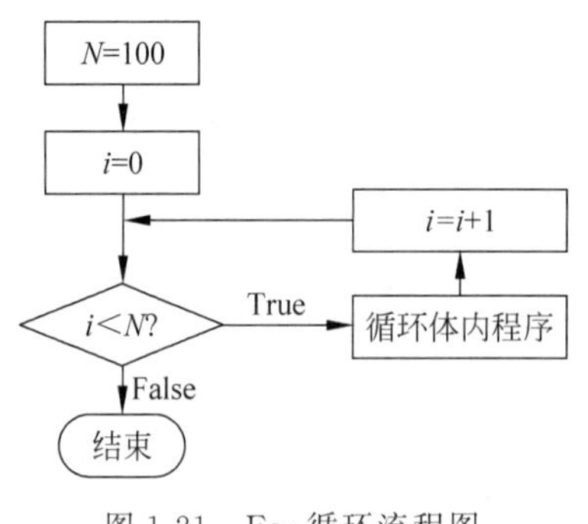

图 1-21 For 循环流程图

在 LabVIEW 编程中，循环结构也是采用图形化的方式实现的。图 1-22 所示的方框表示的就是循环结构。这里有两个部分需要了解，首先是左上角的字母 N，表示的是循环总次数；然后是左下角的字母 i，表示的是循环计数器，注意其初始值为 0，每次循环会自动加 1。

For 循环的创建方法和 Case 结构类似，首先在 Programming→Structures 选板中找到 For 循环的图标，如图 1-23 所示。单击 For 循环图标，这时鼠标指针会变成含有字母 N 的图标，然后在程

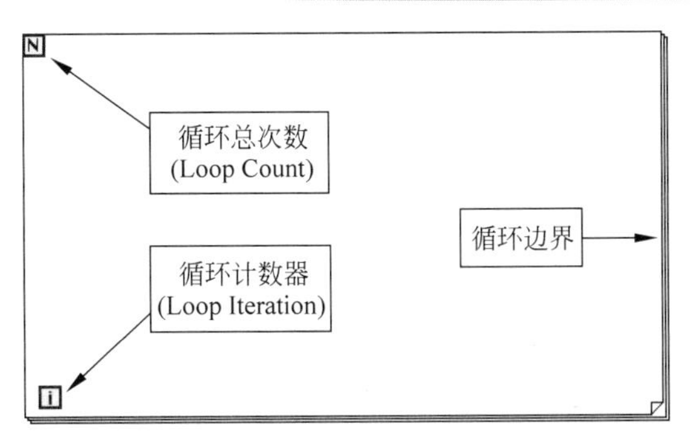

图 1-22 For 循环结构

序框图中拖动鼠标画一个矩形框，就完成了 For 循环的创建。

While 循环是另一种常用的循环结构，其执行流程和 For 循环有些不同，如图 1-24 所示。While 循环首先运行循环体内的程序，然后判断循环结束条件是否满足。如果满足，循环结束；如果不满足，则继续执行循环体内程序。

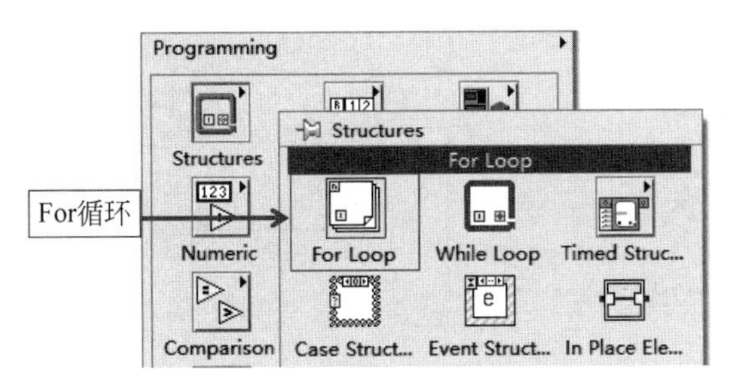

图 1-23 For 循环

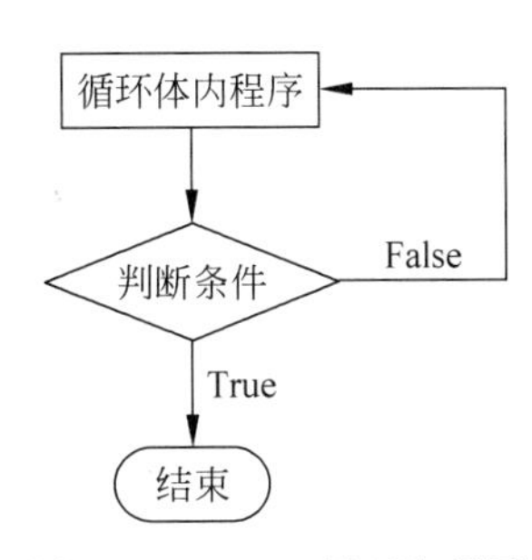

图 1-24 While 循环流程图

如图 1-25 所示，While 循环也包含循环计数器 i，其初始值为 0，每次循环会自动加 1。这里需要注意，While 循环还包含一个循环条件端，在默认情况下，如果输入为 True，则循环结束；如果输入为 False，则程序会一直循环运行。从图 1-24 中可以看出，While 循环体内的程序至少会被执行一次。

第 5 集 LabVIEW 编程-累加器-For

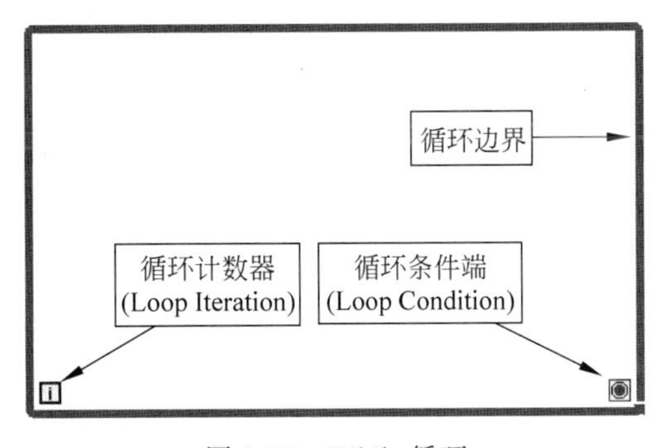

图 1-25 While 循环

第 6 集 LabVIEW 编程-累加器-While

1.1.9 实例 3：累加器

例 1-3 利用 For 循环实现一个累加器：Sum＝1＋2＋3＋…＋N。

LabVIEW 编程步骤如下。

(1) 新建一个 VI,在前面板中创建一个数值输入控件 N,再创建一个数值显示控件 Sum。

(2) 切换到程序框图中,在 Programming→Structures 选板中单击 For 循环图标,在程序框图空白处拖动鼠标画一个矩形框,完成 For 循环的创建。

(3) 在 For 循环体内创建一个加法器和一个常数 1,将循环计数器 i 连到加法器 x 连线端,将常数 1 连到加法器 y 连线端,将加法器输出连线端 x+y 连到 For 循环的边界上,这时会出现一个交叉点,这个交叉点就是自动索引隧道。关于自动索引隧道,将在稍后的步骤中讨论。

(4) 创建一个求和模块 (Sigma),将自动索引隧道的输出和 Sigma 的输入相连,将 Sigma 输出和显示控件 Sum 连线端相连,就完成了编程,最终程序框图如图 1-26 所示。

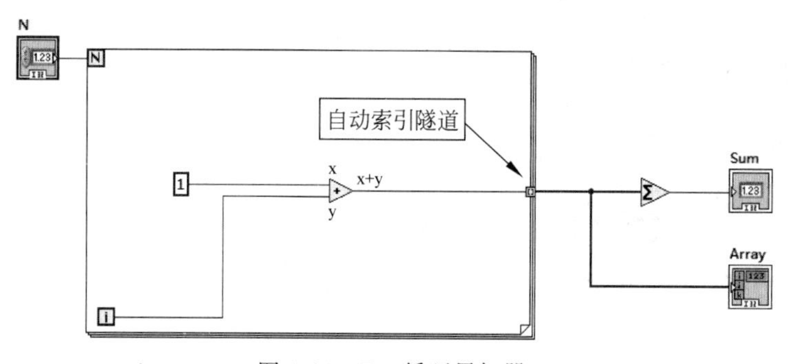

图 1-26 For 循环累加器

(5) 验证程序的正确性。回到前面板,在控件 N 中输入 100,那么得到的结果应该是 5050,如图 1-27 所示。

(6) 分析自动索引隧道。自动索引隧道其实就是一个长度会自动增加的数组,数组中的每个元素记录的是加法器每次循环输出的结果。如图 1-28 所示,将这里的 N 设置为 1,隧道输出结果为单个数值 1 构成的数组;将 N 设置为 2,隧道输出结果为数值 1,2 构成的数组;再将 N 设置为 5,隧道输出结果为数值 1,2,3,4,5 构成的数组。

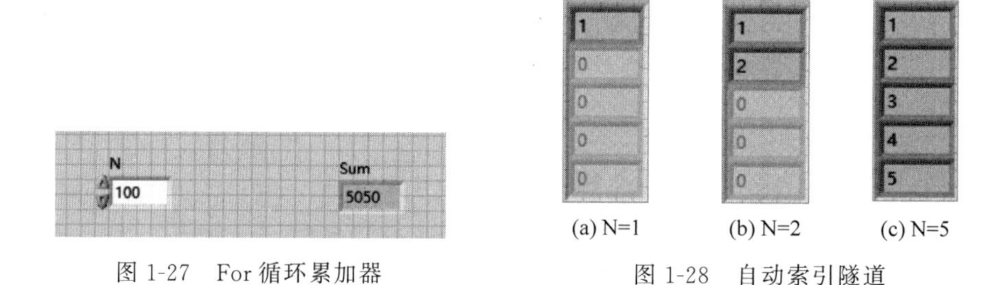

图 1-27 For 循环累加器

图 1-28 自动索引隧道

可以推测,当 N 设置为 100 时,自动索引隧道就是数值 1,2,3,…,100 构成的数组,只需要将自动索引隧道中的元素求和,就可以获得累加值。

例 1-4 利用 While 循环实现一个累加器:Sum=1+2+3+…+N。

利用 While 循环可以实现累加器,实现的基本思想和 For 循环类似,先利用自动索引隧道获得一个 1,2,3,…,N 构成的数组,然后再进行数组求和,就可以实现累加,LabVIEW 编程步骤如下。

(1) 在前面板中创建输入控件 N 和输出控件 Sum,然后在程序框图中创建 While 循环结构和加法器模块。

(2) 将循环计数器 i 加 1,将加法器的输出连接到 While 循环边界上,再创建一个求和模块,然后将自动索引隧道连接到求和模块上。注意,这个时候会出现一个坏线,右击这里的自动索引隧道,在弹出的菜单中选择 Tunnel Mode→Indexing。这里需要特别注意,While 循环自动索引隧道的默认模式是 Last Value,需要改成 Indexing,然后再将求和模块的输出和 Sum 控件相连。

(3) 设置循环结束条件,将循环计数器 i 和输入 N 比较,当 i 等于 N 时,比较器输出 True,循环结束。这里创建一个"等于"模块,将 N 连接到"等于"模块的 x 连线端,i 连接到"等于"模块的 y 连线端,将"等于"模块的输出连接到循环条件端,程序框图如图 1-29(a)所示。

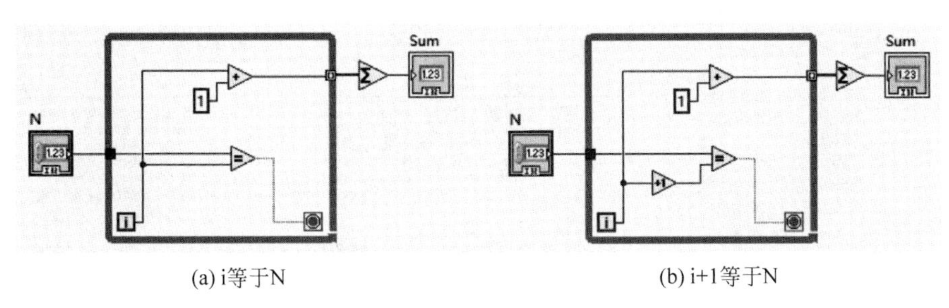

(a) i等于N (b) i+1等于N

图 1-29 While 循环累加器

(4) 返回前面板验证程序,在控件 N 中输入 100,运行程序,结果是 5151,这个结果显然不正确。再回到程序框图,分析程序是否正确,这里由于 i 的初始值为 0,当 i=100 时,实际上循环了 101 次,所以 101 也加入了自动索引隧道。

(5) 修改程序,将 i 加 1 就可以解决这个问题。在程序框图中找到函数模块,然后添加到程序框图中,如图 1-29(b)所示。再次回到前面板测试,在 N 中输入 100,运行程序,得到的结果是 5050,结果正确。

(6) 分析问题。由于 While 循环是先执行,后判断,所以当 i 等于 100 时,加法器实际上已经输出了 101,循环才结束。因此,在自动索引隧道上,输出的是 1,2,3,…,101 构成的数组,所以计算结果中多加了 101。

1.1.10 帮助文档

在 LabVIEW 编程中,对于不熟悉的函数模块,可以通过帮助文档了解这些函数模块的用法①。例如,在加法器程序中,在加法(Add)函数模块上右击,就会弹出一个快捷菜单,如图 1-30 所示。

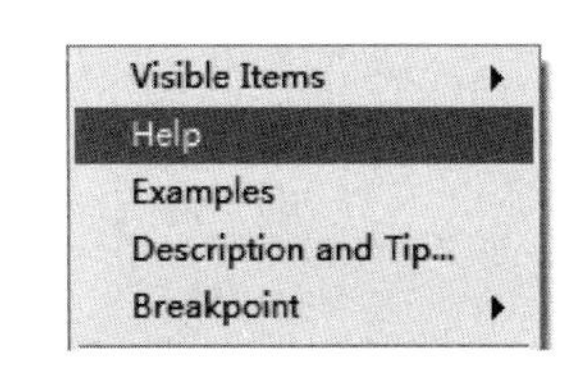

图 1-30 快捷菜单

第 7 集 LabVIEW 编程-帮助文档

选择 Help(帮助),就会弹出 Add 函数的帮助文档,如

① https://www.ni.com/

图 1-31 所示，该文档对 Add 函数的功能做了详细说明。需要特别注意输入/输出说明，这里说明了 Add 函数输入可以是数值、数组、簇数组等类型。

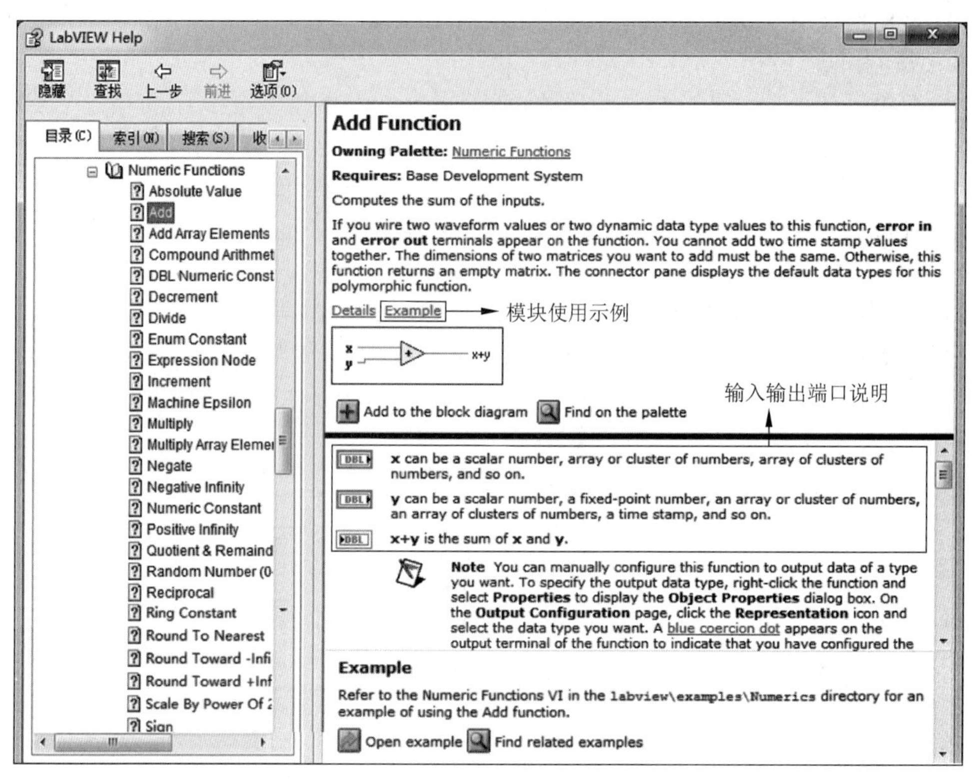

图 1-31　Add 帮助文档

此外，还可以通过 LabVIEW 提供的实例学习函数模块的用法。在图 1-31 所示的页面中找到 Open example 图标，单击该图标，就可以打开 Numeric Functions. vi 范例程序，如图 1-32 所示。

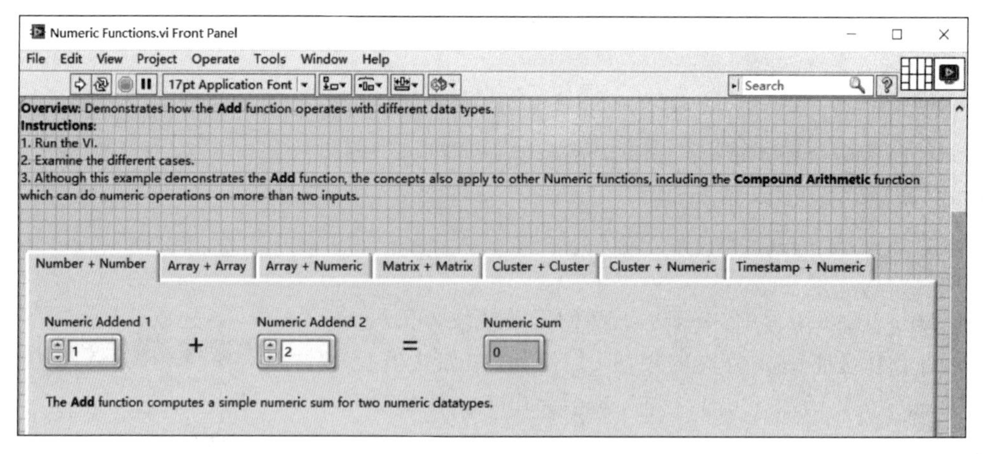

图 1-32　Numeric Functions. vi 范例程序

通过范例查找器也可以快速学习函数模块的用法。执行 Help→Find Examples 菜单命令,就可以进入范例查找器,如图 1-33 所示。

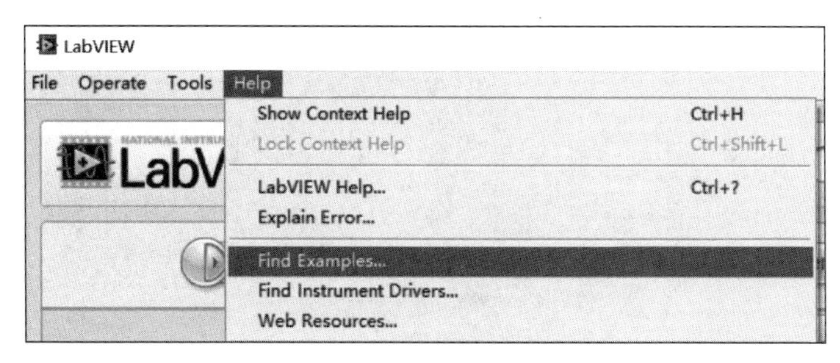

图 1-33　查找范例

如图 1-34 所示,打开 Fundamentals 文件夹下的 Numeric and Boolean 文件夹,也可以找到 Numeric Functions. vi 范例程序。

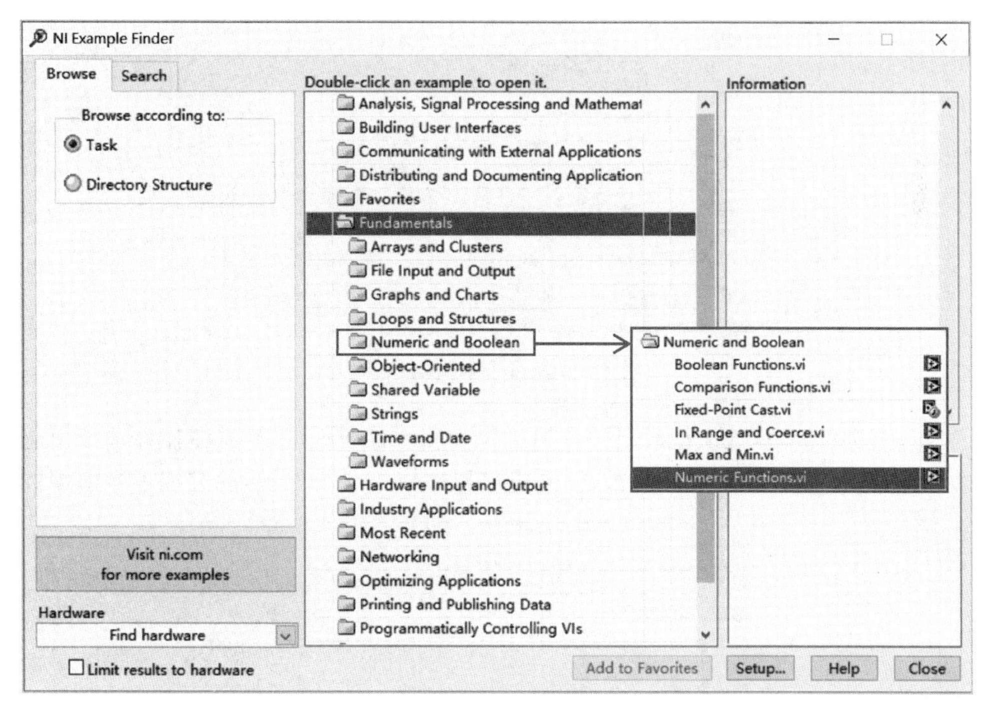

图 1-34　范例查找器

1.2　LabVIEW 编程进阶

第 9 集 LabVIEW 编程-数据类型

1.1 节初步介绍了 LabVIEW 编程,接下来将介绍 LabVIEW 编程技巧,主要内容包括复合数据类型、嵌套条件结构、移位寄存器、波形图和波形图表、子函数和调制工具包等。

1.2.1　数组

在 LabVIEW 通信编程中,数组是频繁使用的数据类型。简单来说,数组就是同种类型数据的集合。如图 1-35 所示,数组中的元素可以是数值、布尔或字符串等基本数据型。数组维数可以是一维或多维,每个维度最多可有 $2^{31}-1$ 个元素。需要注意的是,数组中第 1 个元素的索引为 0。

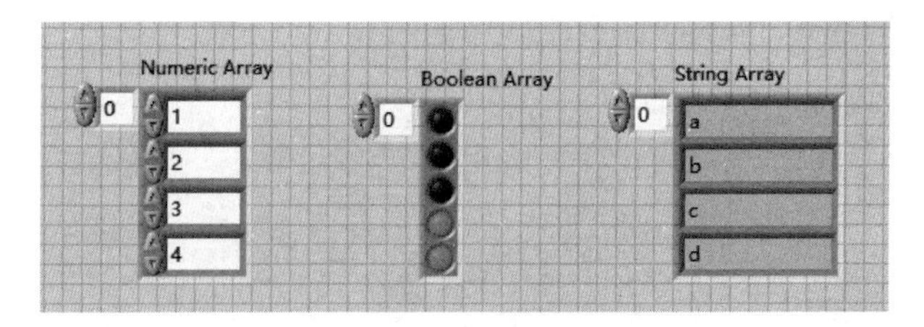

图 1-35 一维数组

一维数组的创建过程分为两步。第 1 步,创建 Array(数组框),如图 1-36 所示;第 2 步,在数组框中创建基本的数据类型,就完成了数组的创建。

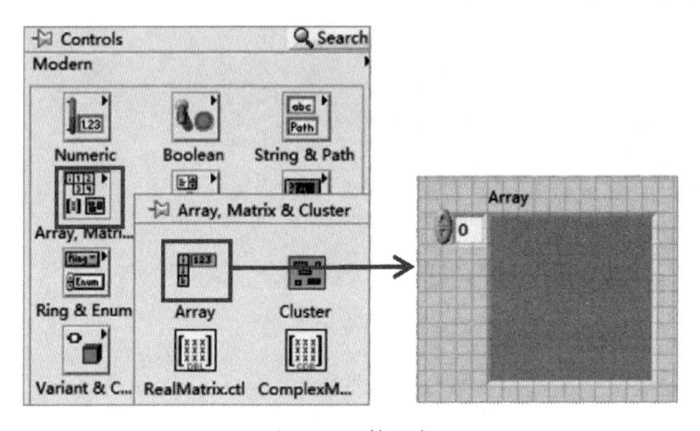

图 1-36 数组框

例如,在前面板中,数值型数组的创建过程如图 1-37 所示。首先在控件选板中选择一个数组框,然后选择一个数值输入控件,并将该控件拖入数组框中,就完成了数值型数组的创建。

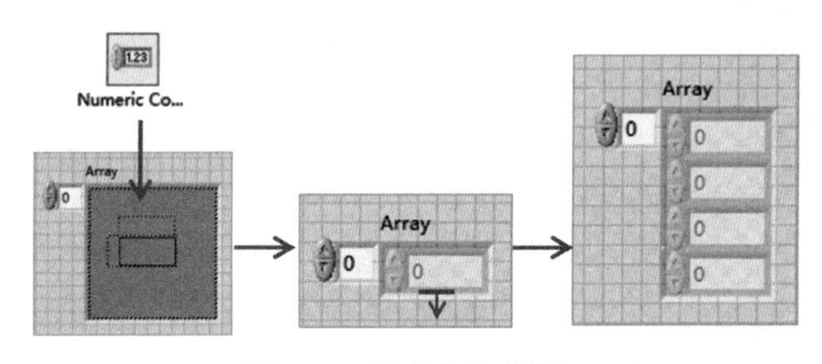

图 1-37 创建数值型数组

向下拖动数组的下边框,就可以将数组展开。以同样的方式,还可以创建布尔型数组、字符型数组等。

程序框图中数组的创建过程和前面板类似。首先,在 Functions→Programming→Array 选板中找到 Array Constant(数组常量),如图 1-38 所示。然后,单击 Array Constant 图标创建数组框。最后,向数组框中放置数据,就完成了数组的创建。

LabVIEW 提供了基本的数组处理函数,如 Array Size(数组大小)、Index Array(数组

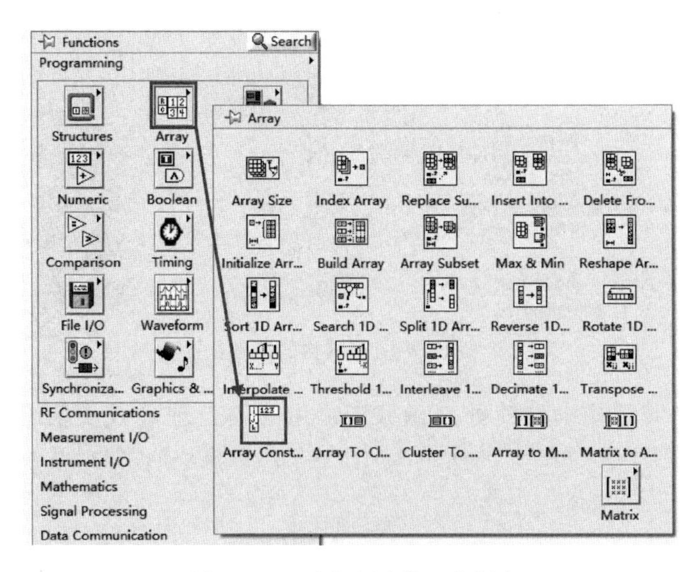

图 1-38 程序框图中数组的创建

元素索引)、Insert Into Array(数组元素插入)、Delete From Array(数组元素删除)等函数模块。关于这些函数模块的用法,可以参考其帮助文档。

二维数组的创建建立在一维数组之上,右击一维数组边框,在弹出的菜单中选择 Add Dimension(增加维数),将增加一个数组索引。将鼠标指针移至数组边框的右下角,会变成可拖动状态,这时向右下方拖动,就完成了二维数组的创建,如图 1-39 所示。

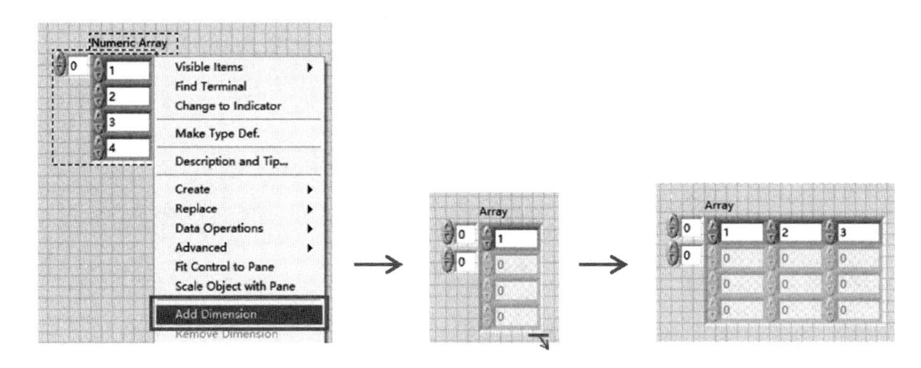

图 1-39 二维数组的创建

1.2.2 簇结构

在 LabVIEW 通信编程中,Cluster(簇)结构是一种频繁使用的复合数据类型。簇结构可以将不同类型的数据捆绑在一起,形成一种新的数据类型。这种数据类型类似于 C 语言中的结构体。和数组不同,簇结构可以包含不同数据类型,如数值型、布尔型、字符串型等,而数组只能包含相同类型的数据。需要注意的是,簇结构的元素长度固定,在程序运行时不能添加元素,而数组的长度在程序运行时可以改变。

簇结构的创建方法与数组类似。如图 1-40 所示,首先在前面板中的控件选板中单击 Cluster 结构,创建一个簇外框,然后创建一个数值型控件,将其拖入簇外框。以同样的方式，依次创建布尔型控件和字符型控件，并将其拖入簇外框，就完成了簇结构的创建。

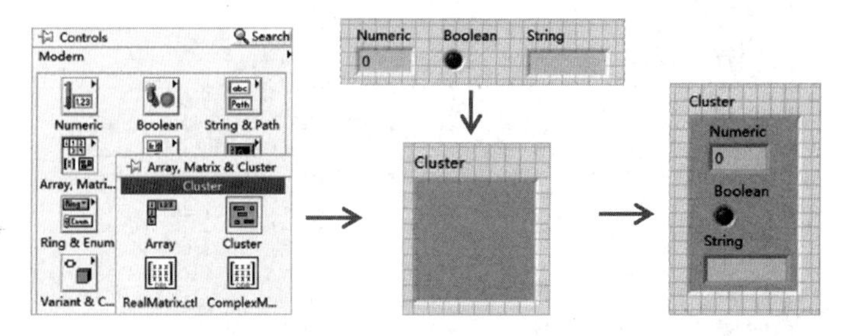

图 1-40 簇结构的创建

LabVIEW 提供了基本的簇处理函数。常用的簇处理函数模块有 Bundle(捆绑)、Unbundle(解除捆绑)等，如图 1-41 所示。关于这些函数模块的用法，可以参考其帮助文档。

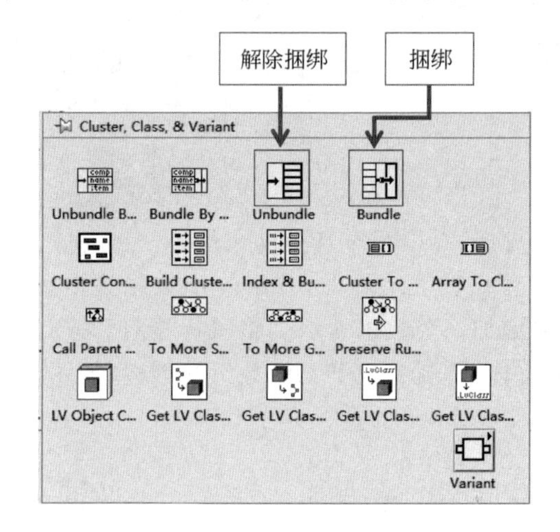

图 1-41 簇处理函数模块

1.2.3 波形

在通信实验中，需要处理的数据对象通常是随时间变化的信号①。例如，麦克风采集的声音信号如图 1-42 所示。在实际信号处理时，不仅需要知道信号的采集数值，还需要知道信号的采样率、采集的初始时间等信息。

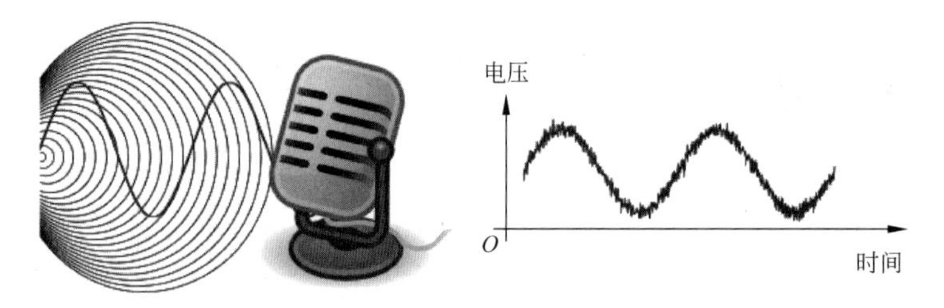

图 1-42 麦克风采集的声音信号

---

① https://wiki.gnuradio.org/index.php/Guided_Tutorial_Introduction

LabVIEW 提供了 Waveform(波形)这种专门处理波形信号的数据类型,不仅记录了采集值,还记录了数据采集的起始时间和相邻采样点之间的时间间隔等信息。

波形实际上是一种特殊的簇结构,它包含 3 个属性:数组 Y、起始时间 t0、采样间隔 dt,如图 1-43 所示。数组 Y 表示获取的采样值,其数据类型为双精度浮点型;起始时间 t0 表示数组 Y 中第 1 个数据点的采集时间;采样间隔 dt 表示数组 Y 中相邻采样点之间的时间间隔。注意,dt 的倒数,即 1/dt,表示信号的采样率。

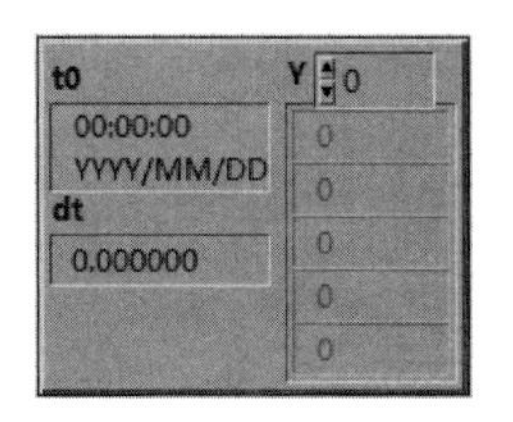

图 1-43 波形

LabVIEW 提供了基本的波形处理函数,如 Build Waveform(创建波形)、Get Wfm Components(获取波形元素)和 Set Attribute(设置波形属性)等函数模块,如图 1-44 所示。关于这些函数模块的用法,可以参考其帮助文档。

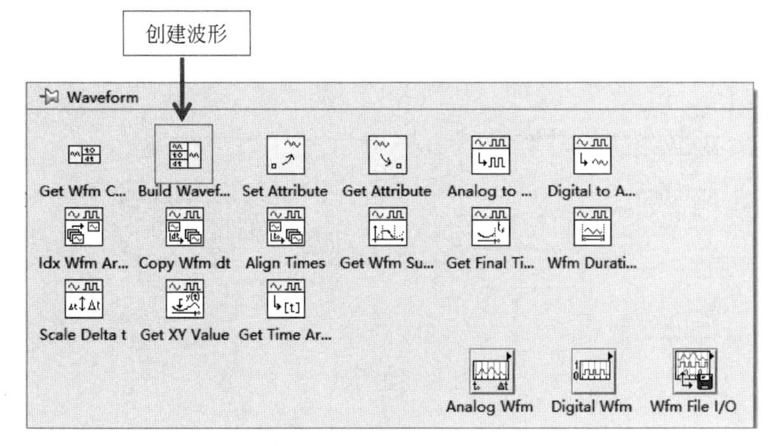

图 1-44 波形处理函数模块

例 1-5 利用波形处理模块实现波形创建、波形属性值的修改和获取。

LabVIEW 编程步骤如下。

(1) 在前面板中,进入 Controls→I/O 选板,选择 Waveform 控件,如图 1-45(a)所示。创建一个波形输入控件,结果如图 1-45(b)所示。

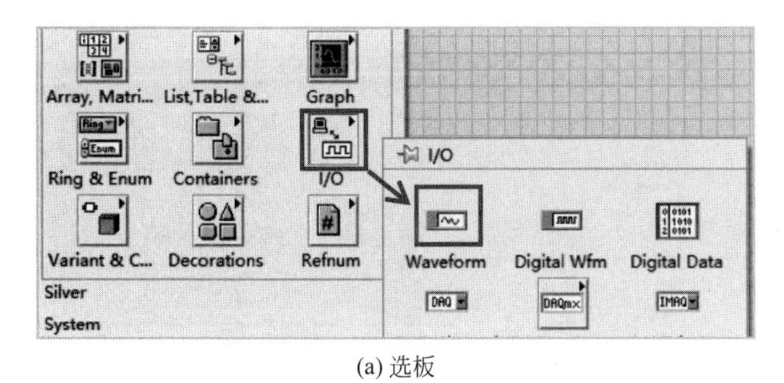

(a) 选板

(b) 控件

图 1-45 波形创建(前面板)

(2) 在程序框图中,进入 Functions→Programming→Waveform 选板,选择 Build Waveform 函数模块,创建该模块。选中该模块图标的底部边框,向下拖动两格,单击

attributes,选择相应的属性。通过设置 Build Waveform 函数模块中的 t0、dt 和 Y,就可以修改波形的属性值,如图 1-46 所示。

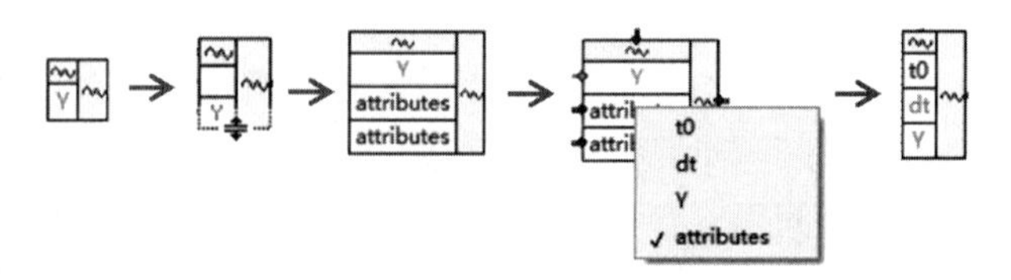

图 1-46　波形创建(程序框图)

在 Build Waveform 函数模块的 3 个输入端 t0、dt 和 Y 上分别右击,在弹出的快捷菜单中选择 Create→Constant,在创建的常量中定义 t0、dt 和 Y 的值。继续创建 Get Wfm Component 函数模块,按照图 1-46 的方式,调出 t0、dt 和 Y 这 3 个属性,在 Get Wfm Component 函数模块的输出端 t0、dt 和 Y 上分别右击,然后在弹出的快捷菜单中选择 Create→Indicator,就完成了显示模块的创建,如图 1-47 所示。

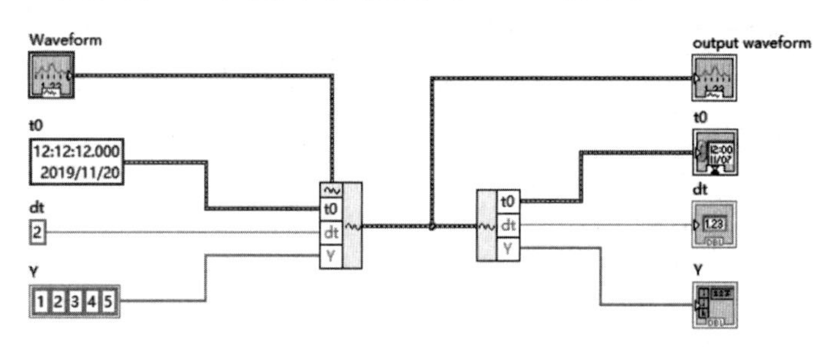

图 1-47　波形创建与波形元素获取

(3) 完成所有连线后,切换到前面板,运行程序。通过比较可以看出,在输出的波形中,t0、dt 和 Y 的值已经完成了修改,如图 1-48 所示。

LabVIEW 信号处理工具包提供了波形产生、处理和测量函数模块,如图 1-49 所示。例如,在 Wfm Conditioning(波形处理)模块中,包含了通信实验中经常使用的有限冲激响应(Finite Impulse Response,FIR)滤波器、无限冲激响应(Infinite Impulse Response,IIR)滤波器、波形重采样等函数模块。关于这些模块的用法,可以参考其帮助文档。

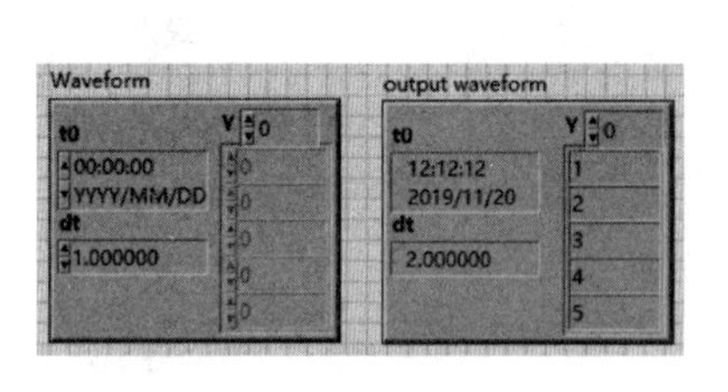

图 1-48　波形输出

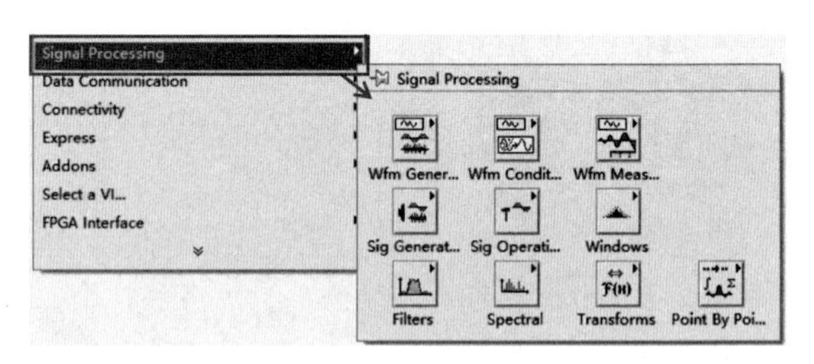

图 1-49　信号处理工具包

例 1-6　读取一段 WAV 格式的音频文件,利用波形处理函数进行滤波处理,然后将处理后的波形通过扬声器播放出来,最后保存处理后的波形。

LabVIEW 编程步骤如下。

(1) 在程序框图中，进入 Functions→Programming→Graphics & Sound→Sound→Files 选板，如图 1-50 所示。

图 1-50 Files 选板

依次创建 Sound File Info(声音文件信息)模块、Sound File Open(声音文件打开)模块、Sound File Read(声音文件读取)模块、Sound File Write Simple(声音文件写入)模块、数组索引、波形显示控件、波形数组显示控件以及波形播放控件，按照图 1-51 连接各个模块。右击 Sound File Info 模块的 path 端口，在弹出的菜单中选择 Create→Control，创建一个路径输入控件 Read path(读取路径)。以同样的方式，为 Sound File Write Simple 模块创建输入控件 Save path(保存路径)和输出控件 Path out(路径输出)。

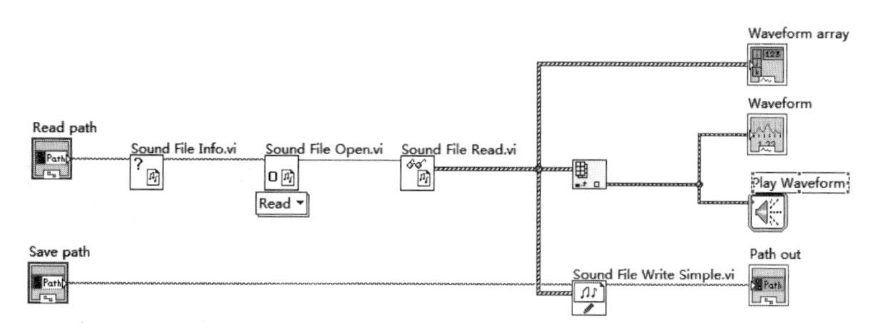

图 1-51 WAV 文件读取示例

(2) 切换到前面板，设置正确的 Read path、Save path 和 Path out 控件中的路径，运行程序，就可以听到扬声器播放出的声音，同时也可以观察波形数据，并将波形数据保存到指定的文件中。

需要注意的是，读取的 WAV 数据是一个波形数组，取出数组的第 1 个元素，就可以获得波形，如图 1-52 所示。此外，在波形保存之前，需要预先新建一个空白 WAV 文件，然后将该文件的路径输入 Save path 控件。

1.2.4 动态数据

在 LabVIEW 信号测量系统中，还有一种常用的数据类型，就是动态数据。简单来说，动态数据就是一个或多个通道的波形数据。动态数据模块采用窗口配置，波形属性也更多，连线更加智能。在 Functions→Programming→Express 选板中，可以找到相关的函数模块，如图 1-53 所示。

在程序框图中创建一个 Simulate Signal(仿真信号)模块，在自动弹出的配置对话框中，可以选择信号类型并设置信号频率等参数，如图 1-54 所示。

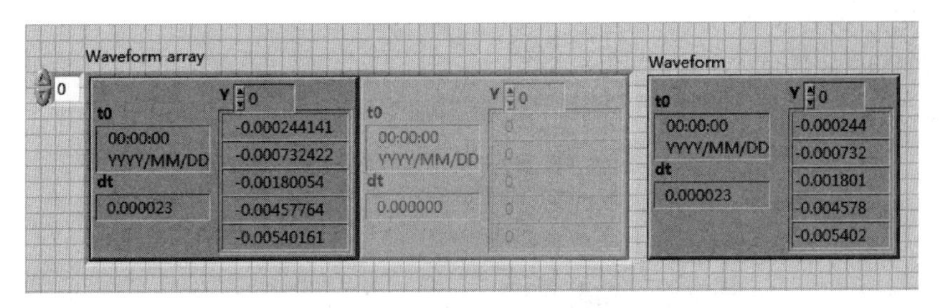

图 1-52　WAV 文件读取结果

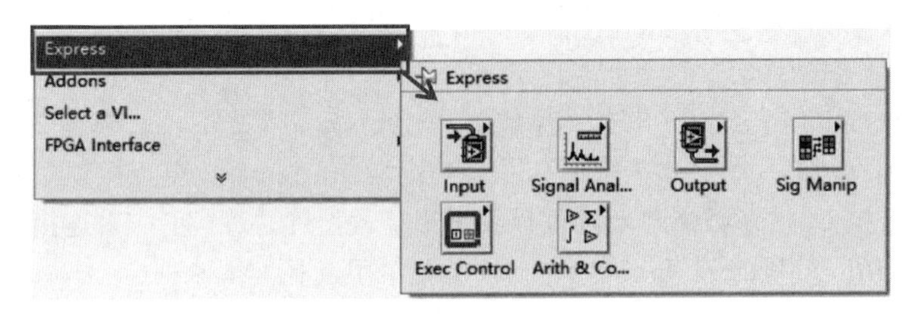

图 1-53　Express 选板

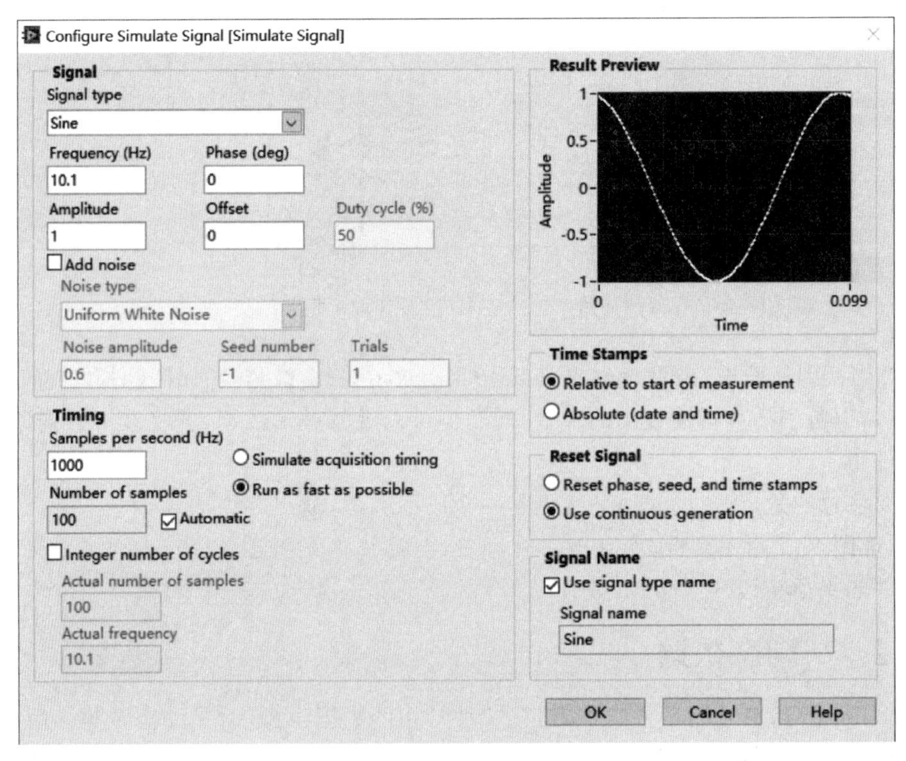

图 1-54　Simulate Signal 配置

需要注意的是，支持动态数据的函数模块十分有限。在实际的编程中，如果需要进行超出 Express 模块之外的信号处理，可以利用数据类型转换工具将动态数据转换成波形，然后利用波形函数进行处理，最后将波形转换成动态数据。如图 1-55 所示，Simulate Signal 信号发生器输出的是动态数据。在 Express→Sig Manip 路径下，可以找到 From DDT 模块，通过 From DDT 模块可以将动态数据转换为波形。波形类型可以通过 To DDT 模块将波形还原为动态数据。

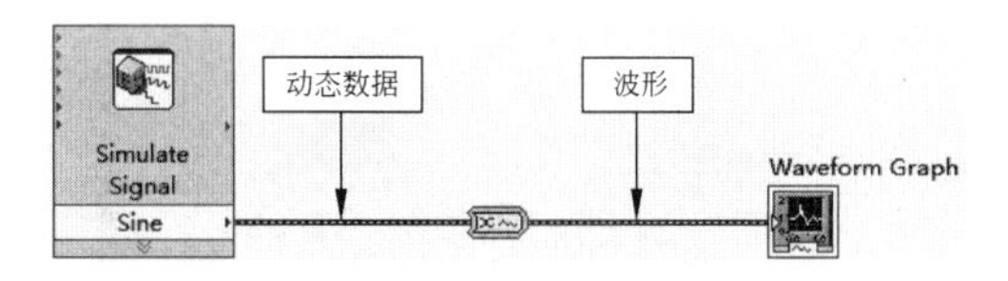

图 1-55 动态数据到波形的转换

需要注意的是，创建 From DDT 模块时，在弹出的设置对话框中可以选择需要转换的目标类型，如图 1-56 所示。

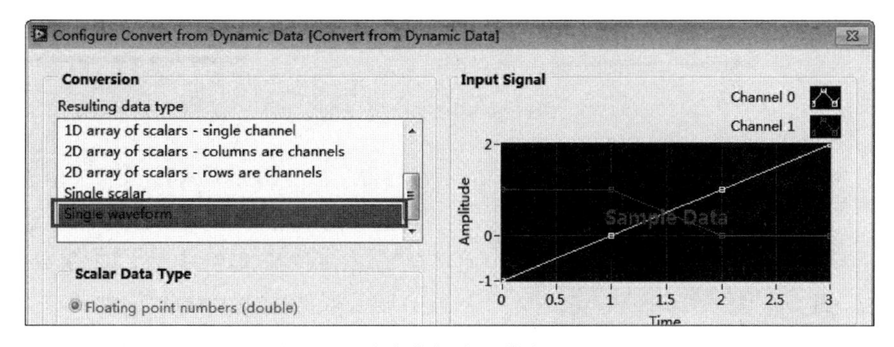

图 1-56 动态数据类型转换配置界面

在 Express→Signal Analysis 选板中可以调用 Signal Analysis（信号分析）模块对动态数据进行处理，如频谱分析、数字滤波等动态数据处理，如图 1-57 所示。

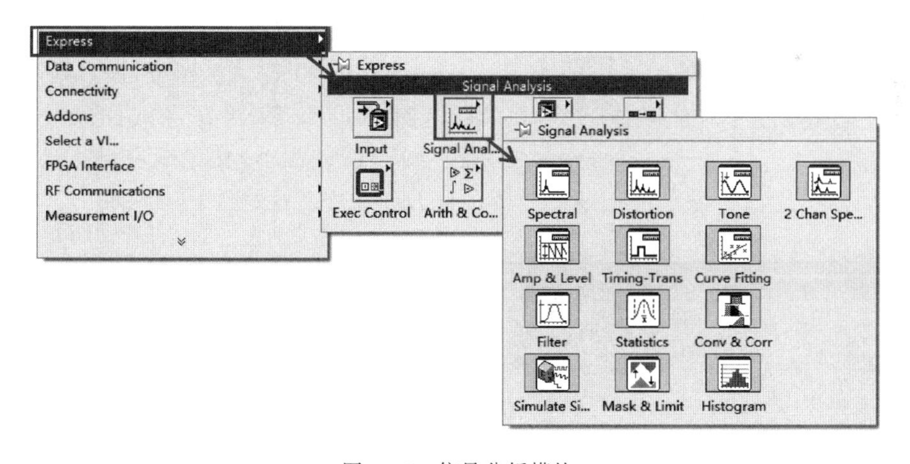

图 1-57 信号分析模块

第 10 集 LabVIEW 编程-多层条件结构

1.2.5 多分支条件结构

本节将讨论一种复杂的条件结构——多分支条件结构。在例 1-2 所示的选择器中，Case 结构的分支选择器接受布尔型输入。实际上，Case 结构的分支选择器还可以接受数值、枚举等类型。如图 1-58 所示，当条件选择器中输入整数时，选择器标签变成了数字。当输入数值为1时，选择器标签为1下面的分支程序将被执行；当输入数值为3时，选择器标签为3下面的分支程序将被执行。

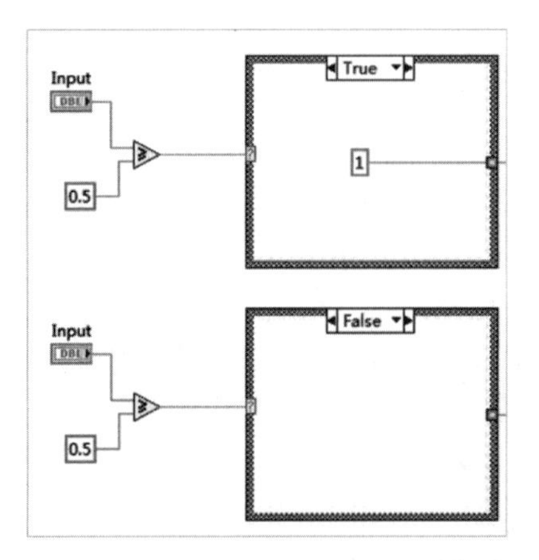

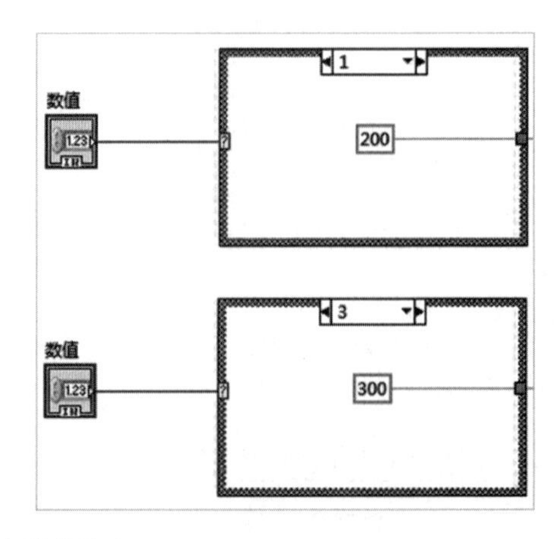

图1-58　多层分支结构嵌套

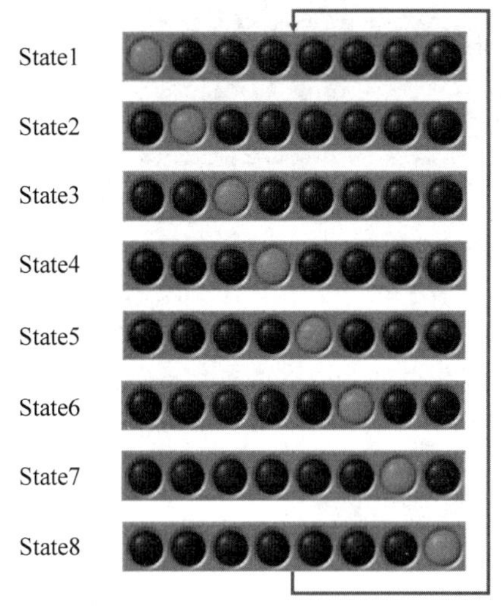

图1-59　流水灯

例1-7　LabVIEW编程实现8位流水灯。

流水灯的动态效果是由静态画面连续播放而形成的。在这个实例中，将LED数组(LED Array)显示事件分为8种状态，如图1-59所示。在一个周期内，顺序播放State1～State8这8种状态，就可以实现流水灯效果。

LabVIEW编程步骤如下。

(1) 在前面板中创建一个LED数组。新建一个VI，创建一个Array数组框，然后创建一个Round LED，将其拖入数组框，向右拖动数组框外框，创建8个LED。值得一提的是，选中任意一个LED的外框，按住鼠标左键拖动，就可以调整LED的大小，如图1-60所示。

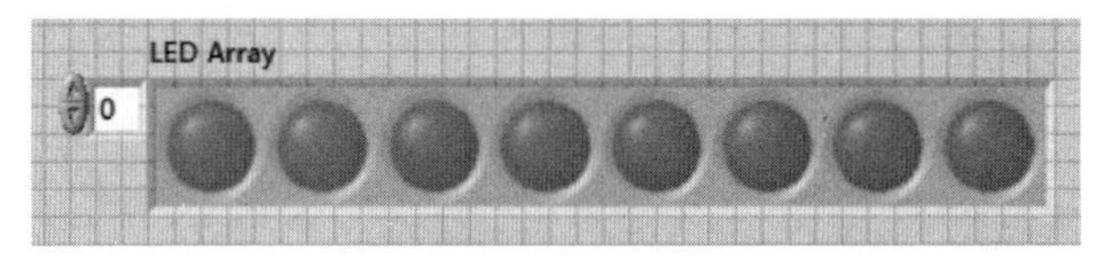

图1-60　LED数组

(2) 在程序框图中创建一个布尔数组。首先创建一个Array Constant数组框，然后在数组框中创建布尔常量。将布尔数组长度设为8，注意与LED数组长度相同。将布尔数组第1个元素设置为T，其他设置为F，然后将布尔数组连接到LED Array上，如图1-61所示。

(3) 切换到前面板，运行程序。可以看到，第1个LED亮了，如图1-62所示。再次切换到程序框图，将布尔数组的第2个元素设置为T，切换到前面板中运行程序，可以看到第2

个 LED 亮了。以此类推，将布尔数组中的第几个元素设置为 T，在前面板中运行程序的时候，相应的 LED 就会亮。

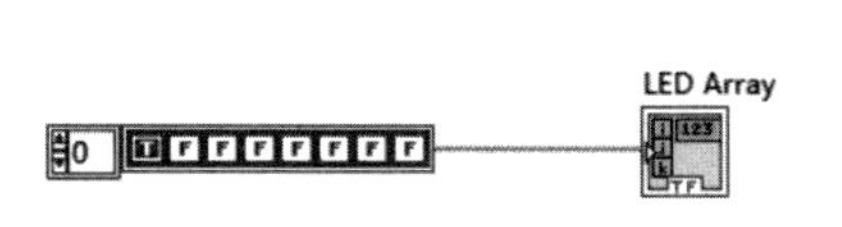

图 1-61　布尔数组

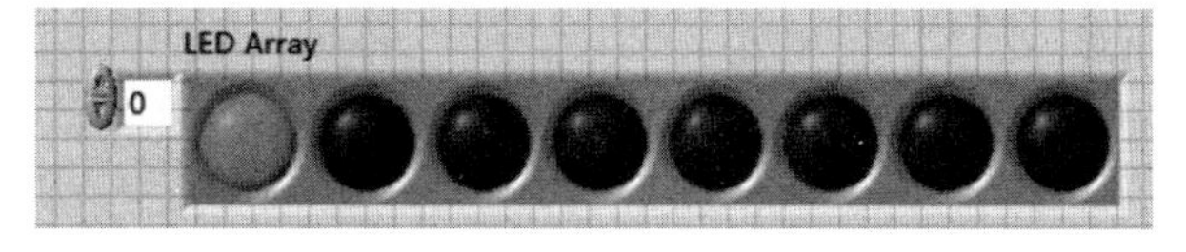

图 1-62　运行时的 LED 数组

(4) 顺序执行 LED 的 8 种状态。在程序框图中创建一个 Case 结构，在前面板中创建一个数值输入控件，将其表示法改为 I32 类型，将数值控件连接到条件选择器，选择器标签变成了整数 0 和 1。在 Case 结构边框上右击，在弹出的菜单中选择 Add Case After，就可以增加一个 Case 分支，如图 1-63 所示。选择器标签 1～8 对应输出为 LED 灯组的 8 种状态。

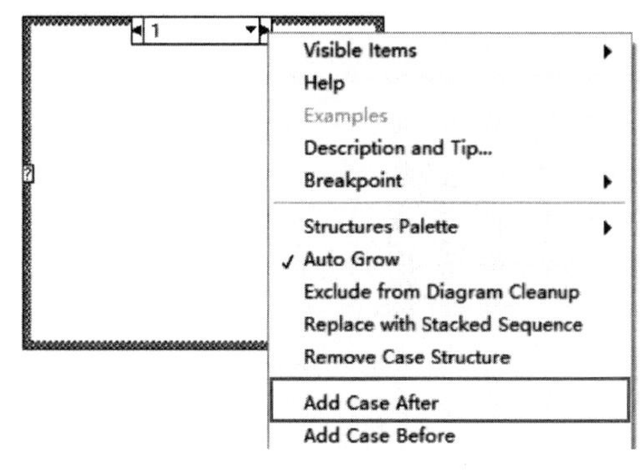

图 1-63　增加一个 Case 分支

按照这个方法，再创建 7 个分支，然后在对应的选择器标签下创建布尔数组。例如，在标签 1 对应的程序中，将布尔数组第 1 个元素设置为 T；在标签 2 对应的程序中，将布尔数组第 2 个元素设置为 T；以此类推，完成其余标签对应的编程，如图 1-64 所示。

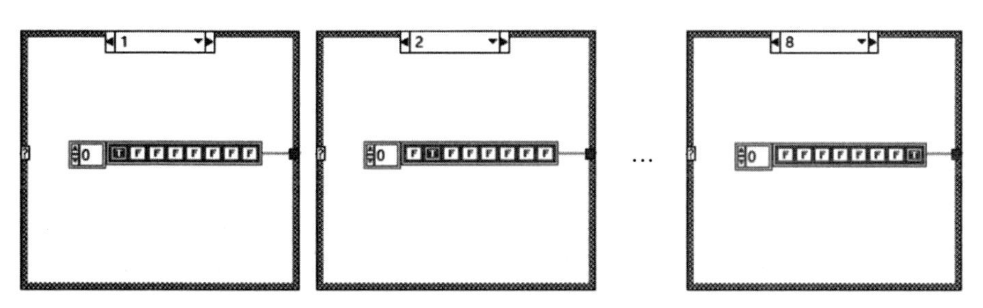

图 1-64　选择器标签内部程序

完成编程之后，切换到前面板，在数值输入控件中依次输入 1～8，验证 LED 数组显示是否正确。

(5) 循环产生 1～8 的整数。首先创建一个 While 循环，将循环计数端除以 8，然后取余，这时可以得到 0,1,2,…,7 的循环整数，然后加 1，就可以得到 1,2,3,…,8 的循环整数。创建一个定时器，将时间间隔设置为 200ms，如图 1-65 所示。切换到前面板，运行程序，将看到流水灯效果。

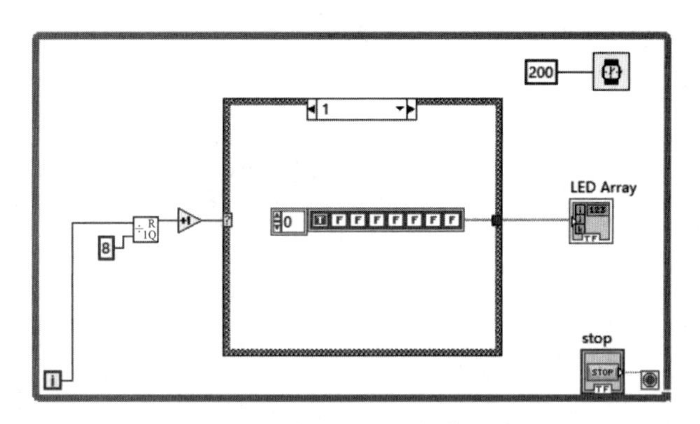

图 1-65　流水灯一维布尔数组实现

此外，还可以采用二维数组的方式实现，程序框图如图 1-66 所示。这种方式不采用 Case 结构，编程更加简洁。切换到前面板，运行程序，也会看到相同的流水灯效果。

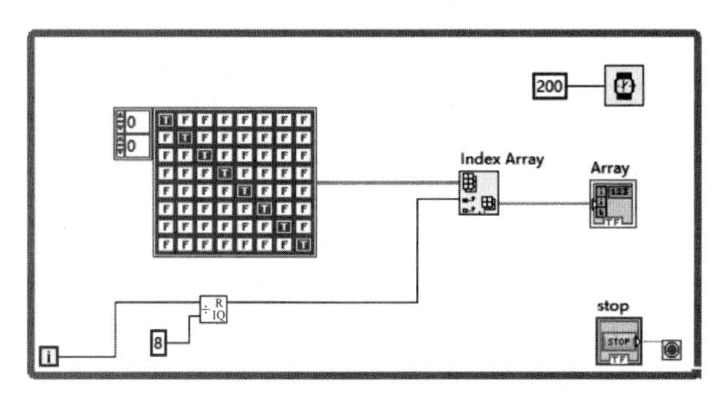

图 1-66　流水灯二维布尔数组实现

1.2.6　多层嵌套条件结构

在 C 语言编程中，多层嵌套条件结构十分常见。多层嵌套条件结构在 C 语言中采用 if-else/if 关键词控制。在 LabVIEW 编程中，可以采用 Case 结构实现嵌套条件结构。然而，在 Case 结构中嵌套 Case 结构将导致程序可读性变差，接下来的例子将说明这个问题。

例 1-8　利用 Case 结构实现如图 1-67 所示的 C 语言程序。注意，输出未定义时，默认值设为 0。

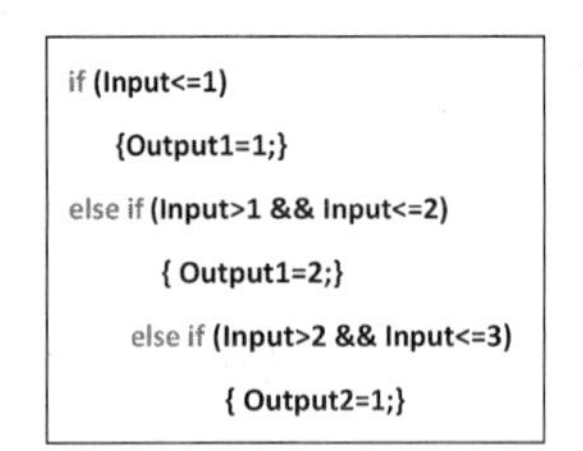

```
if (Input<=1)
    {Output1=1;}
else if (Input>1 && Input<=2)
      { Output1=2;}
    else if (Input>2 && Input<=3)
          { Output2=1;}
```

图 1-67　嵌套条件结构的 C 语言程序

LabVIEW 编程步骤如下。

(1) 在前面板中创建数值输入控件 Input、数值显示控件 Output1 和 Output2。在程序框图中创建 3 层嵌套的 Case 结构，如图 1-68 所示。

(2) 将 Input 首先与 1 比较，比较结果若为 True，Output1 输出值为 1；若为 False，将 Input 继续与 2 比较，比较结果若为 True，Output1 输出值为 2；若为 False，将 Input 继续与 3 比较，比较结果若为 True，Output2 输出值为 1。其余输出未被定义的情况，Output1 和 Output2 的默认值为 0。

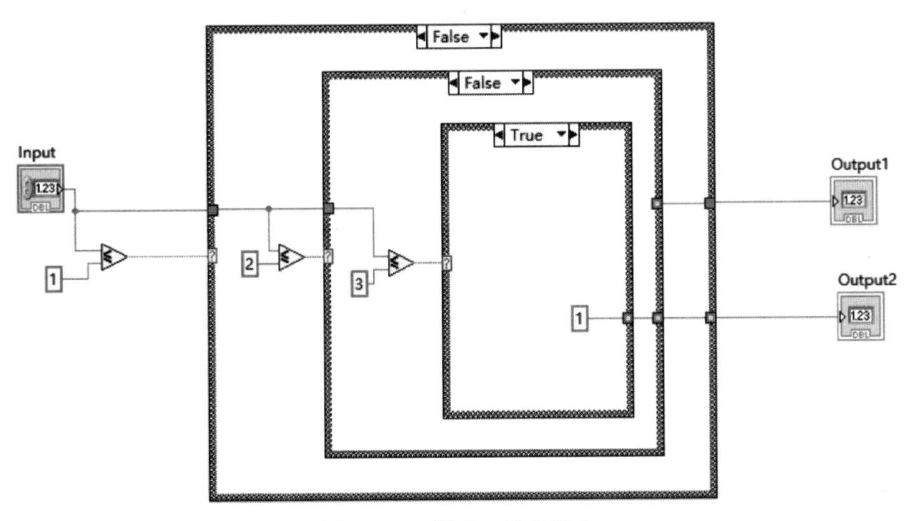

图 1-68　3 层分支结构嵌套

（3）输出隧道设置为"未连线时使用默认"。有些 False 情况下的输出未被定义，需要将输出隧道设置为"未连线时使用默认"，程序将变为可运行状态。然后切换到前面板验证程序的正确性。

采用多层分支结构嵌套的方法实现上述程序需要创建 3 层分支结构，每层都有 True 和 False 两种情况，总共有 8 种情况要考虑。如图 1-69 所示，程序框图中只显示了一种情况，其他 7 种情况则被遮盖起来，这不利于程序的阅读和理解，尤其是当分支较多时。

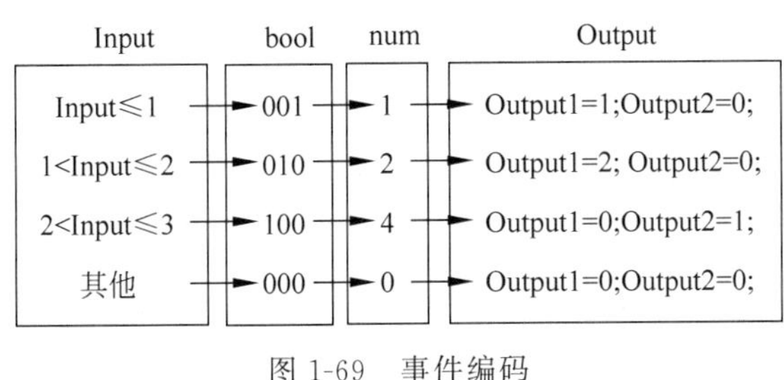

图 1-69　事件编码

可以预计，随着 Case 数量的增加，Case 结构的层数也会增多，程序的可读性和可维护性将变得更差。在实际编程中，可以借鉴"状态机"编程的方法处理多层嵌套条件结构。

首先将条件转换为若干事件（状态），然后对每个事件进行编码，最后利用一个 Case 结构将每个事件映射成对应的输出，就可以实现多层嵌套条件结构。

LabVIEW 编程步骤如下。

（1）将输入数据落入某一区间的事件构成一个布尔数组。Input 输入数值同时和 1、2、3 进行比较，得到 3 个逻辑判断：①是否小于 1；②是否为 1～2；③是否为 2～3。若是，逻辑输出为 True，否则输出为 False。需要注意的是，可以使用 In Range and Coerce 模块判断一个数是否处在某一区间之中。

（2）利用 Build Array 模块将逻辑判断结果构成一个布尔数组，然后利用 Boolean Array To Number 模块将布尔数组转换为十进制数字。于是就可以获得输入条件的事件编码，即 001，010，100 和 000，并转换为对应的十进制数 1，2，4 和 0。

（3）在程序框图中创建一个 Case 结构。右击 Case 结构边框，在弹出的菜单中选择 Add Case After，分别创建 1，2，4 和 0 共 4 个 Case（注意，0 是默认的 Case），如图 1-70 所示。为了验证事件编码的正确性，在程序框图中可以创建布尔显示控件 bool 和数值显示控件 num。

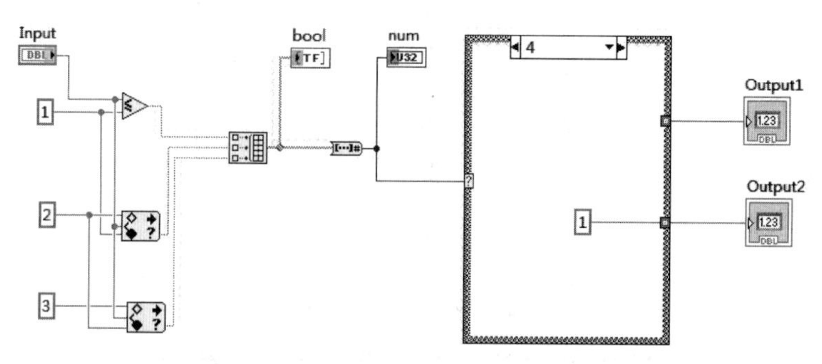

图 1-70 基于事件编码的嵌套条件结构

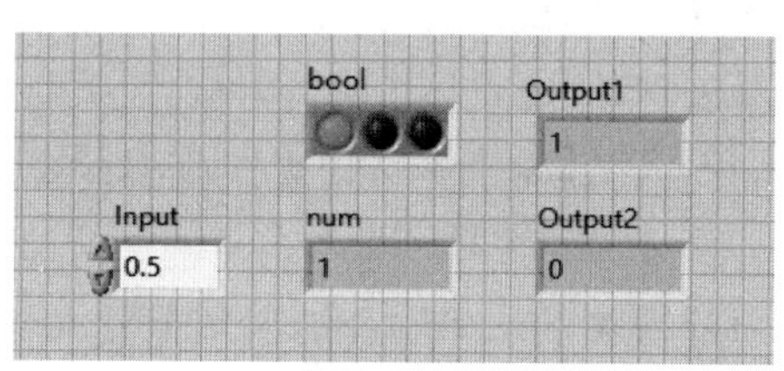

(a) Input=0.5

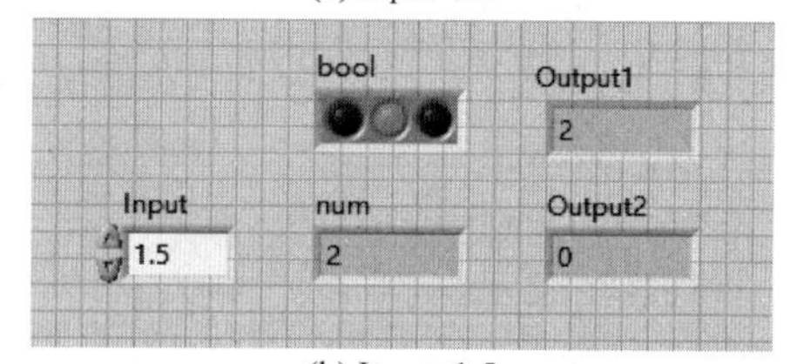

(b) Input=1.5

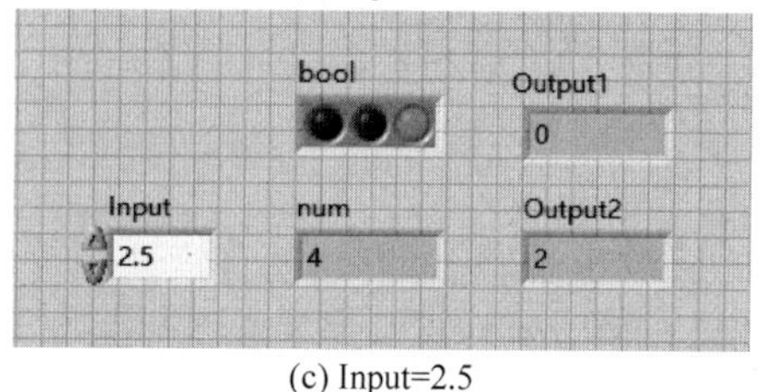

(c) Input=2.5

图 1-71 输出结果

（4）将十进制数值输入分支选择器，并在相应的 Case 中添加对应的输出常量，再对应输出 Output1 和 Output2。注意输出未定义时，隧道需要设置为“未连线时使用默认”。

（5）切换到前面板，在 Input 控件中输入数值，运行程序。分别输入 0.5，1.5 和 2.5，验证事件编码 bool、十进制数 num 以及最后的输出结果 Output1 和 Output2 是否正确，如图 1-71 所示。

这种编程方式实际上是将一个复杂的问题分解成两部分，前半部分进行“状态”划分和事件编码，后半部分进行显示，中间通过“接口”转换。这样做的好处是两部分可以独立分工完成，提高了编程效率，并且只用了一个 Case 结构，提高了程序的可读性。

1.2.7 移位寄存器

第 11 集 LabVIEW 编程-移位寄存器

移位寄存器是循环结构中常用的模块，本节将介绍移位寄存器的使用方法。移位寄存器的作用是将上一次循环产生的结果临时保存到下一次循环，完成前后两次循环之间的数据传递。在 For/While 循环边框上右击，在弹出的菜单中选择 Add Shift Register，就可以创建移位器寄存器。

移位寄存器创建完成后，循环边框的左右两边将各产生一个端子，左边的端子称为左移位寄存器，右边的端子称为右移位寄存器，如图 1-72 所示。接下来将通过一个简单的例子介绍移位寄存器的工作原理。

移位寄存器是这样执行的：在每次循环结束后，下次循环开始前，右移位寄存器的值会赋给左移位寄存器。当数据不断移入左移位寄存器后，原有的数据将不断从左移位寄存器移出丢弃，如图 1-73 所示。

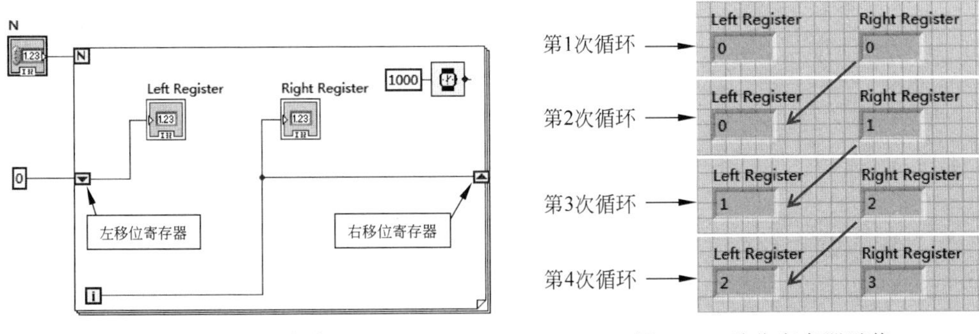

图 1-72 移位寄存器

图 1-73 移位寄存器赋值

While 循环也可以实现移位寄存器，其创建方式和 For 循环相同。需要注意的是，无论是 For 循环还是 While 循环，左移位寄存器在循环前必须赋初值，初值的数据类型决定了移位寄存器存储的数据类型。

需要特别注意的是，在使用移位寄存器时，左移位寄存器一定要赋初值，否则程序将会出现问题。如图 1-74 所示，如果左移位寄存器的初值为 1，程序连续两次运行的结果都是 5。如果左移位寄存器不赋初值，左移位寄存器默认的初值为 0，程序首次运行的结果为 4；再次运行程序，左移位寄存器的初值将变为 4，输出值为 8，这将使程序的输出变得不可控。

程序框图	第1次	第2次
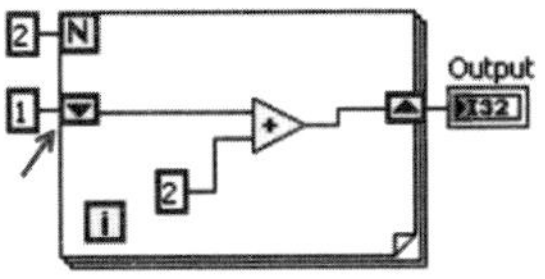	Output=5	Output=5
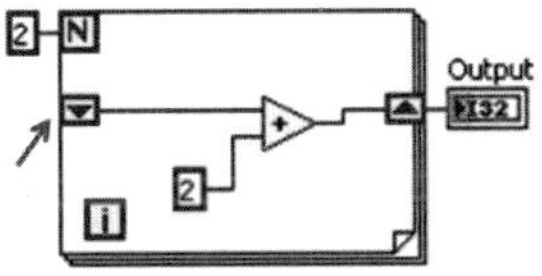	Output=4	Output=8

图 1-74 移位寄存器的初值

例 1-9 利用 For/While 循环中的移位寄存器实现具有以下功能的累加器：输入整数 N，输出 1+2+3+…+N 的值。

LabVIEW 编程步骤如下。

(1) 在前面板中创建数值输入控件 N 和数值显示控件 Sum。在程序框中创建 For/While 循环结构、加法器、比较器和定时模块，如图 1-75 所示。

(2) 在 For/While 循环结构边框创建一对移位寄存器，并完成模块之间的连线，注意左移位寄存器初始值设置为 0，如图 1-75 所示。

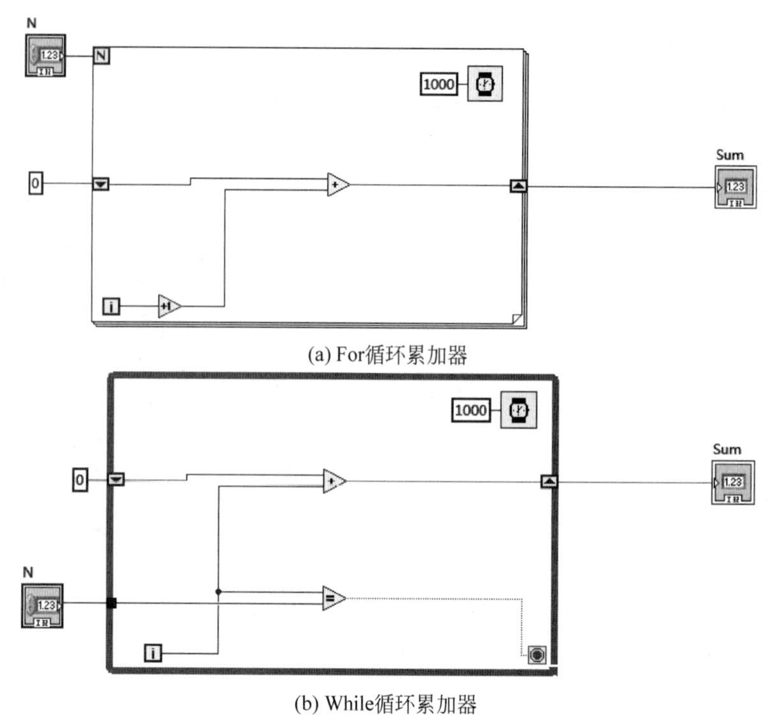

(a) For循环累加器

(b) While循环累加器

图 1-75　移位寄存器实现累加器

(3) 切换到前面板，在控件 N 中输入一个整数，运行程序，并验证最终累加器的输出结果 Sum 是否正确。

此外，如果要保存前两次循环的值，供本次循环使用，可以创建移位寄存器堆栈。右击左移位寄存器图标，在弹出的菜单中选择 Add Element，就可以完成移位寄存器堆栈的创建，如图 1-76 所示。移位寄存器堆栈与先入先出(First Input First Output，FIFO)队列的工作原理相同，都是按照先入先出的原则进行的。

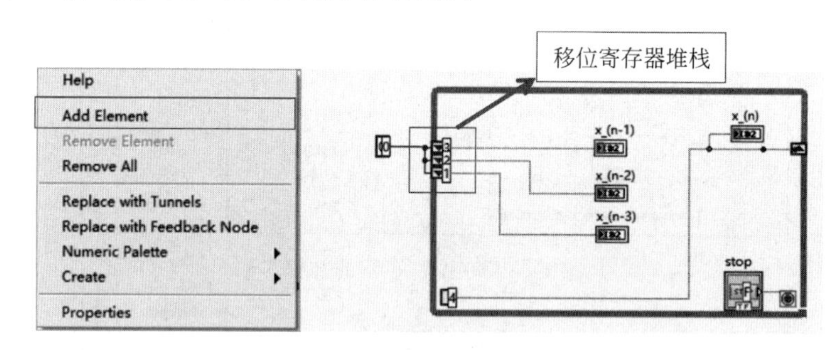

图 1-76　移位寄存器堆栈

例 1-10　利用移位寄存器统计一段方波中上升沿的个数，并计算单次循环所需的时间。

LabVIEW 编程步骤如下。

(1) 在程序框图中创建一个 Square Waveform 模块，产生一段占空比为 50%的方波，其中采样率为 1kHz，采样点数为 1000。调整方波的幅度，使其分布在 0～1。

（2）创建一个 While 循环，创建两对移位寄存器：DBL 移位寄存器和 I32 移位寄存器。DBL 移位寄存器用于计算当前采样点和前一采样点之间的幅度差，I32 移位寄存器用于记录上升沿的个数。如果幅度差大于 1，则 I32 移位寄存器值加 1，否则保持不变，如图 1-77 所示。

（3）再创建一对 I32 移位寄存器，用于计算单次循环所需的时间。创建两个 Tick Count (ms)模块，循环外的 Tick Count (ms)模块给左移位寄存器赋初值，将循环内 Tick Count (ms)模块的当前返回值减去前一次循环的返回值，就可以获得单次循环所需的时间，如图 1-77 所示。在这个例子中，单次循环所需时间不足 1ms，而 LabVIEW 无法分辨 1ms 时间，Time elapsed 返回值为 0。

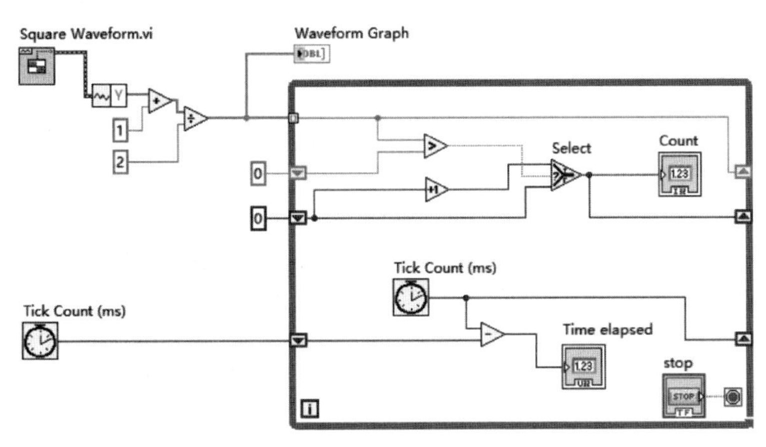

图 1-77 移位寄存器统计方波上升沿个数

1.2.8 波形显示

第 12 集 LabVIEW 编程-波形显示

波形或数组可以采用 Waveform Chart(波形图表)或 Waveform Graph(波形图)显示。在实际编程中，可以选择不同风格的波形图或波形图表。例如，可以选择背景为黑色的波形图，也可以选择背景为白色的波形图，如图 1-78 所示。

波形图用于显示波形、数组或动态数据。图 1-79 所示为随机数显示实例，利用波形图，可以将 Build Waveform 模块产生的波形显示出来。需要注意的是，波形图是一次性播放数据，无法逐点显示数据。

波形图表又称为实时趋势图，一般用于实时显示以恒定速率采集的数据。波形图表以逐点播放的方式显示数据。如图 1-80 所示，波形图表将随机数产生器生成的随机数逐点显示。

波形图和波形图表都可以同时显示多条曲线。如图 1-81(a)所示，两条随机噪声曲线显示在同一个波形图中，对应的程序框图如图 1-81(b)和图 1-81(c)所示。

图 1-81(b)和图 1-81(c)采用了两种方法显示波形。在图 1-81(b)中，将两个波形合成在一个一维数组中显示。在图 1-81(c)中，使用了 Express 选板中的 Merge Signals 模块将两路数据合并到一个动态数据中，然后利用波形图显示。

此外，如果需要显示的两组数据有关联，如数据 X 作为横坐标，数据 Y 作为纵坐标，则可以使用 XY 形图显示两组数据构成的曲线，如图 1-82(a)所示。

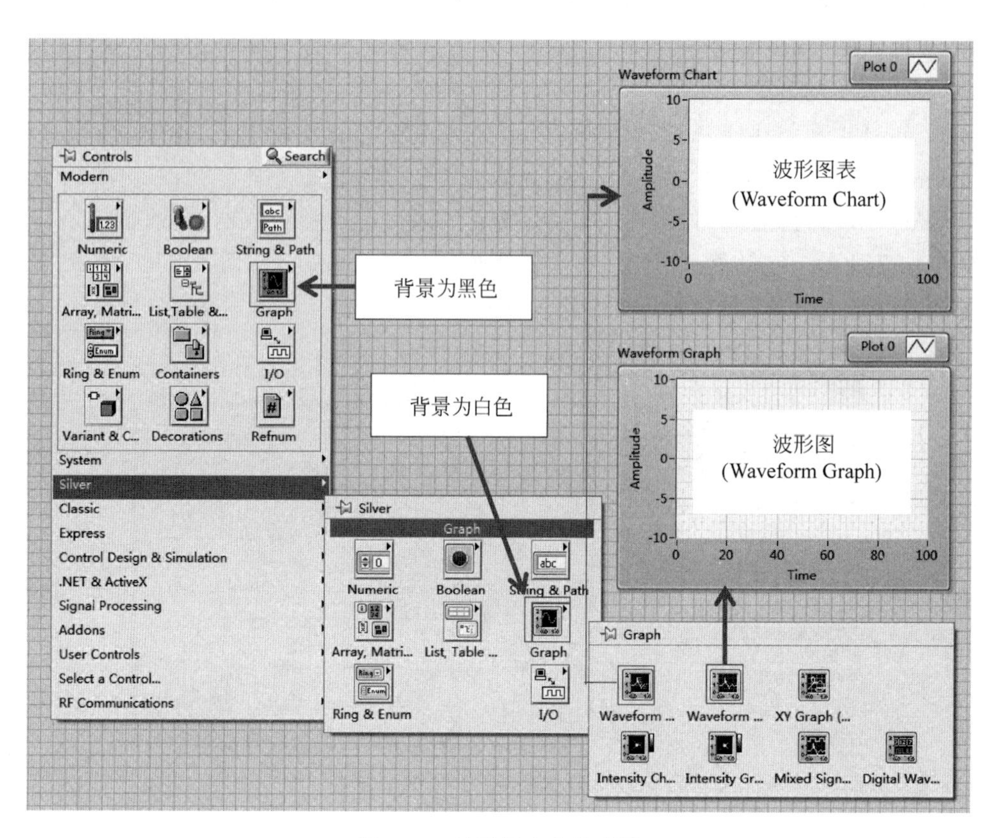

图 1-78 波形图表和波形图

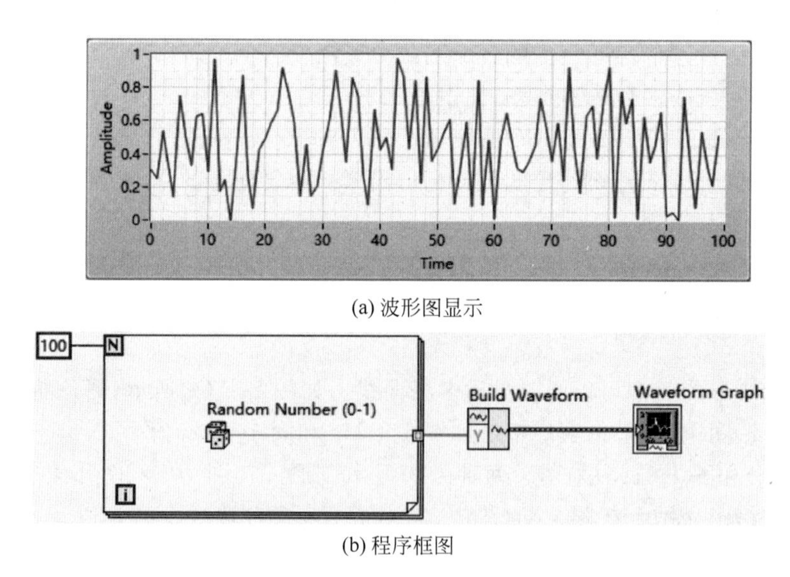

(a) 波形图显示

(b) 程序框图

图 1-79 随机数显示实例(波形图)

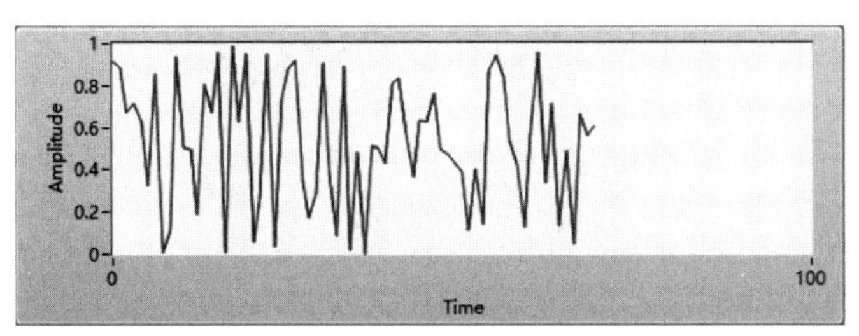

(a) 波形图表显示

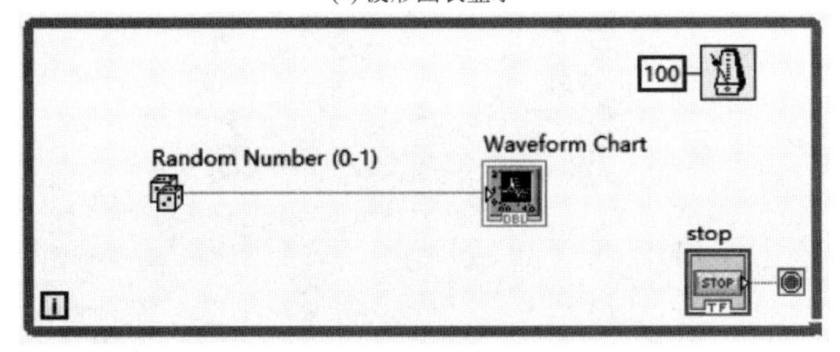

(b) 程序框图

图 1-80 随机数显示实例(波形图表)

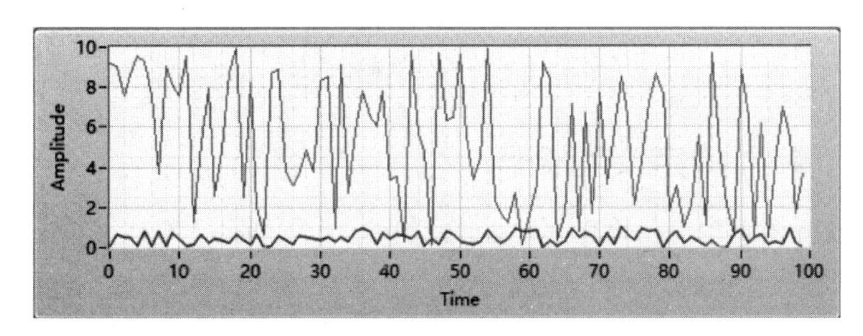

(a) 波形图显示(两条曲线)

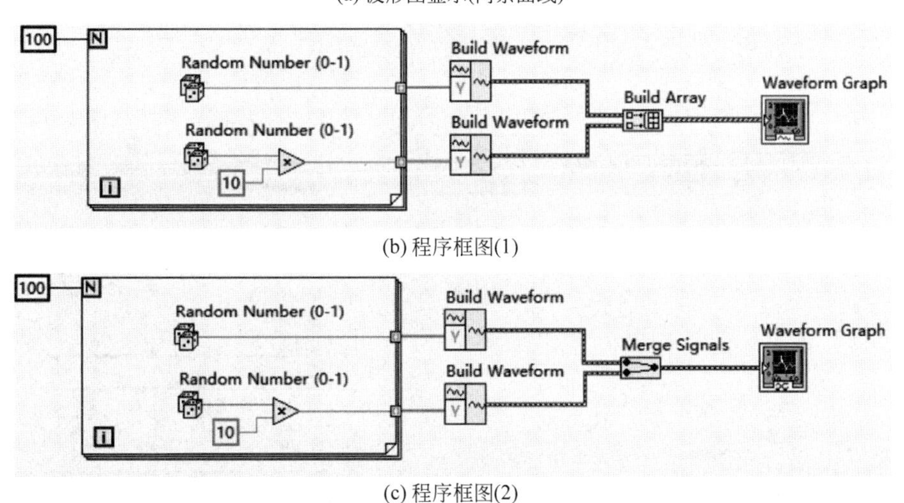

(b) 程序框图(1)

(c) 程序框图(2)

图 1-81 波形图多曲线显示

对应的程序框图如图 1-82(b)所示，其中横坐标是 Cosine 模块输出构成的数组，纵坐标为 Sine 模块输出构成的数组。使用 XY 形图就可以显示该曲线，注意将 X 和 Y 两数组预先进行捆绑处理。

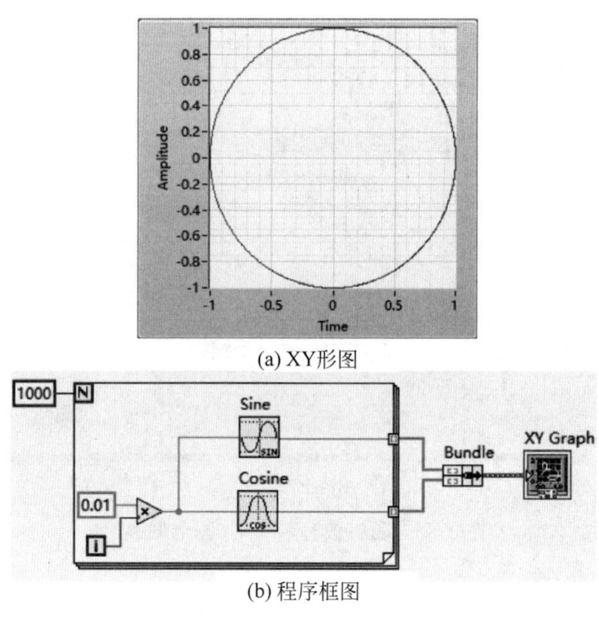

(a) XY形图

(b) 程序框图

图 1-82　XY 形图显示数据

第 13 集
LabVIEW
编程-SubVI
编写

1.2.9　子 VI 的定义和调用

当程序框图中有些部分的内聚度较高时，可利用子 VI(Sub VI)使主程序结构更加清晰简洁，这一点类似于文本编程中的子函数。

Sub VI 的定义方法有两种。一种是通过 VI 图标旁边的连线板创建，另一种是通过 Edit 菜单下的 Create SubVI 命令创建。Sub VI 创建完成之后，可以在程序框图中通过 Select a VI 命令调用 Sub VI，如图 1-83 所示。

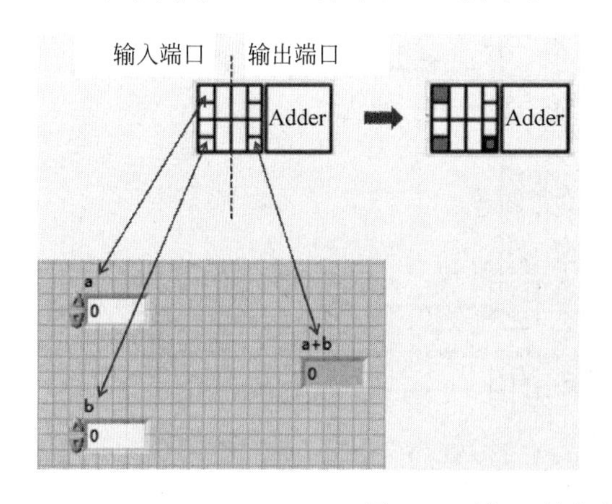

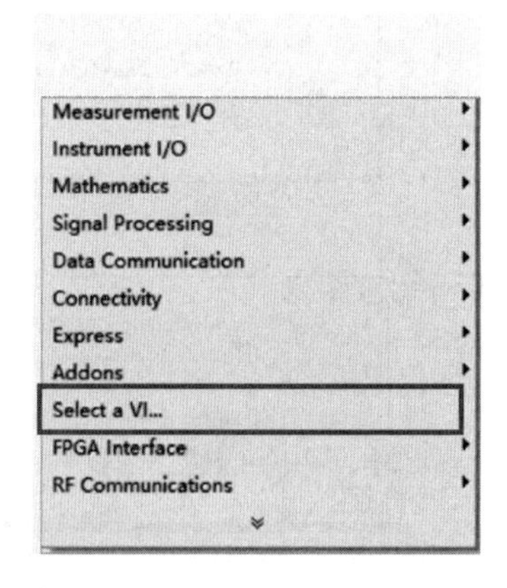

图 1-83　子 VI 的定义和调用

例如，图1-84所示为一个温度采集系统的例子。通过调用Sub VI，编程界面变得更加简洁。此外，采用Sub VI编程还有一个优点，可以将一个复杂的程序分解成为多个子模块，方便多人分工协作，提高编程的效率。

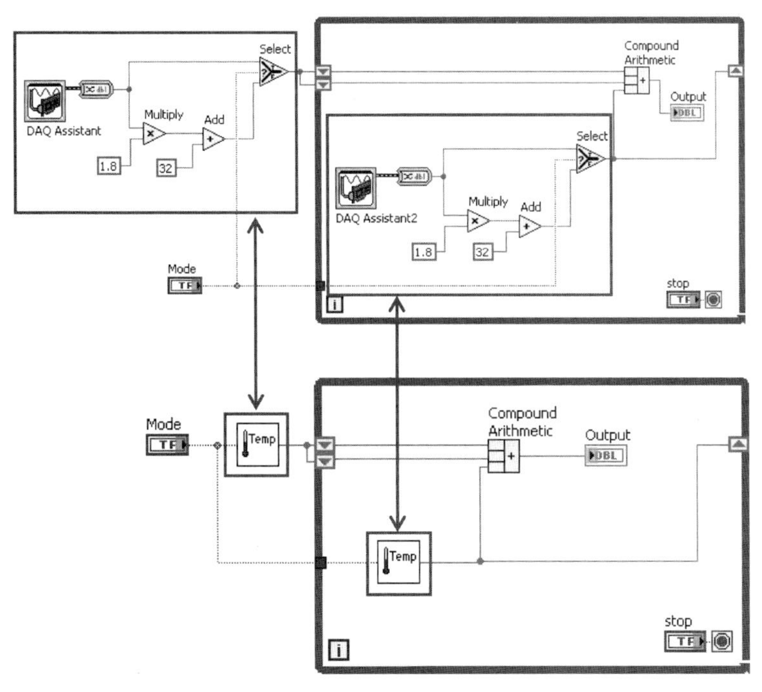

图 1-84 温度采集系统

1.2.10 调制工具包

第 14 集 LabVIEW 编程-调制工具包

LabVIEW通信仿真中，通过调用Modulation Toolkit（调制工具包）可以大大节省通信仿真平台搭建的时间，接下来本节将简要介绍这个工具包中的函数模块。注意，需要预先购买并安装LabVIEW Modulation Toolkit。

成功安装调制工具包后，Functions选板中将出现RF Communication选板，这个选板中集成了大量通信相关的模块。选择该模块，可以看到这个工具包分为模拟（Analog）和数字（Digital）两部分，如图1-85所示。

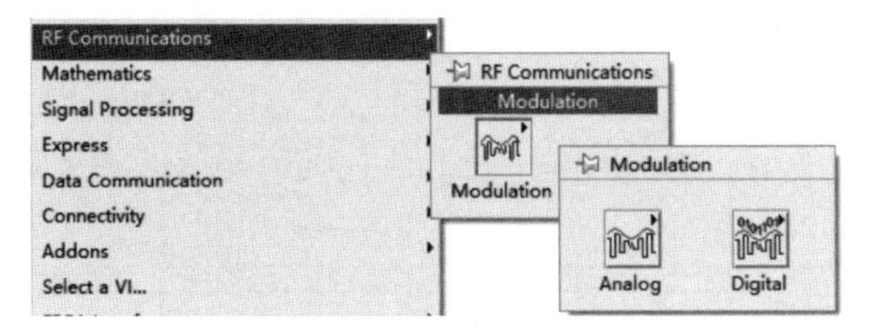

图 1-85 调制工具包

例如，在模拟调制中，有调制和解调模块、模拟信号处理以及模拟信号测量和显示等模块，如图1-86(a)所示。

在数字调制中有调制和解调模块、数字信号处理以及数字信号测量显示等模块。如图 1-86(b)所示,通过调用这些模块,就能够快速进行无线通信仿真。

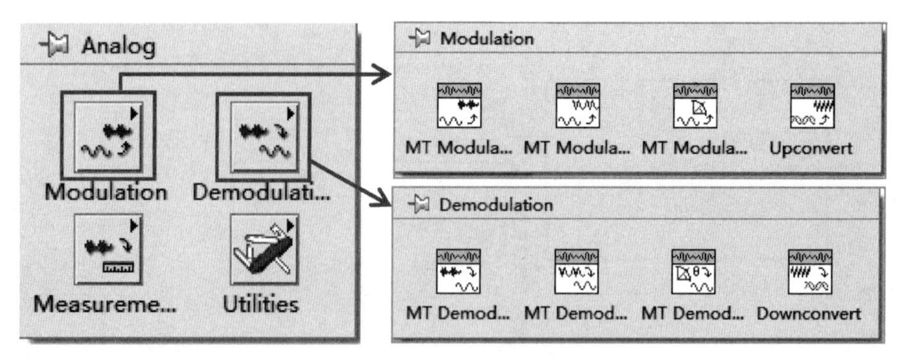

(a) 模拟调制工具包模块

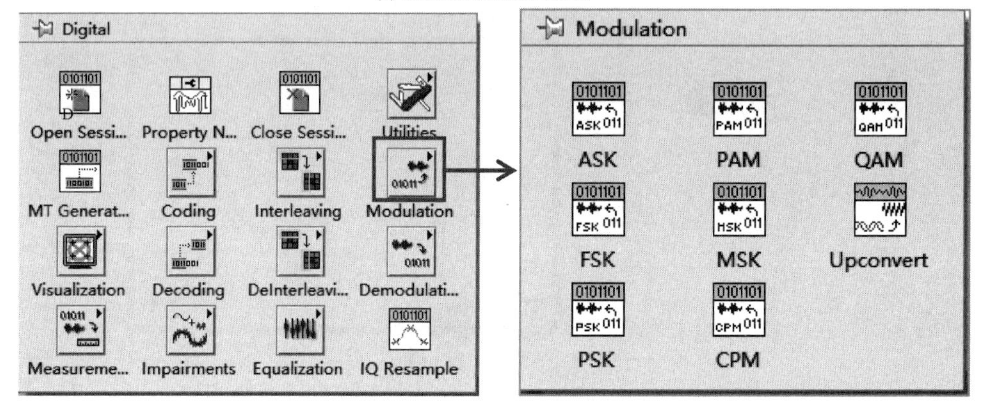

(b) 数字调制工具包模块

图 1-86 调制工具包模块

例如,图 1-87 所示为一个基于调制工具包的数字调相系统仿真。这个仿真调用了 PSK 调制模块和解调模块,同时还调用了调制工具包中的其他模块,通过调用调制工具包中的模块,就能够快速搭建仿真平台,验证系统性能。

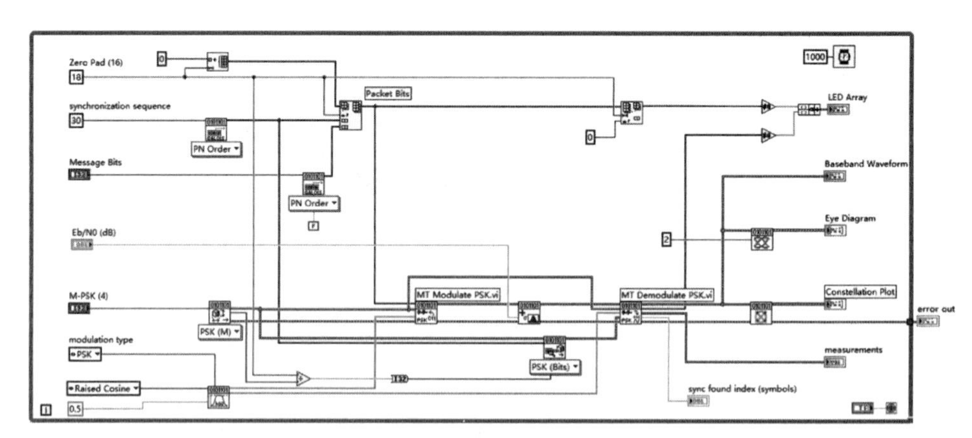

(a) 程序框图

图 1-87 数字调相系统仿真

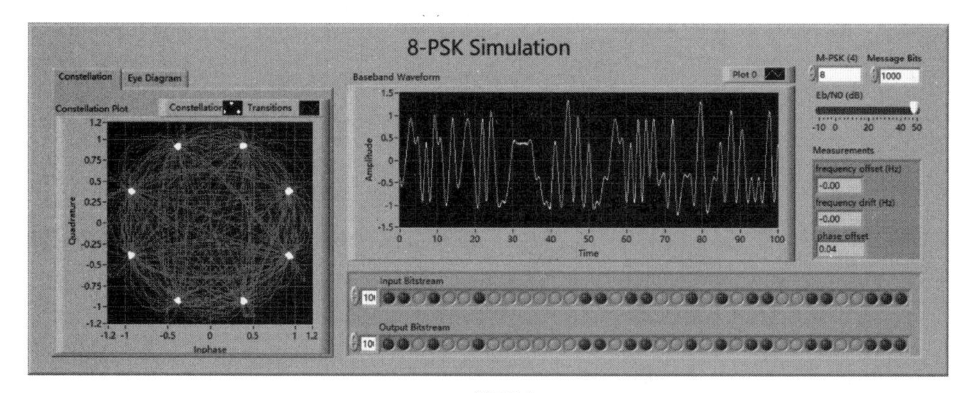

(b) 前面板

图 1-87 （续）

第 15 集 LabVIEW 编程-事件结构

1.3 LabVIEW 设计模式

1.3.1 项目需求分析

在 LabVIEW 项目开发中，为了提高项目开发效率，通常会采用一些常用的程序模板作为主程序的框架，这个框架便是 LabVIEW 设计模式。LabVIEW 根据不同类型的项目需求，提供了多种设计模式的模板，如常用的事件驱动用户界面模式、状态机模式以及生产者-消费者模式。项目需求和设计模式之间的对应关系如表 1-2 所示。

表 1-2 项目需求和设计模式之间的对应关系

项目需求	设计模式
需要轮询用户的操作(如单击、按键等)	事件驱动用户界面模式
需要通过编程确定一系列事件的执行顺序	状态机模式
需要同时执行两个并行的过程	生产者-消费者模式

接下来，本节将通过实例介绍这 3 种设计模式，以便初学者能够快速了解 LabVIEW 常用设计模式的使用方法。

1.3.2 事件结构

LabVIEW 事件结构专门用于处理鼠标点击、按键按下以及前面板交互等用户界面操作事件，其执行过程与嵌入式编程中的“中断”类似。例如，当用户某一操作事件(如鼠标点击)发生后，操作系统会向应用软件广播该事件消息，LabVIEW 通过事件结构可以捕获该事件消息。需要注意的是，在程序运行时，只有前面板有事件发生，事件结构才会被唤醒。

在 Programming→Structures 选板中可以找到 Event Structure(事件结构)的图标，如图 1-88 所示。

事件结构的创建过程和 Case 结构类似。单击事件结构的图标，然后在程序框图中拖动一个矩形框，就可以创建一个事件结构，如图 1-89 所示。

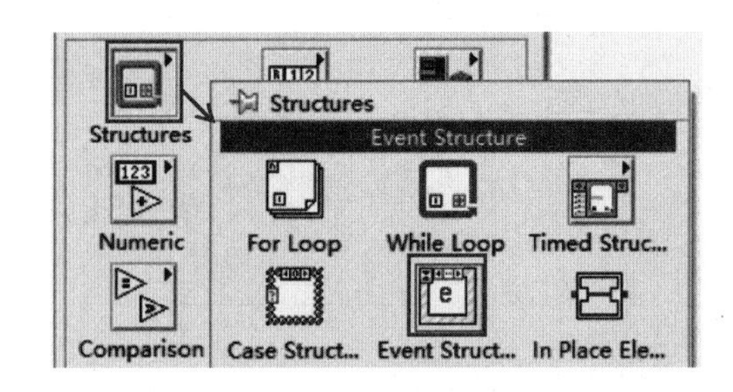

图 1-88　事件结构

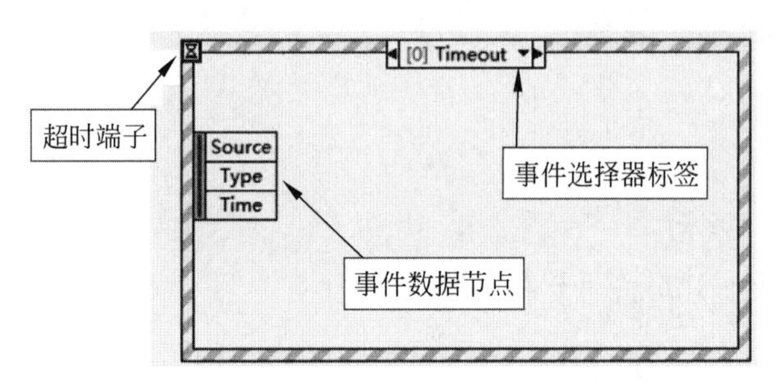

图 1-89　创建事件结构

一个基本的事件结构包含 Event Selector Label(事件选择器标签)、Timeout Terminal(超时端子)和 Event Data Node(事件数据节点)等。事件结构的执行流程和 Case 结构类似。事件选择器标签关联的事件被触发时,该标签下的程序才会被执行。

需要注意的是,在事件结构中还有两个重要的端子,一个是超时端子,用于设置超时事件所需的等待时间;另一个是事件数据节点,返回事件数据,如 Source(事件源)、Type(事件类型)和 Time(时间)3 个参数,关于这些端子的详细说明,可以参见其帮助文档。

右击事件结构边框,在弹出的菜单中选择 Add Event Case 就可以增加一个事件分支,如图 1-90 所示。

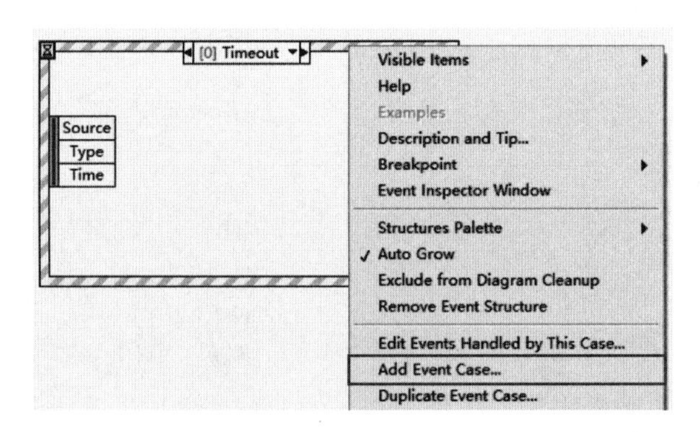

图 1-90　增加事件分支

单击 Add Event Case 之后,会自动弹出一个 Edit Events(编辑事件)对话框,如图 1-91 所示。在这个对话框中,可以将事件触发(鼠标点击或键盘操作)和事件选择器标签关联起来。当某一事件被触发时,对应事件选择器标签中的程序将会被执行。

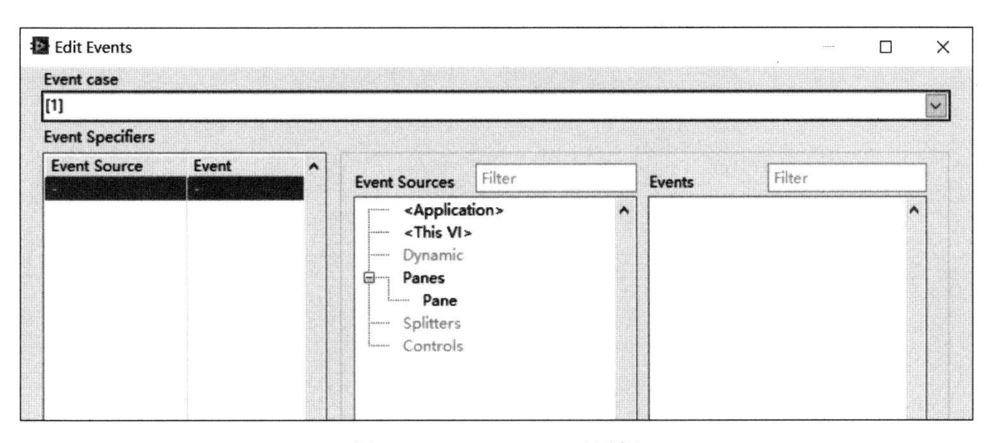

图 1-91 Edit Events 对话框

1.3.3 事件驱动用户界面模式

鼠标点击或键盘操作等事件通常需要循环检测，所以事件结构通常放在循环体内使用，如图 1-92 所示。典型的事件驱动用户界面模式由 While 循环和事件结构组成。这里值得一提的是，在 LabVIEW 早期版本中，采用"轮询"的方式检测鼠标点击等事件，这样处理会大大消耗 CPU 资源，不利于复杂、多线程程序的处理。接下来将通过一个例子介绍事件驱动用户界面模式。

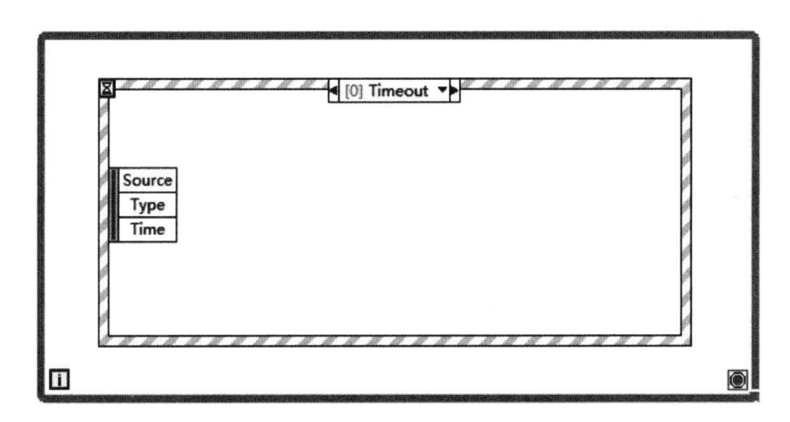

图 1-92 事件驱动用户界面模式

例 1-11 LabVIEW 编程实现一个二端口加法器。功能要求：当单击加法器按钮时，程序执行加法运算。

这个编程和 1.1.4 节所示的加法器不同，注意这里的功能要求，只有当单击加法器按钮时，加法运算才会执行。LabVIEW 编程步骤如下。

(1) 在前面板中创建两个数值输入控件 a 和 b、一个数值显示控件 a+b、一个布尔按钮 add 和一个停止按钮 stop，如图 1-93 所示。

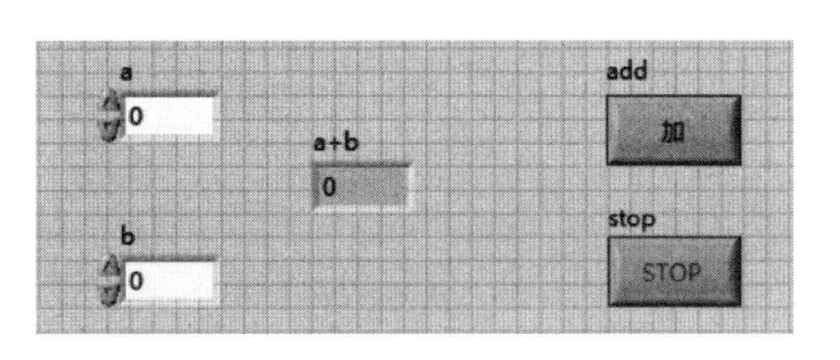

图 1-93 二端口加法器前面板

(2) 根据事件驱动用户界面模式，创建一个 While 循环结构和一个事件结构，将事件结构置于 While 循环结构内部，如图 1-92 所示。右击事件结构边框，在弹出的菜单中选择 Add Event Case 增加一个事件分支，接着在弹出的 Edit Events 对话框中编辑该事件。注意，在 Event Sources(事件源)中选择 Controls 选项下面的 add，这里的 add 对应的就是前面板中的布尔控件 add。在 Events 下面的 Mouse 选项下选择 Mouse Down，指的是当鼠标按下 add 这个控件时，事件将会被触发，如图 1-94 所示。

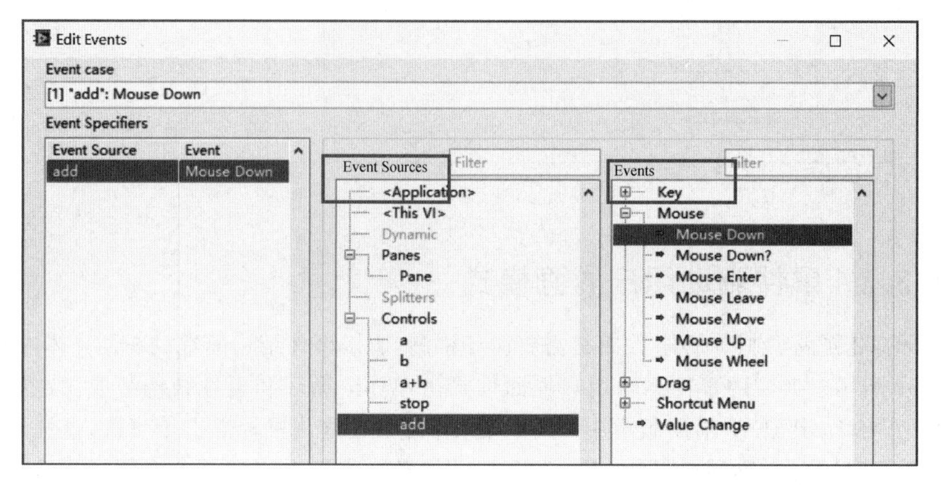

图 1-94 编辑事件

(3) 回到程序框图，在"add"：Mouse Down 事件分支下完成二端口加法器编程，如图 1-95(a)所示。

(4) 按照"add"：Mouse Down 事件的创建方法，创建一个 stop 事件。注意选择 Event Sources→Controls→stop，以及 Events→Mouse→Mouse Down。回到程序框图中，在"stop"：Mouse Down 事件分支下创建一个布尔常量 T，并连接到 While 循环的结束端子，于是就完成了编程，如图 1-95(b)所示。

(5) 切换到前面板，在控件 a 中输入 5，控件 b 中输入 7，运行程序。注意加法器并不是立即执行，只有当鼠标单击 add 按钮时，加法运算才会执行。为了更直观地理解事件结构的执行流程，还可以点亮程序框图中的调试灯，进入调试模式，观察事件结构的执行流程。

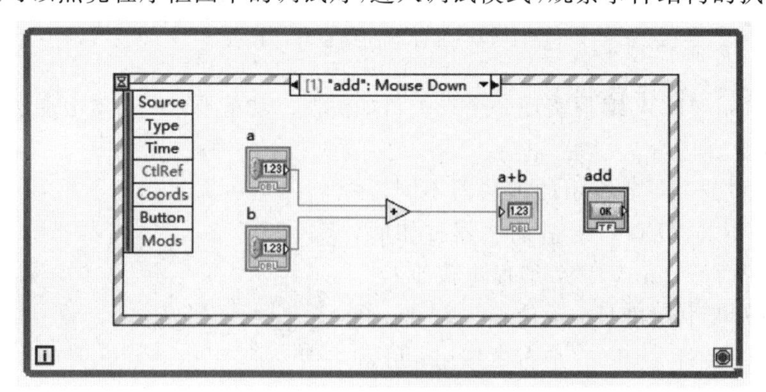

(a) 事件"add":Mouse Down

图 1-95 事件分支编程

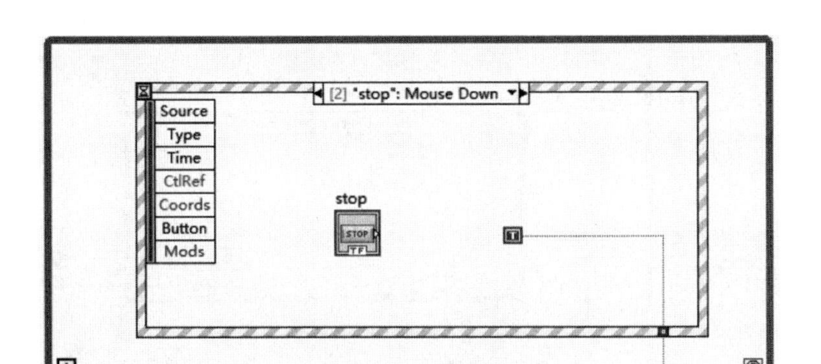

(b) 事件"stop":Mouse Down

图 1-95　(续)

1.3.4　状态机模式

第 16 集
LabVIEW
编程-
状态机

在 1.2.5 节所示的流水灯实验中,一个 While 循环和一个 Case 结构实现了流水灯 8 种状态的顺序播放,从而实现了流水灯从左到右的流水效果。考虑这样一个问题,如果要重新定义流水灯的播放顺序,实现不同的效果,那么应该如何编程呢?

标准状态机(Standard State Machine)模式就可以方便地解决这个问题。为了方便用户使用状态机,LabVIEW 提供了标准状态机模板,执行单击 File→New 菜单命令,就可以打开模板创建窗口,如图 1-96 所示。

单击 VI→From Template→Frameworks→Design Patterns→Standard State Machine,就可以创建一个标准状态机模板,如图 1-97 所示。标准状态机由 While 循环和 Case 结构组成。注意 While 循环中还包括一对移位寄存器。

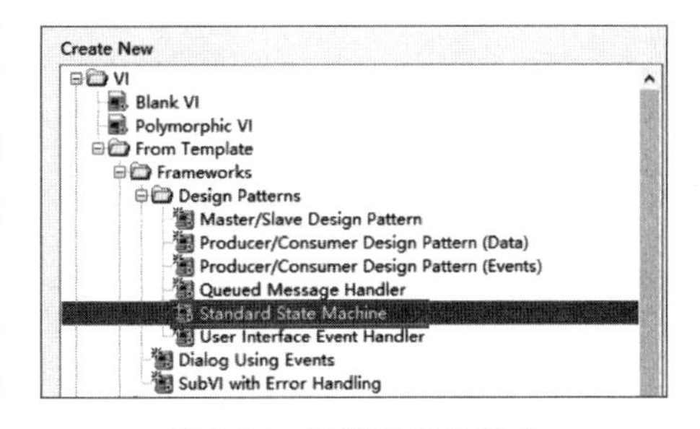

图 1-96　标准状态机模式

移位寄存器用来存储状态值,Case 结构用来实现状态机在不同状态下对应的动作。利用移位寄存器和 Case 结构,巧妙地实现了状态机前后两种状态之间的切换。例如,在图 1-97 中,枚举控件定义了状态机所有的状态,左移位寄存器存储的是当前状态 Initialize,程序进入 Initialize 分支执行程序后,还需要指定下一个状态 Stop。通过这种方式,就可以实现状态之间的切换。

利用标准状态机模板,可以很方便地定义流水灯的播放顺序。如图 1-98 所示,将标准状态机模板应用到流水灯实验中,只需要修改 Case 结构中的下一个状态值,就可以实现流水灯不同的效果。

利用状态机模板,将 1.2.5 节所示的流水灯做进一步改进,实现从右到左的流水效果。LabVIEW 编程步骤如下。

(1) 创建一个标准的状态机模板,编辑枚举自定义控件,定义从 State 0～State 8 的 9 种状态。

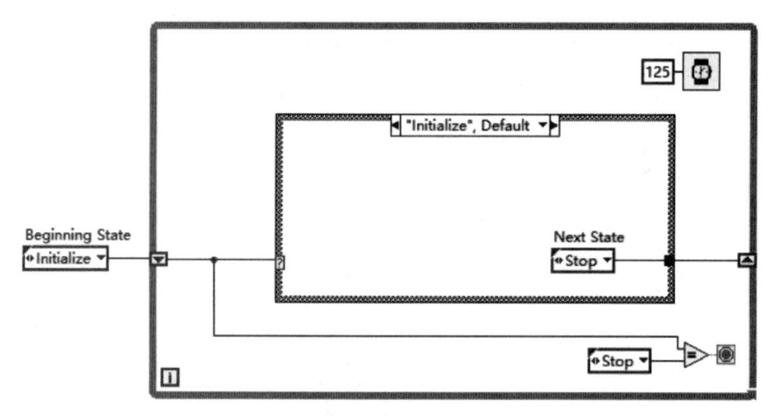

图 1-97　标准状态机模板

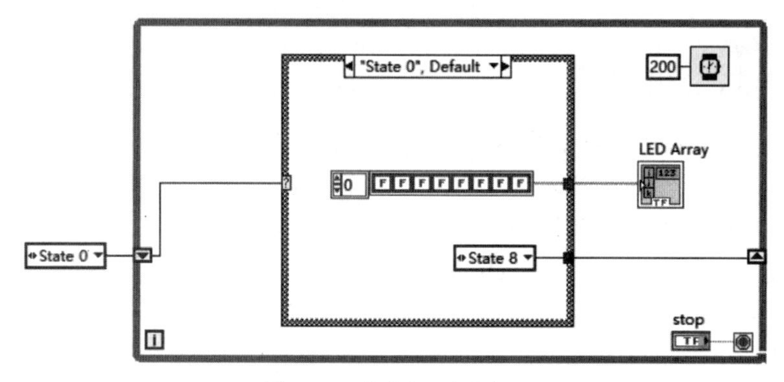

图 1-98　状态机(流水灯)

(2) 在 Case 结构的内部,首先编写当前状态下的程序。然后设置下一个状态值。为了实现从右到左的流水灯效果,将 State 8 设置为 State 0 的下一个状态,State 7 设置为 State 8 的下一个状态,State 6 设置为 State 7 的下一个状态,以此类推,完成整个状态机的编程。

(3) 切换到前面板,运行程序。可以看到流水灯从右到左的流水效果。

例 1-12　LabVIEW 编程实现鼠标控制流水灯。功能要求:当单击 OK 按钮时,LED 亮灯将从左到右移动。

这个编程和前面的流水灯不同,注意这里的功能要求,只有当单击 OK 按钮时,LED 亮灯才会向右移动一位,这里涉及用户界面操作,因此还需要使用事件结构。LabVIEW 编程步骤如下。

(1) 在前面板中创建一个布尔数组、一个布尔按钮 OK Button 和一个停止按钮 stop,如图 1-99 所示。

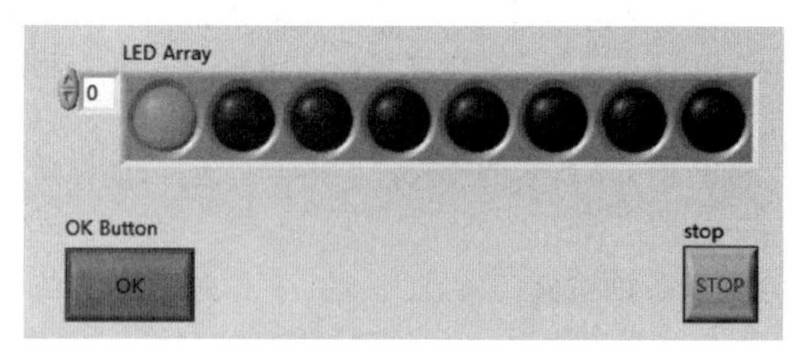

图 1-99　流水灯前面板

(2) 在程序框图中创建一个 While 循环和一个事件结构,将事件结构置于 While 循环结构内部。创建一个事件分支,用于响应 OK Button 被按下事件。在该事件下,再创建一个 Case 结构,实现 LED 灯组的 9 个状态,注意设置 Case 结构中的状态转移,如图 1-100 所示。此外,程序中还需要创建 Stop 事件,并将该事件和 stop 按钮关联起来。

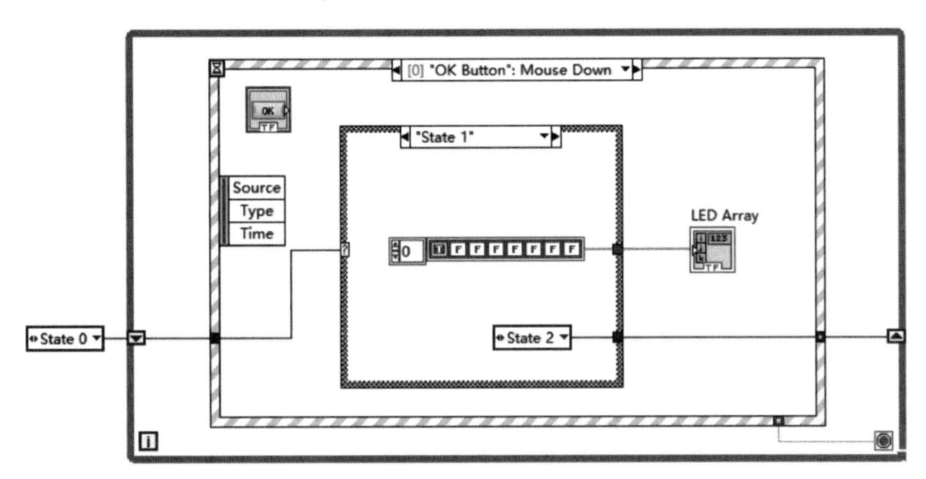

图 1-100 流水灯程序框图

(3) 切换到前面板,运行程序。单击 OK 按钮,每单击一次,LED 亮灯将向右移动一位。单击 stop 按钮,程序将停止运行。

1.3.5 队列

第 17 集 LabVIEW 编程-队列

生产者-消费者模式是 LabVIEW 编程中最常用的设计模式,尤其是在数据采集、处理以及显示这种类型的应用中。队列是生产者-消费者模式的核心。

简单来说,队列就是用来保持数据先入先出(FIFO)顺序的缓冲器。在许多应用场合中,数据的输入速率和输出速率是不一样的,这时为了保持系统稳定运行,就需要创建一个队列进行缓冲。

1. 队列的原理

队列运行的基本原理是先进先出。如图 1-101 所示,这个队列中,最右边的数据先出,后面的数据依次向右移动一位,左边空出了一位之后,最左边的数据才可以进入。需要注意的是,队列存在两个极端状态,一个是空队列状态,就是队列中一个元素也没有,这个时候只能等待数据入队;另一个是队列满状态,就是队列被占满了,这个时候新的数据不能进入,只能等待之前的数据出队之后才能进入。

2. 队列模块

在 Programing→Synchronization→Queue Operations 选板中可以找到队列函数模块,如图 1-102 所示。接下来将简要介绍几个常用的队列函数模块。

Obtain Queue(获取队列)模块可以新建一个队列,也可以引用一个已经创建好的队列。运行 Obtain Queue 模块的时候,LabVIEW 首先会根据输入的队列名称(引用),在查找表中查找是否已经存在这个队列。如果存在,就直接返回这个引用;如果不存在,就建立一个新的队列,并将队列引用加入查找表中进行维护。在任何子 VI 中,只要知道队列的名称,

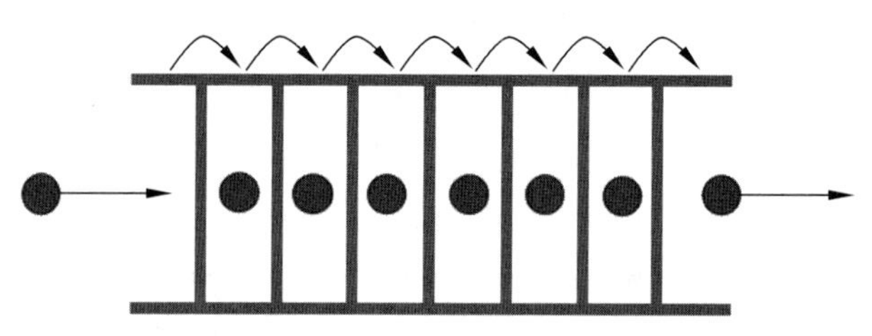

图 1-101 队列的基本原理

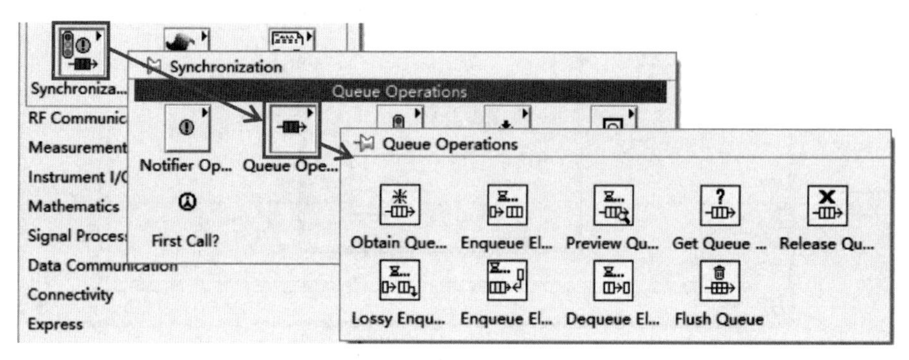

图 1-102 队列函数模块

就可以使用该队列。

Enqueue Element(元素入队)模块的功能是将元素压入队列。这个模块通常放在循环体内。如果当前队列已满,该模块会一直等待到超时或有数据出队列。

Dequeue Element(元素出队)模块的功能是将元素弹出队列,如果当前队列中无元素可以弹出,该模块会一直等待到超时或有数据入队。

Release Queue(释放队列)用于程序结束时的数据和句柄清理,防止内存泄漏和系统崩溃。

例 1-13 利用队列实现两个循环之间的数据传输。

LabVIEW 编程步骤如下。

(1) 在前面板中创建两个波形图表 RandIn 和 Randout,RandIn 用于显示入队数据,Randout 用于显示出队数据。创建两个数值显示控件 elements in queue 和 Numeric,elements in queue 用于显示队列中已有数据的个数,Numeric 用于显示当前产生数据的总数。

(2) 程序框图如图 1-103 所示,首先利用 Obtain Queue 模块创建一个队列,设置队列名称为 Hello,并设置队列长度和队列存放的数据类型分别为 100 和 DBL(双精度浮点型)。

(3) 创建一个 While 循环,同时创建一个 stop 按钮,再创建一个 Enqueue Element 模块,将 Obtain Queue 的引用和 Enqueue Element 的引用连起来。在 While 循环的外部右侧创建一个 Release Queue 模块,将 Enqueue Element 的引用和 Release Queue 的引用连起来。创建一个随机数产生器模块,将产生的随机数连接到 Enqueue Element 模块的 Element 端口,并输出到波形图表 RandIn 中,将循环计数端连接到数值显示控件 Numeric 上。最后,在循环中创建一个 10ms 的定时器。

(4) 创建一个 While 循环,将队列中的元素取出,创建一个 Dequeue Element 模块,将

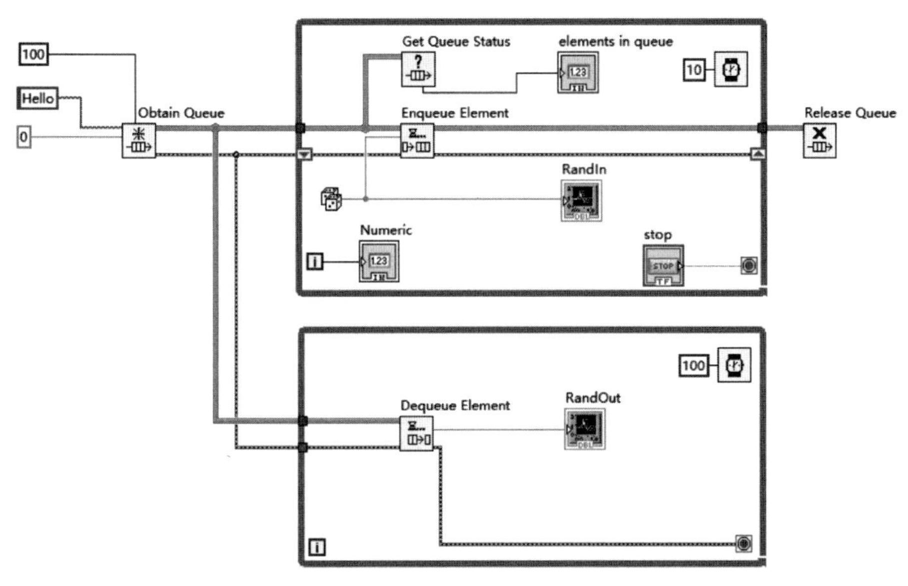

图 1-103　队列示例程序框图

Obtain Queue 的引用和 Dequeue Element 的引用连起来，将 Dequeue Element 模块的 Element 端口连接到波形图表 RandOut 上，注意这里也创建一个定时器，设置定时间隔为 100ms。

(5) 切换到前面板，运行程序。如图 1-104 所示，当 elements in queue 值小于 100 时，数据入队速率明显比出队速率快；当队列满后，入队速率与出队速率一致。

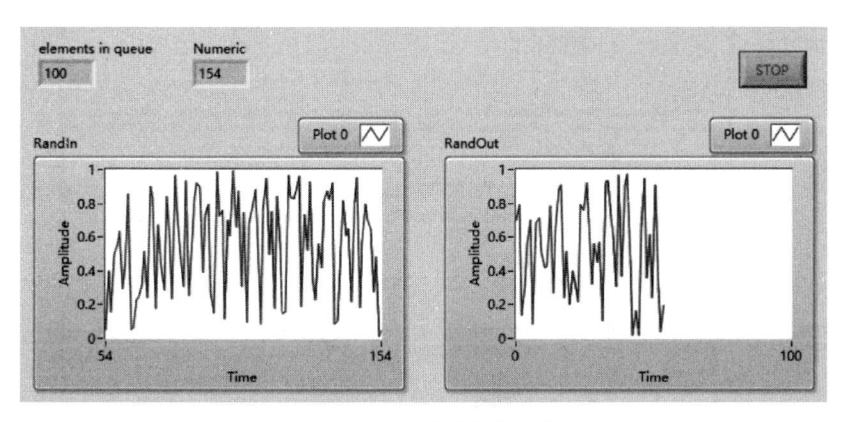

图 1-104　队列示例前面板

1.3.6　生产者-消费者模式

第 18 集 生产者-消费者模式

在实际编程中，可能会出现这样一种情况：当某一事件被触发之后，要求对应事件分支中的程序连续运行。这个时候就需要在事件分支中嵌入循环结构，如图 1-105 所示，如果需要在单击 OK 按钮后连续显示随机数，这个时候会发现程序无法停止，这也是所谓的前面板"锁死"问题：事件分支执行后，前面板会进入"锁定"状态，无法响应单击事件，也就无法执行停止事件。通常采用生产者-消费者模式解决该问题。

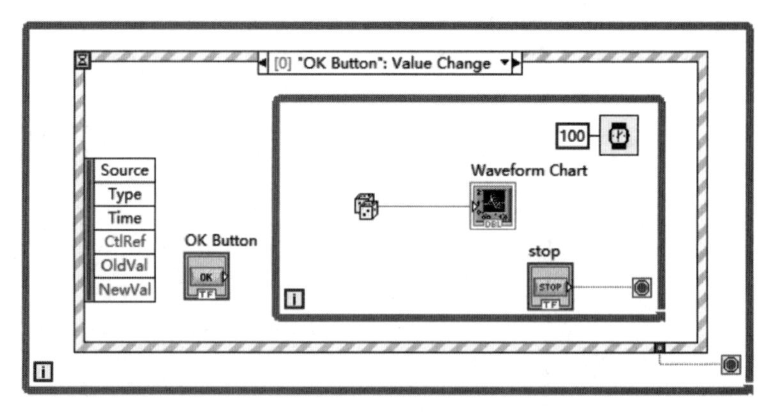

图 1-105　事件结构嵌套循环

如图 1-106 所示,生产者循环检测 OK 按钮单击事件。如果 OK 按钮被按下,则向队列中输入一个布尔常量 T。消费者循环则从队列中取出布尔常量 T,执行随机数的产生和显示,这种方式的优点是使界面响应和数据处理分离,提高了程序的执行效率。

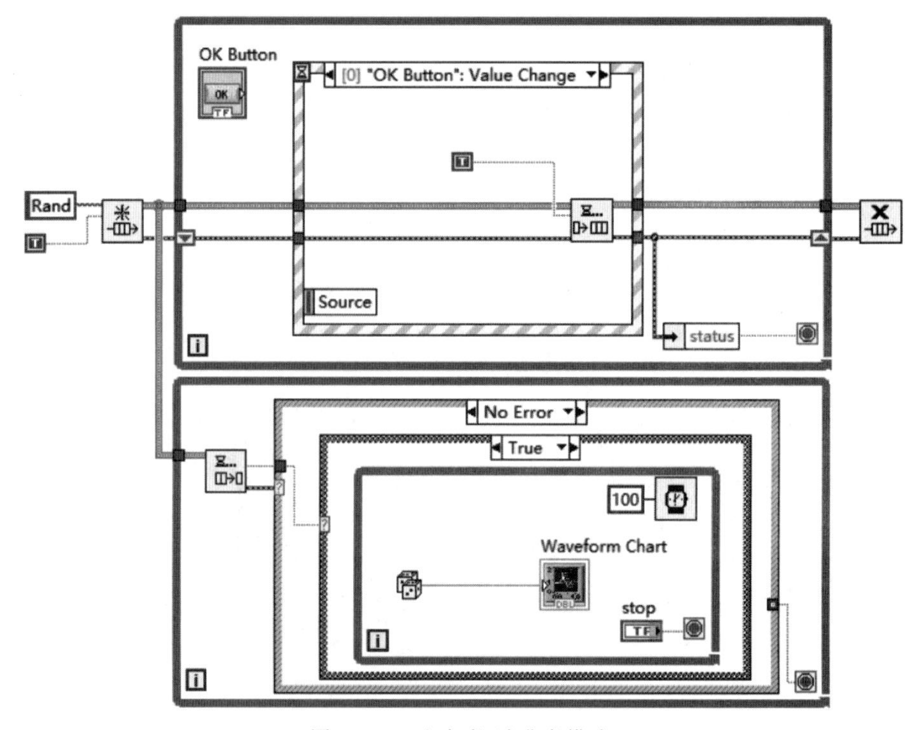

图 1-106　生产者-消费者模式

生产者-消费者模式是多线程编程中最基本的设计模式,用专业的话来说,是事件处理器和消息处理器相结合而构成的复合设计模式。这种设计模式包括一个生产者循环、一个或多个消费者循环,各个循环可以以不同的速率并行运行。可通过执行 File→New 菜单命令创建生产者-消费者模板。选择 Producer-Consumer Design Pattern(Events),就可以生成生产者-消费者模板。这给程序设计带来极大的方便,尤其是进行团队合作开发时,使用统一架构编写程序,就很容易保证团队程序风格的一致性。

LabVIEW 除了提供生产者-消费者(事件)结构之外,还提供了另外一种传送数据的生产者-消费者(数据)结构,如图 1-107 所示。

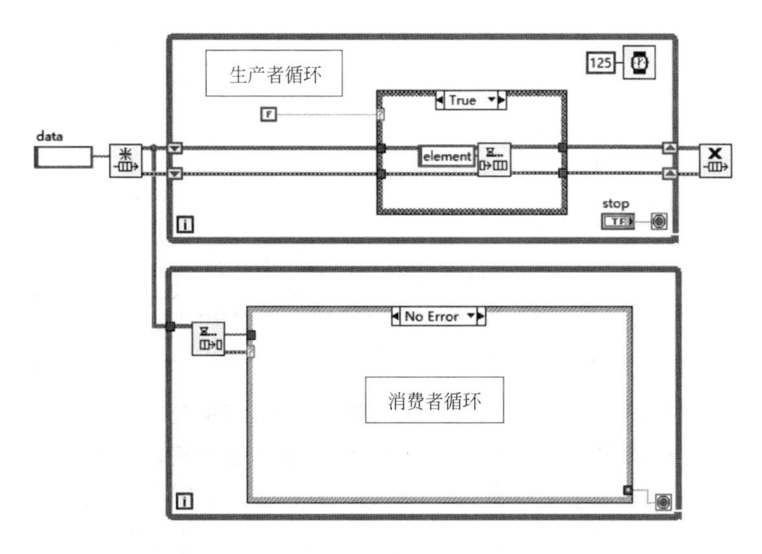

图 1-107　生产者-消费者(数据)模板

生产者-消费者(数据)模式和生产者-消费者(事件)模式大体相同,都采用队列结构实现多个循环之间的数据传递。不同的是,生产者-消费者(数据)模式的生产者循环中通常进行信号采集;在消费者循环中,则是进行信号处理和显示。需要指出的是,实际项目多种多样,也有可能是两种模式的组合,这些编程技巧需要我们在今后的编程实践中不断积累和总结。

1.4　项目实例:FM 解调软件

1.4.1　项目介绍

FM 一般指的是调频广播,其频率范围为 87～108MHz。FM 收音机可以收听到这个频段的信号。如今,随着电子产品的发展,FM 收音机多以模块的形式嵌入音响、学习机、车载电子等设备中。

在业余无线电领域,采用软件无线电设备和 FM 解调软件,也可以接收并解调 FM 信号,常用的软件无线电设备有 RTL-SDR、HackRF 等,常用的 FM 解调软件有 SDR ♯、HDSDR、GQRX、SDRangel 等①。

本项目将使用 LabVIEW 设计一套 FM 解调软件。为了进行软件测试,本项目提供一段已经录制好的 FM 信号。

1.4.2　主程序框架

从流程上来看,整个软件将包含 3 个功能模块:数据读取、数据处理以及声音播放,如图 1-108 所示。从实现上来看,数据读取采用 WAV 波形读取模块来实现。FM 解调算法

---

① https://www.rtl－sdr.com/

可以采用调制工具包中的模块来实现，也可以采用动态链接库调用的方式来实现，还可以采用LabVIEW信号处理模块来实现。声音播放模块采用LabVIEW中的WAV播放模块来实现。主程序框架采用While单循环方案实现。

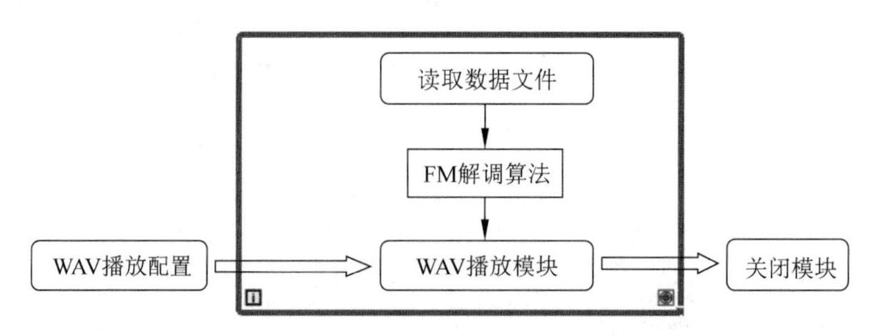

图1-108 主程序框架：单循环方案

在实际的硬件实验中，需要考虑数据采集延时。当数据采集速率较慢时，单循环方案会出现明显的声音"卡顿"现象。为了解决这个问题，主程序框架可以采用生产者-消费者模式进行数据采集缓冲。如图1-109所示，在生产者-消费者模式中，生产者循环不断从数据文件中读取数据，消费者循环则进行数据处理和声音播放。通过队列缓冲，可以消除声音播放过程中的"卡顿"现象，从而实现连续播放的效果。

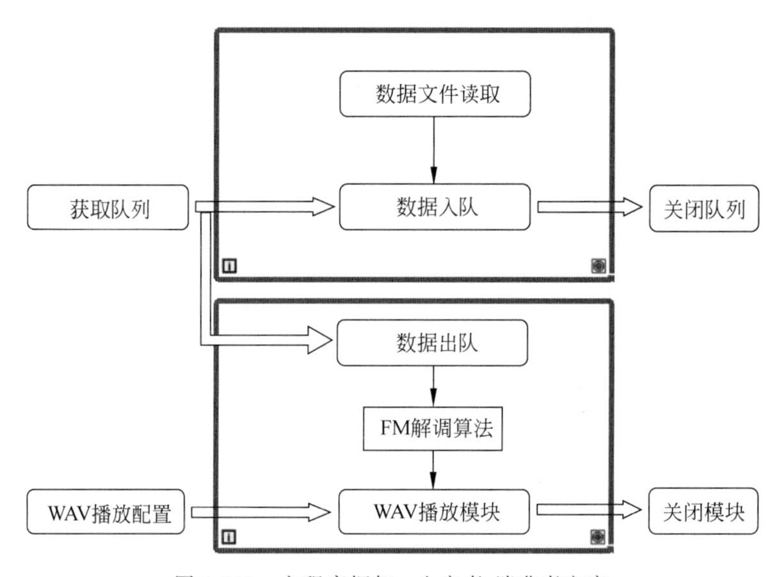

图1-109 主程序框架：生产者-消费者方案

1.4.3 FM解调方案

FM解调算法是整个程序的核心，可以通过调用LabVIEW中的信号处理模块实现FM解调，也可以通过调用LabVIEW调制工具包中的FM解调模块实现FM解调。

目前较成熟的FM解调软件大多通过调用动态链接库的方式实现FM解调[①]。首先在

---

① https://www.rtl-sdr.com/

开源网站 GitHub 上找到 FM 解调的源程序，将其编译成动态链接库文件。然后利用 LabVIEW 中的 Call Library Function Node 进行调用。如果能够找到已经编译好的动态链接库文件，甚至都不需要编译。为快速了解项目，本节将提供一个具有 FM 解调功能的动态链接库文件。

将包含 FMDemodRTLSDR_DLL.dll 的 FMDemodRTLSDR_DLL 文件夹复制到 C:\Program Files\National Instruments\LabVIEW 2013\user.lib 目录中。注意，user.lib 文件夹在 LabVIEW(64-bit)的安装路径下。

在函数选板中的 User Libraries 子函数选板下，就可以找到 FM Demod RTLSDR DLL.vi 子 VI，如图 1-110 所示，调用这个子 VI，就可以实现 FM 信号解调。

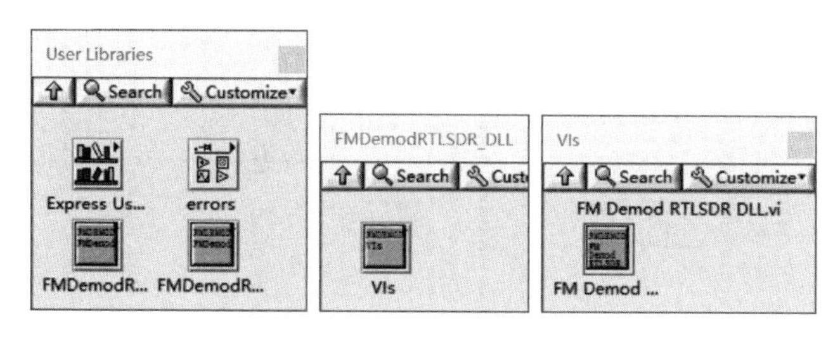

图 1-110 FM 解调子 VI

1.4.4 项目编程

(1) 在 LabVIEW 启动界面执行 File→Create Project→Blank Project 菜单命令，新建一个 LabVIEW 项目，如图 1-111 所示。

(2) 创建一个生产者-消费者模式，新建一个 VI，命名为 FM_RX.vi。初始化队列的名称、长度和数据类型。在生产者循环中，连续读取 WAV 文件中的数据。在消费者循环中，进行 FM 解调和声音播放。

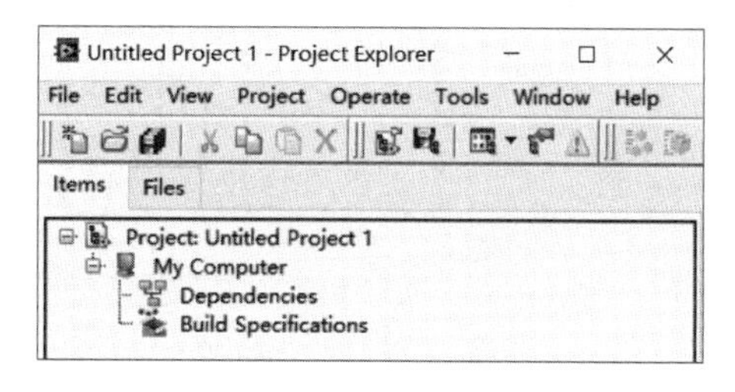

图 1-111 新建一个 LabVIEW 项目

(3) 创建一个 Read Waveforms from File 模块，右击 file path 输入端，创建一个输入控件(Control)。接着利用波形属性获取模块，从波形中获取数组 Y，并将数组 Y 压入队列。为了模拟数据采集时延，设置生产者循环的时间间隔为 50ms。

(4) 在消费者循环中完成 FM 解调程序的编程。在 Case 结构下创建一个 Decimate 1D Array 模块，将队列中取出的数据分为 I/Q 路(奇偶交织)。然后创建一个 FM Demod RTLSDR DLL 模块，将 I/Q 两路数据输入这个模块，进行 FM 解调。接着创建一个 Rational Resample 模块，对 FM 解调后的数据进行下采样处理(本例中将 I/Q 采样率从 286.65kHz 变换到 44.1kHz)。最后利用 Build Waveform 模块重构波形。

(5) 依次创建 Sound Output Configure、Sound Output Write 和 Sound Output Clear 模块。将 Build Waveform 模块输出的波形传输到 Sound Output Write 中，就可以实现声音播放。

(6) 切换到前面板，在 file path 控件中输入 I/Q 数据文件的路径，运行程序。如果可以听到解调后的音乐，表示程序正常运行。整个 FM 解调的程序框图如图 1-112 所示。

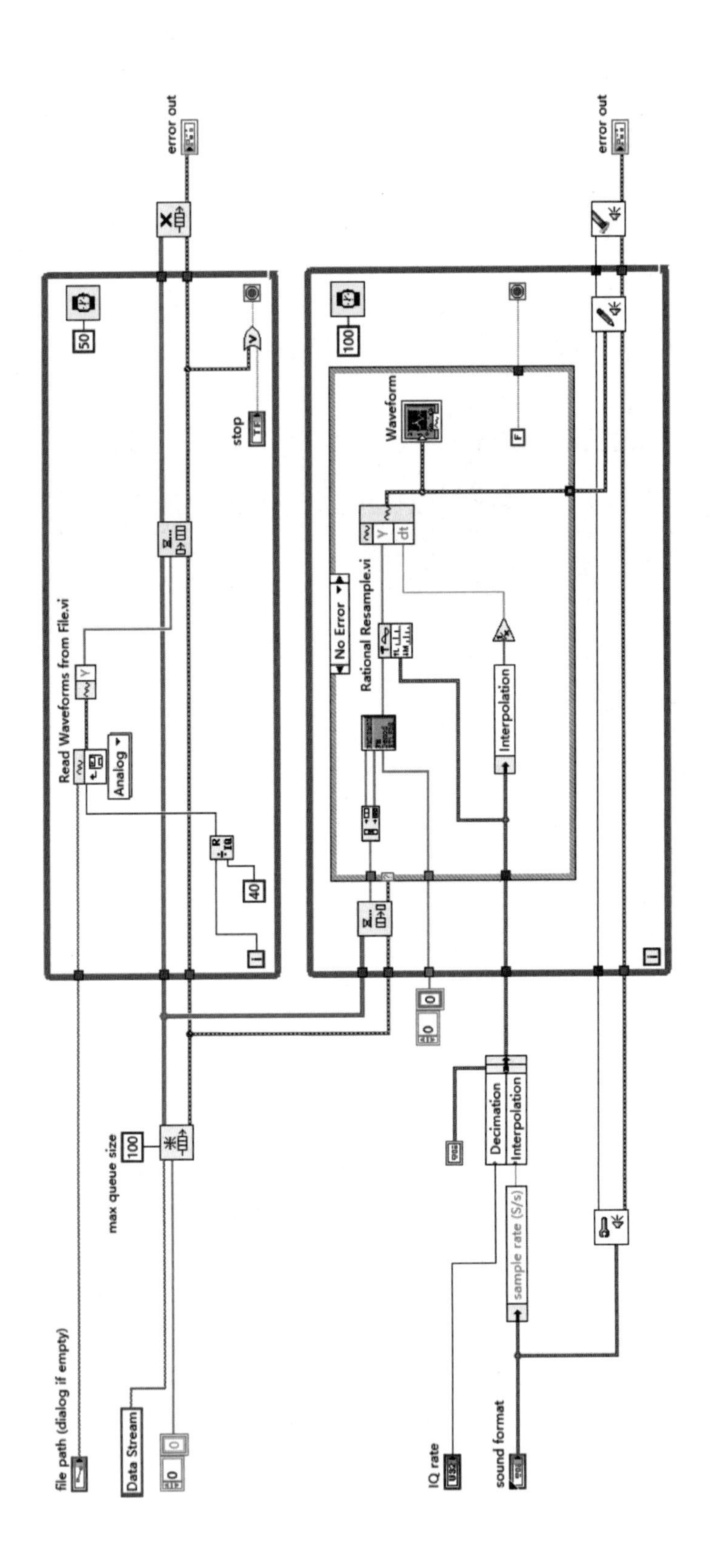

图 1-112　FM 解调的程序框图

(7) 打开已经创建好的项目，右击 My Computer，在弹出的菜单中选择 Add→File，在弹出的对话框中选择已经编写完成的 FM 解调程序 FM_RX. vi，就可以将 FM 解调程序添加到项目中，如图 1-113 所示。注意此时在 Dependencies 目录下会列出依赖的动态链接库文件。

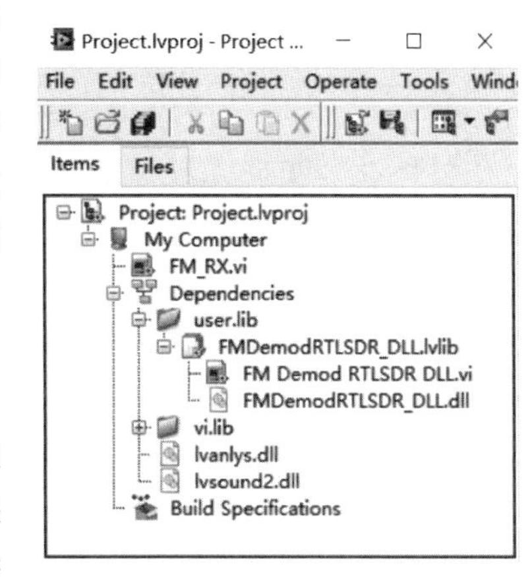

图 1-113　FM 解调项目

1.4.5　软件生成和发布

右击图 1-113 界面中的 Build Specifications，在弹出的菜单中选择 New→Application (EXE)选项。选择 FM_RX. vi 作为 Startup VIs，然后单击 Build(编译)按钮，就可以完成编译。在输出目录 builds\Project\My Application 中，可以找到编译生成的可执行程序 Appication. exe，单击可执行文件，就可以运行软件。

1.5　本章小结

在 LabVIEW 基础编程部分，初步介绍了 LabVIEW 编程，主要内容包括 LabVIEW 程序的创建、执行和调试、条件结构和循环结构的编程以及 LabVIEW 帮助文档的使用。

在 LabVIEW 编程进阶部分，进一步介绍了 LabVIEW 的编程技巧，主要内容包括 LabVIEW 中基本数据类型和复合数据类型的表示方法、多分支条件结构和多层嵌套条件结构的编程方法、循环结构中移位寄存器的使用方法、波形图和波形图表的使用方法、子函数的定义和调用方法以及 LabVIEW 调制工具包的使用方法。

在 LabVIEW 设计模式中，重点介绍了几种典型的设计模式，主要内容包括事件驱动的界面设计模式、标准状态机设计模式的用法以及生产者-消费者(数据)架构和生产者-消费者(事件)两种设计模式。

在本章的最后，通过 FM 信号解调实例，介绍了基于 LabVIEW 的 FM 解调软件的设计和制作过程。

第2章 无线电系统设计与仿真

CHAPTER 2

从调频广播到5G通信，我们的生活已经离不开无线电系统。FM（调频）作为极具代表性的无线电技术，早在20世纪30年代，就已经广泛应用到人们的生活之中。本章将以FM系统为例，介绍基于LabVIEW的无线电系统设计与仿真方法，首先介绍FM调制和解调仿真，然后介绍FM调制和解调的基本原理，最后将理论应用于实践，对FM传输系统性能进行分析。

第19集 FM调频广播

2.1 FM系统简介

2.1.1 无线电系统

在我们的日常生活中，无线电系统已是随处可见，如短波电台、无线路由器、5G基站等，如图2-1所示。这些无线电系统给我们的生产生活带来了极大的便捷。FM广播是应用最广泛的一个无线电系统，本节将以FM调频广播系统设计和实现为例，介绍无线电系统的设计和实现方法。

(a) 短波电台

(b) 无线路由器

(c) 5G基站

图2-1 无线电系统

FM广播的频率范围一般为87～108MHz。收音机可以收听到这个频段的信号。如今，随着电子产品的发展，收音机基本都是以模块的形式嵌入音响、手机或车载电子设备中。

2.1.2 FM系统传输模型

一个简化的FM系统模型包含信源、FM调制器、无线信道、FM解调器、信宿等几个模块，如图2-2所示。FM调制器和解调器是FM广播系统中的关键模块，其中，FM调制器的作用是将语音信号调制到高频载波上，然后通过天线将高频信号辐射到空间中去；FM 解调器的作用是将天线接收的高频信号进行解调，恢复原始的语音信号。需要指出的是，实际的 FM 系统模型比较复杂，本节将采用简单的模型进行设计和仿真。

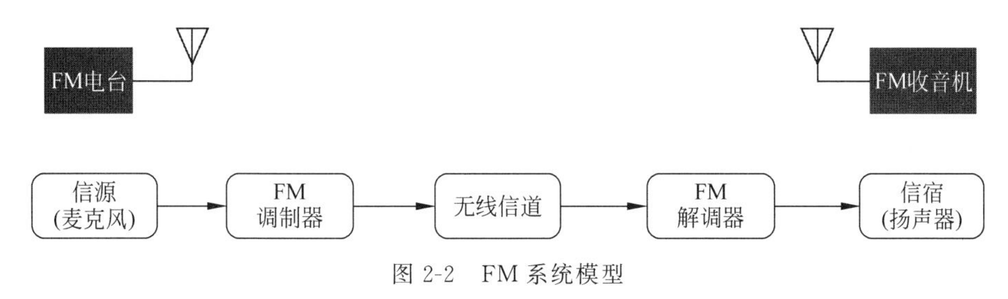

图 2-2 FM 系统模型

2.2 FM 系统程序设计和仿真

第 20 集 WBFM 系统模型

在通信原理中，根据带宽占用的情况，FM 通常分为窄带调频(Narrow Band Frequency Modulation，NBFM)和宽带调频(Wide Band Frequency Modulation，WBFM)。其中，NBFM 通常应用在通信质量要求不高的场合中，如无线对讲机系统；WBFM 通常应用于通信质量要求较高的场合中，如广播电台。接下来将以 WBFM 的程序设计和仿真为例，介绍 FM 系统设计和仿真流程。

2.2.1 系统设计和仿真流程

在通信实验中，通常采用的教学软件是 LabVIEW、MATLAB 或 Simulink 等。其中，LabVIEW 和 Simulink 是图形化编程软件，MATLAB 是文本编程软件。为了使初学者能够快速入门，本章将采用 LabVIEW 软件进行无线电系统设计和仿真。

设计和仿真流程如图 2-3 所示，整个流程分为 4 个部分，依次是数学模型、程序框图、单音测试以及系统测试。

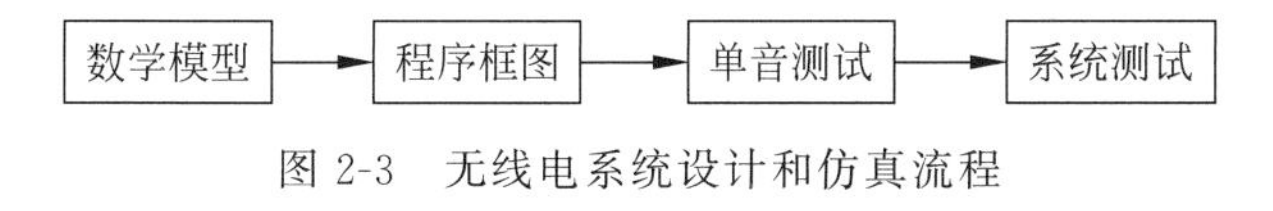

图 2-3 无线电系统设计和仿真流程

(1) 在数学模型部分，初步确定整个系统需要哪些功能模块，根据无线电相关理论，画出相应的模块框图。

(2) 根据已经画出的模块框图，在 LabVIEW 程序框图中完成编程。这里需要注意的是，如果需要调用一些 LabVIEW 函数选板中不存在的模块，则通过安装相应的工具包或自定义子 VI 的方式实现。

(3) 单音测试。将单频正弦或余弦信号作为系统的输入信号，通过测试关键点的时域波形或频谱，进行程序正确性验证，并进行诊断和调试。

(4) 系统测试。将语音或实际数据作为系统的输入信号，验证系统在实际信号中的性能或效果。

2.2.2 WBFM的数学模型

数学模型是程序实现的基础。根据通信原理可知，FM调制的数学表达式如下所示。

$$s_{\mathrm{FM}}(t)=A_{\mathrm{c}}\cos\left[\frac{2\pi\Delta f}{\max\{|m(t)|\}}\int m(\tau)\mathrm{d}\tau\right]\cos(2\pi f_{\mathrm{c}}t)-A_{\mathrm{c}}\sin\left[\frac{2\pi\Delta f}{\max\{|m(t)|\}}\int m(\tau)\mathrm{d}\tau\right]\sin(2\pi f_{\mathrm{c}}t) \tag{2-1}$$

其中，$m(t)$为基带信号；Δf 为FM最大频偏；f_{c} 为载波频率。根据FM数学表达式，就可以设计出模块框图，如图2-4所示。

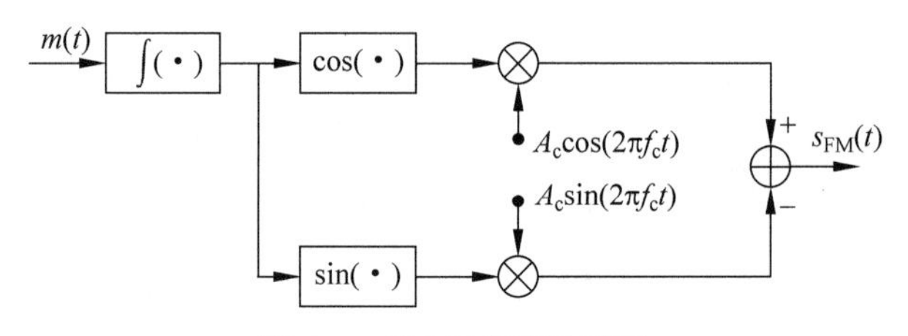

图2-4 FM调制模块框图

在这个模块框图中，信号处理流程如下。

(1) 对基带信号 $m(t)$进行积分。

(2) 将积分后的信号作为相位分别送至cos(·)和sin(·)模块，并计算相应的余弦值和正弦值。

(3) 两路信号分别乘以载波 $\cos(2\pi f_{\mathrm{c}}t)$和 $\sin(2\pi f_{\mathrm{c}}t)$。

(4) 将载波调制后的两路信号相减，就可以产生FM信号。

根据FM调制模型，设计出的FM解调模型如图2-5所示。

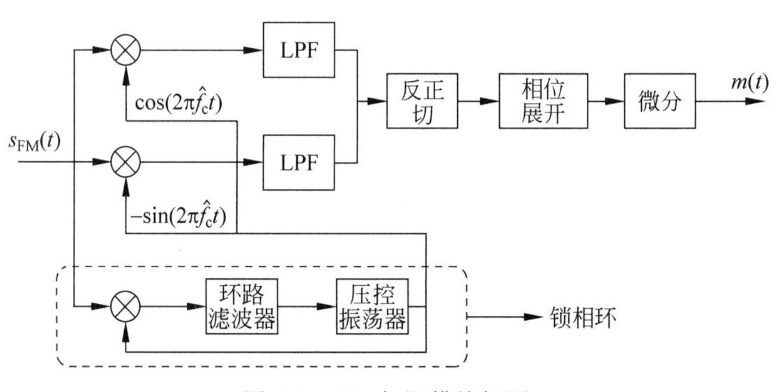

图2-5 FM解调模块框图

信号处理流程如下。

(1) 将接收的FM信号分别乘以$A_{\mathrm{c}}\sin(2\pi\hat{f}_{\mathrm{c}}t)$和$-A_{\mathrm{c}}\sin(2\pi\hat{f}_{\mathrm{c}}t)$。

(2) 将乘法器输出的信号分别通过低通滤波器(Low Pass Filter，LPF)，滤除高频分量，得到的两路信号分别为$\frac{1}{2}\cos\left[\frac{2\pi\Delta f}{\max\{|m(t)|\}}\int m(\tau)\,\mathrm{d}\tau\right]$和$\frac{1}{2}\sin\left[\frac{2\pi\Delta f}{\max\{|m(t)|\}}\int m(\tau)\,\mathrm{d}\tau\right]$。

(3) 计算$\frac{1}{2}\sin\left[\frac{2\pi\Delta f}{\max\{|m(t)|\}}\int m(\tau)\,\mathrm{d}\tau\right]$与$\frac{1}{2}\cos\left[\frac{2\pi\Delta f}{\max\{|m(t)|\}}\int m(\tau)\,\mathrm{d}\tau\right]$的比值，并求出其反正切值，就可以获得对应的相位$\frac{2\pi\Delta f}{\max\{|m(t)|\}}\int m(\tau)\,\mathrm{d}\tau$。

(4) 进行相位展开处理，消除不连续相位点。

(5) 对相位进行微分，就可以获得原始基带信号 $m(t)$。

这种方法就是反正切法，在 FM 解调中被广泛使用。需要注意的是，在 FM 解调模型中，需要载波恢复模块求出载波的估计值 $\hat{f}_c$。另一种方法是采用锁相环模块进行载波恢复。关于锁相环的工作原理，将在 2.4.3 节中进一步介绍。

2.2.3 仿真界面

在进行 LabVIEW 编程之前，需要预先确定 WBFM 系统仿真的参数值。在本次仿真中，参数配置如表 2-1 所示。

表 2-1 WBFM 系统仿真的参数值

参　　数	参数值
基带信号	2kHz 的余弦波
载波信号频率	100kHz
载波信号幅度	1
WBFM 最大频偏	50kHz
低通滤波器的类型	巴特沃斯
低通滤波器的阶数	3
低通滤波器的截止频率	60kHz
信道类型	加性高斯白噪声
采样率	1MHz
采样点数	100000

为了观察仿真结果，预先在前面板设计一个简单的显示和控制界面，如图 2-6 所示。在

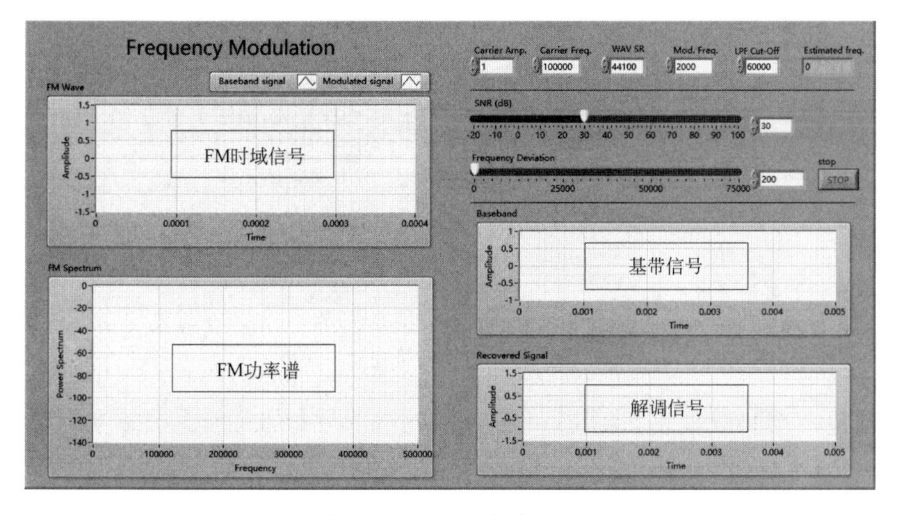

图 2-6 WBFM 仿真界面

这个界面中，4 个波形图分别用于显示 FM 时域信号、FM 功率谱、基带信号和解调信号的波形图。此外，还创建了数值输入控件和滑块输入控件，用于设置和调节仿真参数。

为了快速完成 WBFM 系统的程序框图，将采用 Express VI 工具包中的模块。在 1.2.4 节中，已经对 Express VI 有过介绍。Express VI 支持动态数据类型，可采用窗口配置的形式设置参数，对于初学者，Express VI 的这些优点能够提高仿真系统的搭建效率。

这里需要指出的是，Express VI 工具包中的模块并非为射频仿真而设计。本次仿真采用 Express VI 中的模块，主要为了增强函数模块的直观性和易用性，使初学者能够快速入门。

2.2.4 程序框图

在完成模块框图之后，就可以进行程序设计，前面板将采用图 2-6 所示的仿真界面布局。LabVIEW 编程步骤如下。

(1) 创建一个 Simulate Signal(仿真信号)模块，将其配置成为基带信号 $\cos(2\pi f_m t)$，在 Configure Simulate Signal 对话框中：Signal type(信号类型)设置为 Sine(正弦)；Phase(相位)设置为 90；Frequency(频率)、Amplitude(幅度)可以通过前面板数值输入控件设置，无须在此配置界面中设置；Samples per second(采样率)设置为 1MHz；Number of samples(采样点数)设置为 100000；Reset Signal(重置信号)设置为 Reset phase，seed，and time stamps，如图 2-7 所示。

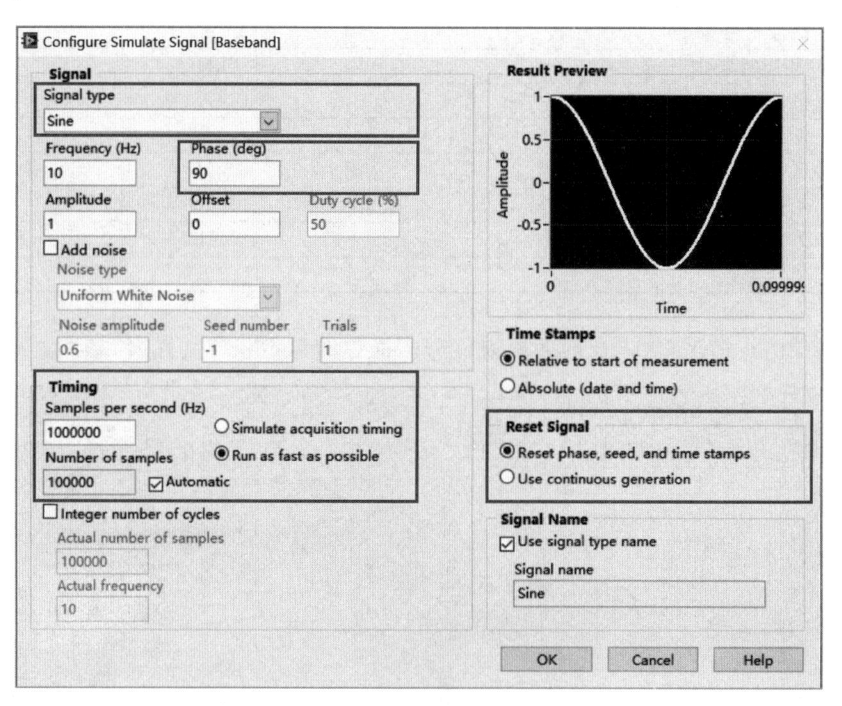

图 2-7 仿真信号配置

(2) 创建一个积分模块。在 Express→Arithmetic(算术与比较)选板中找到 Time Domain Math(时域数学)模块，在 Configure Time Domain Math 对话框中配置参数，在 Mathematical Operation 中选择 Integral(Sum[Xdt])(积分)这个选项，其他选项默认。单击 OK 按钮，就完成了积分模块的创建，如图 2-8 所示。需要注意的是，如果选择 Derivative

(dX/dt)选项,该模块就是一个微分器。

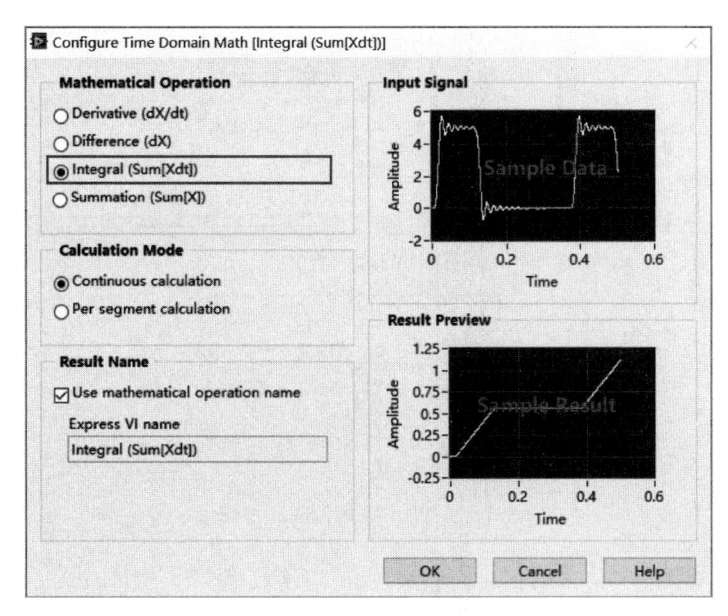

图 2-8　积分模块

将基带信号频率设置端 Mod. Freq. 连接到 Simulate Signal 模块的 Frequency 端。将 Simulate Signal 模块的输出端 Sine 连接到积分模块的输入端 Signal,如图 2-9 所示。

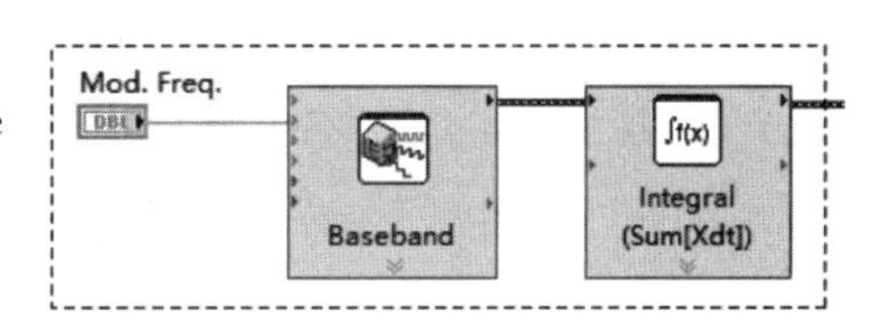

图 2-9　基带信号积分处理

(3) 创建一个正弦处理模块和一个余弦处理模块,将正弦处理后的信号与正弦载波相乘,将余弦处理后的信号与余弦载波相乘,将两路信号相减,就完成了 WBFM 调制部分的编程,如图 2-10 所示。

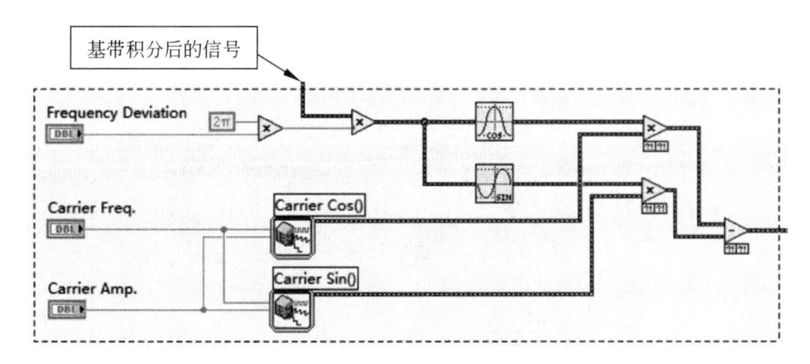

图 2-10　WBFM 调制程序框图

(4) 在 WBFM 解调部分,采用如图 2-5 所示的反正切法进行 WBFM 解调。首先将接收的 WBFM 信号分别乘以余弦和正弦相干载波,然后通过低通滤波器,得到两路信号。利用反正切函数计算出两路信号对应的相位,如图 2-11(a)所示。

低通滤波器的类型、阶数和截止频率由表 2-1 给出。将两路低通滤波器输出信号的比值

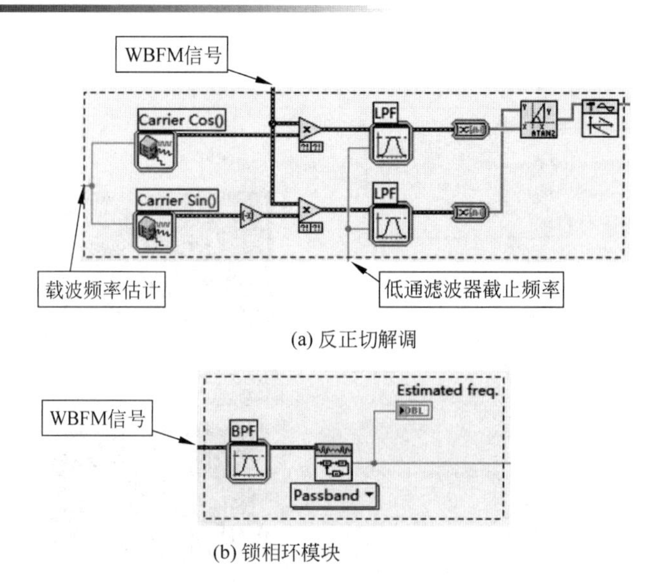

(a) 反正切解调

(b) 锁相环模块

图 2-11 WBFM 解调程序框图

求反正切，就可以获得基带信号的相位。注意，反正切函数模块在 Mathematics→Elementary & Special Functions→Trigonometric Functions 选板中可以找到，选择 atan2 函数模块。获得基带信号的相位之后，需要进行相位展开处理，解决反正切函数导致的相位不连续问题。

如图 2-11(b)所示，相干载波余弦模块和正弦模块所需的频率由锁相环(Phase-Locked Loop，PLL)模块输出，注意锁相环模块模式选择 Passband(带通)。

此外，在锁相环模块之前，还需要一个带通滤波器。在带通滤波器配置对话框中，在 Filter Type(滤波器类型)选择 Bandpass，将 Low cutoff frequency (Hz)(低截止频率)设置为 99kHz，High cutoff frequency (Hz)(高截止频率)设置为 101kHz。

(5) 基带波形恢复和声音播放。如图 2-12 所示，创建一个微分处理模块，其创建过程和积分模块类似。将微分后的信号除以 $2\pi\Delta f$(注意，这里的 Frequency Deviation 以局部变量的方式传递)。接着创建一个波形重采样模块 Align and Resample Express VI，以及声音播放模块 Play Waveform。

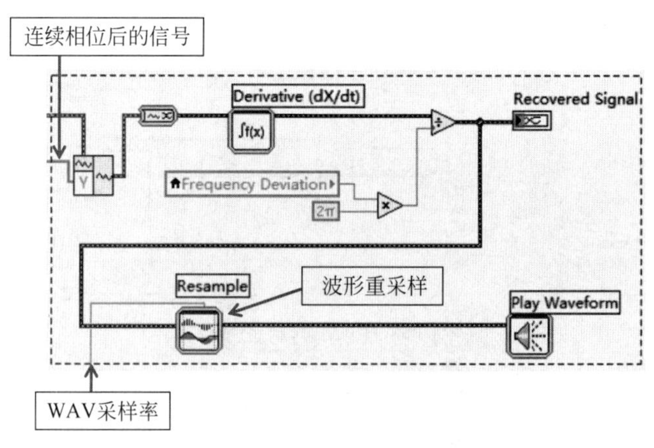

图 2-12 波形重构和声音播放

最终完整的程序框图如图 2-13 所示。

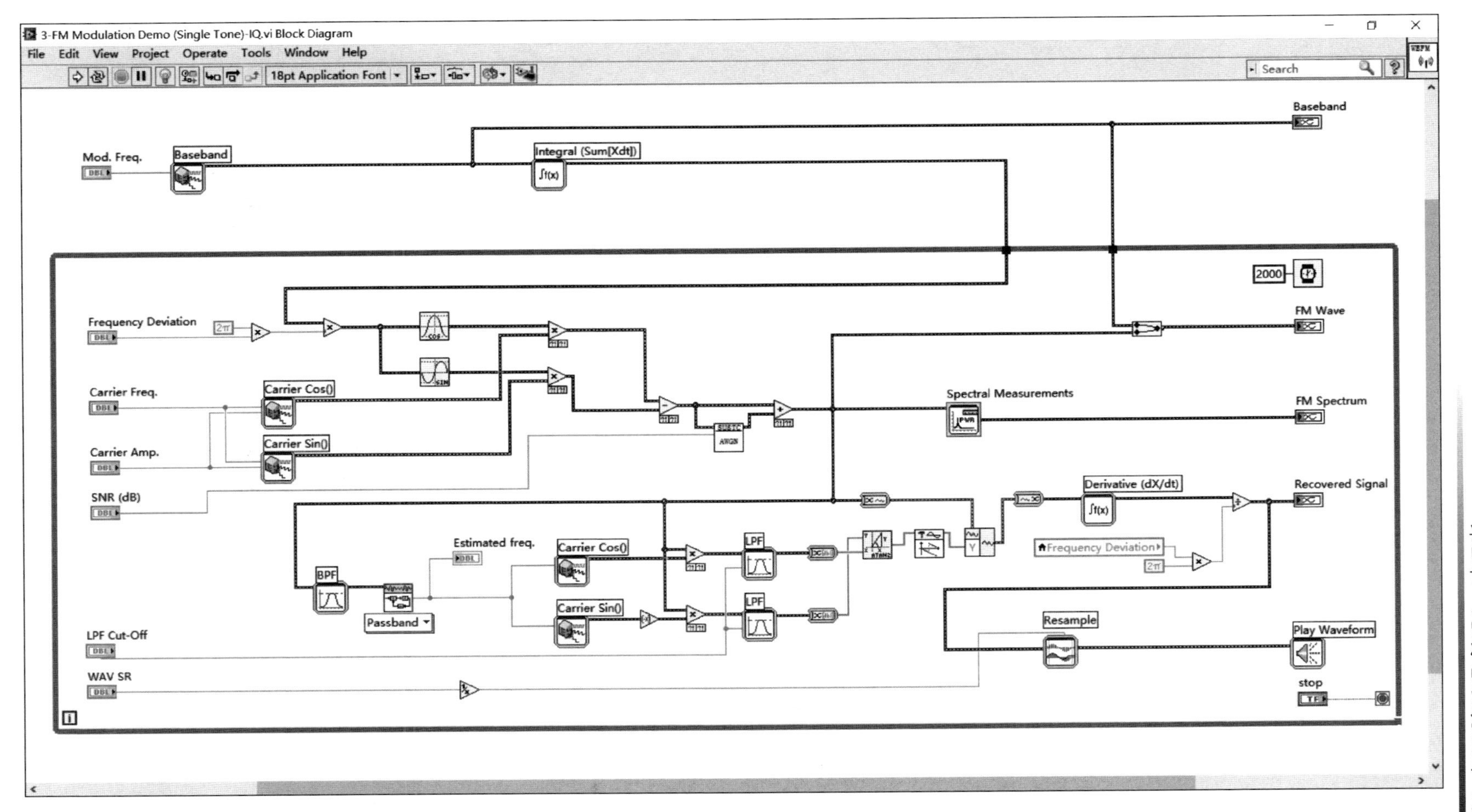

图 2-13 单音信号测试程序框图

2.2.5 WBFM 单音测试

在完成编程之后，回到前面板中进行测试，将 SNR 设置为 30dB，WBFM 频偏设置为 50kHz，低通滤波器截止频率为 60kHz。运行这个程序，如果程序正确，可以听到“嘀嘀嘀”的声音。测试结果如图 2-14(a)和图 2-14(b)所示，同时还可以测量出 WBFM 信号的功率谱，如图 2-14(c)所示。

。

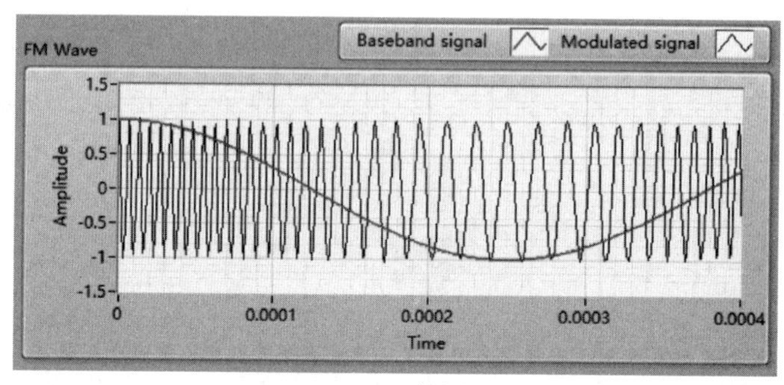

(a) WBFM时域波形

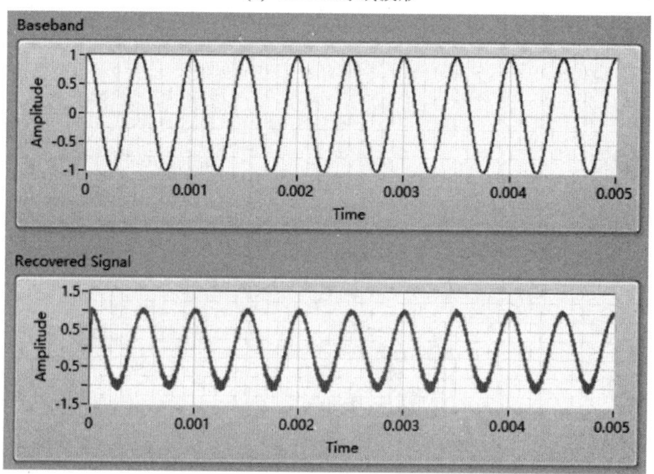

(b) 基带信号和恢复信号

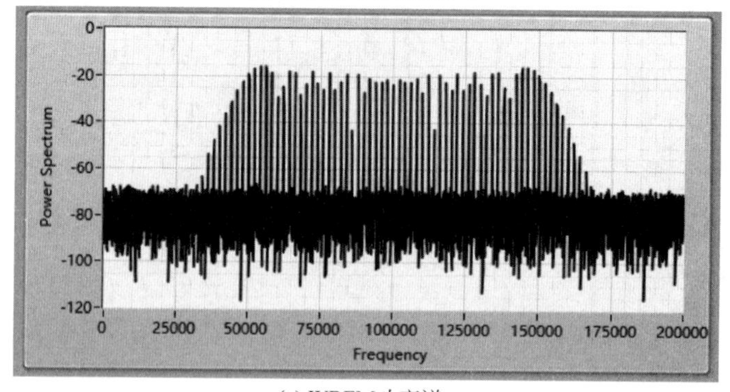

(c) WBFM功率谱

图 2-14 WBFM 单音测试程序运行结果

2.2.6　WBFM 语音测试

在完成单音信号测试之后，接下来将 WAV 文件（预先录制的音乐或语音文件）作为基带信号进行系统测试。首先需要在程序框图中读入一段 WAV 文件作为基带信号，读取方法如图 2-15 所示。

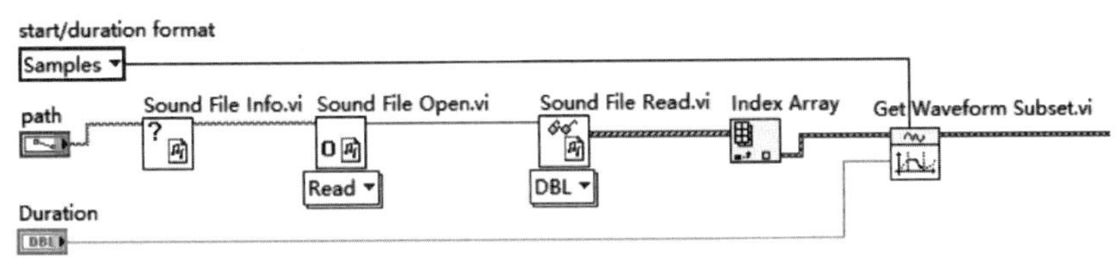

图 2-15　WAV 文件读取

循环体内的程序参考图 2-13，注意设置 WBFM 频偏为 50kHz，低通滤波器的截止频率为 60kHz。运行程序，如果程序正确，可以听到有语音播放出来。同时，WBFM 时域波形、恢复的语音信号和 WBFM 功率谱如图 2-16 所示。

在图 2-16(a)所示的实验结果中，选择 0.0003～0.00045 时间段波形进行观察，可以明显看出，随着基带信号的增大，FM 已调信号的瞬时频率也随之增大。

在图 2-16(b)所示的时域波形中，将 FM 解调后的语音信号和原始语音信号进行比较，从波形图中可以看出，恢复后的波形与原始语音信号波形大致相同。

在图 2-16(c)所示的功率谱结果中，可以明显观察到 FM 已调信号的频率范围，大致为 50～150kHz。关于 FM 已调信号频率范围的估计，将在 2.4.3 节进行讨论。

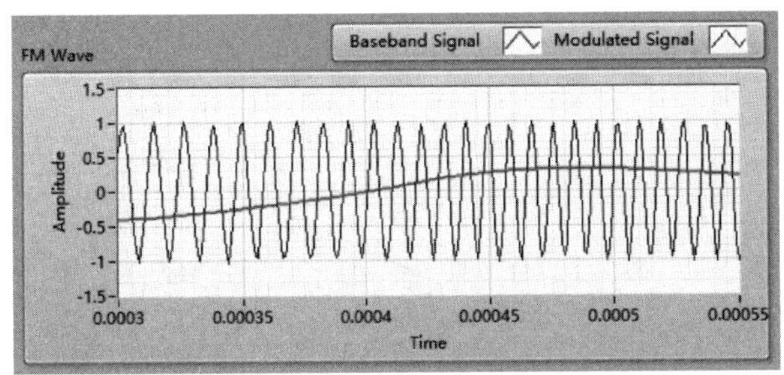

(a) WBFM时域波形

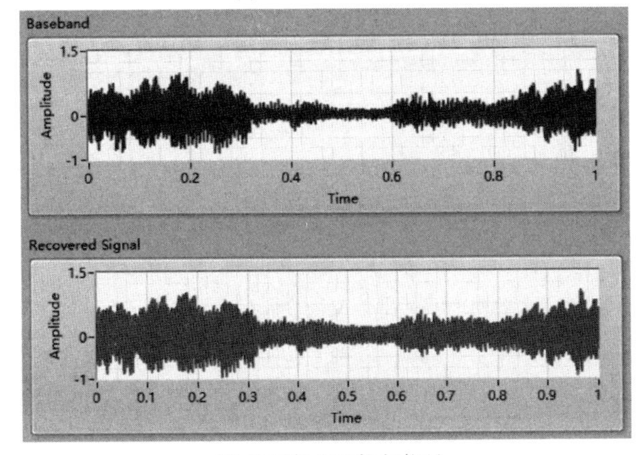

(b) 基带信号和恢复信号

图 2-16　WBFM 语音测试程序运行结果

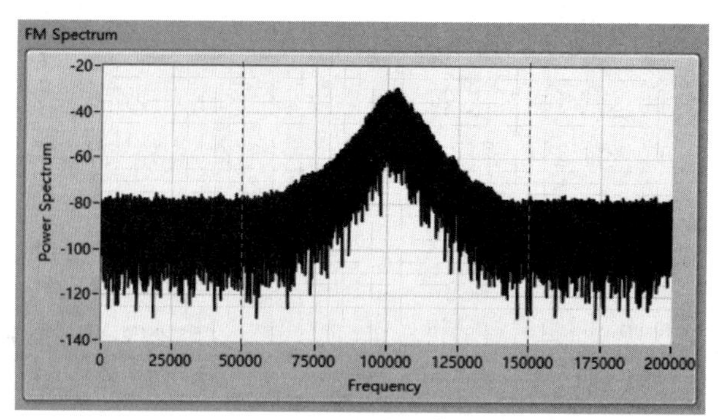

(c) WBFM功率谱

图 2-16 (续)

2.3 FM 调制原理

在无线通信系统中，信号调制的目的就是把要传输的基带信号(如语音信号、图像信号等)变换成适合无线信道传输的高频信号(载波信号)。从频域上看，调制就是将基带信号的频谱搬移到高频载波上。

2.3.1 FM 的时域表达

FM 利用基带信号控制载波信号，使载波信号的瞬时频率随着基带信号的变化而变化。如图 2-17 所示，随着基带信号幅度的增大，载波信号的瞬时频率也逐渐增大。

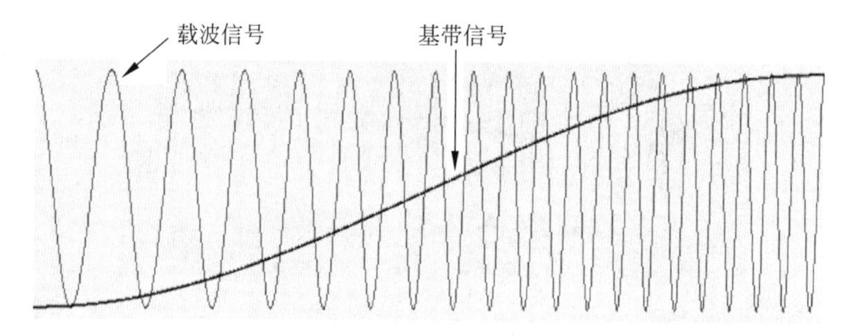

图 2-17 FM 载波信号瞬时频率与基带信号幅度的变化

设 $m(t)$为基带信号；$A_c\cos(2\pi f_c t)$为载波信号，其中A_c 为载波信号的幅度，f_c 为载波信号的频率；f_i 为 FM 已调信号的瞬时频率，k_f 为调制灵敏度，则 f_i 和 $m(t)$满足线性关系

$$f_i = f_c + k_f m(t) \tag{2-2}$$

将瞬时频率 f_i 进行积分，就可以得到 FM 已调信号的相位，则 FM 已调信号的时域表达式为

$$s_{FM}(t) = A_c\cos\left[2\pi f_c t + 2\pi k_f\int_0^t m(\tau)\mathrm{d}\tau\right] \tag{2-3}$$

其中，$s_{FM}(t)$表示 FM 已调信号。

设 m_p 为 $|m(t)|$ 的最大值，定义 FM 最大频偏为 $\Delta f = k_f m_p$。设 f_{max} 为基带信号的最大频率，定义调频指数 $\beta = \Delta f / f_{max}$，则式(2-3)进一步表示为

$$s_{FM}(t) = A_c \cos\left[2\pi f_c t + 2\pi \frac{\beta f_{max}}{m_p} \int_0^t m(\tau) d\tau\right] \tag{2-4}$$

例如，设基带信号 $m(t) = A_m \cos(2\pi f_m t)$，则 $s_{FM}(t)$ 进一步表示为

$$s_{FM}(t) = A_c \cos\left[2\pi f_c t + \frac{k_f A_m}{f_m} \sin(2\pi f_m t)\right] \tag{2-5}$$

进一步，FM 最大频偏为 $\Delta f = k_f A_m$，调频指数为 $\beta = \Delta f / f_m$。

2.3.2 NBFM 的时频域表达

当 $\beta \ll 1$ 时，FM 为窄带调频 NBFM。根据三角函数，式(2-5)可简化为

$$s_{NBFM}(t) \approx A_c \cos(2\pi f_c t) - [A_c \beta \sin(2\pi f_m t)] \sin(2\pi f_c t) \tag{2-6}$$

其频域表达式为

$$S_{NBFM}(f) = \pi A_c [\delta(f - f_c) + \delta(f + f_c)] + \frac{A_c k_f}{2} \left[\frac{\delta(f - f_c)}{f - f_c} - \frac{\delta(f + f_c)}{f + f_c}\right] \tag{2-7}$$

其中，δ 表示单位冲激函数。

2.3.3 WBFM 的时频域表达

当 $\beta \gg 1$ 时，FM 为宽带调频 WBFM。设 $J_n(\beta)$ 表示第 1 类 n 阶贝塞尔函数，WBFM 的时域表达式为

$$s_{WBFM}(t) = A_c \sum_{n=-\infty}^{\infty} J_n(\beta) \cos[2\pi(f_c + n f_m) t] \tag{2-8}$$

将式(2-8)进行傅里叶变换，可得 WBFM 信号 $s_{WBFM}(t)$ 的频域表达式为

$$S_{WBFM}(f) = \frac{A_c}{2} \sum_{n=-\infty}^{\infty} J_n(\beta) \left[\delta(f - f_c - n f_m) + \delta(f + f_c + n f_m)\right] \tag{2-9}$$

从式(2-9)可以看出，$s_{WBFM}(t)$ 的频谱 $S_{WBFM}(f)$ 由载波分量 f_c 以及无数边频 $(f_c \pm n f_m)$ 构成。

2.3.4 贝塞尔函数

WBFM 信号的频谱表达式比较复杂，利用第 1 类 n 阶贝塞尔函数，可以方便地分析 WBFM 的频谱结构和带宽。第 1 类 n 阶贝塞尔函数 $J_n(x)$ 的数学表达式为

$$J_n(x) = \sum_{m=1}^{\infty} \frac{(-1)^n}{m!(n+m)!} \cdot \left(\frac{x}{2}\right)^{(n+2m)} \tag{2-10}$$

由图 2-18 可知，$J_n(x)$ 随着 x 的增大呈衰减趋势。当 x 一定时，$J_n(x)$ 随着 n 的增大而趋于 0。利用 $J_n(x)$，$\cos(x\sin\theta)$ 和 $\sin(x\cos\theta)$ 的傅里叶展开分别为

$$\cos(x\sin\theta) = J_0(x) + 2\sum_{n=1}^{\infty} J_n(x) \cos(2n\theta) \tag{2-11}$$

$$\sin(x\cos\theta) = 2\sum_{n=1}^{\infty} J_{2n-1}(x) \sin(2n-1)\theta \tag{2-12}$$

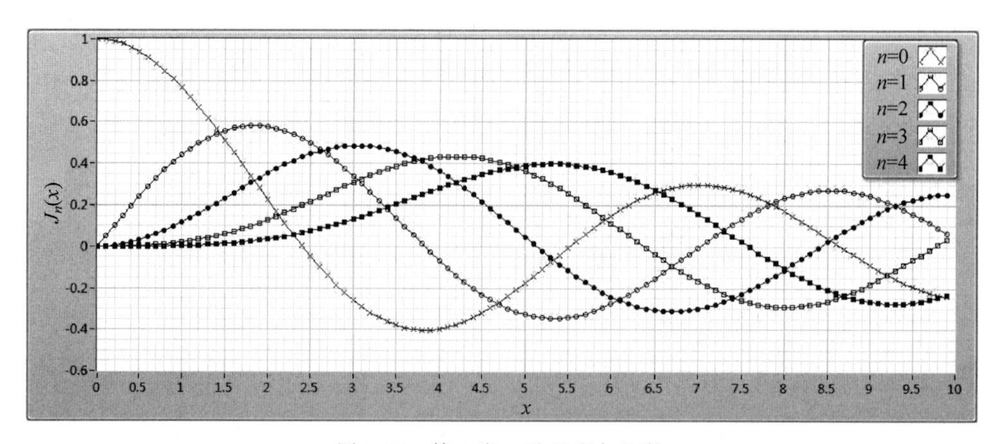

图 2-18 第 1 类 n 阶贝塞尔函数

2.3.5 卡森准则

WBFM 调频信号的带宽理论上为无限宽，但是实际上边频幅度随着 n 的增大而逐渐减小，因此调频信号可近似认为频谱有限。通常采用的原则是当 $\beta \gg 1$ 以后，取边频数 $n=\beta+1$ 即可，调频信号的有效带宽 B_{FM} 可表示为

$$B_{\mathrm{FM}} \simeq 2\Delta f + 2f_m = 2\Delta f\left(1+\frac{1}{\beta}\right) \tag{2-13}$$

该公式称为卡森准则(Carson's Rule)，利用卡森准则，可以方便地估计 WBFM 信号所占用的信道带宽。

2.4 FM 解调原理

根据式(2-3)，不难看出，要求出基带信号 $m(t)$，有两种方法。一种是求出 $s_{\mathrm{FM}}(t)$ 的瞬时相位，这种方法称为反正切法；另一种是先对式(2-3)求导，然后采用包络检波的方法求解。接下来将分别介绍这两种方法。

2.4.1 反正切法

将式(2-3)三角函数展开，设 $\theta(t)=2\pi k_{\mathrm{f}}\int_0^t m(\tau)\mathrm{d}\tau$，则

$$s_{\mathrm{FM}}(t)=A_{\mathrm{c}}\cos[\theta(t)]\cos(2\pi f_{\mathrm{c}}t)-A_{\mathrm{c}}\sin[\theta(t)]\sin(2\pi f_{\mathrm{c}}t) \tag{2-14}$$

设 $I(t)=A_{\mathrm{c}}\cos[\theta(t)]$，$Q(t)=A_{\mathrm{c}}\sin[\theta(t)]$，在通信中，$I(t)$ 称为同相分量，$Q(t)$ 则称为正交分量，式(2-14)进一步化简为

$$s_{\mathrm{FM}}(t)=I(t)\cos(2\pi f_{\mathrm{c}}t)-Q(t)\sin(2\pi f_{\mathrm{c}}t) \tag{2-15}$$

将式(2-15)通过正交解调器，就可以获得 $I(t)$ 和 $Q(t)$，利用反正切函数，就可以获得瞬时相位 $\theta(t)$ 为

$$\theta(t)=\arctan\frac{Q(t)}{I(t)} \tag{2-16}$$

将 $\theta(t)=2\pi k_{\mathrm{f}}\int_0^t m(\tau)\mathrm{d}\tau$ 求导再除以 $2\pi k_{\mathrm{f}}$，就可以获得基带信号 $m(t)$。

2.4.2 包络检波法

对式(2-3)进行求导,即

$$\frac{\mathrm{d}s_{\mathrm{FM}}(t)}{\mathrm{d}t}=-A_{\mathrm{c}}\left[2\pi f_{\mathrm{c}}t+2\pi k_{\mathrm{f}}m(t)\right]\sin\left[2\pi f_{\mathrm{c}}t+2\pi k_{\mathrm{f}}\int_{0}^{t}m(\tau)\mathrm{d}\tau\right] \tag{2-17}$$

然后对式(2-12)进行包络检波,就可以获得基带信号 $m(t)$。

例如,设基带信号 $m(t)=A_{\mathrm{m}}\cos(2\pi f_{\mathrm{m}}t)$,则$s_{\mathrm{FM}}(t)$为

$$s_{\mathrm{FM}}(t)=A_{\mathrm{c}}\cos\left[2\pi f_{\mathrm{c}}t+\beta\sin(2\pi f_{\mathrm{m}}t)\right] \tag{2-18}$$

则经过微分器后输出的信号为

$$s_{\mathrm{p}}(t)=-A_{\mathrm{c}}\left[2\pi f_{\mathrm{c}}t+2\pi\beta f_{\mathrm{m}}\cos(2\pi f_{\mathrm{m}}t)\right]\sin\left[2\pi f_{\mathrm{c}}t+\beta\sin(2\pi f_{\mathrm{m}}t)\right] \tag{2-19}$$

经过包络检波器后的输出为

$$s_{\mathrm{q}}(t)=-A_{\mathrm{c}}\left[2\pi f_{\mathrm{c}}t+2\pi\beta f_{\mathrm{m}}\cos(2\pi f_{\mathrm{m}}t)\right] \tag{2-20}$$

再去除直流分量并除以相应的幅度增益即可获得基带信号 $m(t)$。

2.4.3 锁相环的基本原理

在反正切法中,需要正交解调模块进行下变频,从而获得反正切函数所需的同相分量和正交分量,然而正交解调模块需要一个核心的器件,就是锁相环(PLL)。如图 2-19 所示,锁相环是一个负反馈调节系统,它由鉴相器、环路滤波器和压控振荡器(Voltage-Controlled Oscillator,VCO)组成。设 $s_{\mathrm{FM}}(t)$是锁相环的输入信号,当锁相环进入锁定状态后,将输出一个与载波信号同频且基本同向的正弦信号。

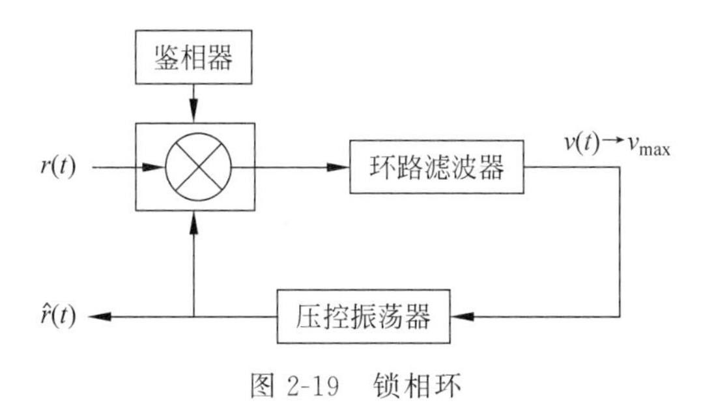

图 2-19 锁相环

VCO 能够根据输入电压的大小输出不同频率的正弦波。VCO 中的一个核心电子器件是变容二极管,变容二极管的容值可以通过外加电压来控制,改变电容,就改变了 VCO 内部电路的谐振频率。

还可以通过生活中的一个例子理解锁相环的工作原理。例如,我们在用相机照相之前,为了能够获得较好的拍照效果,往往需要调节相机的光圈,那么,调节光圈过程是如何进行的呢?首先向一个方向转动光圈,然后观察景物是否清晰,通过多次对焦、比较和调节,会发现有一个最清晰的位置,这就是我们希望得到的结果,对应的位置,也就是最佳的光圈位置。

这件事情告诉我们,如果知道观测值和系统模型,需要估计系统模型参数,最简单的办法就是不断地调节。同样,在 PLL 系统中,接收信号 $r(t)$的参数值未知,如频率 $\hat{f}_{\mathrm{c}}$ 和初相位 $\hat{\varphi}$,但是如果我们知道 $r(t)$的模型和观测值,就可以设计一个反馈环路估计参数值。首先假设 $r(t)=\cos(2\pi f_{\mathrm{c}}t+\varphi)$,根据 $r(t)$模型,就可以利用 VCO 计算出 $r(t)$的估计值

$\hat{r}(t)=\cos(2\pi\hat{f}_c t+\hat{\varphi})$，将接收信号和估计值进行混频和低通滤波处理，将得到直流分量 $v(t)=\frac{1}{2}\cos[2\pi(f_c-\hat{f}_c)t+(\varphi-\hat{\varphi})]$，根据直流分量 $v(t)$ 的值，自动调节 VCO 参数，然后重新生成估计值 $\hat{r}(t)$，反复调节这个系统，当直流分量 $v(t)$ 获得最大值时，不再随时间变化，此时 VCO 输出的信号参数值最接近 $r(t)$ 的参数值。

2.4.4 FM 抗噪声性能

在 FM 接收机中，也可以采用包络解调方法进行解调。参考 2.4.2 节所述的包络检波原理，设计出的 WBFM 包络解调模型如图 2-20 所示。

根据这个模型，就可以设计出 FM 包络解调程序框图，需要注意的是，在仿真中，整流器用绝对值模块代替，如图 2-21 所示。

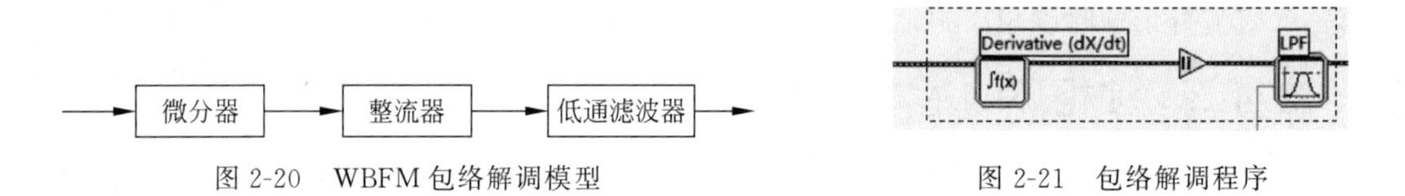

图 2-20 WBFM 包络解调模型

图 2-21 包络解调程序

接下来简要分析 FM 解调系统的抗噪声性能。设接收机带通滤波器的带宽为 FM 已调信号带宽的 1.2 倍。根据 FM 理论，当解调器输入信噪比足够大时，解调器的输出信噪比 S_o/N_o 为

$$\frac{S_o}{N_o}=\frac{3A_c^2 k_f^2 \overline{m^2(t)}}{8\pi n_0 f_m^3} \tag{2-21}$$

其中，n_0 为白噪声单边带功率谱密度。

在大信噪比情况下，调制灵敏度 k_f 增大，FM 最大频偏增大，FM 系统占用带宽将增大，系统输出信噪比也将增大。这说明，FM 系统可以通过增加传输带宽改善抗噪声性能。然而，FM 系统以带宽换取输出信噪比的改善并不是无止境的，增大带宽，输入噪声功率也会增大，到达一定程度时，输入信噪比反而下降，最终导致门限效应。

2.5 本章小结

本章从实践到理论，以 FM 系统的设计和仿真为例，探讨了基于 LabVIEW 的无线电系统设计和仿真方法。具体内容总结如下。

首先介绍了常见的无线电系统，如 FM 广播系统；接着以 WBFM 系统的设计和仿真为例，进行编程实践，并介绍了无线电系统设计和仿真流程：从数学模型到程序框图，再到单音测试和系统测试；然后回归到理论，介绍了编程实践中遇到的概念，以 WBFM 仿真实例，介绍了 FM 最大频偏、调频指数、锁相环、卡森公式等相关概念；最后介绍了两种常用的 FM 解调方法：反正切法和包络检波法，并简要分析了 FM 抗噪声性能。

第3章 软件无线电 RTL-SDR

CHAPTER 3

RTL-SDR 是 Realtek 公司开发的一款廉价的无线电接收设备，将该设备连接到普通计算机，就可以构成低成本的软件无线电平台。本章首先介绍 RTL-SDR 的使用方法，然后介绍 RTL-SDR 的应用接口函数，接着利用 RTL-SDR 进行数据采集，对采集的数据进行理论解析，最后介绍 RTL-SDR 硬件结构。

3.1 RTL-SDR 简介

RTL-SDR 是 Realtek 公司开发的一款廉价的无线电接收设备，最初用于接收数字高清广播电视信号，后来 Eric Fry 和 Antti Palosaari 等研究发现该设备在特定模式下能够接收 25MHz～1.75GHz 频段内的所有信号，并可以通过 USB 接口将采集的 I/Q 信号传输到普通计算机，从而构成一款低成本的软件无线电(Software-Defined Radio，SDR)平台。

3.1.1 RTL-SDR 的应用

将一个 RTL-SDR 接上天线，然后接到计算机 USB 接口，就搭建成一个简易的软件无线电平台，如图 3-1 所示。

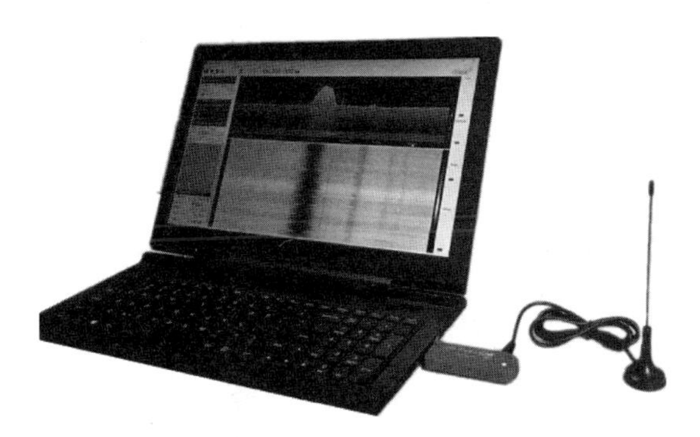

图 3-1 RTL-SDR 软件无线电平台

软件无线电平台通过 RTL-SDR 采集射频信号。在 25MHz～1.75GHz 频段上，分布了大量的应用，如 FM 广播、航空系统、海事通信、ISM 频段、应急通信、电视广播、音频广播、GPS 卫星定位系统、2G/3G/4G 移动通信和物联网系统等，具体频段如图 3-2 所示。

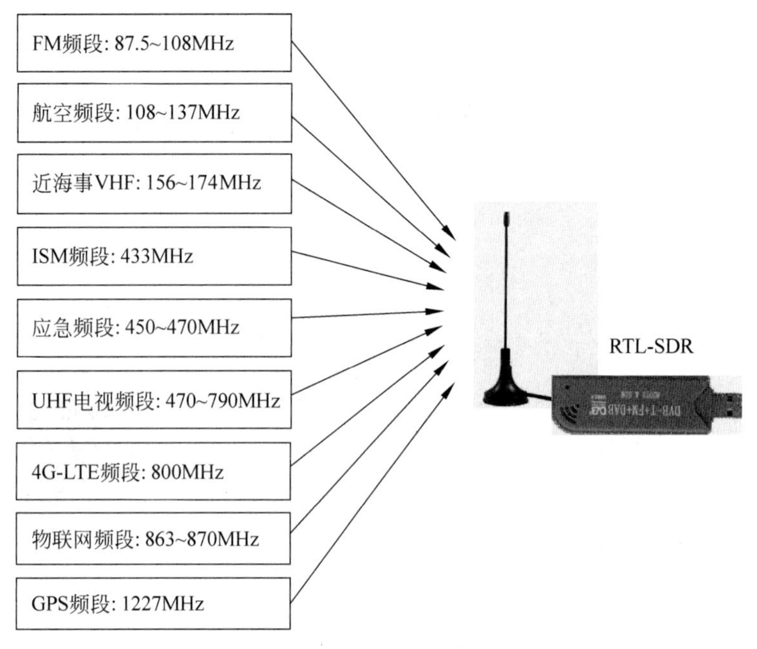

图 3-2　RTL-SDR 无线应用

3.1.2 RTL-SDR 驱动安装

在使用 RTL-SDR 之前，计算机需要预先安装相应的驱动程序。首先下载一款名为 Zadig 的软件[①]，然后将一个 RTL-SDR 插入计算机任意 USB 接口，接着运行 Zadig 软件，在软件弹出的界面中，单击 Options 菜单，在下拉菜单中选择 List All Devices。

如果 RTL-SDR 设备硬件正常，在设备列表中就可以看到 Bulk-In，Interface (Interface 0)选项，如图 3-3 所示。选择该选项，Driver 选择 WinUSB，最后单击 Reinstall Driver 按钮，就可以进行 RTL-SDR 驱动的安装。待驱动程序安装成功后，软件界面的左下方会显示提示信息：Driver Installation：SUCCESS。

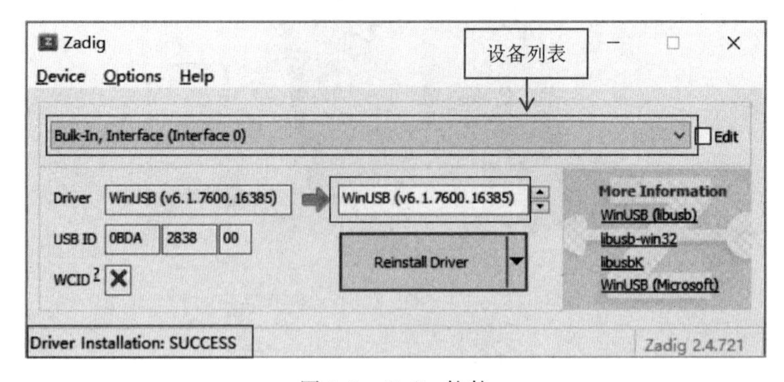

图 3-3　Zadig 软件

① https://zadig.akeo.ie/

3.1.3 SDR 应用软件

驱动安装完成之后，可以利用 SDR 软件测试 RTL-SDR。常用的 SDR 软件有 SDRSharp、HDSDR、GQRX 和 SDRangel 等。本节选择 SDRSharp① 和 SDRangel② 两款 SDR 软件进行说明。

首先将 RTL-SDR 插入计算机 USB 接口，然后启动 SDRSharp 软件，在 SDRSharp 界面左上角的 Source 列表下，选择 RTL-SDR(USB)。接下来设置一个本地 FM 电台频率（本例中设置为 104.3MHz），单击 Run 按钮，就可以收听 FM 广播，如图 3-4 所示。这里需要注意，不同地区的 FM 电台频率不尽相同，如果没有听到广播，可以调节频率进行电台搜索。

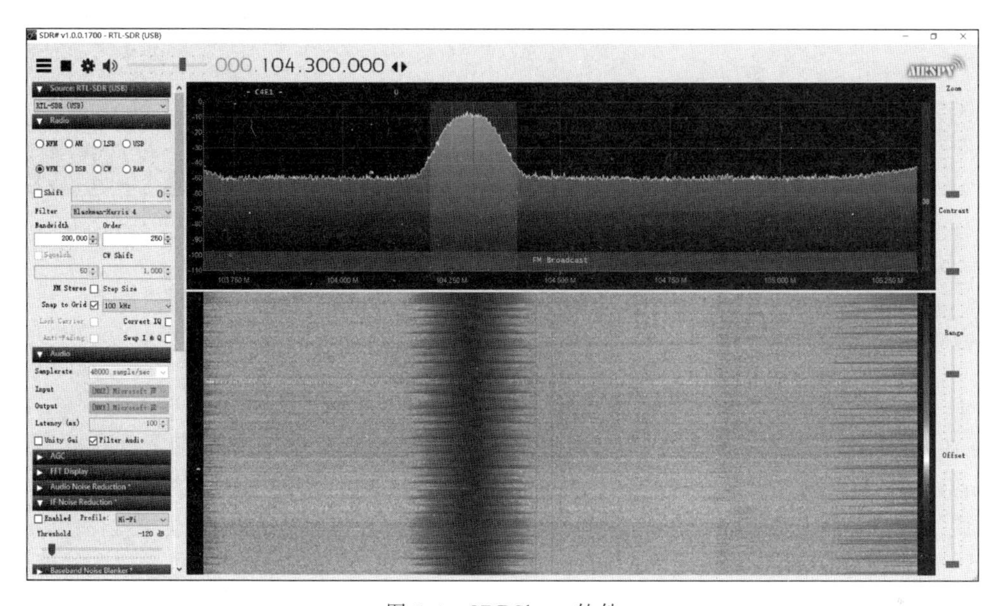

图 3-4　SDRSharp 软件

SDRangel 是另一款专业的 SDR 测试软件，利用该软件，也可以接收并解调 FM 信号，如图 3-5 所示。值得一提的是，该软件支持无线信号发射。

同样，首先安装 SDRangel 软件。SDRangel 安装完成之后，启动该软件，在左侧选项的 FileInput 中选择 RTL-SDR 设备，如图 3-5 所示。接下来在左上角设置一个本地电台的中心频率（本例中设置为 92.7MHz），最后单击 Run 按钮，如果可以听到 FM 广播，看到频谱图，就说明 RTL-SDR 可以正常使用。

3.1.4 RTL-SDR 发现趣事

早在 2010 年，Realtek 公司就将 RTL2832U 芯片操作手册发布给 Linux 开发者，希望他们能够开发出该芯片在 Linux 系统下的驱动和软件。Eric Fry 就是开发者之一，他用了大量时间研究 USB 接口传出的数据，并且发布了该芯片在 Linux 下的驱动。

两年之后，芬兰的一名工程专业的学生 Antti Palosaari 在 V4L GMANE 开发者论坛上

---

① https://airspy.com/download/

② https://github.com/f4exb/sdrangel

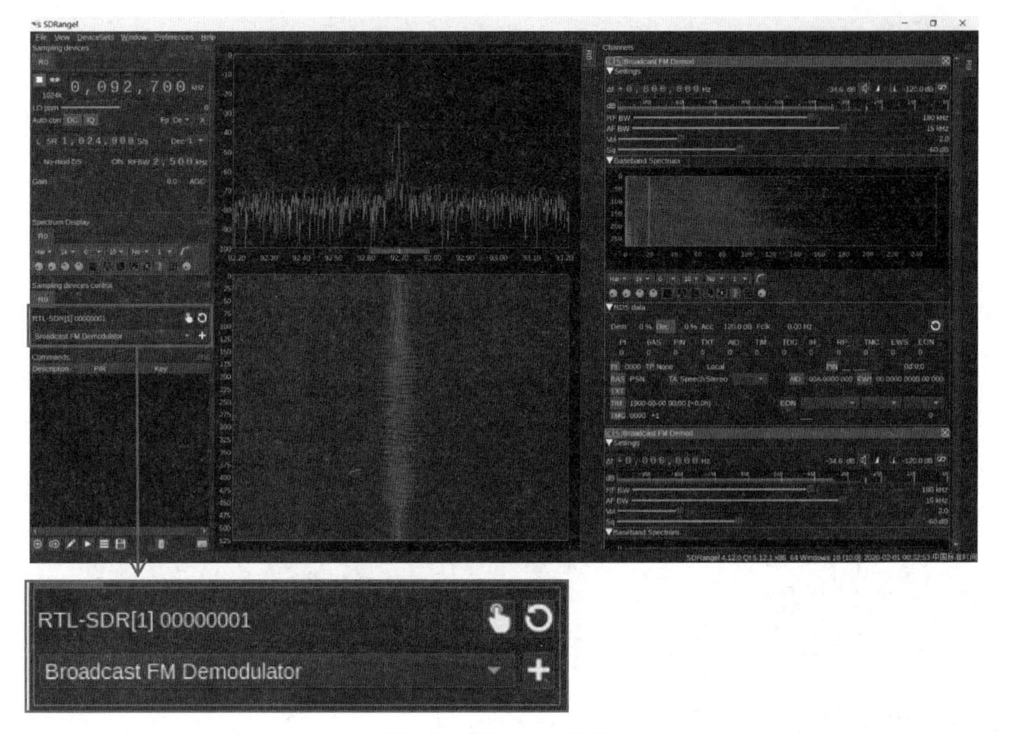

图 3-5 SDRangel 软件

表示，他能够用 RTL 设备侦听无线电信号。他发现，如果 RTL 设备工作于 FM 或数字信号广播(Digital Audio Broadcasting，DAB)模式，会直接输出原始未解调的信号，于是他使用 RTL 设备捕捉了 17s 的 FM 广播信号数据，并在网上询问是否有人可以用软件解调这个信号。信息发布 36h 后，在网友的合作下，他再次发布消息称："我可能发现了一种超级廉价的 SDR 设备。"

Antti Palosaari 的这个发现激发了软件无线电开发者的兴趣，开发者着重研究了 RTL-SDR 的 USB 协议。他们进一步研究发现，RTL2832U 在 FM 或 DAB 模式下会直接输出 8 位的基带 I/Q 信号。此时 Osmocom 的一些开发者也在其中，由于之前有 osmo-sdr 开发经验，于是很快就能够通过 Osmocom 软件控制 RTL2832U。

2013 年之后，随着软件无线电技术的迅猛发展，RTL-SDR 作为 SDR 设备，其使用率远远超过了数字视频广播(Digital Video Broadcasting，DVB)接收机。再回顾 Realtek 公司的设计初衷，可谓是"一次意外的收获"。这也得益于美国 NooElec 公司，该公司采用了 R820T 调谐器，将 RTL-SDR 的频率接收范围扩展到 25MHz～1.75GHz，使之成为目前占有率最高、成本最低、应用最广泛的 SDR 平台。

3.2 RTL-SDR 的 LabVIEW 接口

对于专业的 SDR 开发者，仅仅了解 SDR 软件的使用显然是不够的，学习如何开发 SDR 软件才是根本。本节将以 FM 接收机为例，介绍基于 LabVIEW 的 SDR 软件开发过程。

3.2.1　RTL-SDR接口安装

LabVIEW要控制RTL-SDR，需要在LabVIEW函数库中添加RTL-SDR的接口函数。首先将rtlsdr函数文件夹（本书配套程序）复制到主机LabVIEW的安装文件目录下，如\National Instruments\LabVIEW 2013\instr. lib，启动LabVIEW，在Instrument I/O→Instrument Drivers→rtlsdr→VIs路径下就能够找到RTL-SDR在LabVIEW中的接口函数模块，如图3-6所示。

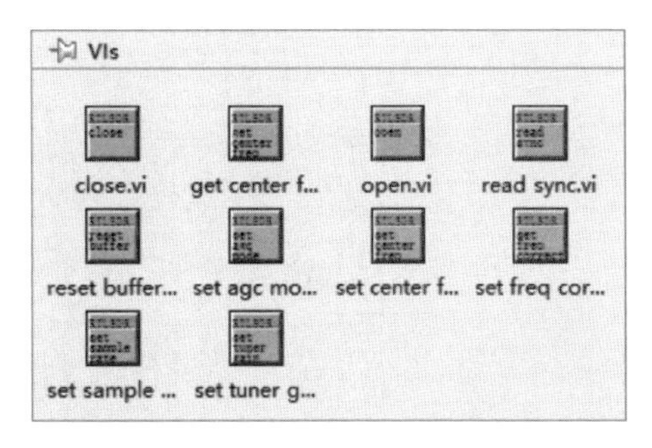

图3-6　RTL-SDR接口函数

3.2.2　RTL-SDR接口函数

RTL-SDR接口函数介绍如下。

（1）open函数：查找并开启设备，返回设备句柄。通过设备句柄，就可以对RTL-SDR的参数进行配置。

（2）set sample rate函数：设置设备的I/Q数据的采样率，最大采样率一般不应超过2.4M，否则会有数据丢失。

（3）set center freq函数：设置中心频率，有效范围为25MHz～1.75GHz。

（4）set freq correction函数：用于RTL-SDR频偏校正，RTL-SDR会随机产生约±20ppm频偏，在一些典型应用中，使用前需要预先进行频偏校正。

（5）set tuner gain函数：设置射频调谐器的增益，有效值为{0,9,14,27,37,77,87,125,144,157,166,197,207,229,254,280,297,328,338,364,372,386,402,421,434,439,445,480,496}，该值表示10倍分贝值，如115表示11.5dB。

（6）set agc mode函数：设置调谐器内部自动增益控制（Automatic Gain Control，AGC）电路，AGC能够将接收信号的动态范围调整到合适的ADC电平。

（7）reset buffer函数：重新设置RTL2832U内部的数据接收缓存。

（8）read sync函数：将RTL2832U数据通信方式设置为同步通信方式。

（9）close函数：释放句柄资源，供下次调用时分配。注意，close函数不可省略，否则再次运行时会报错。

3.2.3　RTL-SDR数据采集流程

在LabVIEW数据采集系统中，一般逻辑是先配置设备，然后进行循环读，最后关闭设备，如图3-7所示。

图3-7　LabVIEW数据采集的一般流程

RTL-SDR的数据采集过程也遵循这一逻辑。接下来，本节将通过RTL-SDR数据采集的例子说明RTL-SDR接口函数的使用方法，如图3-8所示。

LabVIEW编程步骤如下。

（1）利用open接口函数搜索RTL-SDR设备句柄。首先新建一个空白的VI，打开程序框图，从函数选板中导入open和close两个函数模块，然后在前面板中创建一个数值显示控件 DevRefnum，用于显示 open 函数的输出值，也就是设备句柄。

(2) 在计算机的 USB 接口插入一个 RTL-SDR，运行程序，若 RTL-SDR 接口函数安装正确，并且 RTL-SDR 正常连接，那么 DevRefnum 将返回设备句柄，否则返回 0，如图 3-9 所示。需要注意的是，这里 open. vi 输入的 Device index(设备索引)值为 0。

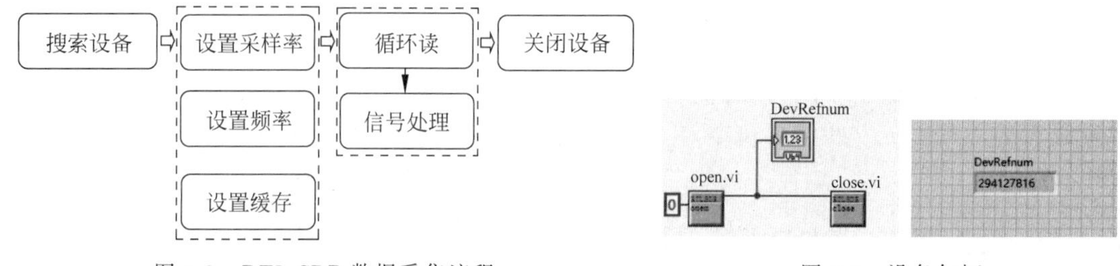

图 3-8　RTL-SDR 数据采集流程

图 3-9　设备句柄

(3) 在程序框图中依次创建 set sample rate. vi、set center freq. vi 和 reset buffer. vi 3 个函数模块，如图 3-10 所示。注意，配置这些函数模块都需要设备句柄信息。利用 set sample rate. vi 接口函数设置 I/Q 采样率，利用 set center freq. vi 接口函数设置设备的中心频率，利用 reset buffer. vi 接口函数重设缓存。

(4) 创建一个 While 循环，再创建一个 read sync. vi 函数模块，通过这个模块，可以读取缓存中的 I/Q 数据，如图 3-10 所示。

需要注意的是，在 read sync. vi 函数模块中，可以设置单次读取数据的长度。需要指出的是，从 RTL-SDR 中读取的数据格式是 I1-Q1-I2-Q2-I3-Q3…In-Qn，采用 Decimate 1D Array 模块可以将 I/Q 数据分开，如图 3-10 所示。

(5) 将 I/Q 数据的时域波形和频谱显示出来。创建两个波形图和一个频谱测量模块，在进行频谱测量之前，先构建波形，将数组 I 或数组 Q 作为波形数组 Y 的值，将采样率的倒数作为采样间隔，如图 3-10 所示。

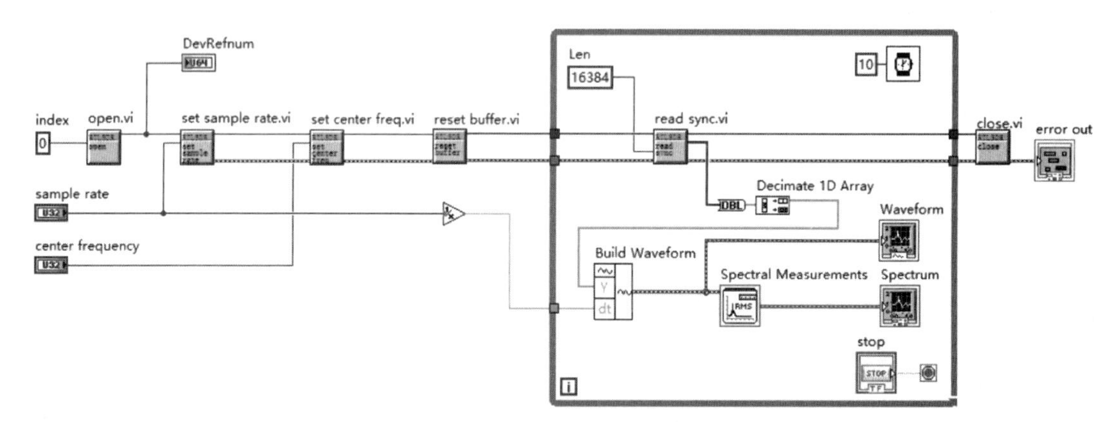

图 3-10　RTL-SDR 数据采集程序

(6) 创建一个 close. vi 函数模块，用于释放句柄资源，如图 3-10 所示。这里需要特别注意，在程序运行时，如果直接单击 LabVIEW 程序“停止”按钮，close. vi 函数将不会被执行，再次运行程序的时候，可能会因为找不到设备句柄而无法正常运行。因此，需要单击 While 循环中的 stop 按钮停止程序，此时 close. vi 会被执行，再次运行的时候就不会报错。

(7) 切换到前面板,配置 sample rate 和 center frequency 两个参数。sample rate 设置为 200k,center frequency 设置为 104.3MHz,运行程序,可以获得该频段信号的时域波形和频谱,如图 3-11 所示。

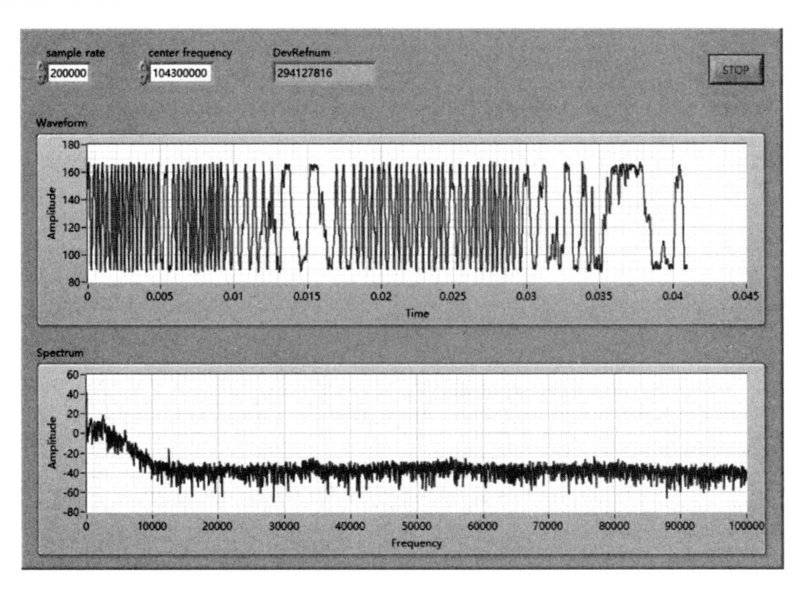

图 3-11 I/Q 数据采集波形图

3.3 FM 电台搜索

在 RTL-SDR 数据采集实验中,我们已经能够利用 RTL-SDR 和 LabVIEW 接口模块获取 FM 频段的 I/Q 信号,为了深入解析这些信号,还需要补充一些必要数学知识,如信号的复数表示等。接下来,本节将通过 FM 电台搜索实例介绍 RTL-SDR 的控制方法。

3.3.1 信号的复数表示

在通信系统中,一个实带通信号 $s(t)$ 可以表示为

$$s(t)=a(t)\cos[2\pi f_c t+\varphi] \tag{3-1}$$

其中,$a(t)$为幅度; f_c 为载波频率; φ 表示相位。将式(3-1)展开可得

$$s(t)=a(t)\cos(\varphi)\cos(2\pi f_c t)-a(t)\sin(\varphi)\sin(2\pi f_c t) \tag{3-2}$$

令$s_I(t)=a(t)\cos(\varphi)$,表示同向分量; $s_Q(t)=a(t)\sin(\varphi)$,表示正交分量,则式(3-2)进一步化简为

$$s(t)=s_I(t)\cos(2\pi f_c t)-s_Q(t)\sin(2\pi f_c t) \tag{3-3}$$

将式(3-3)进一步写成复数形式,即

$$s(t)=\Re\{[s_I(t)+\mathrm{j}s_Q(t)]\mathrm{e}^{2\pi f_c t}\} \tag{3-4}$$

式(3-4)中的复数 $[s_I(t)+\mathrm{j}s_Q(t)]$ 表达了基带信号的信息,该复数称为复基带信号,设 $s_L(t)$表示复基带信号,即

$$s_L(t)=s_I(t)+\mathrm{j}s_Q(t) \tag{3-5}$$

需要指出的是,实际发射和接收的信号都是实信号,而复信号只是等价的数学表达,这

种表达使数学计算更加简洁。

3.3.2 FM的复基带表示

在实际FM调制和解调的过程中，载波调制和解调是在射频前端完成的。在计算机端，只需完成FM复基带信号的设计，或者将复基带信号还原成原始基带信号。设 T_s 为I/Q采样间隔，k_f 为调制灵敏度，A_c 为载波幅度，$m(nT_s)$ 为需要传输的数字基带信号，则复基带信号为

$$s_L(nT_s)=s_I(nT_s)+js_Q(nT_s) \tag{3-6}$$

其中，根据FM的调制原理，I路信号为

$$s_I(nT_s)=A_c\cos[\varphi(nT_s)]=A_c\cos\left[2\pi k_f\int m(nT_s)\,dt\right] \tag{3-7}$$

Q路信号为

$$s_Q(nT_s)=A_c\sin[\varphi(nT_s)]=A_c\sin\left[2\pi k_f\int m(nT_s)\,dt\right] \tag{3-8}$$

注意，这里复基带信号$s_L(nT_s)$是数字信号。

根据FM复基带信号的产生过程，可以逆推出FM的解调过程。从RTL-SDR中获得复基带信号$s_L(nT_s)$后，只需反正切法求出$s_L(nT_s)$的相位，然后对相位进行微分处理，就可以还原基带信号 $m(nT_s)$。

3.3.3 RTL-SDR控制参数

1. 设备索引

RTL-SDR与计算机之间通过USB接口通信，需要配置设备的索引。如果只插入一个RTL-SDR，那么设备索引为0；如果同时插入两个RTL-SDR，先插入设备的索引为0，后插入设备的索引为1。

2. I/Q采样率

I/Q采样速率为采样间隔的倒数，即每秒钟采样值的数量。I/Q采样是通过USB接口交织发送的，在FM解调实验中，由于语音信号的频率范围为0～20kHz，所以I/Q采样速率设置为200kHz就已经足够。

3. 中心频率

FM广播的中心频率范围为87.5～108MHz。由于RTL-SDR石英振荡器稳定度较低，实际产生的振荡频率可能会与我们设定的目标中心频率存在大约±20ppm的频率偏差。

4. 调谐器增益

调谐器增益指的是R820T增益，即是在A/D转换之前中频信号的增益，有效值范围为0～49.6dB。需要注意，增大增益的同时也会放大噪声。

5. 采样缓存

采样缓存是一个先入先出的队列，寄存的对象是I/Q采样值，计算机通过读函数可以读取采样缓存中的数据。需要注意的是，在读取数据之前，需要对采样缓存进行重置。

3.3.4 FM接收机设计模型

在3.2.3节中，调用了RTL-SDR的接口模块函数，实现了数据接收功能。本节将利用这

些接口函数。实现一个 FM 接收机。从结构上看，仍然采用 RTL-SDR 的数据采集模型，不同的是，增加了频谱计算和频谱显示两个功能模块，各模块之间的逻辑连接关系如图 3-12 所示。

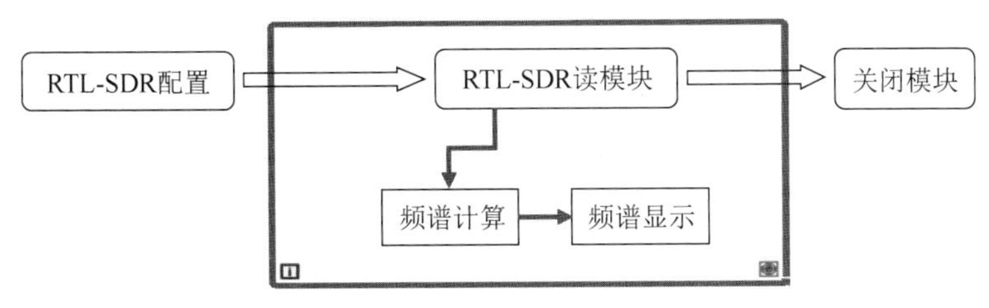

图 3-12　FM 接收机设计模型

3.3.5　FM 电台搜索实例

接下来，本节将通过一个 FM 电台搜索实例，进一步解释从 RTL-SDR 中获取的数据。实验步骤如下。

(1) 复制 3.2.3 节所示的数据采集程序，重命名 VI 并保存，为了确保程序的正确性，运行程序，验证是否能够成功获取数据。

(2) 利用 Decimate 1D Array 模块将 I/Q 数据分成两路，然后转换成对应的复数组，并利用 XY 图将其显示出来，如图 3-13 所示。

(3) 将中心频率设为 104.3MHz(或本地其他可用电台频率)，运行程序。根据 3.3.2 节的理论分析，有

$$s_I(nT_s)=A_c\cos[\varphi(nT_s)],\quad s_Q(nT_s)=A_c\sin[\varphi(nT_s)] \tag{3-9}$$

理论结果应是一个圆形，但是由于受噪声、A/D 分辨率等因素的影响，实际结果并不是一个理想的圆，如图 3-14 所示。

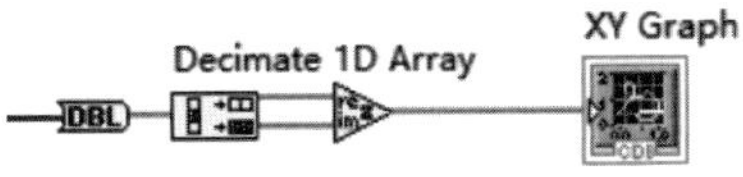

Decimate 1D Array　XY Graph　DBL

图 3-13　复数组构成

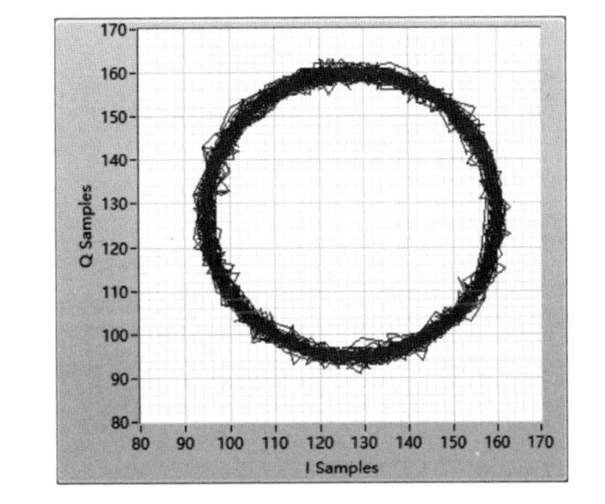

图 3-14　FM 复基带信号 XY 图

(4) 测量 FM 信号的频谱。在 Signal Processing→Waveform Measurements 路径下找到 FFT Power Spectrum and PSD 模块，利用这个模块，就可以测量 FM 信号的频谱，完整的程序框图如图 3-15(a)所示，功率谱如图 3-16(b)所示，可以看出，在中心频率 104.3MHz 处有一个明显的峰值。

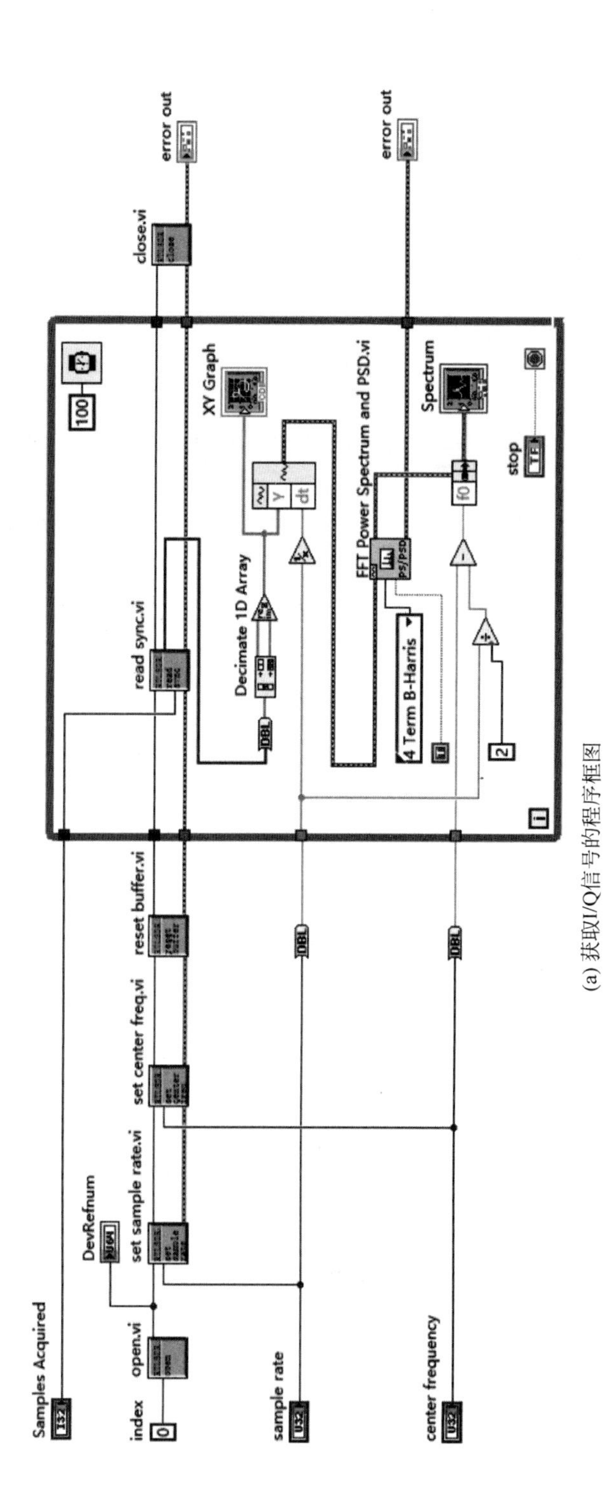

(a) 获取I/Q信号的程序框图

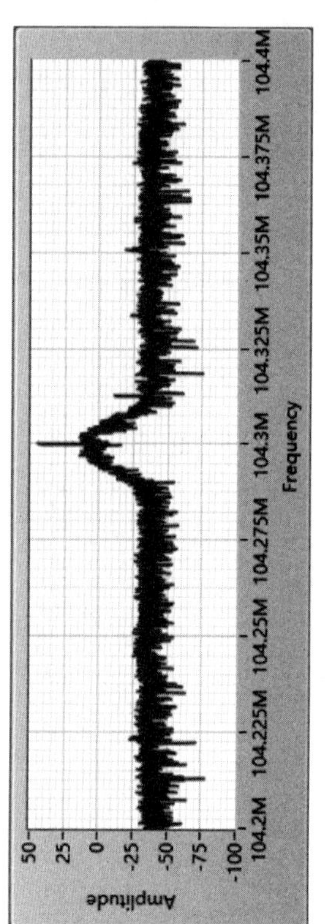

(b) FM信号的功率谱

图 3-15 FM 信号解析

(5) 修改中心频率,从功率谱中发现电台。首先把中心频率设置为88MHz,采样率设置为2.4MHz,每间隔1MHz扫描频率,直到108MHz。从功率谱扫描中可以发现广播电台的频谱分布,也能够看出电台信号强弱。需要注意的是,由于接收的FM信号与接收地理位置和天线有关,不同广播电台的信号强度可能会不一样,有些信号较弱的广播电台可能要调高增益才能从噪声中区分出来。

3.4 FM信号解调和播放

RTL-SDR接收到FM信号后,需要对FM信号进行解调处理。接下来,本节将介绍FM信号的解调流程、程序框图以及基于队列的FM接收机。

3.4.1 FM信号解调流程

根据2.4.1节的反正切原理,FM信号解调和播放大体分为4步,依次是相位计算、微分处理、下采样和声音播放,如图3-16所示。

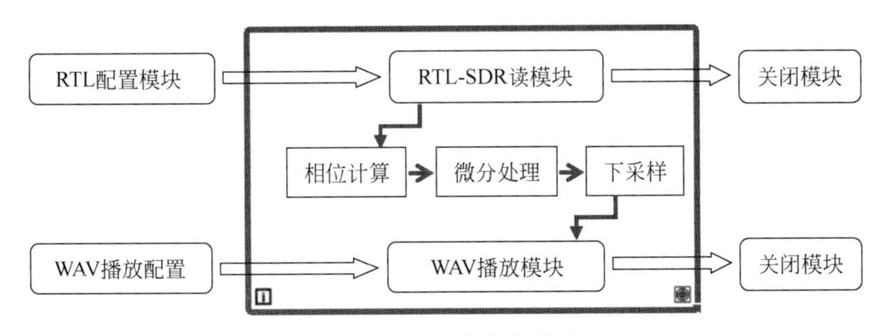

图3-16　FM接收机模型

(1) 相位计算。将复数组转换为极坐标,就可以获得相位,由于相位值分布在[$-\pi,\pi$]范围内,因此还需要进行相位展开处理。

(2) 微分处理。对相位求导直接可以获得基带信号。

(3) 下采样。由于接收信号的I/Q采样率为286.65kHz,而普通音乐播放设备的采样率是44.1kHz,因此需要进行波形下采样。

(4) 声音播放。在Graphics & Sound→Sound→Output路径下找到声音播放相关模块。需要注意的是,下采样后的信号输入扬声器之前要进行归一化处理。

3.4.2 RTL-SDR解调程序框图

完成程序框图编程之后,回到前面板设置参数,运行程序,如果程序正确,则会有断断续续的声音播放出来,这是因为将I/Q数据采集模块、FM解调模块以及声音播放模块通过串行的方式放在一个循环之中,这种方式增大了循环时间间隔,会造成声音"卡顿"的问题。FM接收机的程序框图如图3-17所示。

3.4.3 基于队列的FM接收机

为了解决声音"卡顿"问题,可以应用1.3.6节中介绍的生产者-消费者设计模式,利用这种设计模式,可以将I/Q数据采集模块和I/Q数据处理模块分开,以增大I/Q数据采集效率,如图3-18所示。

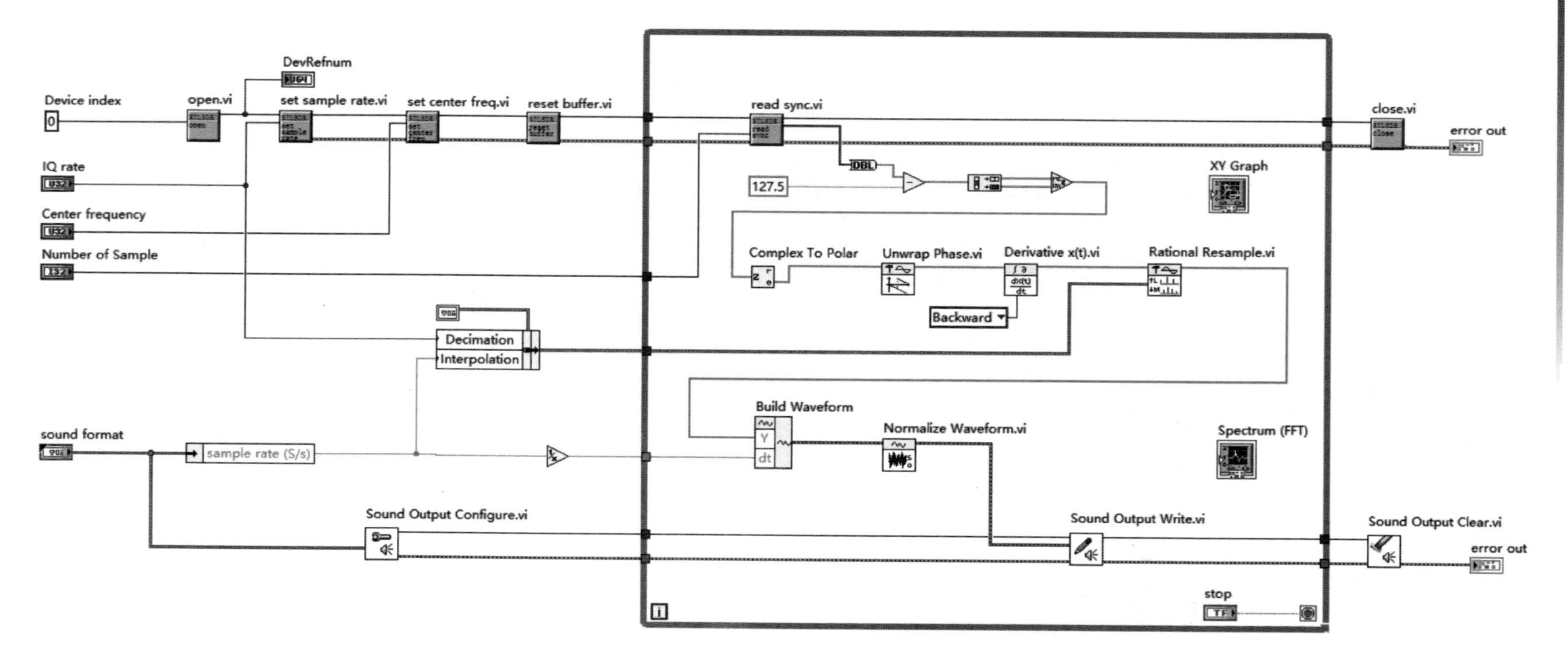

图 3-17 FM 接收机：单循环方案

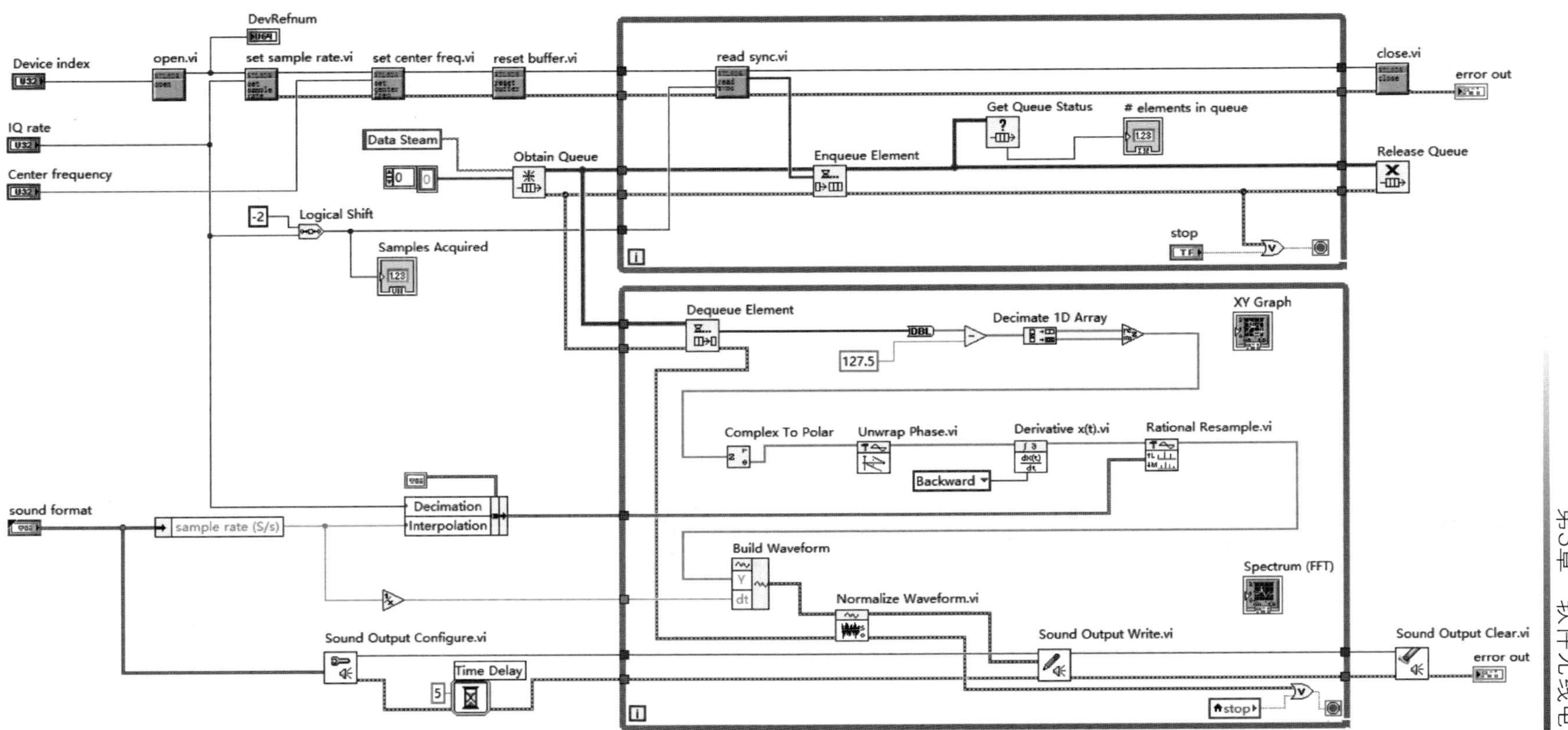

图 3-18 FM 接收机：生产者-消费者方案

在这个生产者-消费者设计模式中，采用了 Data Stream 队列结构来实现。在生产者循环中，不断从 RTL-SDR 中获取 I/Q 数据；在消费者循环中，进行 FM 解调、声音播放以及频谱显示等信号处理。

在消费者循环中，同时完成 FM 解调、声音播放以及频谱显示功能，也会造成声音卡顿现象，可以再创建一个队列，用于处理声音播放功能。关于这个问题，将在第 4 章进一步介绍。

3.5 RTL-SDR 硬件结构

RTL-SDR 硬件结构采用典型的数字中频接收机结构。接下来，本节将首先介绍 RTL-SDR 内部电路板，然后介绍 RTL-SDR 信号处理的流程，接着详细介绍 RTL-SDR 的两枚核心芯片：R820T 和 RTL2832U，最后介绍数字中频接收机结构。

3.5.1 RTL-SDR 硬件简介

RTL-SDR 内部硬件电路板如图 3-19 所示，可以看出，RTL-SDR 主要由 R820T 调谐器芯片、RTL2832U 两枚芯片构成，其中 R820T 负责模拟信号下变频，RTL2832U 负责 I/Q 信号采集和转发。

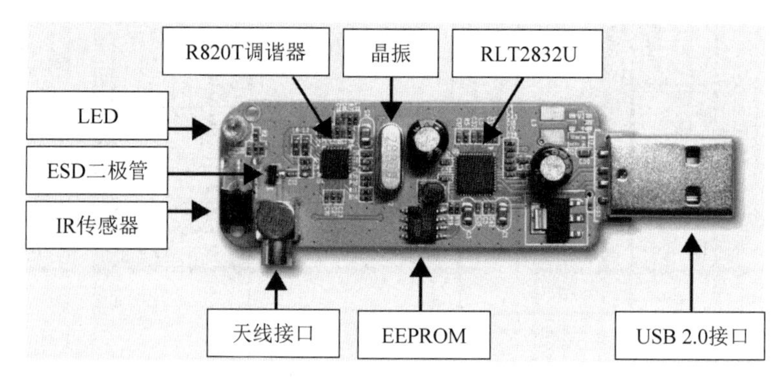

图 3-19 RTL-SDR 内部电路板

RTL-SDR 电路板上还包含 LED、静电保护(Electrostatic Discharge，ESD)二极管、红外线(Infrared Radiation，IR)传感器、晶振、带电可擦可编程只读存储器(Electrically Erasable Programmable Read Only Memory，EEPROM)以及 USB 2.0 接口等器件。

3.5.2 RTL-SDR 信号处理流程

RTL-SDR 通过 R820T 和 RTL2832U 将射频信号变换为基带信号。RTL-SDR 内部信号处理流程如图 3-20 所示。

首先，天线将射频信号通过 MCX(推入式)连接器耦合到 R820T。R820T 调谐器将射频信号下变频为中频信号。RTL2832U 芯片接着对中频信号进行 A/D 采样、数字下变频等处理，并获得基带信号。最后，USB 2.0 接口将基带信号送入计算机做基带信号处理，如基于 LabVIEW 的信号解调处理。

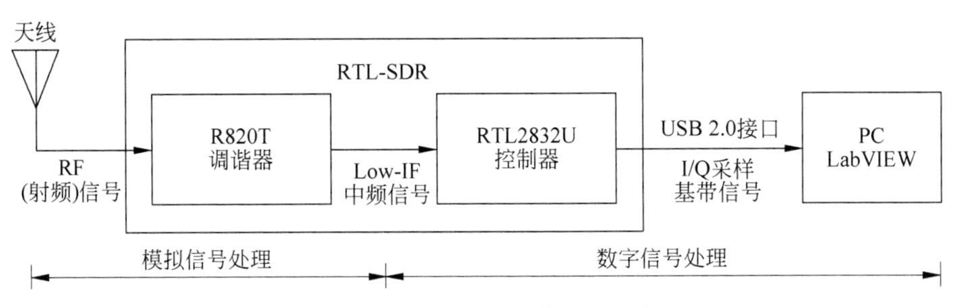

图 3-20 RTL-SDR 内部信号处理流程

3.5.3 调谐器芯片 R820T

调谐器芯片 R820T 用于射频(Radio Frequency,RF)频段选择,并将接收到的射频信号下变频到一个固定的中频。R820T 可以接收 42～1002MHz 的射频信号,中频频率为 3.57MHz,其内部结构如图 3-21 所示①。

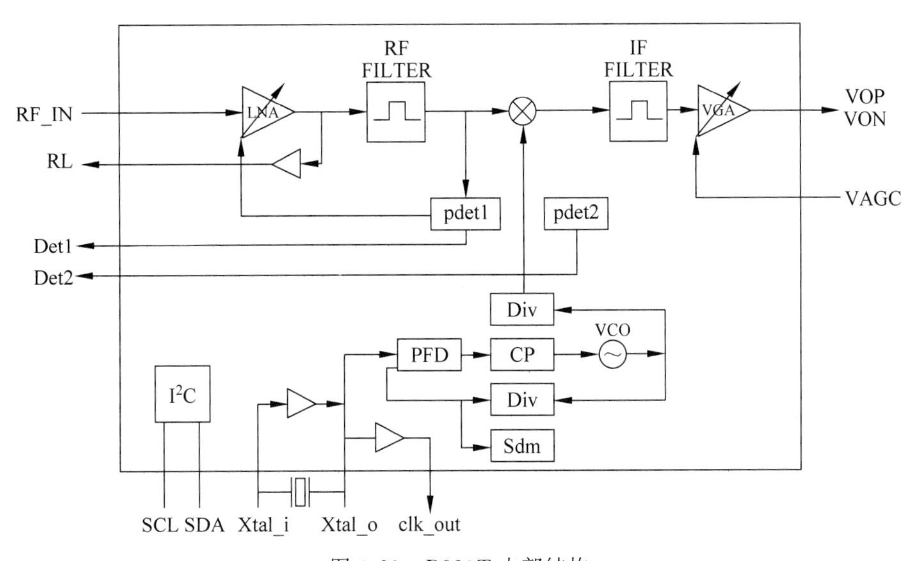

图 3-21 R820T 内部结构

其中,RF_IN 是 MCX 连接器接口,用于连接天线,以耦合空间中的射频信号。由于天线会使集成电路累积静电荷,最终可能会导致器件损坏,实际电路中采用了 ESD 二极管连接 MCX,接地放电以保护集成电路。LNA(低噪声放大器)可以在放大微弱信号的同时提供较高的信噪比。RF FILTER(射频滤波器)是镜像抑制滤波器,其主要作用是滤除镜像信号和相邻信道干扰。混频器对射频信号进行模拟混频,其本地振荡信号由压控振荡器(VCO)模块提供。IF FILTER(中频滤波器)在滤去上变频成分的同时抑制频带外信号,起到选频作用。VGA 为可变增益控制放大器。

① R820T High Performance Low Power Advanced Digital TV Silicon Tuner Datasheet

3.5.4 控制器芯片 RTL2832U

RTL2832U 芯片是 RTL-SDR 的控制核心，最初用于 DVB-T（地面无线数字电视系统）。它最主要的功能是将输入中频信号变换成数字基带信号，并将这些数据传递给计算机。RTL2832U 芯片内嵌高速的模拟数字转换器（Analog to Digital Converter，ADC），采样率为 28.8MHz，采样位数为 8 位。

RTL2832U 芯片除了集成 ADC 之外，还集成了 8051 微嵌系统，负责整个板载资源的控制，其内部结构如图 3-22 所示。

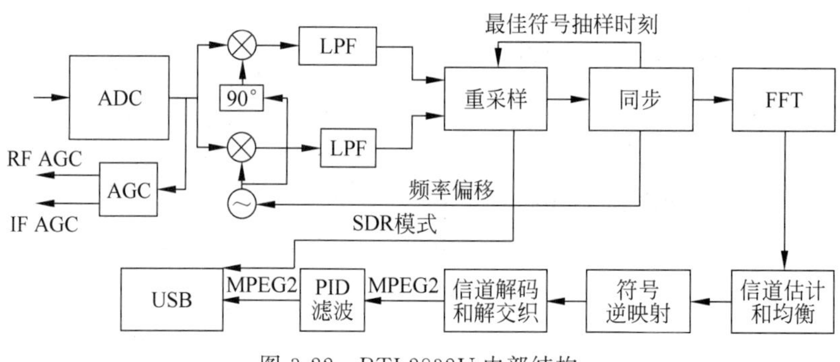

图 3-22 RTL2832U 内部结构

从图 3-22 可以看出，RTL2832U 首先利用 ADC 对中频信号进行采样，这里的中频信号带宽为 6MHz，ADC 以 28.8MHz 的采样率进行采样。接着，采样数据在芯片内部进行一次数字下变频，这一过程又分为两步：①将 I/Q 采样信号分为两路，一路与本振信号进行混频，另一路与经过 90°相移器的本振信号进行混频；②利用数字低通滤波器滤除倍频分量，得到两路 I/Q 基带信号。最后，利用抽取器对 I/Q 信号进行抽取处理，降低数据量以减轻后续计算机信号处理的负担。注意：RTL2832U 在 SDR（Single Data Rate）模式下，抽取后的 I/Q 数据按 I1→Q1→I2→Q2…依次交错输出，通过 USB 2.0 送到计算机。RTL2832U 在 DVB-T 模式下，内部的数字信号处理（Digital Signal Processing，DSP）模块还进行了重采样、同步、快速傅里叶变换（Fast Fourier Transform，FFT）、信道估计和均衡、符号逆映射、信道解码和解交织 PID（比例-积分-微分控制）滤波等数字信号解调处理。一款 RTL-SDR 的原理图如图 3-23 所示。

3.5.5 数字中频接收机结构

RTL-SDR 本质上是一种数字中频接收机，如图 3-24 所示，它的解调过程分为模拟信号处理和数字信号处理两级。在模拟信号处理中，通过模拟电路把射频（RF）降到中频。在数字信号处理中，通过数字信号处理技术把中频降到基带，更重要的是解调过程可以用软件设置 RF 频率，这样就能够自定义需要的 RF 频率范围。

RTL-SDR 内部信号处理流程采用低中频接收机结构，射频信号经过天线系统后，首先利用低噪声放大器进行放大，然后进行镜像抑制滤波，接着通过混频器将射频信号下变频到中频，在中频段对信号进行中频滤波，并进一步放大以及自动增益控制（AGC），接着将中频信号送入 ADC 进行采样。ADC 采样之后，信号就在数字域进行处理，首先对数字信号进行

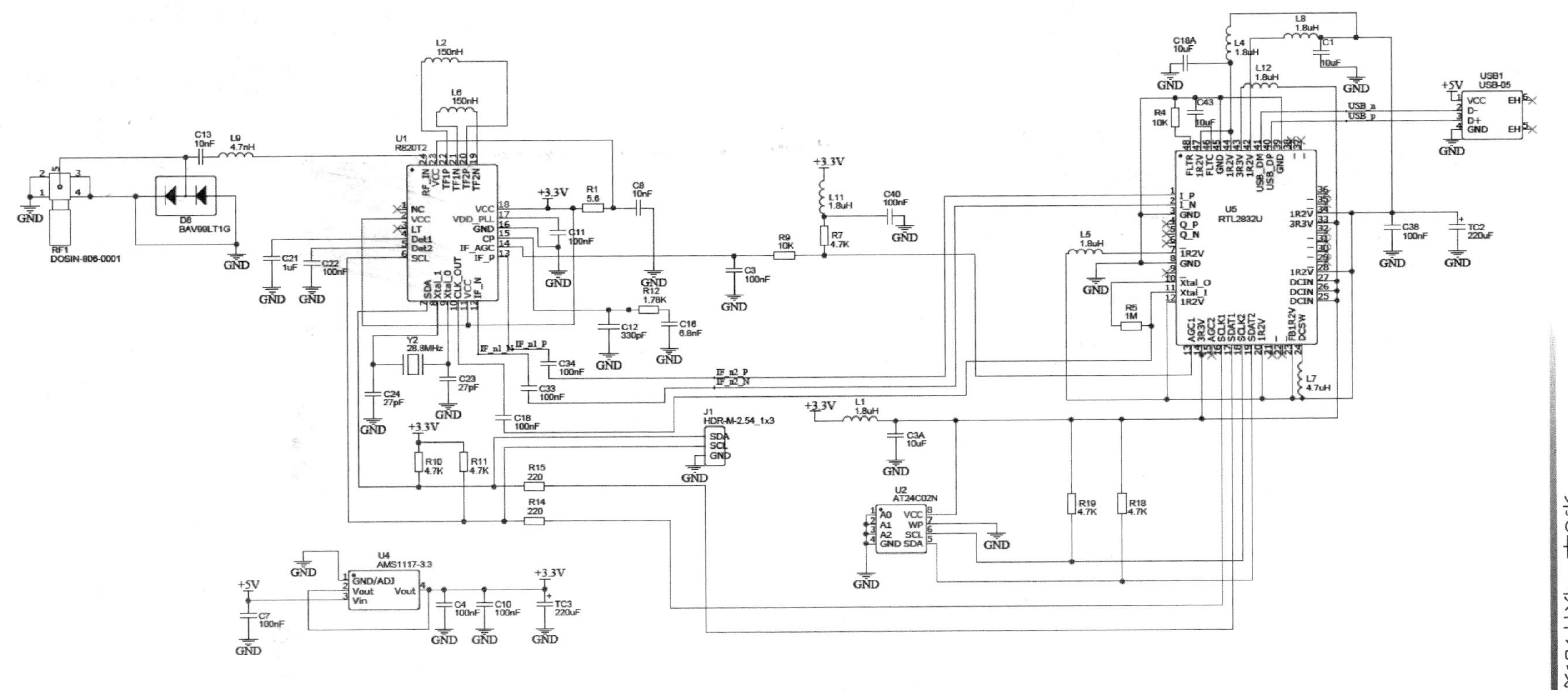

图 3-23　RTL-SDR 的原理图
（源于"老邵的开源世界"）

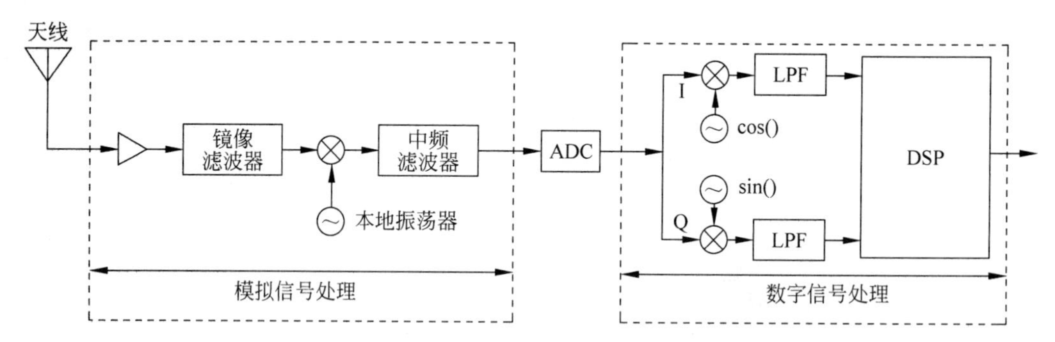

图 3-24　数字中频接收机结构

数字下变频解调，然后依次进行抽取和数字滤波处理，最后输出基带信号。

数字低中频结构之所以能够被广泛采用，是因为它能够较好地解决硬件实现过程中存在的一些问题。例如，采用数字下变频技术，能够有效避免模拟信号中的 I/Q 不均衡问题，能够有效解决噪声消除和直流偏置效应。此外，中频信号的滤波和解调都可以用软件编程来实现，以灵活适应不同通信标准的要求。关于低中频接收机结构，将在第 7 章详细介绍。

3.6　本章小结

本章介绍了一种低成本的软件无线电平台 RTL-SDR。首先，本章介绍了 RTL-SDR 驱动程序安装和验证，介绍了 RTL-SDR 在 LabVIEW 中的接口函数以及这些函数的使用方法。

然后，通过 RTL-SDR 数据采集实例，介绍了 RTL-SDR 的控制方法，为了解析采集的 I/Q 数据，还介绍了信号的复数表示法。

接下来，通过基于 RTL-SDR 的电台频谱扫描和 FM 解调实例，进一步介绍了 RTL-SDR 的使用方法。

最后，介绍了 RTL-SDR 硬件结构、RTL-SDR 的信号处理流程以及软件无线电接收机结构。

第4章 接收机系统性能分析与优化

CHAPTER 4

在无线电接收系统中，为了获得更好的接收性能，需要对接收通道上各个模块的参数进行优化，如I/Q采样率、频偏补偿和滤波器截止频率等。为了进行频谱分析，需要了解快速傅里叶变换、窗函数等基础知识。为了获得更好的软件体验，还需要设计出美观的人机交互界面。接下来，本章将通过实例探讨这些问题。

4.1 信号分析基础

采样率设置、频谱测量、信噪比估计、低通滤波器和波形重采样是软件无线电系统性能分析的基础。本节将通过仿真实例探讨这些基本内容。

4.1.1 采样率

采样率指的是每秒从连续信号中抽取的采样个数。采样率的倒数表示采样间隔。显然，采样率越高，采样后的离散信号越接近原始连续信号。例如，在2.2节所示的WBFM仿真中，利用仿真信号(Simulate Signal)表示模拟信号，并且将采样率设置为模拟信号最高频率的10倍。在仿真系统中，需要设置合理的采样率，奈奎斯特低通采样定理提供了理论依据。

低通采样定理：设模拟信号$f(t)$的最高频率为$f_{\max}$，在等间隔采样的条件下，采样率f_s大于或等于$2f_{\max}$，才能无失真地恢复原始信号。

设模拟信号$f(t)$的频谱是$F(\mathrm{j}\omega)$。依据低通采样定理对$f(t)$进行采样，采样后离散信号$f(kT_s)$的频谱$\widetilde{F}(\mathrm{j}\omega)$是$F(\mathrm{j}\omega)$的周期性延拓，如图4-1所示。

奈奎斯特[①]低通采样定理由美国物理学家H.奈奎斯特于1928年首先提出，因此又称为奈奎斯特采样定理。1948年，信息论的创始人C.E.香农对这一定理加以明确说明，并正式作为定理引用，因此在许多文献中又称为香农采样定理。

设角频率$\omega_{\max}=2\pi f_{\max}$，幅度谱$|F(\omega)|$如图4-1(b)所示。设$\omega_s$表示采样率对应的角频率，周期性延拓后的幅度谱如图4-1(d)所示。可以看出，利用低通滤波器将图4-1(d)所示的中间频谱取出，就可以恢复原始模拟信号。

---

① 奈奎斯特(1889—1976)，美国物理学家。1917年获得耶鲁大学哲学博士学位。曾在美国AT&T公司与贝尔实验室任职。奈奎斯特为近代信息理论做出了突出贡献，他总结的奈奎斯特采样定理是信息论特别是通信与信号处理学科中的一个重要基本结论。

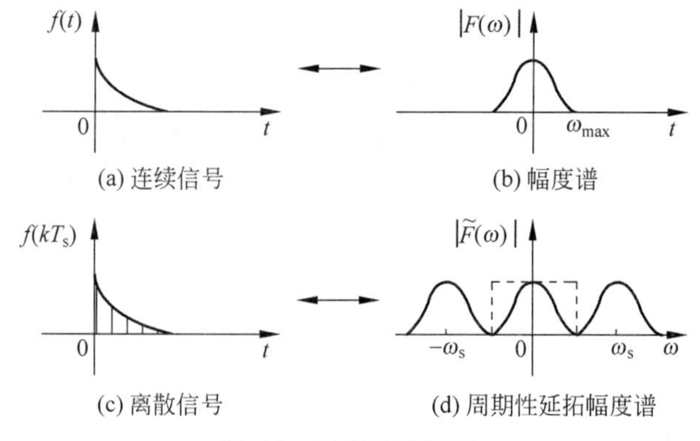

图 4-1　采样及其频谱

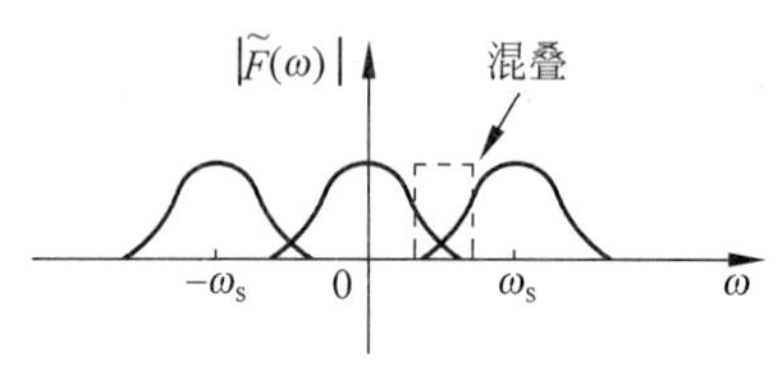

图 4-2　频谱混叠

当采样率不满足低通采样定理时，即当采样率小于 $2f_{max}$ 时，相邻频谱之间将产生混叠，信号高频部分的频谱结构将发生变化，此时即便是通过低通滤波器，也无法完整地恢复原始信号，如图 4-2 所示。

例 4-1　利用 Simulate Signal 模块产生一个频率为 100Hz 的正弦信号，设置采样率分别为 400Hz、1000Hz 和 4000Hz，比较输出的时域波形。

LabVIEW 编程步骤如下。

(1) 在程序框图中创建一个 Simulate Signal 模块，在弹出的配置窗口中，信号类型选择为 Sine；将 Frequency 设置为 100Hz；将 Samples per second 设置为 400；将 Number of samples 设置为 11，并取消勾选默认的 Automatic 选项，如图 4-3 所示。

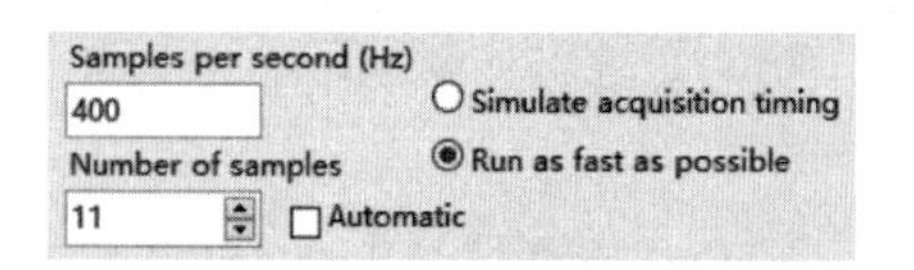

图 4-3　Simulate Signal 模块中的采样率设置

(2) 在 Simulate Signal 模块信号输出端右击，在弹出的快捷菜单中依次选择 Create→Graph Indicator，将在前面板自动创建一个波形图显示控件，如图 4-4 所示。

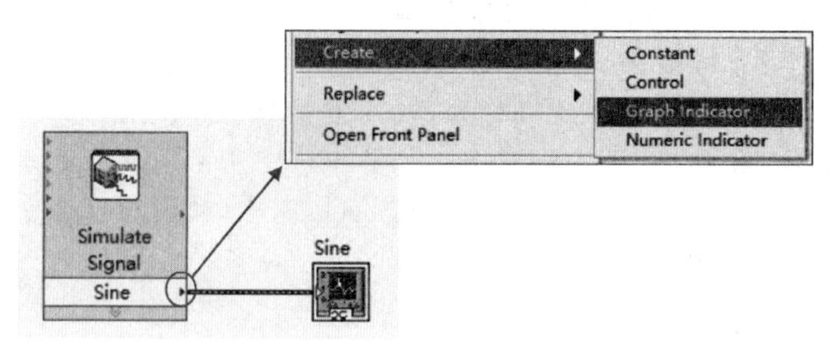

图 4-4　波形图的创建

(3) 切换到前面板，运行程序。如图 4-5 所示，可以看出，当采样率为 400 时，显示的波形并不像正弦波，更像是三角波。

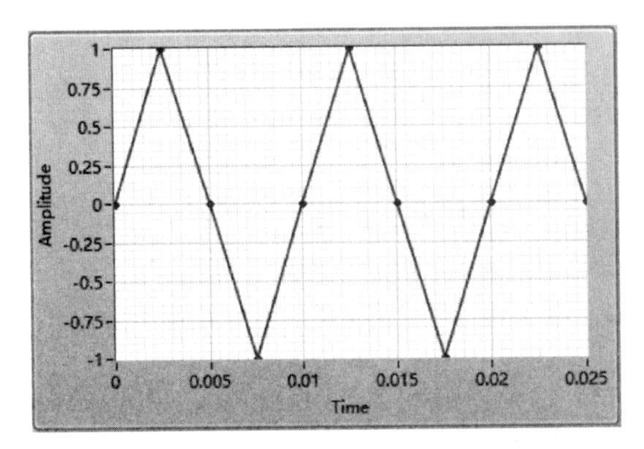

图 4-5 正弦信号(采样率为 400)

(4) 将采样率设置为 1000，运行程序，得到的波形如图 4-6 所示。将采样率设置为 4000，再次运行程序，看到的波形基本上接近于理想中的正弦信号，如图 4-7 所示。

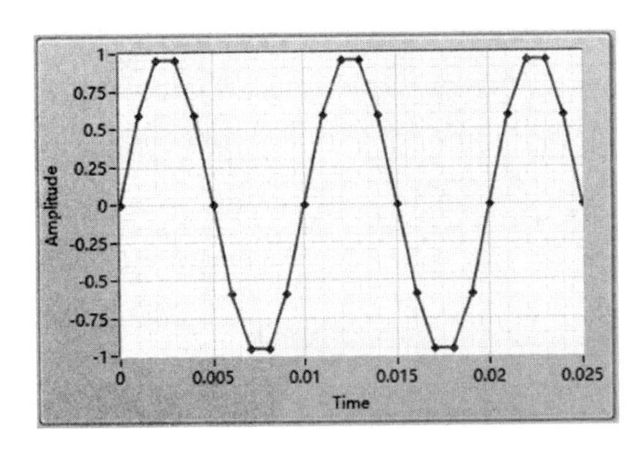

图 4-6 正弦信号(采样率为 1000)

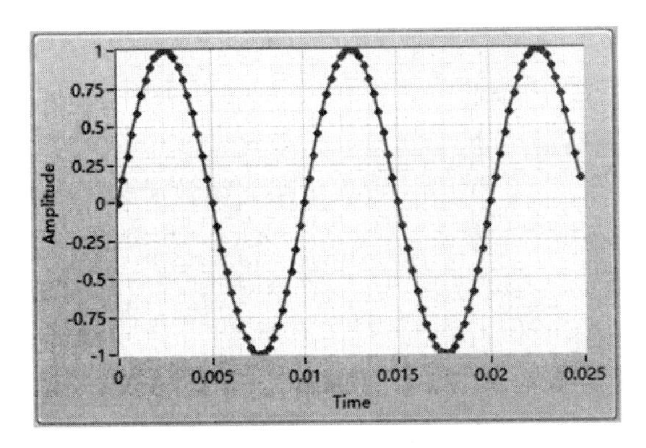

图 4-7 正弦信号(采样率为 4000)

从这个例子可以看出：采样率越高，波形越平滑，越接近于理想波形。在 2.2 节所示的仿真中，为了便于波形的观察，将采样率设置为信号最高频率的 10 倍。需要注意的是，虽然奈奎斯特采样定理告诉我们，以 2 倍的最高频率进行采样，就能够根据采样值无失真地恢复原信号,但是按照奈奎斯特采样率产生的波形并不便于观察。

4.1.2 频谱测量

频谱测量和分析属于接收机性能分析中较难的部分,要掌握这种分析方法,除了需要具备一些理论基础之外,还需要有一定的通信系统调试经验。接下来将通过实例介绍频谱测量和分析的基本过程。

频谱测量,通俗来讲,就是利用频谱分析仪等设备对被测信号进行采集、频谱计算及显示。其中,频谱计算过程需要信号与系统分析基础。从理论上讲,利用傅里叶变换就可以计算出连续时间信号的频谱。实际的数字信号处理器只能对数字信号进行处理,所以被测信号在时域和频域上都必须离散化。

信号在时域和频域上均离散化,其在时域和频域上也必须周期化。如图 4-8 所示,设连续信号 $f(t)$的频谱为 $F(\mathrm{j}\omega)$,离散化和周期化之后对应的时域信号分别为 $f(kT_s)$和 $F(n\Omega)$。利用快速傅里叶变换(FFT),由 $f(kT)$主值区间序列可以计算出 $F(n\Omega)$频谱的主值区间值。反过来,利用快速傅里叶逆变换(Invert Fast Fourier Transformation,IFFT),由 $F(n\Omega)$频谱的主值区间值也可以计算出 $f(kT_s)$ 主值区间序列。

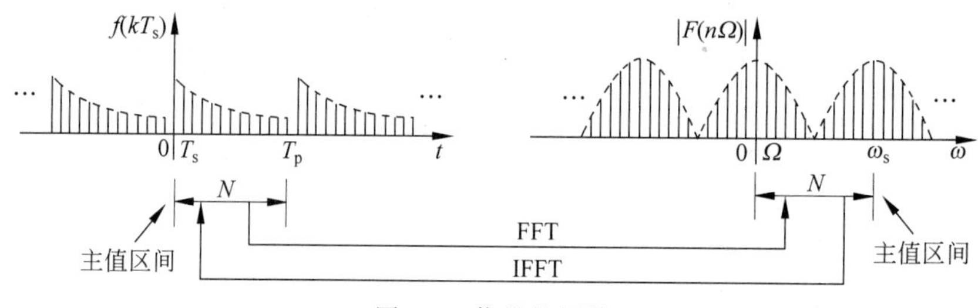

图 4-8 信号的频谱

设 $f(t)$的采样周期为 T_s,符号周期为T_p,频谱间隔为 Ω。假设T_s 不变,T_p 增大,$f(kT_s)$一个周期内的采样点数 N 将增大,频谱间隔Ω 将会减小。Ω 变小,意味着频谱分辨率增大。因此,如果要提高频谱分辨率,可以通过增大符号周期或采样点数的方法来实现。

影响频谱测量的另外一个因素是窗函数。为什么要对被测信号"加窗"呢?实际上,采样得到的离散信号通常是一个随机截断的信号。例如,从图 4-8 可以看出,时域直接周期化会导致信号在两个相邻周期衔接处产生"跳变",根据频谱分析理论,这种"跳变"会造成高频噪声。为了消除这种"跳变"带来的影响,可以采用窗函数对信号的首尾两端进行衰减。接下来将通过一个例子说明这个问题。

例 4-2 利用 Simulate Signal 模块产生一个频率为 100Hz 的正弦信号,设置采样点数分别为 100 和 1000,比较输出的频谱。

LabVIEW 编程步骤如下。

(1) 在程序框图中创建一个 Simulate Signal 模块、一个 Spectral Measurements 模块和一个波形显示模块。根据信号与系统理论,正弦信号的频谱为冲激函数,如图 4-9 所示。

(2) 将 Simulate Signal 模块的 Samples per second 设置为 1000,Number of samples 设置为 100。Spectral Measurements 模块的窗函数选择 None,运行程序并记录信号频谱。然后将采样点数设置为 1000,再次运行程序,记录并比较两个频谱,如图 4-10 所示。可以看出，图 4-10(a)所示的频谱分辨率为 5Hz，图 4-10(b)所示的频谱分辨率为 0.5Hz，因此，采样点数为 1000 时的频谱分辨率明显高于采样点数为 100 时的频谱分辨率。

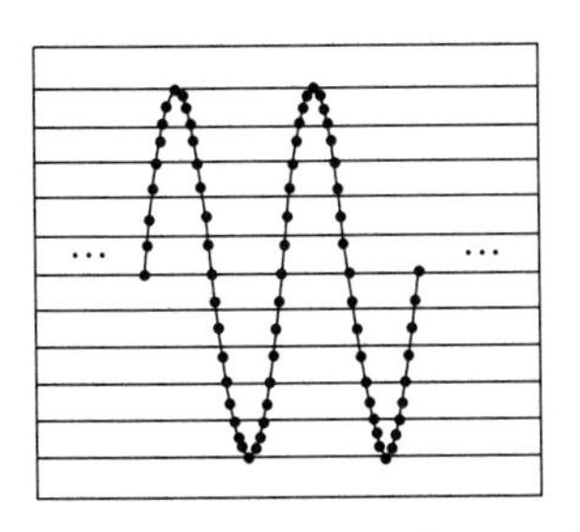

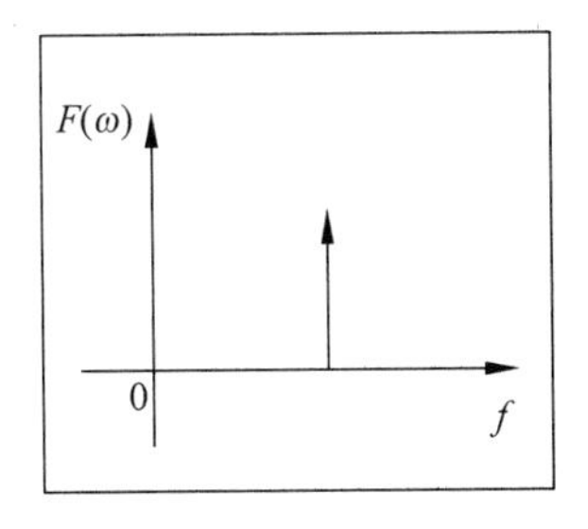

图 4-9　信号的频谱

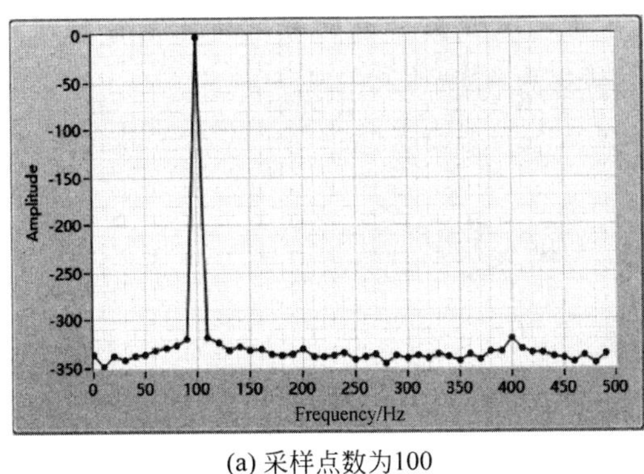

(a) 采样点数为100

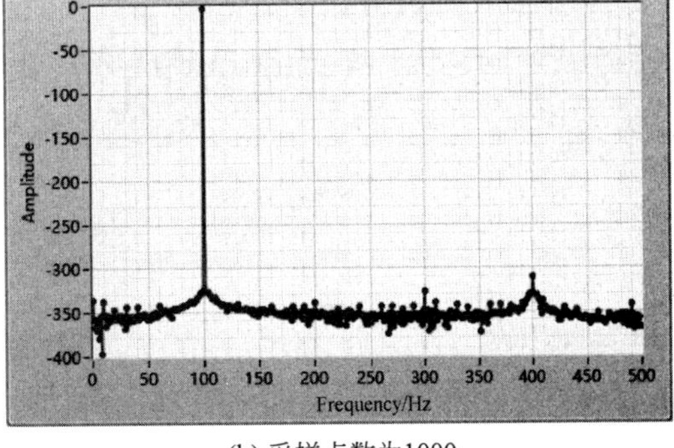

(b) 采样点数为1000

图 4-10　频谱测量结果

可见，采样点数将直接影响频谱分辨率。采样点数越多，频谱分辨率越高，越接近于理想的频谱。

(3) 将 Number of samples 设置为 996，Spectral Measurements 模块的窗函数选择 None，运行程序并记录信号频谱。然后将 Spectral Measurements 模块的窗函数选择为 4-term B-Harris，运行程序并记录信号频谱。如图 4-11 所示，如果不加窗函数，频谱底噪将明显增大；加 4-term B-Harris 窗函数后，底噪明显降低。

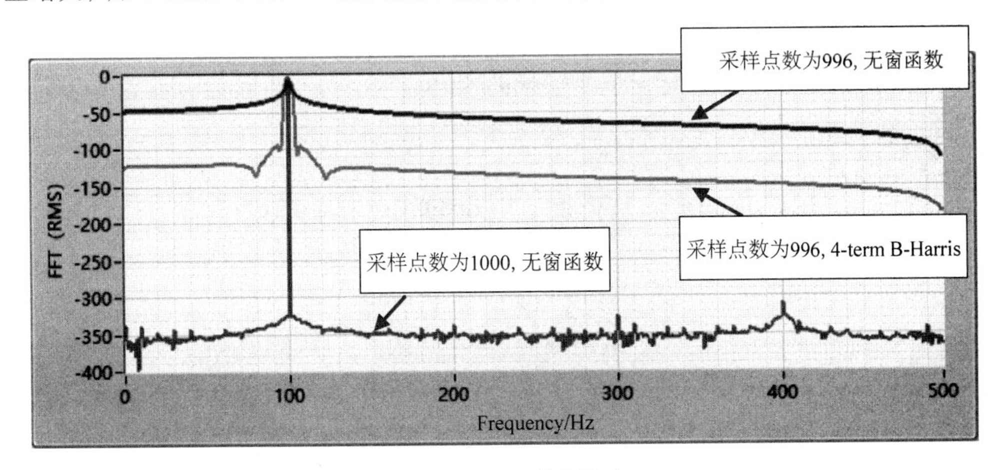

图 4-11　窗函数的影响

值得一提的是，当采样点数正好是信号周期的整数倍时，是否加窗函数影响不大，如图 4-11 所示，当采样点数为 1000 时，对应频谱的底噪最小。如果设置的采样点数不是周期的整数倍，加窗函数后，底部噪声将明显降低。

4.1.3 信噪比估计

信噪比增益是衡量接收机性能的重要指标。通过信号的功率频谱，可以估计信号的信噪比。例如，假设被测信号是一个 2kHz 的正弦信号，其功率谱如图 4-12 所示。

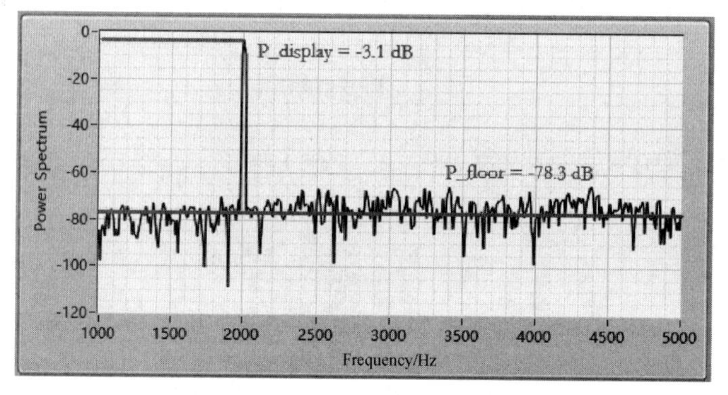

图 4-12 信号的功率谱

从图 4-12 所示的功率谱图中可以读取信号的峰值功率 P_display 和底噪功率 P_floor。直接将 P_display 减去 P_floor 可以得到信噪比，该方法计算的结果不准确，通过修正可以得到比较准确的结果①。为了通过频谱测量值估计出信号与噪声的真实功率，需要考虑栅栏损失、FFT 处理增益和等效噪声带宽 3 个影响因素。

（1）栅栏损失（Scalloping Loss）。FFT 的结果中，可能存在这样一种情况：信号频率落在 FFT 两条谱线之间，这会导致显示功率的减少，这部分损失就是栅栏损失。通过设置合理的采样率，可以避免栅栏损失的影响。

（2）FFT 处理增益（Processing Gain，PG）。将 FFT 视为 N 个带通滤波器，其带宽等于 FFT 分辨率。当 N 增大时，带通滤波器的带宽会减小，对单频信号的能量几乎没有任何影响，但对噪声信号功率会有明显的影响。底噪功率的衰减量可以计算为

$$\mathrm{PG} = 10\lg(N/2)\ \mathrm{dB} \tag{4-1}$$

（3）等效噪声带宽（Equivalent Noise Bandwidth，ENBW）。窗函数的带宽会增加单一频点上所累积的噪声功率。不同的窗函数，对噪声的衰减量略有不同。例如，对于 Hanning 窗，$\mathrm{ENBW}_{\mathrm{corr}}$ 的值为 1.76dB。

综合以上 3 个因素，通过式（4-2）和式（4-3），可以比较精确地计算实际的信号功率和噪声功率值。

$$\text{P\_signal(dBw)} = \text{P\_display(dBw)} + \text{scalloping loss(dBw)} \tag{4-2}$$

$$\text{P\_noise(dBw)} = \text{P\_floor(dBw)} + \text{PG(dB)} - \text{ENBW\_corr(dB)} \tag{4-3}$$

① Stefan Scholl. Exact Signal Measurements Using FFT Analysis.

4.1.4　低通滤波器

低通滤波器是信号处理系统中频繁使用的模块。通俗来说，低通滤波器的功能是"通低频，阻高频"。截止频率是低通滤波器的一个关键的参数，如图4-13所示。设 f_{cut} 表示低通滤波器的截止频率，低于 f_{cut} 的频带为通带，高于 f_{cut} 的频带为阻带。接下来将通过一个简单的例子说明低通滤波器的作用。

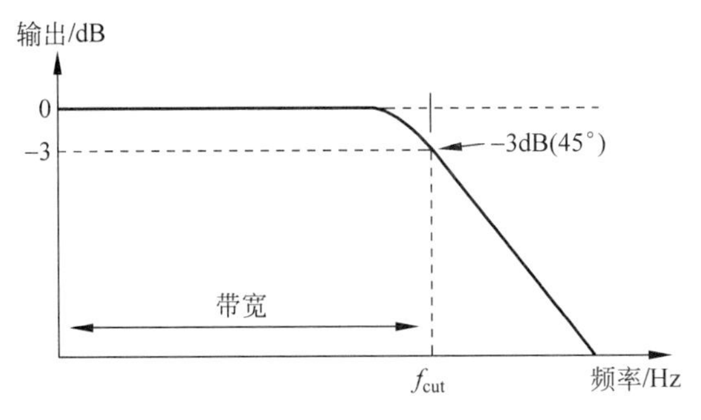

图4-13　低通滤波器

例4-3　利用 Simulate Signal 模块产生一个由2kHz和10kHz的正弦信号叠加构成的信号，利用截止频率为4kHz的低通滤波器滤除合成信号中的10kHz信号，观察滤波前和滤波后频谱变化。

LabVIEW 编程步骤如下。

(1) 在程序框图中分别创建频率为10kHz和2kHz的正弦波信号，然后依次创建加法器、Filter(滤波器)和 Spectral Measurements 模块，程序框图如图4-14所示。

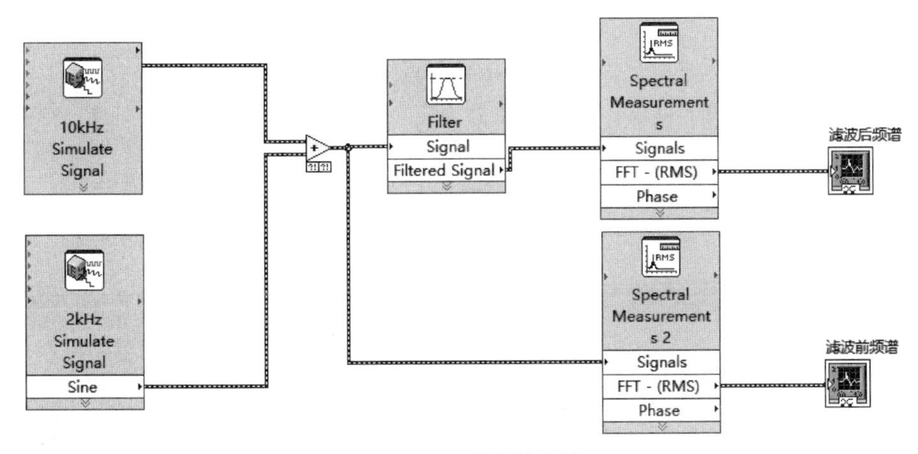

图4-14　正弦信号滤波

(2) Filter 模块的配置对话框如图4-15所示。将 Filtering Type(滤波器类型)设置为 Lowpass(低通)，Cutoff Frequency (Hz)(截止频率)设置为100Hz。滤波器的系统函数选择 Butterworth(巴特沃斯)3阶IIR型滤波器。需要注意的是，选择 View Mode 下的 Transfer function(传递函数)，就可以预览巴特沃斯3阶低通滤波器的幅频响应和相频响应曲线。

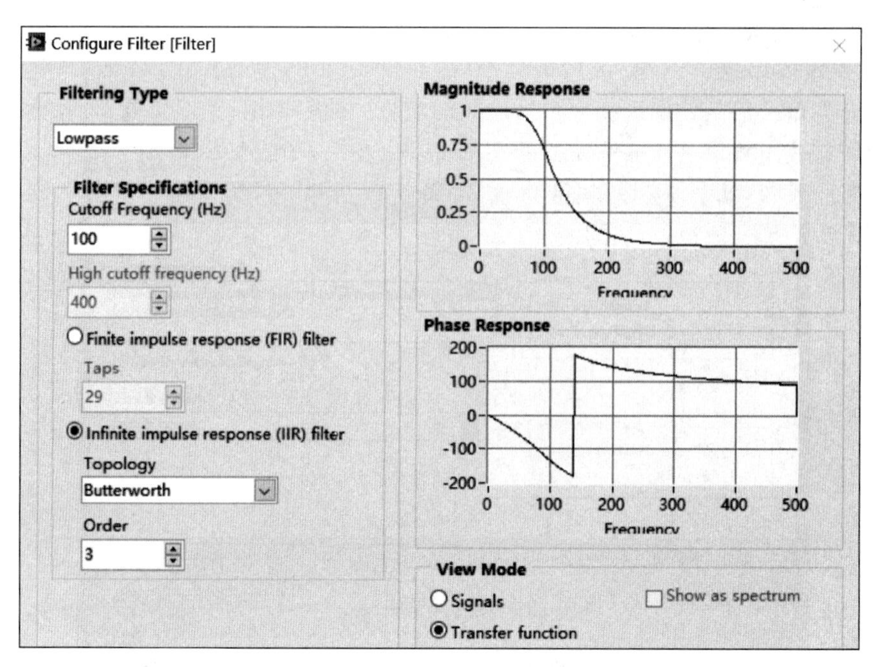

图 4-15 滤波器配置对话框

(3) 切换到前面板,运行程序。可以看出,两个正弦信号的和信号通过低通滤波器滤波后,10kHz 信号频谱明显减小,如图 4-16 所示。

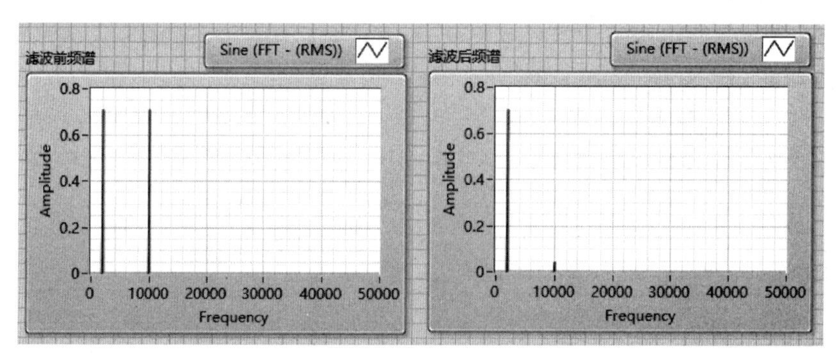

图 4-16 信号频谱比较

无限冲激响应(Infinite Impulse Response,IIR)滤波器与有限冲激响应(Finite Impulse Response,FIR)滤波器各有所长。FIR 滤波器是非递归滤波器,其稳定性优于 IIR 滤波器。FIR 滤波器具有线性相位,而 IIR 滤波器则是非线性相位。IIR 系统容易取得比较好的通带与阻带衰减特性。无论是 FIR 还是 IIR 滤波器,滤波器的阶数直接影响其性能。滤波器的阶数越大,系统过渡带变得更加陡峭,同时带来更大阻带衰减。

对于 FIR 滤波器和 IIR 滤波器的选择,应用时需要结合实际情况考虑。从两者的设计方法来看,FIR 数字滤波器是对理想滤波器频率特性作某种近似,而 IIR 数字滤波器的设计源于传统的模拟滤波器的设计。如果选择 FIR 滤波器,需要设置 Taps(抽头),图 4-15 中的 Taps 指的是 FIR 滤波器抽头数,默认值为 29。如果选择 IIR 滤波器,需要设置 Topology,也就是以哪种最佳特性逼近方式实现滤波器特性,可选的滤波器类型有 Butterworth(巴特沃斯)滤波器、Chebyshev(切比雪夫)滤波器、Elliptic(椭圆)滤波器、Bessel(贝塞尔)滤波器。

巴特沃斯滤波器在通带内具有最大平坦的幅频特性。切比雪夫滤波器过渡带衰减迅速,但在通带内有等纹波起伏。椭圆滤波器在通带和阻带内峰值误差最小,且均为等纹波起伏。贝塞尔滤波器在通带内相位响应接近线性。

4.1.5　波形重采样

在接收端信号处理流程中,各个模块可以接受的采样速率可能会不一致。例如,在3.4.1节所示的FM解调实验中,I/Q采样率为286.65kHz,而声音播放模块可以接受的采样率一般为48kHz或44.1kHz,因此需要进行波形重采样,将I/Q采样率变换到目标模块可以接受的采样率,如图4-17所示。

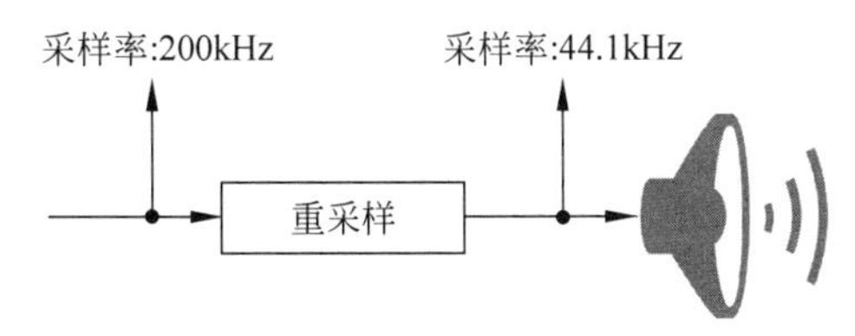

图4-17　波形重采样模型

在LabVIEW编程中,有多个模块可以实现波形重采样。例如,如果需要处理的数据是动态数据类型,可以采用Express VI中的Align & Resample模块,如图4-18所示。如果需要处理的数据是波形,可以采用Signal Processing→Waveform Conditioning函数库中的Resample Waveforms模块。如果需要处理的数据是数组类型,可以采用Signal Processing→Signal Operation函数库中的Rational Resample模块。

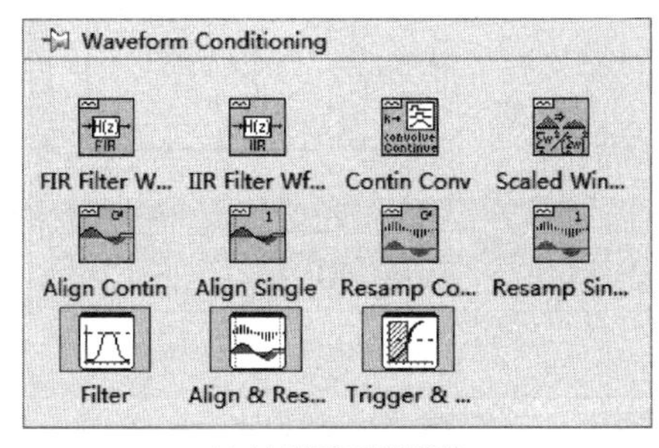

(a) 波形重采样模块

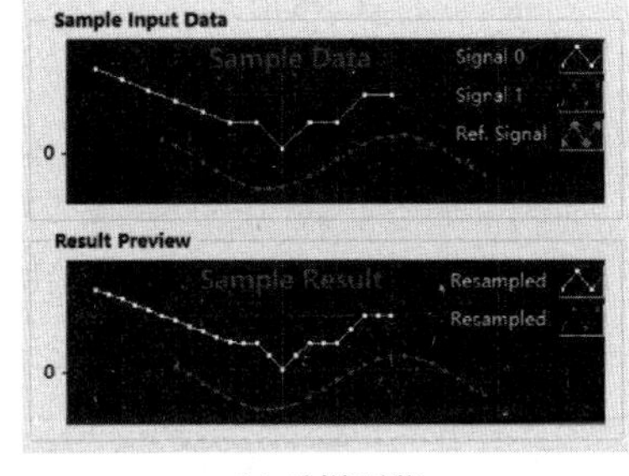

(b) 采样预览

图4-18　Align & Resample模块

4.2　FM解调算法优化

在RTL-SDR平台上成功实现FM接收机之后,还需要考虑算法的硬件实现问题,如微分器所需要的硬件资源、门限效应、硬件校正等问题。接下来,本节仍然以FM反正切解调算法为例,介绍FM解调算法的优化过程。

4.2.1 FIR 滤波器解调

在 FM 反正切解调算法中，需要用到数字微分模块，然而实际应用中处理的数据是经过数字采样后的离散序列，根据数字信号处理知识，用一阶差分替代求导，这样可以节省硬件资源[①]。如图 4-19 所示，采用信号处理模块库中的 FIR 滤波器代替微分器，也可以实现 FM 反正切解调。

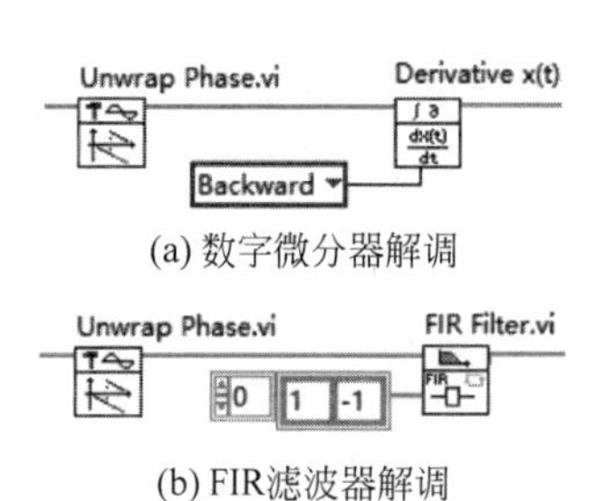

图 4-19 FM 解调模块

设 $x[n]$ 为 $x(t)$ 的采样信号，根据微分的定义，$x(t)$ 的导数等于该信号的切线斜率，设 $\mathrm{d}t$ 为时间增量，$\mathrm{d}x(t)$ 为的 $x(t)$ 增量，则在离散的数字信号处理系统中，$x(t)$ 的导数可以近似表达为

$$\frac{\mathrm{d}x(t)}{\mathrm{d}t} \simeq \frac{x[n]-x[n-1]}{1} \tag{4-4}$$

从式(4-4)可以看出，微分信号处理可以利用一个有限冲激响应滤波器(FIR)进行处理。

同样，FM 发射机用到的积分器，可以采用无限冲激响应(IIR)滤波器代替。设 T_s 表示信号的采样间隔，$x(t)$ 的积分可以用式(4-5)近似。

$$\int_0^t x(\alpha)\,\mathrm{d}\alpha \simeq \sum_{k=0}^{n} x(kT_s)\,T_s \tag{4-5}$$

设 $y[n]$ 表示累加和，即

$$y[n]=\sum_{k=0}^{n} x(kT_s)\,T_s \tag{4-6}$$

进一步写成自回归形式，即

$$y[n]-y[n-1]=\sum_{k=0}^{n} x(kT_s)\,T_s-\sum_{k=0}^{n-1} x(kT_s)\,T_s=x(nT_s)\,T_s \tag{4-7}$$

可以看出，积分器可以利用 IIR 滤波器来代替。

根据式(4-4)，就可以对 FM 解调程序进行改进。在 Signal Processing→Filters→Advanced FIR Filtering 路径下找到 FIR Filter 模块，注意将 FIR Coefficients(滤波器参数)设置为 1 和 −1 构成的数组，如图 4-20 所示。

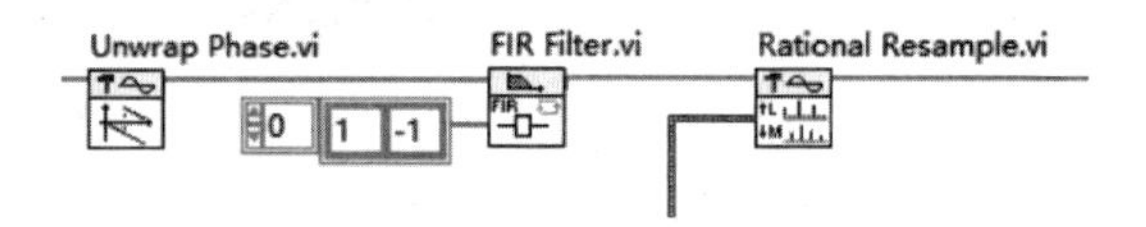

图 4-20 FIR 解调模块

将改进后的 FM 解调程序放在图 3-17 所示的程序框图中测试。可以验证，该程序能够成功解调 FM 信号。

在 FM 解调实际实现的另一个问题是反正切运算。在数字信号处理器中，直接实现反正切运算需要数个移位寄存器，这不仅需要占用硬件资源，也增加了运算的复杂度。为此，

① Black B A. Introduction to Communication Systems-Lab Based Learning with NI USRP and LabVIEW Communications, National Instruments, 2014.

可以对反正切解调算法进行一些改进。根据式(2-16),将反正切与微分运算合并可得

$$m(t)=\frac{\mathrm{d}\left[\arctan\left(\frac{Q(t)}{I(t)}\right)\right]}{\mathrm{d}t} \tag{4-8}$$

根据微分性质可得

$$m(t)=\frac{I(t)\frac{\mathrm{d}[Q(t)]}{\mathrm{d}t}-Q(t)\frac{\mathrm{d}[I(t)]}{\mathrm{d}t}}{I^2(t)+Q^2(t)} \tag{4-9}$$

可以看出,计算 $m(t)$ 的过程中,没有了反正切运算。其离散形式为

$$m(n)=\frac{I(n)[Q(n)-Q(n-1)]-Q(n)[I(n)-I(n-1)]}{I^2(n)+Q^2(n)} \tag{4-10}$$

进一步化简可得

$$m(n)=\frac{I(n-1)Q(n)-I(n)Q(n-1)}{I^2(n)+Q^2(n)} \tag{4-11}$$

式(4-11)给出的计算 $m(n)$ 的方法可以简化反正切解调的硬件实现。

4.2.2 双 FIR 滤波器解调

观察式(4-10)可以发现,其中存在输入信号的差分。在4.2.1节中,采用FIR滤波器可以得到一阶差分方程的输出。因此,采用两个FIR滤波器,就可以得到式(4-10)中差分部分的结果。接下来,本节将通过LabVIEW仿真实现式(4-10)和式(4-11)所示的FM解调方法。

如图4-21所示,将I/Q信号输入系统方程 $y[n]=x[n]-x[n-1]$ 确定的FIR滤波器。根据式(4-10)进行运算后,即可得到 $m(n)$。

FIR滤波器起到了微分器的效果,所以可以利用FIR滤波器替换实现难度较高的反正切运算。

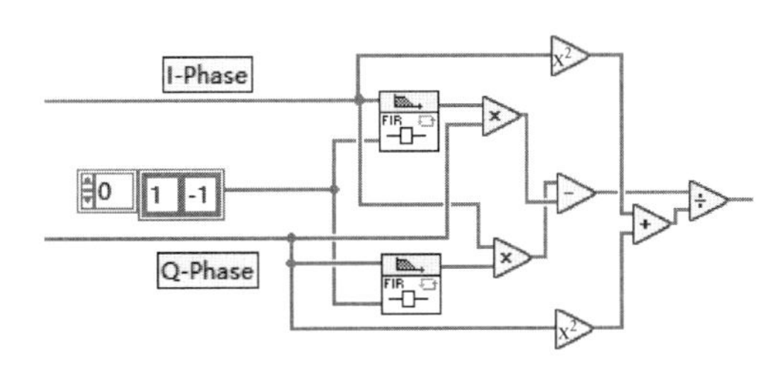

图4-21 双FIR滤波器代替反正切运算

4.2.3 移位寄存器解调

虽然图4-21已经利用FIR滤波器实现了反正切运算。将式(4-10)化简可以得到式(4-11),可以发现,只需要使用移位寄存器,加上基本的运算单元,也可以实现反正切解调,程序框图如图4-22所示。

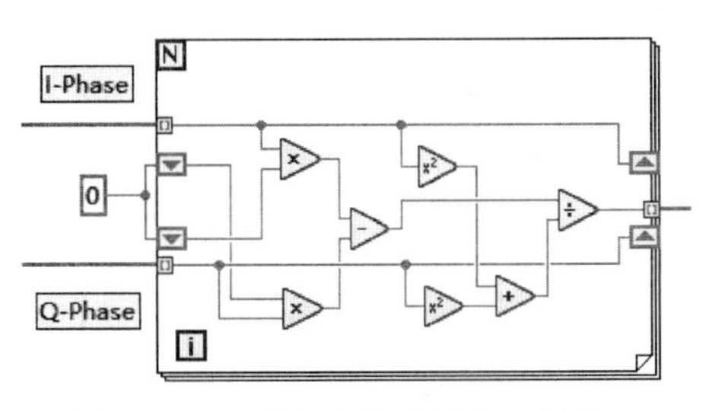

图4-22 移位寄存器代替反正切运算

从程序框图中可以看出,经过优化,采用移位寄存器代替反正切运算、微分运算以及FIR滤波器,其硬件实现上更简单、成本更低,在运算复杂程度上相比繁杂的反正切运算也有显著的优势。

4.2.4 FM门限效应

根据通信原理，在包络解调中，FM解调系统的输入信噪比和输出信噪比在正常情况下能够保持良好的比例关系，但是当系统的输入信噪比降低到某个特定的数值后，检波器的输出会急剧恶化，这是非线性解调特有的问题，称为门限效应。

在反正切解调中，门限效应是由非线性的反正切运算引起的。设 $I(t)$ 和 $Q(t)$ 是 FM 接收机获取的 I/Q 信号，即

$$I(t)=\overline{I(t)}+n_{\mathrm{i}}(t),\quad Q(t)=\overline{Q(t)}+n_{\mathrm{q}}(t) \tag{4-12}$$

其中，$\overline{I(t)}$ 和 $\overline{Q(t)}$ 表示有效值；$n_{\mathrm{i}}(t)$ 和 $n_{\mathrm{q}}(t)$ 表示加性高斯白噪声。正常情况下，$\overline{I(t)}$ 和 $\overline{Q(t)}$ 分别大于 $n_{\mathrm{i}}(t)$ 和 $n_{\mathrm{q}}(t)$，反正切 $\arctan\left(\frac{Q(t)}{I(t)}\right)$ 的结果取决于 $\overline{I(t)}$ 和 $\overline{Q(t)}$。在小信噪比的情况下，$\arctan\left(\frac{Q(t)}{I(t)}\right)$ 的结果不再取决于 $\overline{I(t)}$ 和 $\overline{Q(t)}$，而取决于噪声 $n_{\mathrm{i}}(t)$ 和 $n_{\mathrm{q}}(t)$ 的比值。因此，当输入信噪比减小时，反正切得到的信噪比不再按比例下降，而是急剧恶化。接下来将通过信噪比分析实例，对比优化前后输出的信噪比。实验中的参数设置如表 4-1 所示。

表 4-1 门限效应实验的参数设置

参数	设置值
载波幅度/V	1
信号频率/kHz	2
FM 频偏/kHz	2
低通滤波器截止频率/kHz	30
载波频率/kHz	100
采样率/kHz	1
采样点数	100k
窗函数类型	Hanning

将式(4-2)和式(4-3)得到的信号与噪声功率作差，即可得到信噪比(单位为 dB)。对比反正切 FM 解调(arctan FM)和基于移位寄存器的 FM 解调(Shift Register FM)。在不同输入信噪比条件下，将输出信噪比进行多次测量，计算得到的输出信噪比如图 4-23 所示。

从图 4-23 中可以看出，两种解调算法的性能基本相当，差距在 0.5dB 以内。只有在输入信噪比较低时，基于移位寄存器的 FM 解调算法略逊于反正切算法。从图 4-23 还可以看出，两种解调方法在输入信噪比小于 1dB 后，输出信噪比显著下降，表现出了非线性调制的门限效应。

4.2.5 信噪比最大化

FM 门限效应取决于输入信噪比。在 RTL-SDR 中，通过调节硬件的射频增益(RF Gain)可以实现接收信噪比的最大化。接下来，本节将以 SDRSharp 为例，介绍手动调节 RTL-SDR 射频增益的方法。

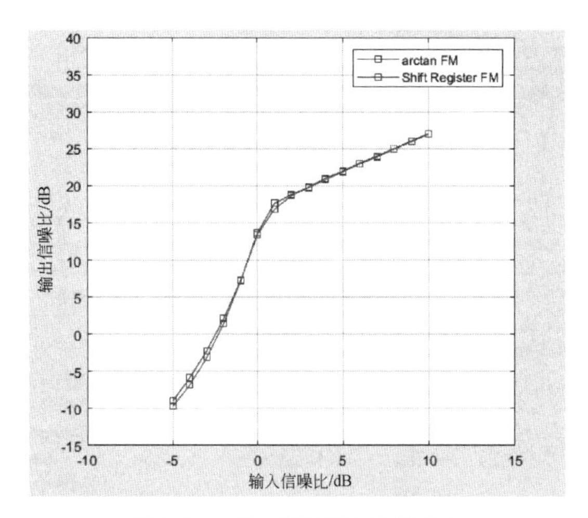

图 4-23 FM 解调算法性能对比

从 SDRSharp 显示频谱图中可以明显地区分信号和噪声。设信号的峰值功率为 P_{display}，噪声功率为 P_{floor}，则信噪比可以通过信号功率与噪声功率之间的差值来估算，即 $\text{SNR}=P_{\text{display}}-P_{\text{floor}}$，如图 4-24 所示。

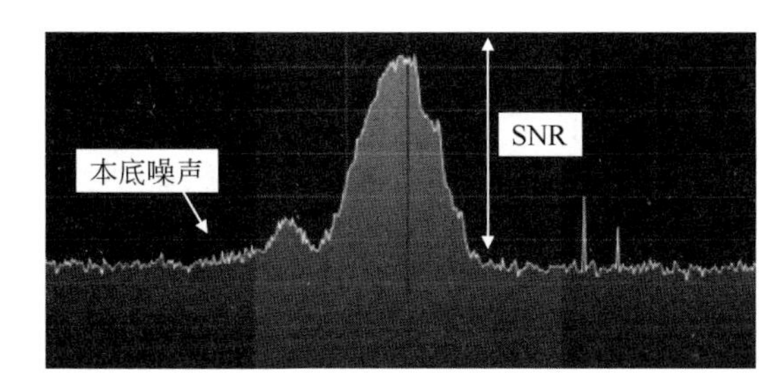

图 4-24 SDRSharp 频谱图

根据 4.1.3 节的分析可知，频谱图显示的功率并非其实际值。真实功率的修正值可以通过式(4-2)和式(4-3)得出。注意：在 RTL-SDR 的调节面板上，可以选择频谱计算所用的窗函数。根据所选择的窗函数，可以得到式(4-3)中的等效噪声带宽($\text{ENBW}_{\text{corr}}$)。设频谱分辨率为 Δf，采样率设置为 2.048MHz，可以得出 FFT 采样数 $N=F_s/\Delta f$，则实际信噪比计算式为

$$\text{SNR}^*(\text{dBw})=[P_{\text{display}}(\text{dBw})-P_{\text{floor}}(\text{dBw})]-\text{PG}(\text{dB})+\text{ENBW}_{\text{corr}}(\text{dB}) \tag{4-13}$$

从式(4-13)中可以看出，实际 SNR^* 与由频谱图估计的 SNR 为线性关系。PG 与 $\text{ENBW}_{\text{corr}}$ 都是与窗函数和 FFT 点数有关的常数项，在增益调整的过程中不会受到影响。因此，可以使用它们的差值粗略定义的 SNR 作为优化信噪比的依据。

调节射频增益的目的是使接收信噪比最大化，也就是信号峰值功率尽可能高，而噪声功率尽可能低。如图 4-25 所示，对 R820T 的射频增益进行调节，当增益增大时，从频谱中可以看出信号峰值功率显著提升，与此同时，噪声功率也随之增大，如果信号功率的增量大于噪声功率的增量，那么信噪比将增大。然而，信噪比的增大也不是无限制的，达到某个临界点之后，噪声功率增量会大于信号功率的增量。此时，若继续增大增益，信噪比反而会下降。

在实际操作中，可以通过多次调节射频增益，观察频谱图，听 FM 解调声音的效果，估计

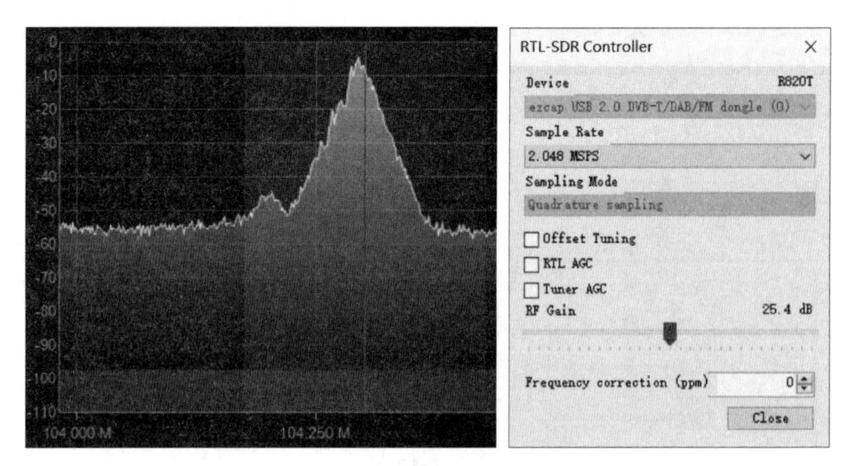

图 4-25 增大增益,信噪比下降

出信噪比临界点大致的位置。如图 4-25 所示,信号的射频增益临界点约为 25.4dB,此时的信噪比为 50dB(−5dB+55dB=50dB),即通过调节射频增益实现了信噪比的最大化。

4.3 软件界面设计

软件界面是人机交互的接口,一个美观的界面往往能够给人带来舒适的视觉享受,拉近使用者与软件之间的距离。界面设计是接收机系统优化过程中的重要环节。接下来,本节将通过 FM 接收机实例介绍界面设计的基本过程。

4.3.1 界面设计概述

苹果手机告诉我们,好界面应当具备实用、易用、美观 3 个基本特征。LabVEIW 采用图形化编程,天然具备强大界面设计能力。开发者可以根据软件的应用领域,设计出不同风格的界面。例如,图 4-26 所示的虚拟示波器界面是根据传统仪器风格而设计的。当然,每个应用软件都有自己的风格,在设计软件界面的时候,可以根据自身的风格进行设计。

界面设计通常包含以下几大部分:功能定义、界面布局、颜色搭配和视觉处理等。开发者首先需要调研用户需求,确定程序的基本功能,然后设计出一个符合用户使用习惯的界面布局。在选择不同风格的输出和输出控件时,开发者还需要考虑色彩的含义和影响,传达正确的信息,并引导用户做出预期的行为。为了使界面更符合用户需求,开发者还可以进行一些视觉处理。

在界面设计中,经验和技巧十分重要。例如,在设计功能按钮时,每次添加新的控件(如按钮、文本、图像、动画和插图等)到页面,它们都会相互影响。如果页面上的内容太多,应该尽量突出重要的功能,直观地引导用户使用程序。为了用户更好的体验和操作,程序中的功能按钮应尽量与生活中常见的组件操作方式相同,让用户不用说明也知道如何操作。为界面选择配色时,应尽量避免刺眼的颜色和渐变色,注意控制颜色数量在 5 种以内,保证整体界面的协调。在按钮上添加图标,会更直观地表达按钮的功能。在界面中添加线条、方框等装饰,将使界面更加整洁。添加按钮的提示文本,会让用户了解按钮的功能。在程序加载时

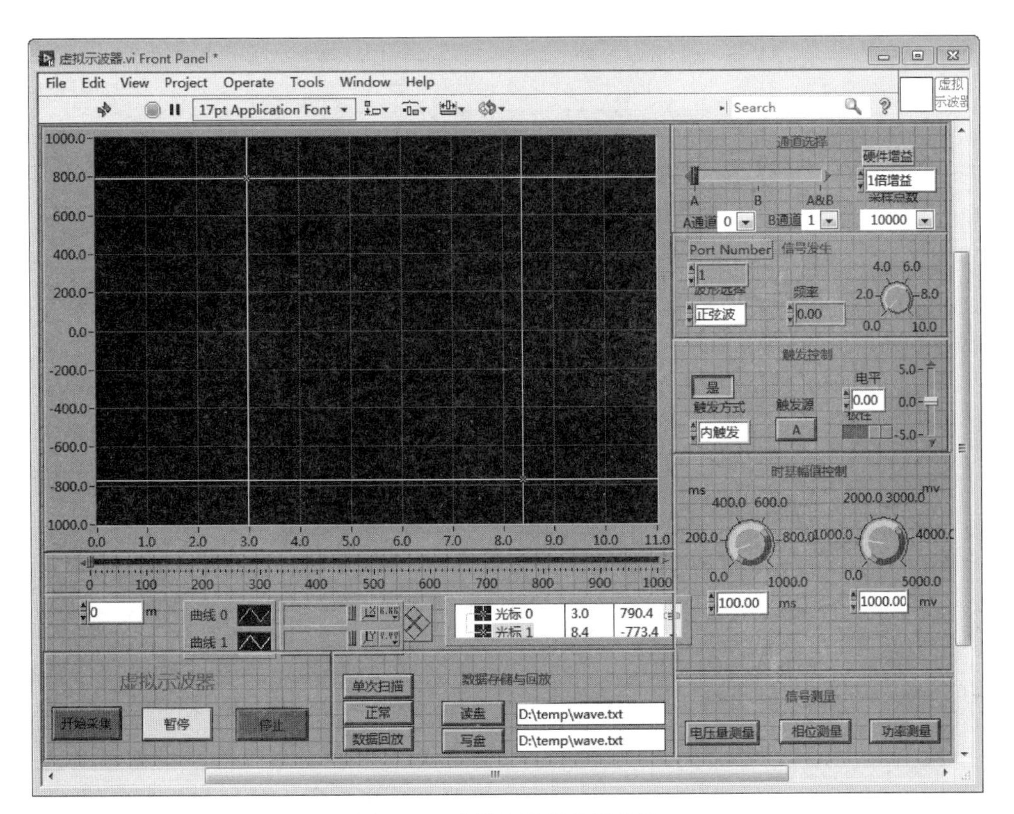

图 4-26 虚拟示波器界面设计

显示进度条,会让用户知道需要等待的时间。

总之,发布的软件首先需要满足用户的需求,然后需要设计出符合用户使用习惯的界面布局。创建的各种按钮、显示控件尽可能美观,给人好的视觉效果。下面将以 FM 收音机界面设计为例,介绍基于 LabVIEW 的界面设计过程。

4.3.2 功能定义

首先进行功能定义。对于一个普通的 FM 收音机,具备的基本功能有:

(1) 开机和关机;

(2) 频率调节;

(3) 音量调节。

如果需要设计一些特色功能,可以增加以下功能:

(1) 时间显示;

(2) 电台自动搜索和记忆;

(3) 频谱魔幻显示。

4.3.3 界面布局

(1) 在界面布局之初,可以画出一款只包含开/关机、开机指示、频率调节、音量调节 4 个基本功能的收音机面板,如图 4-27 所示。

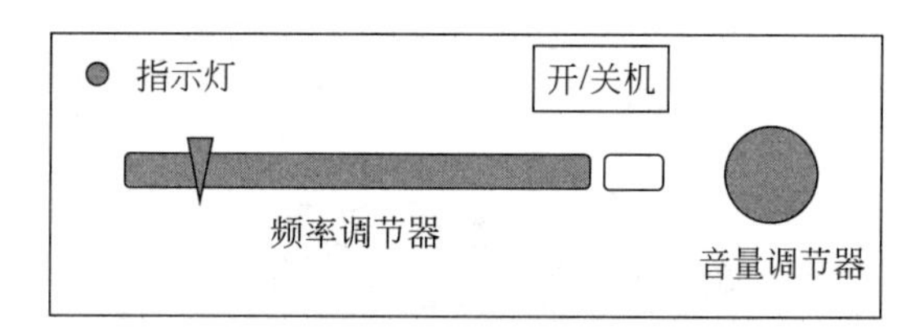

图 4-27 具有基本功能的收音机面板

(2) 在前面板设计收音机面板背景。在 Decorations(装饰)选板下添加方形装饰作为接收机背景,如图 4-28 所示。

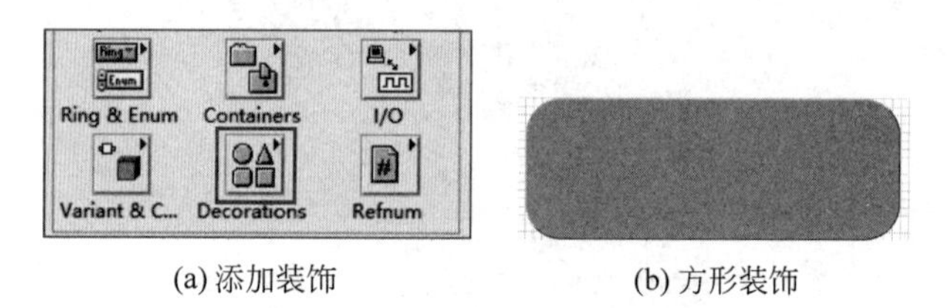

(a) 添加装饰 (b) 方形装饰

图 4-28 创建收音机背景

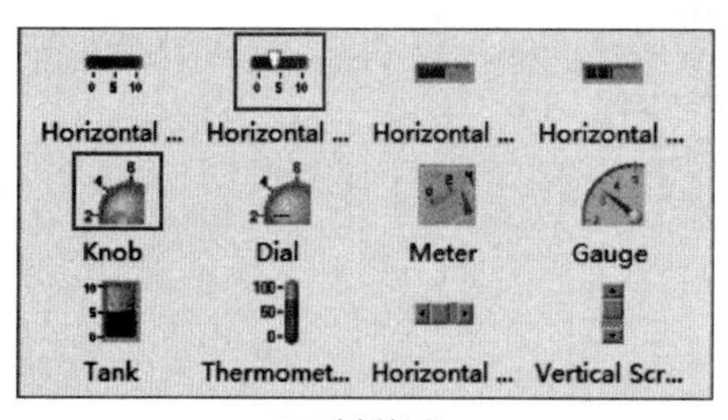

(a) 选择控件

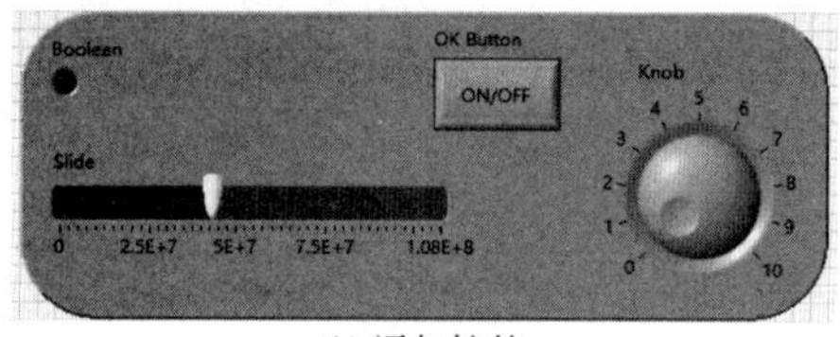

(b) 添加控件

图 4-29 收音机界面布局

(3) 根据设计的收音机界面添加输入和输出控件。LabVIEW 中提供了多种不同风格的输入和输出控件。设计者在选择时需要充分考虑用户的操作习惯。例如,现实中收音机的音量调节器通常是旋钮式的,因此可以选择旋钮控件。根据设计的收音机界面,频率调节器采用滑块控件,如图 4-29 所示。此外,面板中还需要创建开关按钮以及布尔指示灯。

(4) 右击滑块控件,在弹出的菜单中选择 Visble Items→Digital Display(数字显示),将显示滑块输入的数值,如图 4-30 所示。需要注意的是,调频单位一般是 MHz,范围为 86～108MHz,因此需要更改滑块数字显示的单位,使其符合普通用户习惯。再次右击滑块控件,在 Properties(属性)配置窗口中选择 Display Format(显示格式)页面,在 Type(类型)中选择 SI notation(国际符号)。一个具有基本功能的收音机界面如图 4-30 所示。

4.3.4 界面美化

为了增强界面的视觉效果,还可以做一些视觉处理,如控件风格选择、自定义控件外观、控件布局和字体显示、添加图片和背景、上色工具的使用、添加装饰和容器、设置窗口属性、子面板和选项卡控件以及属性节点的使用等。

1. 控件风格选择

LabVIEW 提供了不同风格的前面板控件。如图 4-31 所示,在前面板控件选板中,有新式(Modern)、银色(Silver)和系统(System)等系列控件。这些都是 LabVIEW 自带的控件,

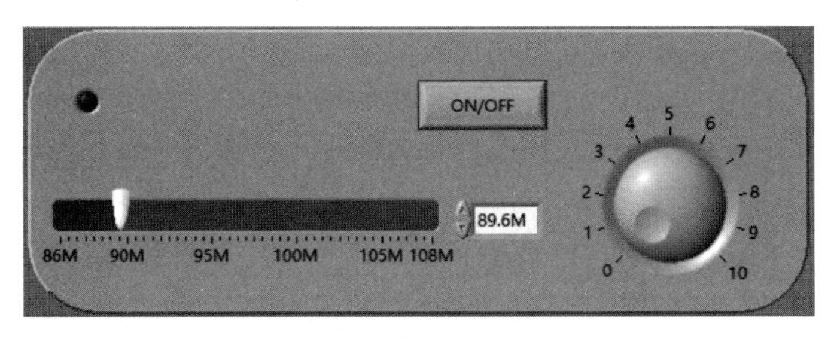

图 4-30　最终的收音机界面

每个系列都包括数值、布尔量、字符串、枚举、表格、数组等数据类型，设计者可以根据需求选择不同风格的控件。

图 4-31　现代、银色、系统风格的控件对比

2. 自定义控件外观

右击控件，在弹出的快捷菜单中选择 Advanced(高级)→Customize(用户自定义)，可以对控件进行更详细的设置。例如，改变按钮的形状、给按钮添加图标、对按钮的组件进行编辑、隐藏不想要的组件以及任意移动它们的位置等，这些设置可以使用户更直观地了解按钮的功能。

3. 控件布局和字体显示

前面板工具栏中的对齐工具和分布工具可以用来布局控件。选中控件后，在工具栏单击相应按钮，就可以实现相应操作。在工具栏中，还可以对界面中文本的字体、字号、颜色、样式等进行设置。在重排列菜单中，可以对控件进行组合、锁定、更改重叠顺序等操作。

4. 添加图片和背景

右击前面板边框，在弹出的菜单中选择 Properties(属性)→Background(背景)，可以更改背景或将背景设置为自定义图片，如图 4-32 所示。

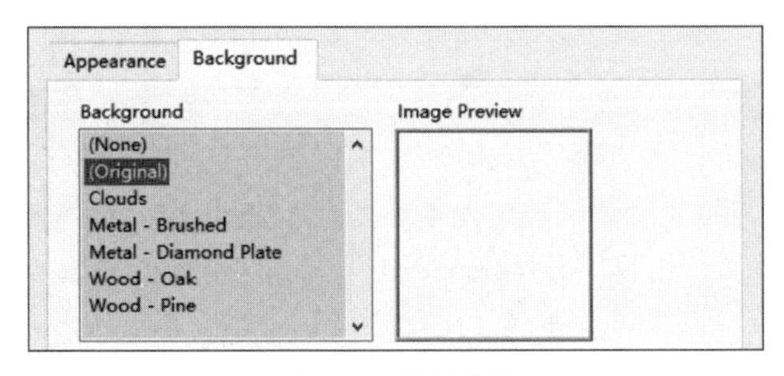

图 4-32　设置背景

5. 上色工具的使用

执行 View(查看)→Tools Palette(工具选板)菜单命令可以调出上色工具。按住 Shift 键，在前面板任意空白处右击，也可以调出工具选板中的上色工具，如图 4-33 所示。利用上色工具，可以对界面中的任何部分进行颜色填充。上色时右击选择颜色，再单击需要上色的

控件就可以完成颜色更改。

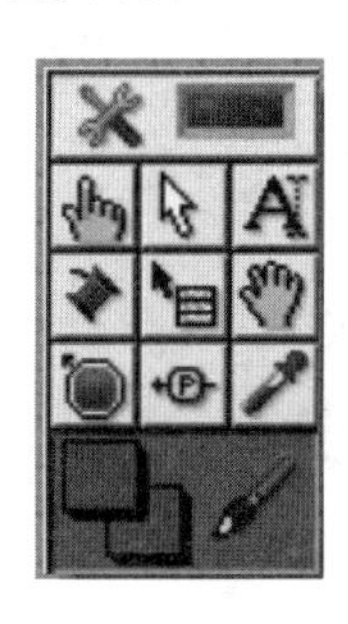

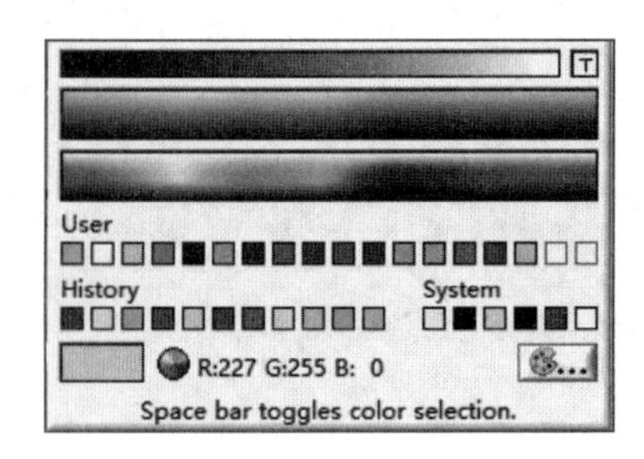

图 4-33　上色工具

6. 添加装饰和容器

在设计控件的布局时，尽量将控件和指示器分成不同组，并显示在一个标签控件上，引导用户只关注给定视图的重要信息。还可以创建线条、方框等装饰对控件进行分组或避免复杂背景的干扰。

7. 设置窗口属性

执行 File→VI Properties 菜单命令可以打开 VI Properties 对话框。在该对话框中，可以对 VI 的属性进行设置。如图 4-34 所示，在 Category（分类）下拉菜单中可以选择不同的属性。例如，如果需要对 VI 程序框图加密，可以选择 Protection（保护）；如果需要设置窗口运行时的大小，可以选择 Window Size。

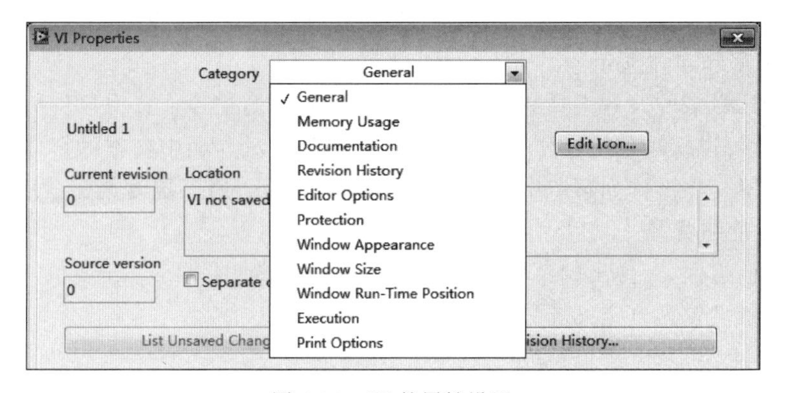

图 4-34　VI 的属性设置

8. 子面板和选项卡控件

使用子面板和选项卡控件都可以实现不同界面之间的切换。在多个波形图显示的场合中，通常会采用选项卡。选择 Containers→Tab Control 将创建选项卡控件，如图 4-35 所示。

9. 属性节点

属性节点是界面设计中常用的控件。利用属性节点，可获取或设置对象的各种属性。右击选定控件，在弹出的快捷菜单中选择 Create→Property，就可以弹出创建属性节点窗口。需要注意的是，属性节点允许用户在程序运行时对控件的属性进行设置。

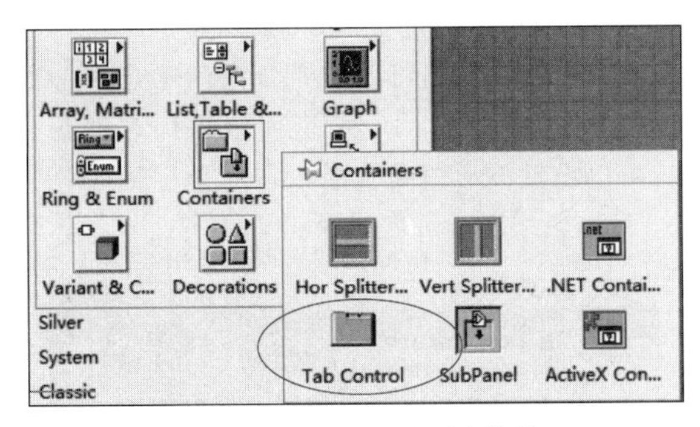

图 4-35 子面板和选项卡控件

4.3.5 设计实例

本节将继续以 FM 接收机为例，介绍 FM 接收机界面的美化过程。整个设计过程分为选择主题色、添加装饰和添加功能 3 个步骤。

1. 选择主题色

在用上色工具填色之前，需要先确定几个主题色，可以参考网络上和现实中的配色方案。在上色时，可以遵循 60％＋30％＋10％的原则，这是达到色彩平衡的最佳比例。60％的空间使用主色，30％的空间使用辅助色，最后剩下 10％的空间为另外一种色彩，如图 4-36 所示。

在 FM 收音机中，可以选用浅色作为主题色，并使用上色工具填色。坐标轴和文本的颜色可以分别在控件属性和工具栏中更改，如图 4-37 所示。

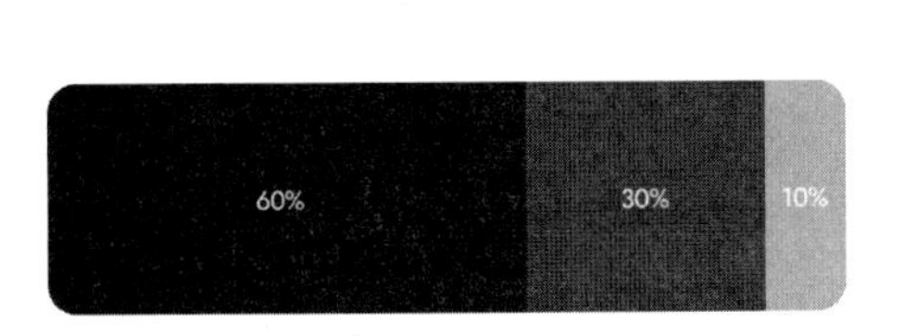

图 4-36 配色方案

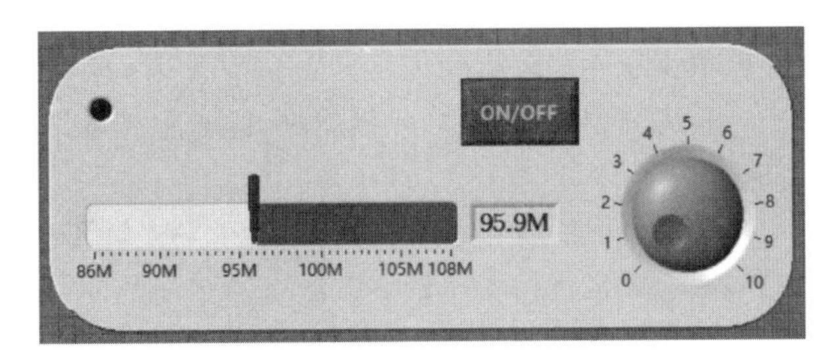

图 4-37 选择主题色

2. 添加装饰

为了使界面更加整洁美观，提升用户的使用体验，可以在收音机面板中添加一些装饰。例如，模仿现实中收音机的音响，添加了一些方形装饰，使 FM 接收机看起来更像真正的收音机，如图 4-38 所示。

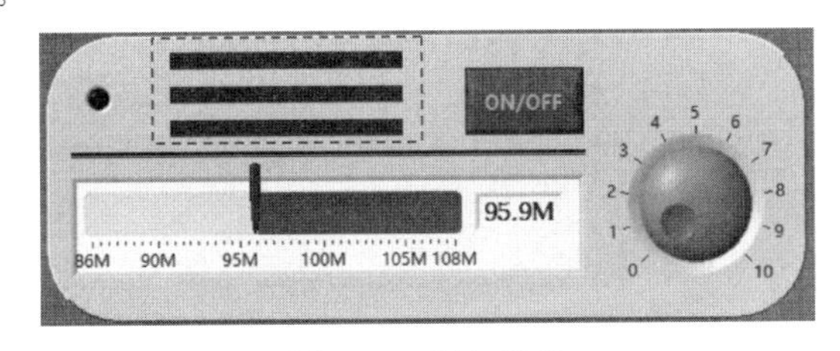

图 4-38 添加装饰

3. 添加功能

在收音机面板中添加一些特色功能,可以使界面更有视觉冲击效果。例如,在收音机面板中添加时间显示功能,如图 4-39 所示。此外,还可以添加频谱显示功能。频谱显示器可以是波形图或波形图表,可以设置波形图或波形图表的坐标轴颜色、可见项等,以实现最佳的视觉效果。

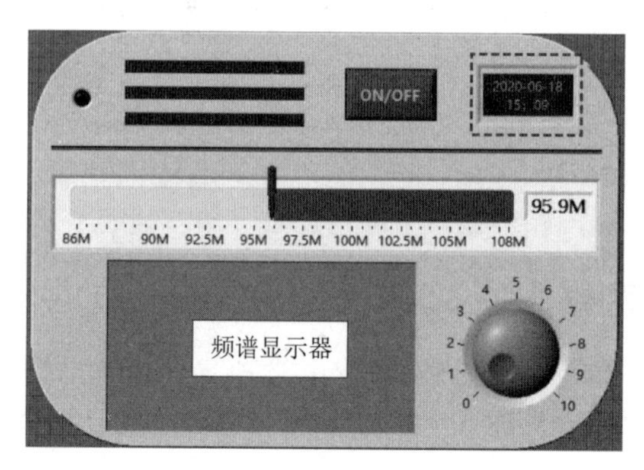

图 4-39 添加频谱显示功能

还可以添加更多功能,如电台自动搜索和记忆、人脸识别自动开机、交通信息实时播报、喜好电台自动录音、改变主题颜色等。

4.4 本章小结

本章以 FM 接收机为例,从信号分析基础、解调算法优化和软件界面设计 3 方面介绍了接收机系统性能分析和优化方法。

首先介绍了采样率、频谱测量、低通滤波器和波形重采样等接收机系统性能分析的基础知识。

然后以 FM 解调系统为例,探讨了 FM 解调系统的优化方法,包括解调算法的优化、FM 门限效应和最优信噪比调节方法。

最后以 FM 收音机为例,介绍了人机交互界面的设计方法,包括功能定义、界面布局和界面美化等 LabVIEW 界面设计技巧。

第5章 动态链接库封装和调用

CHAPTER 5

LabVIEW 项目开发时，经常会遇到仪器设备控制问题，对于 NI 提供的仪器设备，可以通过安装相关的开发工具包来解决；对于非 NI 提供的设备，可以通过调用动态链接库（Dynamic Link Library，DLL）的方式来解决。本章将以 RTL-SDR 的 LabVIEW 接口函数为例，介绍 LabVIEW 中动态链接库的封装和调用方法。

5.1 RTL-SDR 接口函数的封装

LabVIEW 通过调用 RTL-SDR 的接口函数实现对 RTL-SDR 的控制。常用的接口函数有 open 函数、set sample rate 函数、set center freq 函数、read sync 函数和 close 函数。3.2.2 节详细介绍了 RTL-SDR 常用接口函数。3.2.3 节通过数据采集实例介绍了 RTL-SDR 接口函数的使用方法。

打开 RTL-SDR 接口函数的程序框图，可以看到，LabVIEW 是通过调用库函数（Call Library Function，CLF）模块调用动态链接库 rtlsdr. dll 的方式实现设备控制。下面将介绍动态链接库和 LabVIEW 接口函数的封装方法。

5.1.1 动态链接库简介

动态链接库（DLL）是 Windows 操作系统实现共享函数库的一种方式。在 Windows 操作系统中使用 DLL，能够使应用程序代码变得更简洁，计算机内存资源的使用效率变得更高。

RTL-SDR 的应用程序接口（Application Programming Interface，API）函数是采用 C 语言编写的。通过调用 RTL-SDR 的动态链接库 rtlsdr. dll，上层 SDRsharp、LabVIEW、MATLAB/Simulink 和 GNURadio 等应用软件就可以控制 RTL-SDR 设备，如图 5-1 所示。

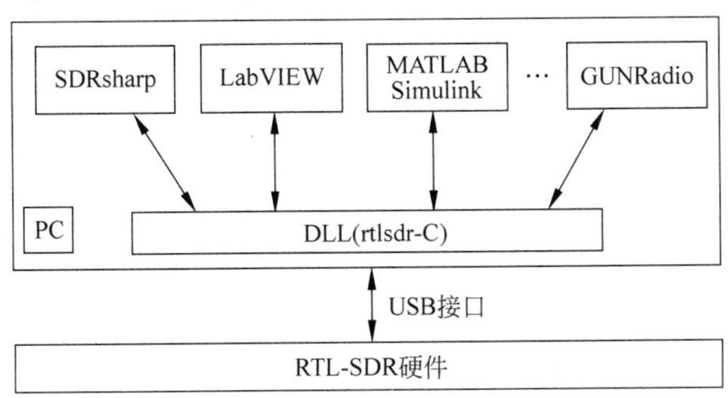

图 5-1 RTL-SDR 接口函数

动态链接库 rtlsdr.dll 实现了 RTL-SDR 的所有接口函数。RTL-SDR 源程序中的头文件 rtl-sdr.h 对所有的接口函数作了定义。

```
#ifndef __RTL_SDR_H
#define __RTL_SDR_H
#ifdef __cplusplus
extern "C" {
#endif
#include <stdint.h>
#include <rtl-sdr_export.h>
typedef struct rtlsdr_dev rtlsdr_dev_t;
RTLSDR_API uint32_t rtlsdr_get_device_count(void);
RTLSDR_API const char * rtlsdr_get_device_name (uint32_t index);
RTLSDR_API int rtlsdr_get_device_usb_strings (uint32_t index, char * manufact, char *
product, char * serial);
RTLSDR_API int rtlsdr_get_index_by_serial (const char * serial);
RTLSDR_API int rtlsdr_open (rtlsdr_dev_t ** dev, uint32_t index);
RTLSDR_API int rtlsdr_close (rtlsdr_dev_t * dev);
RTLSDR_API int rtlsdr_set_xtal_freq (rtlsdr_dev_t * dev, uint32_t rtl_freq, uint32_t tuner_
freq);
RTLSDR_API int rtlsdr_get_xtal_freq (rtlsdr_dev_t * dev, uint32_t * rtl_freq, uint32_t *
tuner_freq);
RTLSDR_API int rtlsdr_get_usb_strings (rtlsdr_dev_t * dev, char * manufact, char * product,
char * serial);
RTLSDR_API int rtlsdr_write_eeprom (rtlsdr_dev_t * dev, uint8_t * data, uint8_t offset,
uint16_t len);
RTLSDR_API int rtlsdr_read_eeprom (rtlsdr_dev_t * dev, uint8_t * data, uint8_t offset, uint16
_t len);
RTLSDR_API int rtlsdr_set_center_freq (rtlsdr_dev_t * dev, uint32_t freq);
RTLSDR_API uint32_t rtlsdr_get_center_freq (rtlsdr_dev_t * dev);
RTLSDR_API int rtlsdr_set_freq_correction (rtlsdr_dev_t * dev, int ppm);
RTLSDR_API int rtlsdr_get_freq_correction (rtlsdr_dev_t * dev);
enum rtlsdr_tuner {
    RTLSDR_TUNER_UNKNOWN = 0,
    RTLSDR_TUNER_E4000,
    RTLSDR_TUNER_FC0012,
    RTLSDR_TUNER_FC0013,
    RTLSDR_TUNER_FC2580,
    RTLSDR_TUNER_R820T,
    RTLSDR_TUNER_R828D
};
RTLSDR_API enum rtlsdr_tuner rtlsdr_get_tuner_type (rtlsdr_dev_t * dev);
RTLSDR_API int rtlsdr_get_tuner_gains (rtlsdr_dev_t * dev, int * gains);
RTLSDR_API int rtlsdr_set_tuner_gain (rtlsdr_dev_t * dev, int gain);
RTLSDR_API int rtlsdr_set_tuner_bandwidth (rtlsdr_dev_t * dev, uint32_t bw);
RTLSDR_API int rtlsdr_get_tuner_gain (rtlsdr_dev_t * dev);
RTLSDR_API int rtlsdr_set_tuner_if_gain (rtlsdr_dev_t * dev, int stage, int gain);
RTLSDR_API int rtlsdr_set_tuner_gain_mode (rtlsdr_dev_t * dev, int manual);
RTLSDR_API int rtlsdr_set_sample_rate (rtlsdr_dev_t * dev, uint32_t rate);
```

```
RTLSDR_API uint32_t rtlsdr_get_sample_rate (rtlsdr_dev_t * dev);
RTLSDR_API int rtlsdr_set_testmode (rtlsdr_dev_t * dev, int on);
RTLSDR_API int rtlsdr_set_agc_mode (rtlsdr_dev_t * dev, int on);
RTLSDR_API int rtlsdr_set_direct_sampling (rtlsdr_dev_t * dev, int on);
RTLSDR_API int rtlsdr_get_direct_sampling (rtlsdr_dev_t * dev);
RTLSDR_API int rtlsdr_set_offset_tuning (rtlsdr_dev_t * dev, int on);
RTLSDR_API int rtlsdr_get_offset_tuning (rtlsdr_dev_t * dev);
RTLSDR_API int rtlsdr_reset_buffer (rtlsdr_dev_t * dev);
RTLSDR_API int rtlsdr_read_sync (rtlsdr_dev_t * dev, void * buf, int len, int * n_read);
typedef void( * rtlsdr_read_async_cb_t) (unsigned char * buf, uint32_t len, void * ctx);
RTLSDR_API int rtlsdr_wait_async (rtlsdr_dev_t * dev, rtlsdr_read_async_cb_t cb, void * ctx);
RTLSDR_API int rtlsdr_read_async (rtlsdr_dev_t * dev, rtlsdr_read_async_cb_t cb, void * ctx,
uint32_t buf_num, uint32_t buf_len);
RTLSDR_API int rtlsdr_cancel_async (rtlsdr_dev_t * dev);
RTLSDR_API int rtlsdr_set_bias_tee (rtlsdr_dev_t * dev, int on);
RTLSDR_API int rtlsdr_set_bias_tee_gpio (rtlsdr_dev_t * dev, int gpio, int on);
#ifdef __cplusplus
}
#endif
#endif /* __RTL_SDR_H */
```

rtlsdr.h 头文件定义了 34 个接口函数。常用的接口函数有 10 个，如 rtlsdr_open(获取设备句柄)函数、rtlsdr_set_center_freq(设置中心频率)函数、rtlsdr_set_sample_rate(设置采样率)函数、rtlsdr_read_async(同步读取 I/Q 数据)函数、rtlsdr_close(关闭设备句柄)函数等。从头文件的函数声明中，可以查到函数输入参数和输出参数的名称和类型。

5.1.2　RTL-SDR 接口函数封装

LabVIEW 编程中，提供了一套调用动态链接库的方法。根据头文件提供的函数声明，就可以利用 CLF 模块将头文件中的接口函数封装成子 VI，接下来将以 RTLSDR_API int rtlsdr_open(rtlsdr_dev_t ** dev, uint32_t index)函数为例说明动态链接库的封装和调用过程。

(1) 准备两个文件，一个是 RTL-SDR 的库文件 rtlsdr.dll，另一个是头文件 RTL-SDR.h。需要特别注意的是，如果主机安装的 LabVIEW 是 32 位的，库文件 rtlsdr.dll 必须是 32 位的，否则 LabVIEW 将无法调用 rtlsdr.dll 中的函数。

(2) 新建一个 VI，在 Connectivity→Libraries & Executables 路径下找到 CLF 模块，如图 5-2 所示。通过 CLF 模块，就可以实现动态链接库的调用。

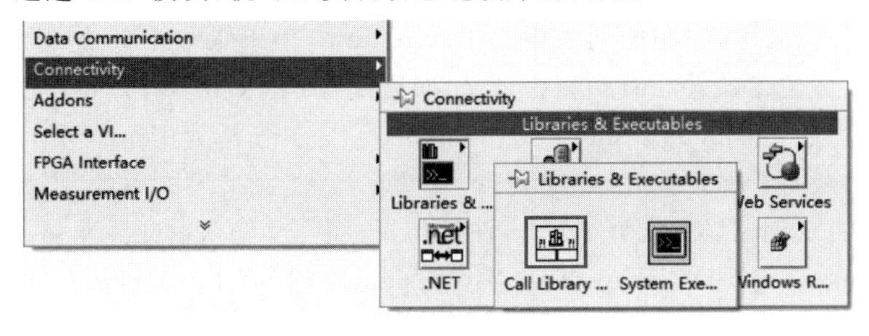

图 5-2　调用库函数(CLF)模块

（3）在程序框图中创建一个 CLF 模块，双击该模块，就会弹出该模块的参数配置对话框，在这个对话框中，可以配置 DLL 文件路径、被调函数名、输入和输出参数等，如图 5-3 所示。

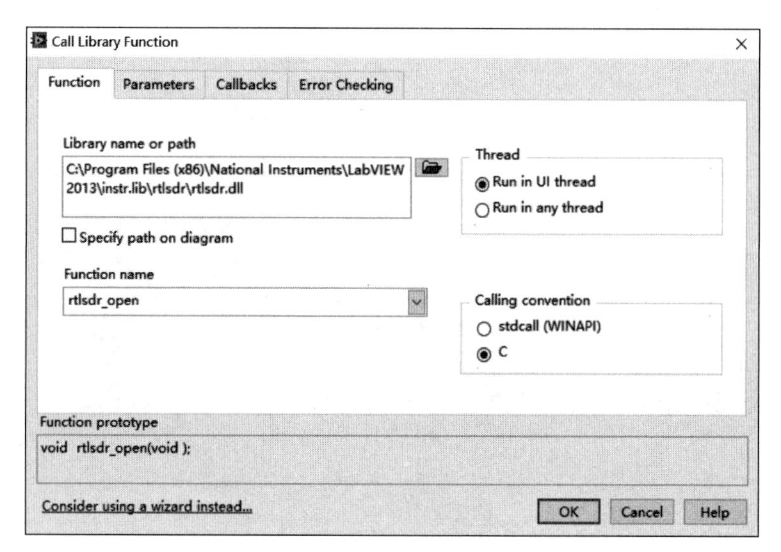

图 5-3　CLF 参数配置

在 Function 选项卡中，配置被调用函数的信息。在 Library name or path 文本框中设置 rtlsdr. dll 的路径(注意选择 rtlsdr. dll 文件的存放路径)。在 Function name 下拉列表中选择需要调用的接口函数，本例中选择 rtlsdr_open。在 Thread 选项中选择运行的线程范围，本例中默认选择 Run in UI thread。在 Calling convention 选项中选择被调用函数的调用约定，本例中默认选择 C。

在 Parameters 选项卡中，根据头文件中的函数声明对输入和输出参数进行设置。需要特别注意的是，为了正确设置这些参数，需要参考 rtl-sdr. h 头文件中的函数声明。例如，在 rtl-sdr. h 中，可以找到 rtlsdr_open 函数的输入输出参数以及它们的类型：

```
RTLSDR_API int rtlsdr_open (rtlsdr_dev_t ** dev, uint32_t index);
```

在 Parameters 选项卡中，默认创建了一个 return type 参数，如图 5-4 所示。根据头文件，rtlsdr_open 函数返回值是 int 类型，在图 5-4 的参数设置 Type 下拉列表中选择 Numeric 类型，在 Data type 下拉列表中选择 Signed 32-bit Integer 类型。

在 CLF 的 Parameters 选项卡中，还需要创建两个参数，一个是指向设备的句柄指针，另一个是设备索引。选中左侧列表中的 DevRefnum，单击页面中的 ⊞ 按钮，在 Current parameter 栏中设置参数，Name 可以自定义，如设置为 DevRefnum，Type 选择为 Numeric，Data type 选择为 Unsigned Pointer-sized Integer，Pass 选择为 Point to Value，如图 5-5 所示。

以同样的方式创建设备索引 index。注意 index 是一个输入参数。Name 设置为 index，Type 选择为 Numeric，Data type 选择为 Unsigned 32-bit Integer，Pass 选择为 Value。DevRefnum 和 index 均创建完成之后，在页面左下角的 Function prototype 区域可以看到

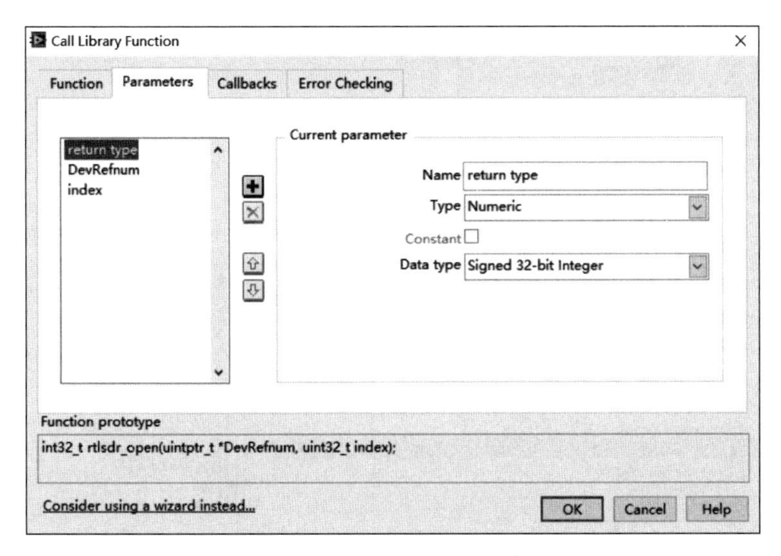

图 5-4　Parameters 选项卡

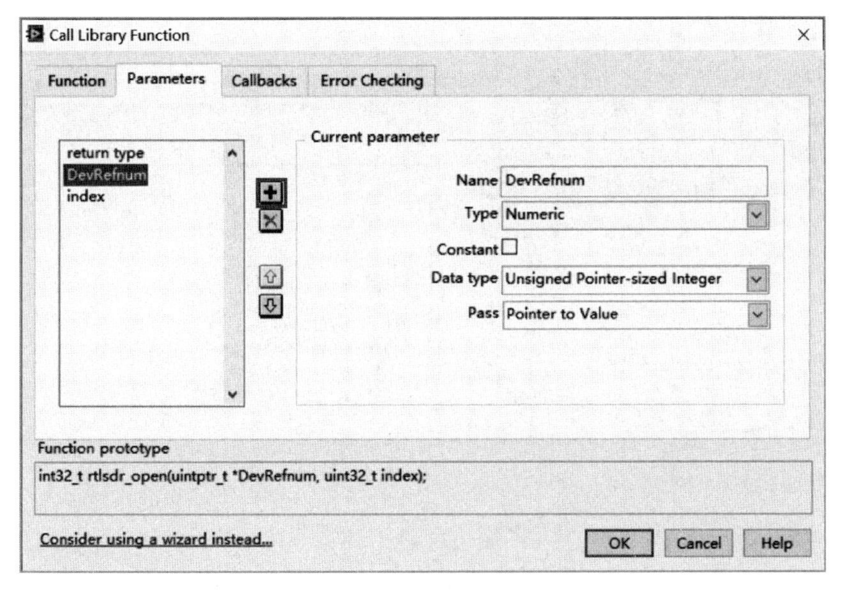

图 5-5　DevRefnum 配置

函数声明，此声明应当与头文件中的函数保持一致。

(4) CLF 模块配置完成之后，需要定义输入和输出端口，在 CLF 的输入和输出端口分别创建数值输入控件和显示控件，如图 5-6 所示。需要注意的是，在前面板中需要完成端口关联，才可以作为子 VI 被其他 VI 调用。

(5) 按照同样的方法，可以对 rtl-sdr. h 头文件中的其他函数进行封装。将需要的函数都封装完成之后，可以将封装后的子 VI 打包成一个库文件，方便维护。执行 File→New 菜单命令，新建一个 Library，如图 5-7 所示。

然后在库文件名上右击，在弹出的菜单中选择 Add→File，选择已经封装好的 VI。更改库文件名，就完成了库文件的创建，如图 5-8 所示。需要注意的是，rtlsdr. dll 文件和 rtlsdr. lvlib

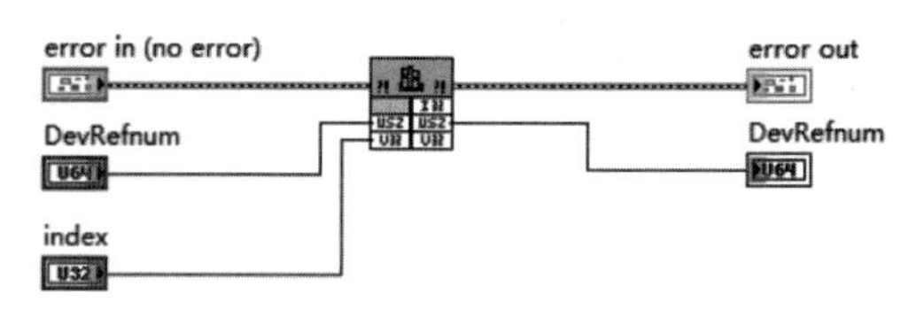

图 5-6　rtl_open 子 VI

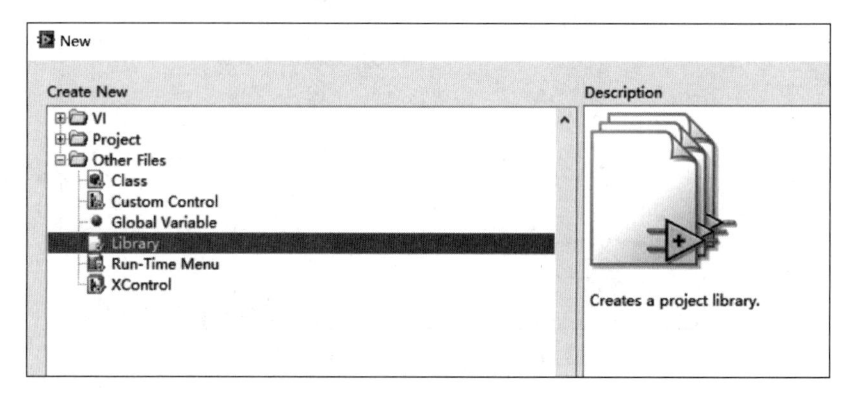

图 5-7　Library 创建

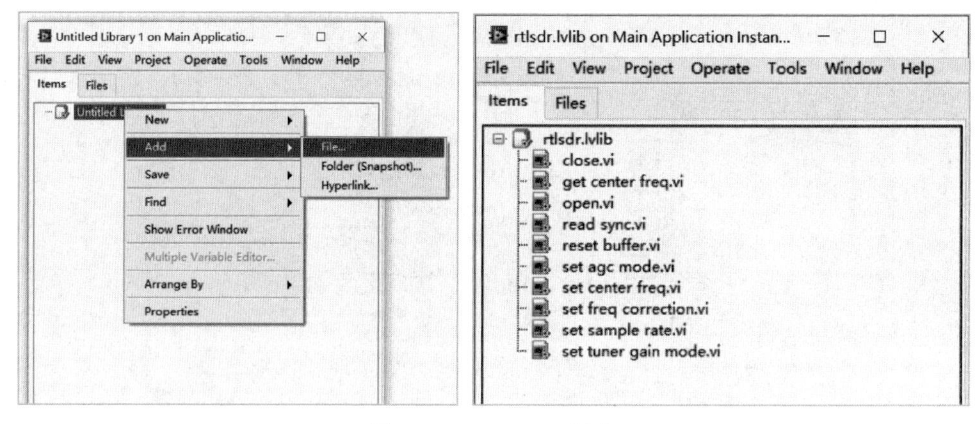

图 5-8　rtlsdr. lvlib 创建

一般放在同一个文件夹下。

最后将整个库文件夹复制到 LabVIEW 的\instr. lib 文件夹中，这样，在程序框图的函数选板中，就可以直接调用相应的子 VI，如图 5-9 所示。

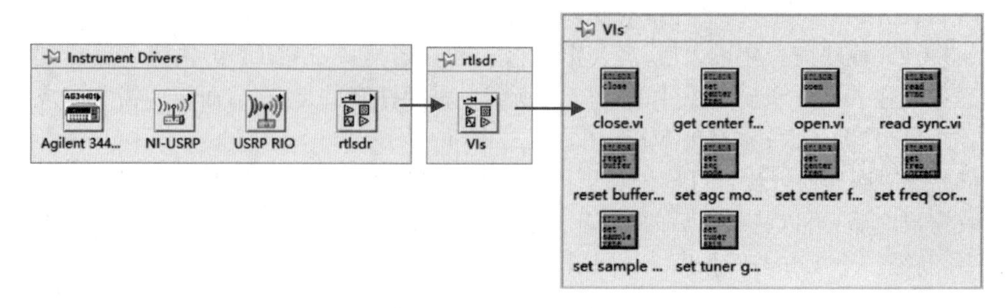

图 5-9　RTL-SDR 子 VI

5.2　导入共享库向导

手动封装动态链装库中的接口函数是比较麻烦的，尤其是在库文件中的函数比较多的时候。LabVIEW 提供了自动封装的方法——导入共享库向导。接下来，本节将以 rtlsdr.dll 为例，介绍基于导入共享库向导的封装方法。

5.2.1　导入前准备

在使用导入共享库向导之前，需要准备两个文件，一个是 RTL-SDR 的库文件 rtlsdr.dll，另一个是头文件 RTL-SDR.h。

5.2.2　导入共享库向导过程

(1) 执行 Tools(工具)→Import(导入)→Shared Library(.dll)...(共享库)菜单命令，如图 5-10 所示。

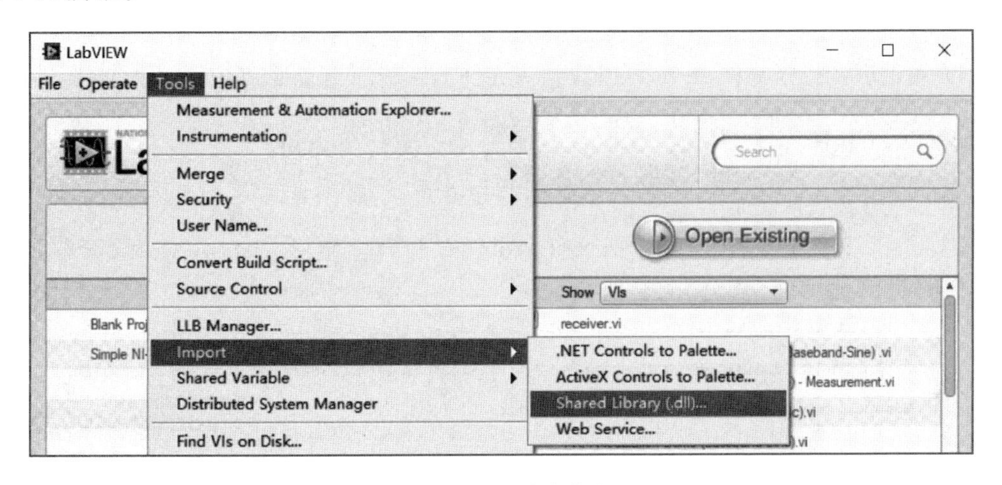

图 5-10　导入共享库向导

(2) 在弹出的对话框中选择 Create VIs for a shared library，如图 5-11 所示。如果需要对已经生成的 VI 进行更新，选择第 2 项 Update VIs for a shared library。

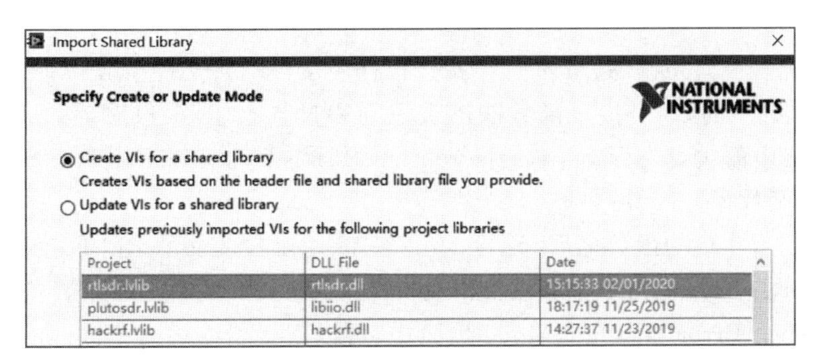

图 5-11　创建或更新模式

(3) 进入路径配置对话框,设置 rtlsdr.dll 的路径和头文件的路径。注意这里设置的头文件是 rtl-sdr.h,如图 5-12 所示。

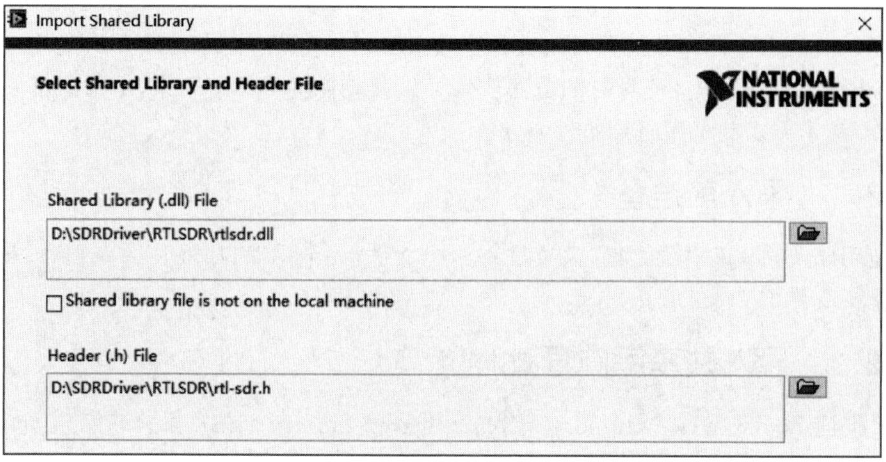

Import Shared Library
Select Shared Library and Header File
NATIONAL INSTRUMENTS
Shared Library (.dll) File
D:\SDRDriver\RTLSDR\rtlsdr.dll
Shared library file is not on the local machine
Header (.h) File
D:\SDRDriver\RTLSDR\rtl-sdr.h

图 5-12　选择库文件和头文件

(4) 用记事本打开 rtl-sdr.h,可以看到头文件 rtl-sdr.h 还包含其他两个头文件:

```
#include <stdint.h>
#include <rtl-sdr_export.h>
```

在 Include 文件夹中,配置两个头文件 stdint.h 和 rtl-sdr_export.h(本书配套程序)的路径,如图 5-13 所示。

Import Shared Library
Configure Include Paths and Preprocessor Definitions
NATIONAL INSTRUMENTS
Include
D:\SDRDriver\RTLSDR

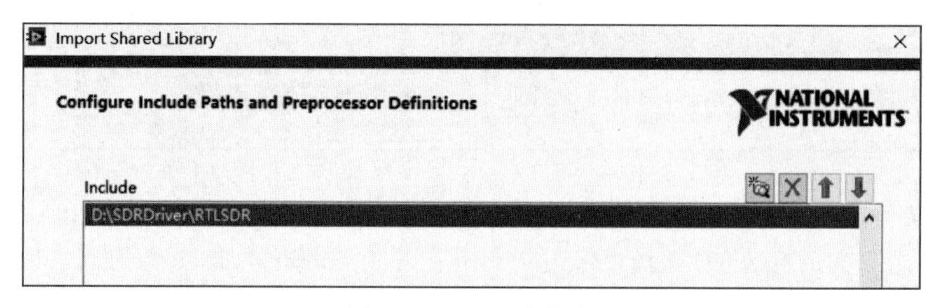

图 5-13　Include 文件夹

(5) 如果路径配置正确,共享库向导就会根据库文件和头文件生成一个函数列表。正常情况下,头文件中的 33 个接口函数能够被识别和封装,如图 5-14 所示。对于 FM 接收机,只会用到其中的少部分函数,如 rtlsdr_open()、rtlsdr_set_center_freq()、rtlsdr_set_sample_rate()函数等。

(6) 选定需要生成的函数之后,设置 LabVIEW 库函数的文件名和保存路径。本例中设置文件名为 rtlsdr,路径为 C 盘安装文件夹\user.lib 下,如图 5-15 所示。

(7) 在 Select Error Handing Mode 页面中,可以配置错误输出模式,如图 5-16 所示。有 3 种模式可以选择,本例中选择 Simple Error Handing。

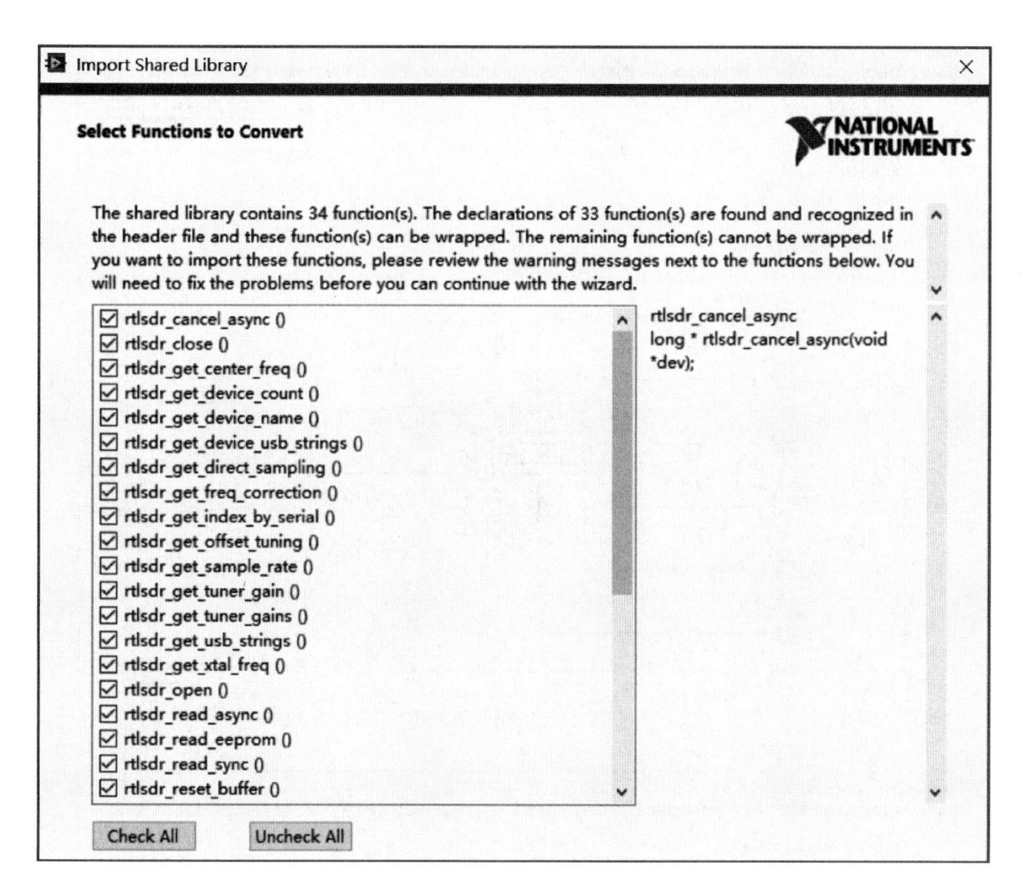

图 5-14 选择需要封装的函数

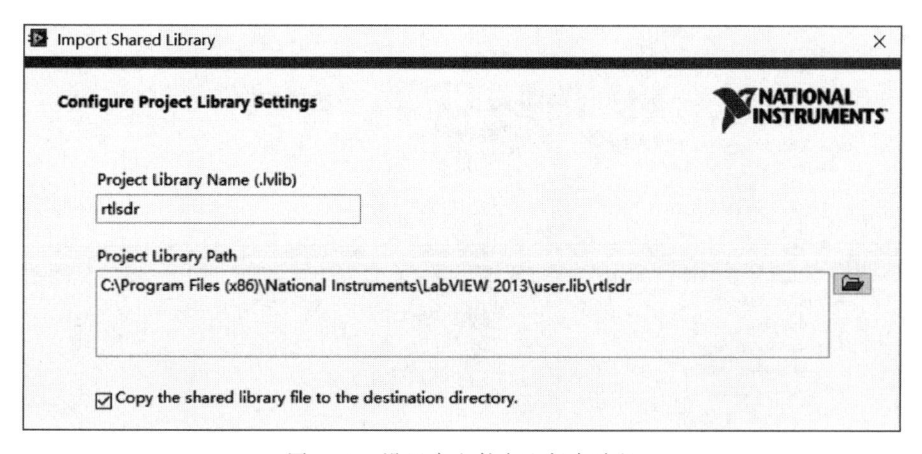

图 5-15 设置库文件名和保存路径

(8) 在 Configure VIs and Controls 页面中，可以对每个函数的输入和输出参数进行重配置。例如，选择 rtlsdr_set_center_freq()这个函数，在默认的情况下，Control Type 设置为 Numeric，Pass Type 设置为 Pass by Value，Representation 设置为 Unsigned Long，如图 5-17 所示。

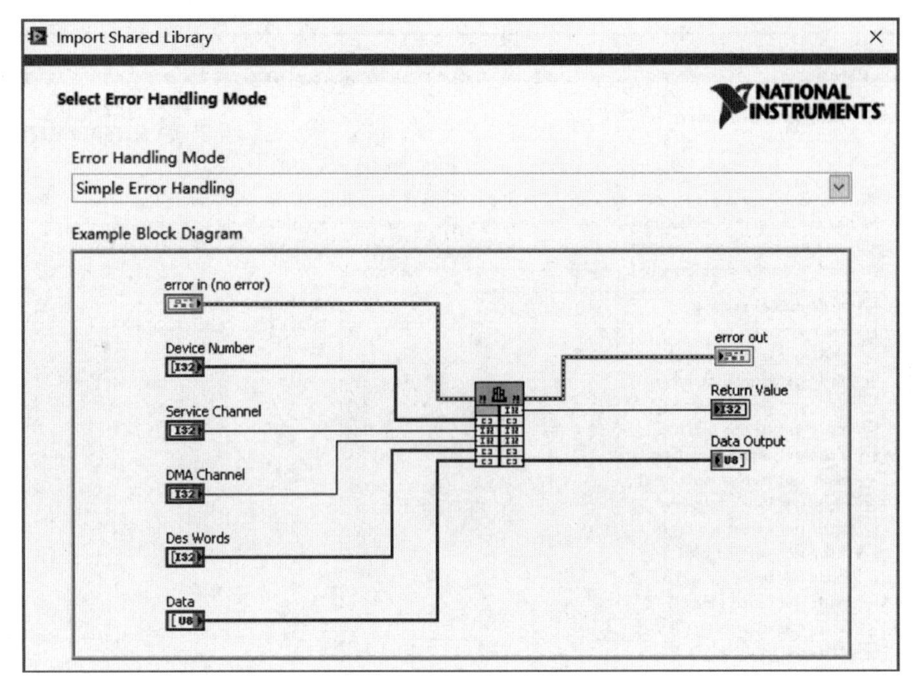

图 5-16　配置错误输出模式

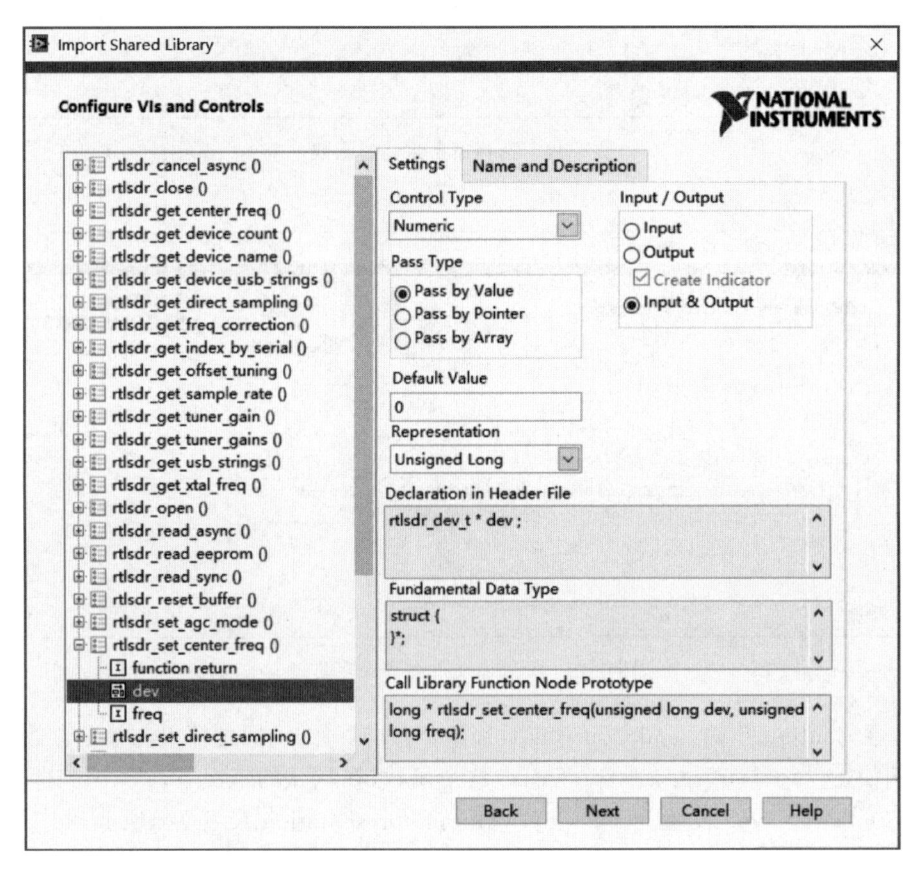

图 5-17　重新配置输入输出参数

(9) 配置完成每个函数的输入和输出参数，单击 Next 按钮，就可以进行封装。等待几分钟，将返回封装后的 rtlsdr 库，如图 5-18 所示。

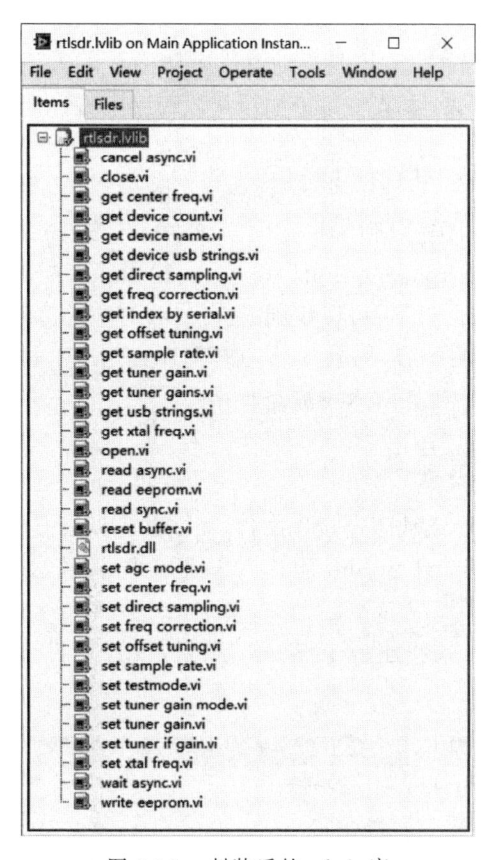

图 5-18　封装后的 rtlsdr 库

(10) 检查接口函数封装的正确性。打开任意一个子 VI，如 set center freq. vi。进一步打开 CLF，可以看到其配置，如图 5-19 所示。

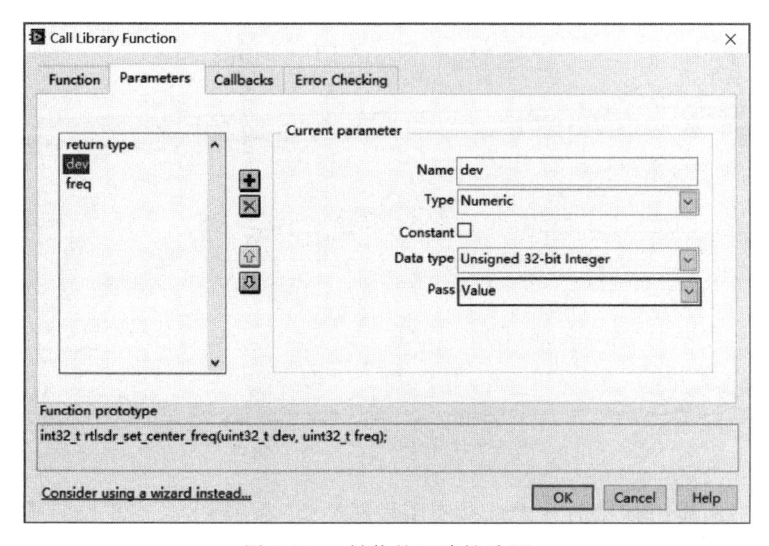

图 5-19　封装的正确性验证

5.3 动态链接库编译

在5.1.2节和5.2.2节中,不论是手动方式还是导入共享库向导的方式,都需要动态链接库文件 rtlsdr.dll。接下来,本节将讨论如何从源程序中编译动态链接库文件。

5.3.1 编译前准备

首先在GitHub网站中搜索到rtlsdr的源文件,有多个版本可以选择,如可以选择osmocom/rtl-sdr,网址为 https://github.com/osmocom/rtl-sdr。

在rtl-sdr-master\src文件下,可以找到rtlsdr.dll对应的源程序librtlsdr.c。预先安装pthread-win32和libusbx-1.0.18-win(本书配套程序)。预先准备编译依赖的静态库文件libusb-1.0.lib和pthreadVC2.lib(本书配套程序)。

5.3.2 编译步骤

将librtlsdr.c文件编译成动态链接库文件,需要预先安装C程序的编译软件,本例中选择VS 2013。Microsoft Visual Studio简称VS,是美国微软公司提供的软件开发工具。librtlsdr.c的编译步骤如下。

(1) 首先启动VS 2013,新建一个Win32项目,设置项目名称和保存路径,如图5-20所示。

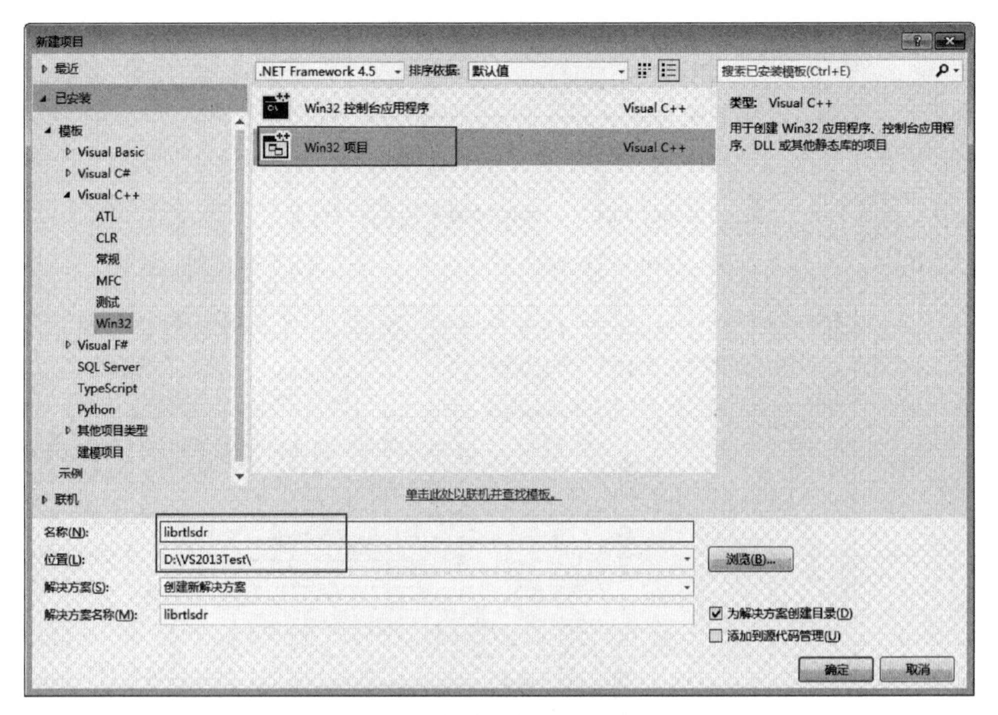

图5-20 新建一个Win32项目

(2) 在弹出的应用程序向导中选择应用程序类型,本例中选择DLL,在附加选项中选择

"空项目"。

(3) 右击"源文件"文件夹，在弹出的快捷菜单中依次选择"添加"→"现有项"，将rtl-sdr-master\src 文件夹下的 librtlsdr. c、tuner_e4k. c、tuner_fc0012. c、tuner_fc0013. c、tuner_fc2580. c、tuner_r82xx. c 6 个 C 文件导入，如图 5-21 所示。

图 5-21　解决方案资源管理器

(4) 将静态库文件 libusb-1. 0. lib 和 pthreadVC2. lib 添加到 VS 的 VC++ 目录中，如图 5-22 所示。右击图 5-21 所示的项目名称 rtlsdrdll，在弹出的菜单中选择"配置属性"，在"VC++ 目录"页面中配置包含目录和库目录。

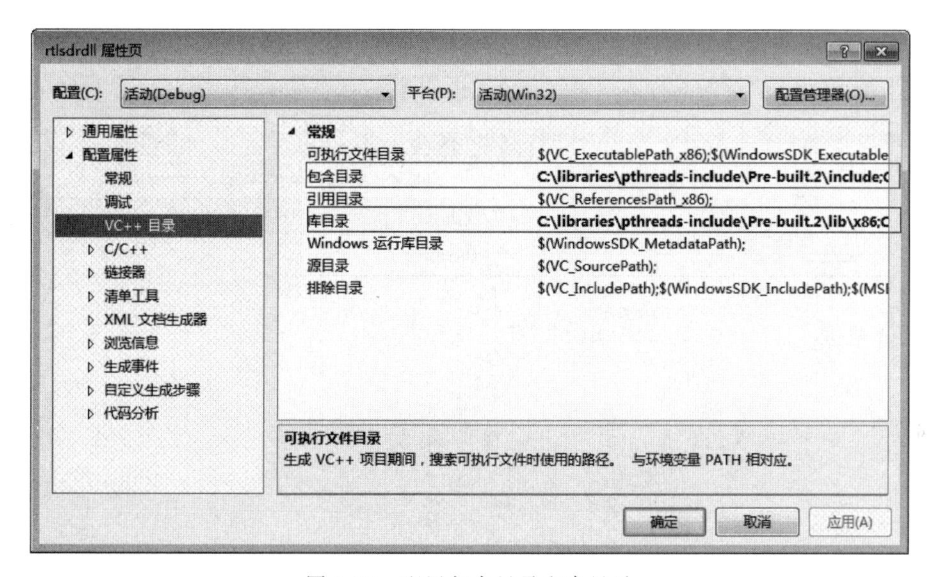

图 5-22　配置包含目录和库目录

编辑包含目录，将 Pre-built. 2\include 文件夹、libusbx-1. 0. 18-win 文件夹下的 include\libusbx-1. 0 和 rtl-sdr-master\include 文件夹添加到包含目录中，如图 5-23 所示。

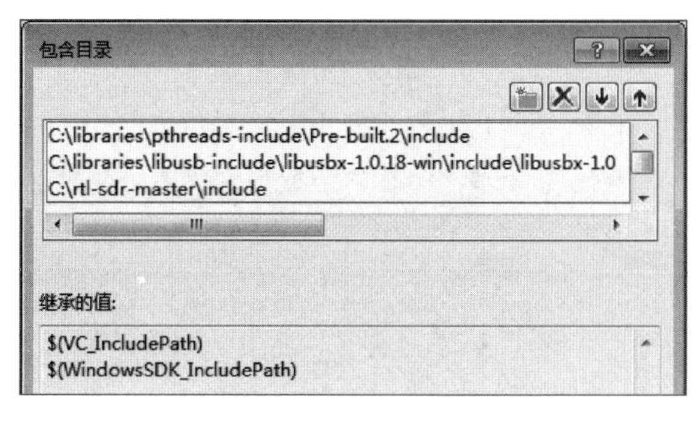

图 5-23　配置包含目录

编辑库目录，将 Pre-built. 2\lib\x86 文件夹、libusbx-1. 0. 18-win\MS32\static 文件夹添加到库目录中，如图 5-24 所示。

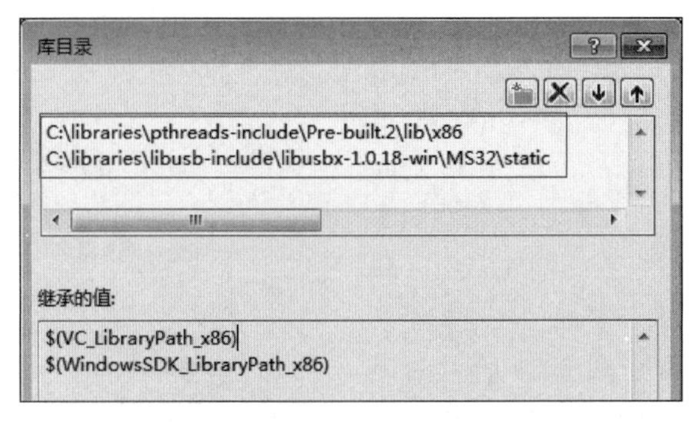

图 5-24 配置库目录

在"链接器"→"附加依赖项"中添加 libusb-1. 0. lib 和 pthreadVC2. lib 静态库文件，如图 5-25 所示。

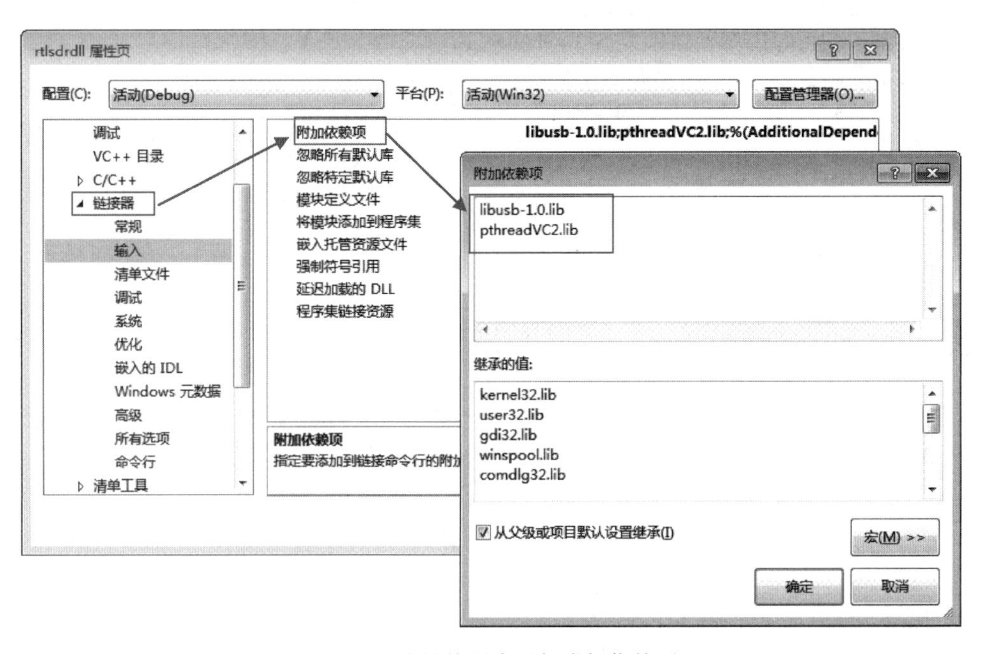

图 5-25 在链接器中添加附加依赖项

(5) 编译生成动态链接库 rtlsdrdll. dll，VS 编译输出如图 5-26 所示。需要特别注意，VS 默认生成的动态链接库是 32 位的。

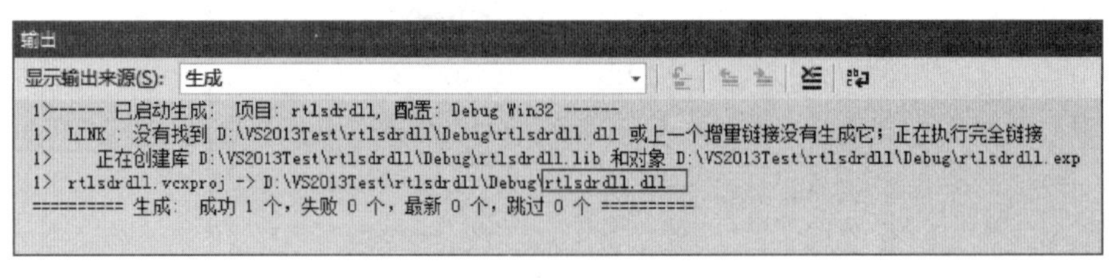

图 5-26 VS 编译输出

5.4 调用库函数的配置

在接口函数封装过程中,使用了 CLF 模块。接下来,本节将对 CLF 配置对话框中的 Function(函数)、Parameters(参数)、Callbacks(回调)、Error Checking(错误检测)4 个选项卡加以说明。

5.4.1 函数配置

在 Function(函数)选项卡中,可以设置 DLL 文件路径。在 Library name or path(库名/路径)文本框中,单击文件夹图标,选择 DLL 所在的路径,就可以完成设置。当调用包含 DLL 的 VI 被装入内存时,DLL 被自动装入内存。在 Library name or path 文本框的下方,还有一个 Specify path on diagram(在程序框图中指定路径)选项,选中该选项,DLL 将会被"动态加载":只有程序运行到需要使用该 DLL 中的函数时,DLL 才会被装入内存。需要注意的是,选中 Specify path on diagram 之后,Library name or path 中输入的路径将无效。与此同时,CLF 模块将多出一对输入和输出端口,用于指定 DLL 的路径。

设置完 DLL 文件路径之后,在 Function name(函数名称)下拉列表中选择被调用函数的名称。单击下拉列表,将显示 DLL 中所有的可用函数。

在 Function 选项卡中可以配置 Thread(线程)。在 Thread 选项下,有 Run in UI thread 和 Run in any thread 两个单选按钮。Run in UI thread 表示仅运行在 UI 线程中;Run in any thread 表示运行在任意线程中。在本例的程序中,选择默认的 Run in UI thread。

在 Function 选项卡中还可以指明被调用函数的 Calling convention(调用约定)。CLF 支持两种调用约定:stdcall 和 C。stdcall 由被调用者负责清理堆栈,C 由调用者清理堆栈。Windows API 一般使用的都是 stdcall,标准 C 的库函数则大多使用 C。

5.4.2 端口参数配置

在 CLF 配置中,端口参数(Parameters)的配置比较复杂。DLL 调用出现的问题,大多是由于 Parameters 配置错误所引起的。接下来,本节将通过 rtlsdr 实例介绍该页面的配置。

在 Parameters 选项卡中,可以添加相应的参数并修改它们的返回值类型,直到页面底部的 Function prototype(函数原型)与 DLL 头文件中的函数定义相匹配,如图 5-27 所示。在 Type(类型)下拉列表中选择函数返回值的类型,如 Void(空)、Numeric(数值)或 String(字符串)。本例中选择 Numeric。

在 Data type 下拉列表中可以看到多种数据类型,如图 5-28 所示。本例中选择 Signed 32-bit Integer。

这里需要特别指出的一种数据类型,就是 C 语言中的指针类型,如 Signed Pointer-sized Integer。对于简单的 C 函数构成的 DLL,LabVIEW 利用 CLF 调用时就比较简单,但是对于参数或返回值是指针类型的 DLL 函数,LabVIEW 调用时就比较复杂。

指针就是变量的地址,将地址作为参数传递到 DLL 函数中,DLL 函数就可以操作这个

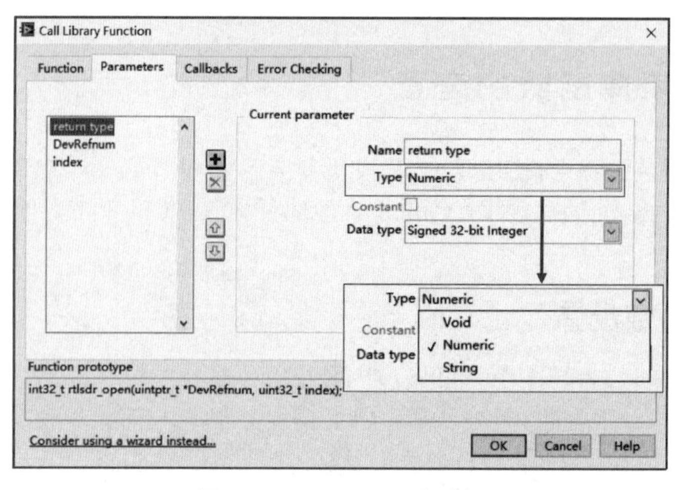

图 5-27　Parameters 选项卡

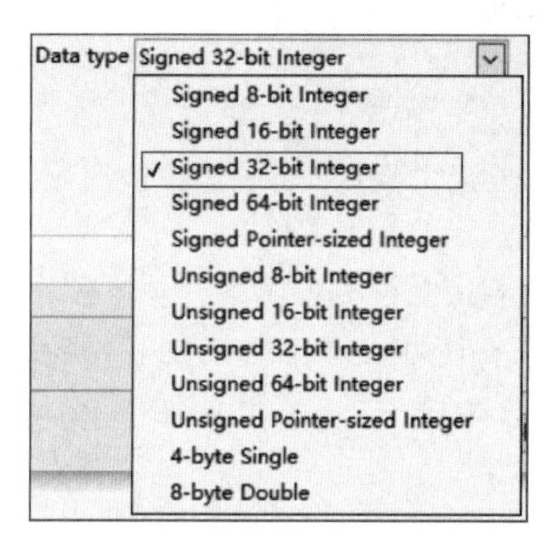

图 5-28　Data type 下拉列表

地址指向的变量。需要注意的是，在 32 位的操作系统中，可以使用 int32 数值表示指针。在 64 位的系统中，只能使用 I64 或 U64 表示指针。如果无法确知是 32 位还是 64 位的系统，则可以使用 Pointer-sized Integer 这种数据类型。

CLF 中常用指针类型配置和使用如表 5-1 所示，指向数值类型和字符类型的指针配置相对简单，找到与之相对应的选项即可。在使用布尔类型时，由于布尔类型在 DLL 函数和 LabVIEW VI 之间传递没有对应的数据类型，需要利用数值类型来传递，因此输入时先要把布尔量转换为数值，再传递给 DLL 函数，输出时再把数值转换为布尔量。需要注意的是，如果在 C 语言函数参数声明中有 const 关键字，需要选中 Constant 选项。

表 5-1　CLF 中指针配置和使用

C 语言声明	CLF 配置	CLF 使用
double ＊a	Type Numeric Constant Data type 8-byte Double Pass Pointer to Value	DBL DBL DBL
char ＊a	Type String Constant String format C String Pointer Minimum size <None>	0 初始字符串长度 I32 abc abc abc
bool ＊a	Type Adapt to Type Constant Data format Handles by Value	TF ?1:0 U8 U8 U8 TF TF TF TF TF

数组在传递给 DLL 函数时，只能是指针，如表 5-2 所示。在传递数组类型时，Array format（数组格式）要选择为 Array Data Pointer（数组数据指针）。需要注意的是，LabVIEW 只支持 C 语言中的数值型数组。

表 5-2　CLF 中数组配置和使用

C 语言声明	CLF 配置	CLF 使用
int a[]	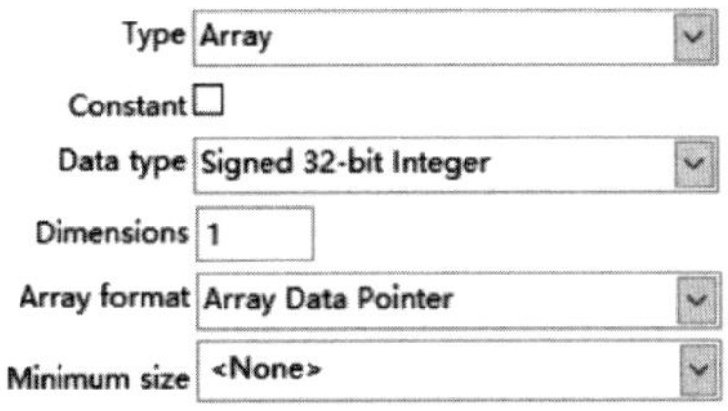 Type: Array Constant: □ Data type: Signed 32-bit Integer Dimensions: 1 Array format: Array Data Pointer Minimum size: <None>	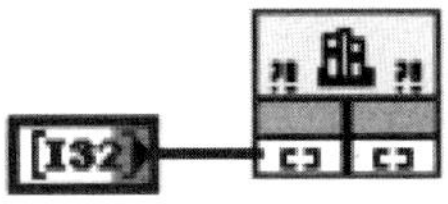 [I32]
int *a[]	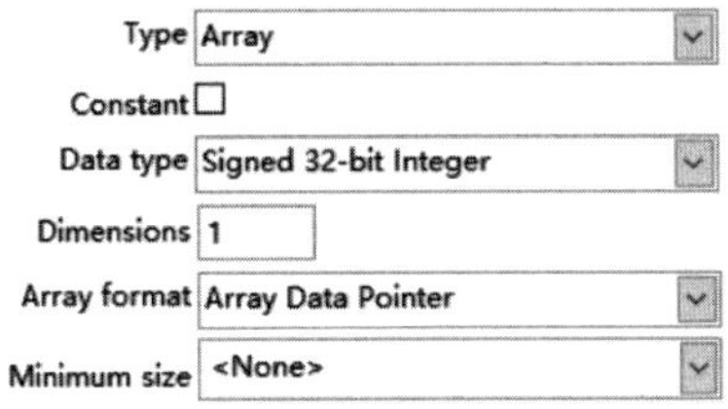 Type: Array Constant: □ Data type: Signed 32-bit Integer Dimensions: 1 Array format: Array Data Pointer Minimum size: <None>	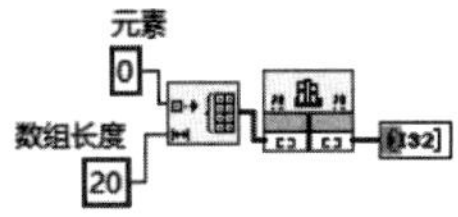 元素 0 数组长度 20 [I32]

簇结构在 LabVIEW 中是常用的数据类型，C 语言的 struct（结构体）数据类型与之对应。在 CLF 节点的配置面板中，没有专门命名为 struct 或 cluster 参数类型，选择 Adapt to Type 就可以。需要注意的是，在 cluster 较为复杂的情况下，需要考虑字节对齐问题。

5.4.3　回调函数配置

Callbacks（回调）为 DLL 设置一些回调函数。DLL 文件中实现了各种类型的函数，当程序需要调用函数时，就要先载入 DLL，取得函数地址然后进行调用。有些情况下，需要将应用程序的某些功能提供给 DLL 使用，于是就可以使用回调函数。回调函数通常用于程序初始化、资源清理等工作。

5.4.4　错误检测配置

Error Checking（错误检测）用于设置错误处理方式，有 Maximum（最高级）、Default（默认）和 Disabled（不检测）3 个选项。最高级别的检测会对运行过程中检测到的每处错误进行反馈，但同时也会使 CLF 节点的运行速率降低。默认级别的检测会对程序执行最小程度的错误进行排查，对 CLF 节点的运行速率影响较小。不检测即不对程序中的错误进行检测，此时 CLF 节点以最快速度运行。

5.5　本章小结

本章以 RTL-SDR 为例，介绍了非 NI 设备控制方法。通过 CLF 模块，LabVIEW 可以调用 DLL 中的接口函数，从而实现对设备的控制。

首先以 RTL-SDR 的 LabVIEW 接口函数封装过程为例，介绍了 LabVIEW 中调用库函数模块的使用方法。

然后详细介绍了 LabVIEW 中导入共享库向导的使用方法。

接着介绍了动态链接库文件 rtlsdr.dll 在 VS 2013 环境下的编译过程。

最后介绍了调用库函数模块中 Fuction、Parameters、Callbacks、Error Checking 4 个选项卡的配置方法。

第6章 LabVIEW和MATLAB混合编程

CHAPTER 6

MATLAB是美国MathWorks公司开发的一款工程计算及数值分析软件，因其具有强大的科学计算功能和大量稳定的算法库，已被广泛应用于自动控制、无线通信、人工智能和数理统计等工程领域。本章将通过基于DLL、组件对象模型（Component Object Model，COM）和.NET工具（微软新一代程序架构）的FM解调实例，介绍LabVIEW和MATLAB混合编程方法。

6.1 混合编程基础

LabVIEW和MATLAB混合编程能够有效提高软硬件开发效率。本节首先介绍混合编程的基本流程，然后通过实例依次介绍MATLAB编程、可执行文件的生成、动态链接库、COM组件以及.NET工具，最后介绍MATLAB编译器安装。

6.1.1 混合编程简介

MATLAB是一款功能十分强大的工程计算和数值分析软件，由于它拥有强大的科学计算功能、大量稳定的算法库，因此在工程计算领域被广泛使用。但MATLAB也有不足之处，如MATLAB的界面开发能力较差，且在硬件控制、网络通信等方面的支持不足。

LabVIEW的优点是图形化的编程，开发者通过搭建模块框图，就可以快速完成界面设计、硬件控制和网络通信等任务。LabVIEW的缺点是工具包的使用成本较高，且相对封闭，缺乏对第三方算法的支持。

结合LabVIEW和MATLAB的优点，能够有效提高开发者在界面设计、硬件控制和算法编程等方面的开发效率。如图6-1所示，LabVIEW编程实现数据采集和界面显示，MATLAB编程实现算法处理和动态链接库生成。接下来将介绍LabVIEW和MATLAB混合编程方法。

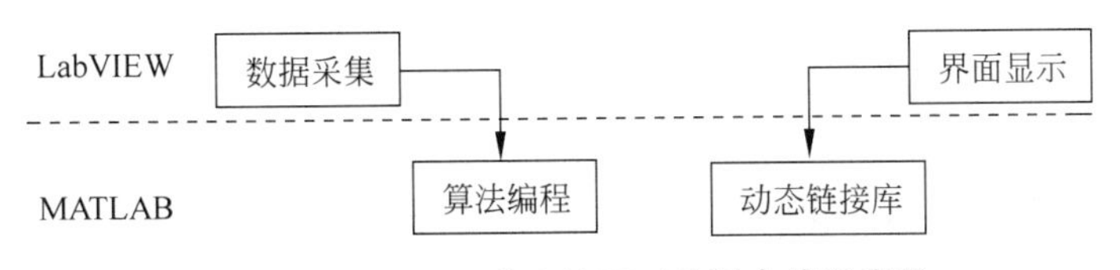

图6-1 LabVIEW和MATLAB混合编程流程

6.1.2 MATLAB 编程简介

MATLAB 是 Matrix Laboratory 的简写。MATLAB 主要用于工程计算，尤其是矩阵运算。在 MATLAB 中，所有变量以矩阵形式存在。与 LabVIEW 不同，MATLAB 采用文本编程语言进行编程。MATLAB 语句可以在 MATLAB 命令窗口中直接执行，也可以采用脚本文件形式编写和执行。MATLAB 有自身的编程环境，包含自己的数据结构、程序流控制以及文件输入和输出功能。需要注意的是，MATLAB 是一种解释性的编程语言，其特点是编译一行，执行一行，直到错误中断或程序运行结束。

启动 MATLAB 2016a，可以看到其编程界面，如图 6-2 所示。MATLAB 软件界面主要包括 3 个区域：命令行窗口(Command Window)、工作区(Work Space)和程序编辑区(Script)。在命令行窗口中可以输入各种 MATLAB 命令。工作区显示当前使用的变量和变量值。在程序编辑区中可以编写 MATLAB 程序。此外，软件界面中还有命令历史记录(Command History)窗口，该窗口显示所有之前在命令行窗口中输入的命令或程序。软件界面的左侧是当前文件夹的目录结构。

MATLAB 工具栏提供了基本的功能按钮，如 MATLAB 程序的新建、打开、保存、运行和调试等按钮。关于这些功能的使用说明，可以参考 MATLAB 的帮助文档[①]。

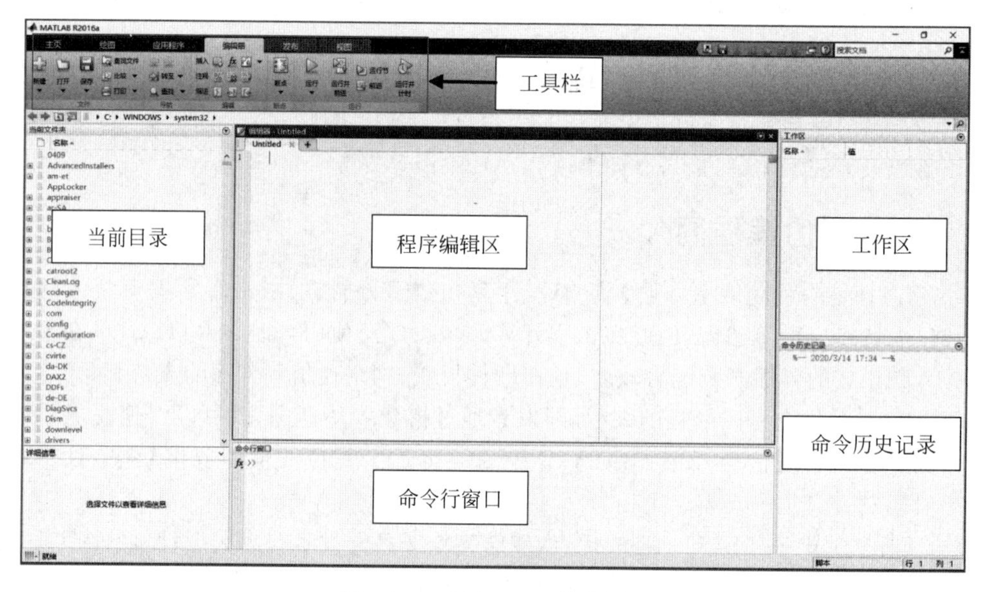

图 6-2　MATLAB 软件界面

6.1.3 MATLAB 编译器安装

MATLAB 程序文件以.m 为扩展名，也称为 m 文件。MATLAB 可以将 m 文件编译生成动态链接库文件，供其他应用软件调用。注意：MATLAB 需要预先安装编译器。MATLAB 2016a 支持的编译器如图 6-3 所示。接下来将以 Windows 10 64-bit 为例，说明

① https://www.mathworks.com/help/matlab/index.html

Windows SDK 7.1 和.NET4 的安装过程[①]。

MATLAB Product Family – Release 2016a									
Compiler	MATLAB	MATLAB Compiler	MATLAB Compiler SDK				MATLAB Coder	SimBiology	Fixed Point Designer
	For MEX-file compilation, **loadlibrary**, and external usage of MATLAB Engine and MAT-file APIs	Excel add-in for desktop	C/C++ & COM	.NET	Java	Excel add-in for MPS	For all features	For accelerated computation	For accelerated computation
MinGW 4.9.2 C/C++ (Distributor: TDM-GCC) Available at no charge	✔						✔[6]	✔	✔
Microsoft Visual C++ 2015 Professional	✔	✔	✔	✔[4]			✔	✔	✔
Microsoft Visual C++ 2013 Professional	✔	✔	✔	✔[4]			✔	✔	✔
Microsoft Visual C++ 2012 Professional	✔	✔	✔	✔[4]			✔	✔	✔
Microsoft Visual C++ 2010 Professional SP1	✔	✔	✔	✔[4]			✔	✔	✔
Microsoft Windows SDK 7.1 Available at no charge; requires .NET Framework 4.0	✔	✔	✔				✔[6]	✔	✔

图 6-3 MATLAB 2016a 支持的编译器

(1) 卸载 Microsoft Visual Studio C++ 2010,注意以下组件需要卸载:

- Visual C++ 2010 x86 redistributable;
- Visual C++ 2010 x64 redistributable(64 位 Windows);
- Microsoft Visual C++ Compilers 2010 x86 和 x64 版本。

(2) 安装.NET Framework 4.0 以上版本,如果 Windows 10 系统提示已经安装了更高版本的.NET Framework,则需要修改 Windows SDK 7.1 安装包内的配置文件,使 Windows SDK 7.1 安装支持.NET Framework 4.0 以上版本。打开 Windows SDK 7.1 安装包(需解压)内的 Setup 文件夹。用记事本打开 Setup 文件夹下的 SDKSetup.exe.config 文件,修改并保存该文件,如图 6-4 所示。再次双击 Setup 文件夹下 SDKSetup.exe 可执行文件,完成安装。

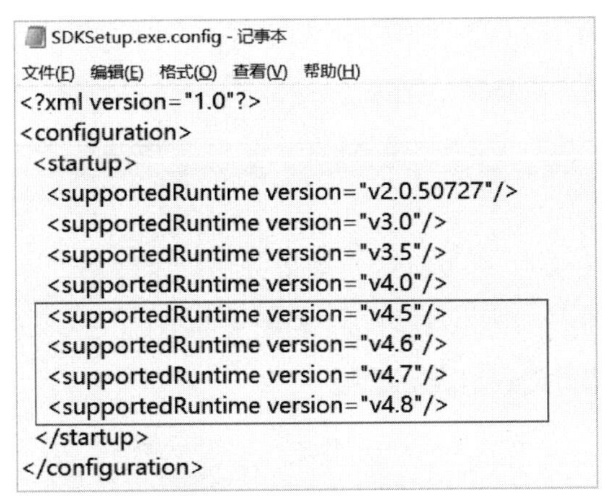
SDKSetup.exe.config - 记事本

文件(F) 编辑(E) 格式(O) 查看(V) 帮助(H)

```
<?xml version="1.0"?>
<configuration>
  <startup>
    <supportedRuntime version="v2.0.50727"/>
    <supportedRuntime version="v3.0"/>
    <supportedRuntime version="v3.5"/>
    <supportedRuntime version="v4.0"/>
    <supportedRuntime version="v4.5"/>
    <supportedRuntime version="v4.6"/>
    <supportedRuntime version="v4.7"/>
    <supportedRuntime version="v4.8"/>
  </startup>
</configuration>
```

图 6-4 更新 SDKSetup.exe.config 文件

① https://ww2.mathworks.cn/support/requirements/previous-releases.html

(3) 验证 Windows SDK 7.1 是否成功安装。如图 6-5 所示,在 MATLAB 命令行窗口中输入 mex-setup,如果返回 Micrsoft Windows SDR 7.1 选项,则表明该编译器已经成功安装。

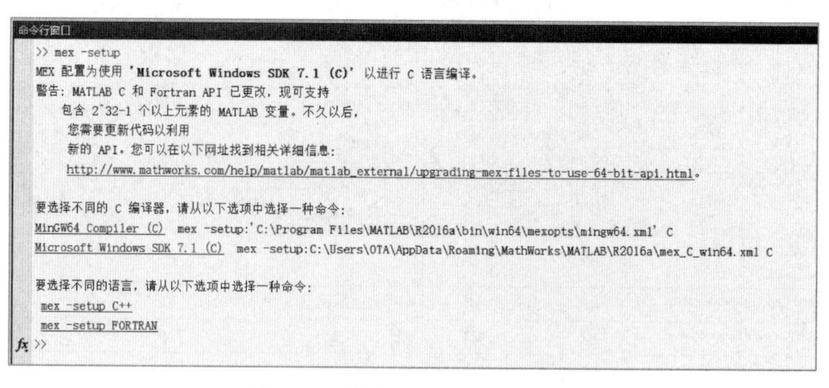

图 6-5 验证 Windows SDK 7.1

6.2 MATLAB 可执行文件生成

MATLAB 可直接生成可执行文件(EXE)、动态链接库文件(DLL)、COM 组件和.NET 程序集。接下来将以加法器为例,介绍基于 MATLAB 的可执行文件和库文件的生成过程和调用方法。

6.2.1 MATLAB 生成 EXE 文件

(1) 新建一个 m 文件,在 m 文件中输入"a=5; b=7; sum=a+b;",保存 m 文件,设置文件名,如图 6-6 所示。

(2) 单击工具栏中的"运行"按钮,运行程序。在工作区中将会看到 3 个变量 a,b 和 sum 的值,如图 6-7 所示。

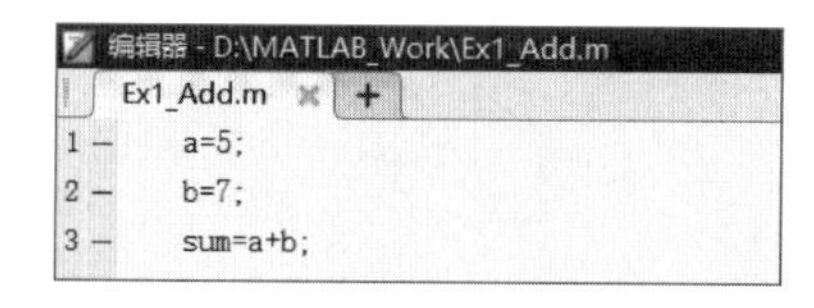

图 6-6 MATLAB 脚本

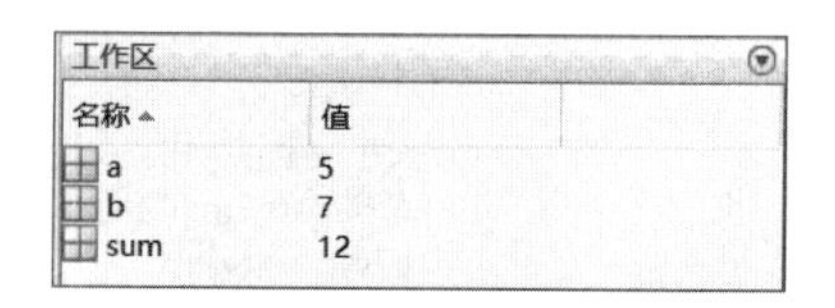

图 6-7 MATLAB 工作区

在命令行窗口中输入 sum,将返回 sum 的值,如图 6-8 所示。

在命令历史记录中将显示使用过的命令,如图 6-9 所示。

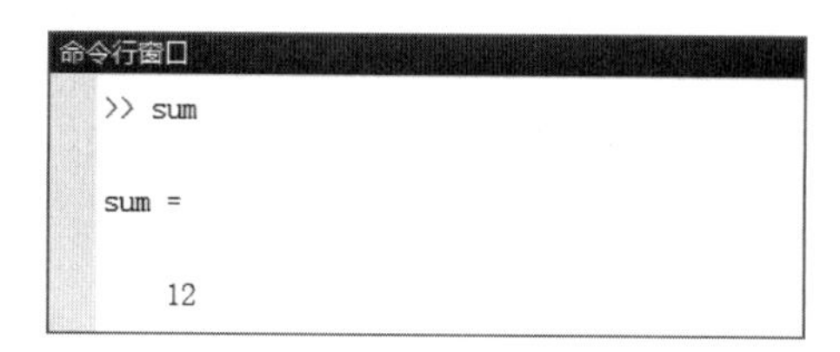

图 6-8 MATLAB 命令行窗口

图 6-9 MATLAB 命令历史记录

(3) 单击行号处的短横线，短横线将变成小圆点，此时程序进入单步调试模式，如图 6-10(a)所示。运行程序，程序将会停留在小圆点处，此时小圆点旁边会出现一个向右的箭头，如图 6-10(b)所示。单击工具栏中"步进"按钮，将逐行执行程序。再次单击小圆点将取消断点，单击"退出调试"按钮将退出调试模式。

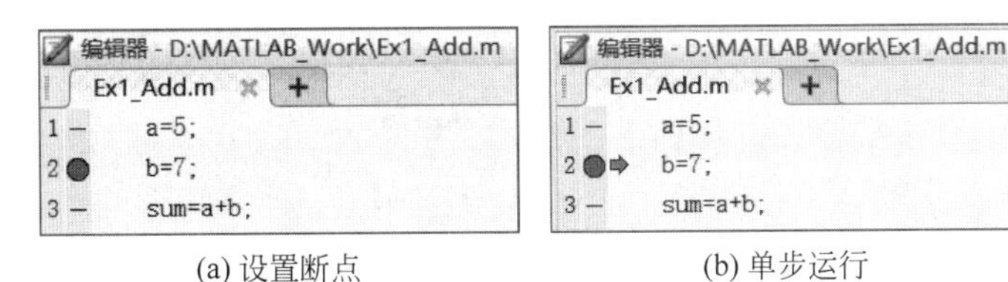

(a) 设置断点　　(b) 单步运行

图 6-10　MATLAB 调试模式

(4) 将 m 程序封装成子函数。MATLAB 中采用关键词 function 定义子函数，如图 6-11 所示。需要特别注意的是：函数名和文件名要相同。在命令行窗口中输入 Ex1_Add(1,2)就可以执行函数。如果函数返回正确值，则函数定义正确，如图 6-11 所示。

(5) 生成 EXE 可执行文件。首先利用 srt2double()函数将输入参数转换成 double 类型(双精度浮点型)，然后利用 disp()函数显示 sum 值，如图 6-12 所示。注意：程序中的%表示注释，%后的文本内容不参与编译。

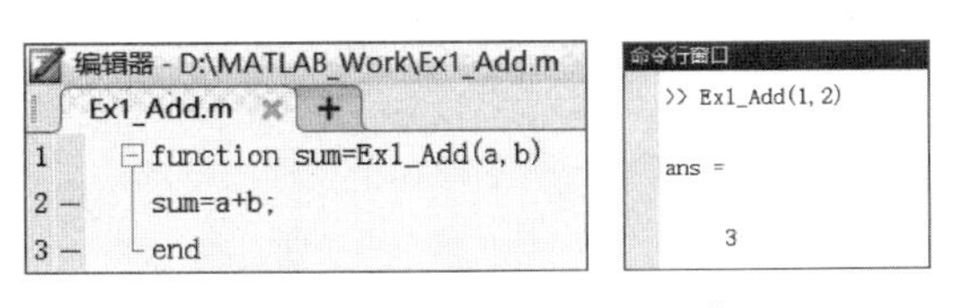

图 6-11　MATLAB 子函数

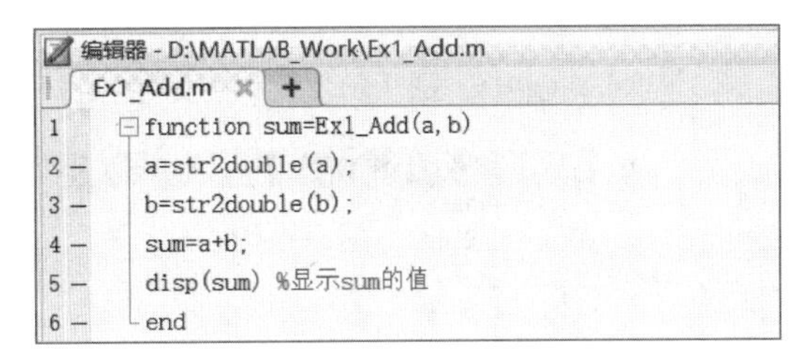

图 6-12　MATLAB 生成可执行文件

在 MATLAB 命令行窗口中输入 mcc-m Ex1_Add. m，将在当前文件夹下生成一个 Ex1_Add. exe 文件。打开 Windows 命令行窗口，将 Ex1_Add. exe 文件拖入命令行窗口中，并分别输入 a 和 b 的参数值 1 和 2。按 Enter 键运行程序，可以看出返回的 sum 值为 3，如图 6-13 所示。

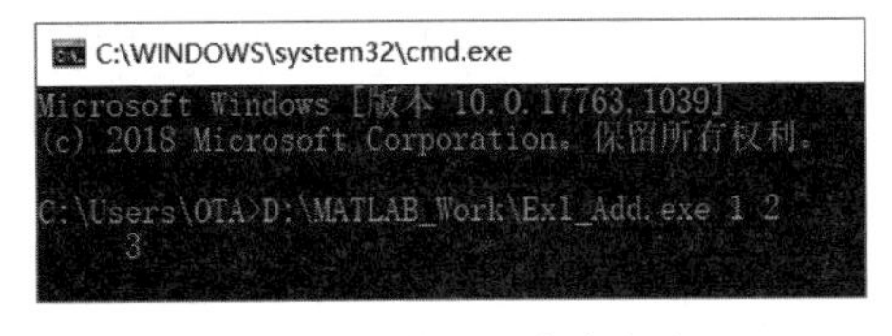

图 6-13　Windows 命令行窗口

LabVIEW 也可以调用 MATLAB 生成的可执行文件 Ex1_Add. exe。首先在程序框图 Connectivity→Libraries & Executables 路径下找到 System Exec 模块，创建该模块。然后创建 command line(命令行)和 working directory(工作目录)输入控件，以及 standard ouput(标准输出)显示控件，如图 6-14 所示。在 command line 和 working directory 输入控件中设置命令和 Ex1_Add. exe 所在路径。运行程序，LabVIEW 将调用 Ex1_Add. exe 文件，并将计算结果显示在 standard ouput 控件中。

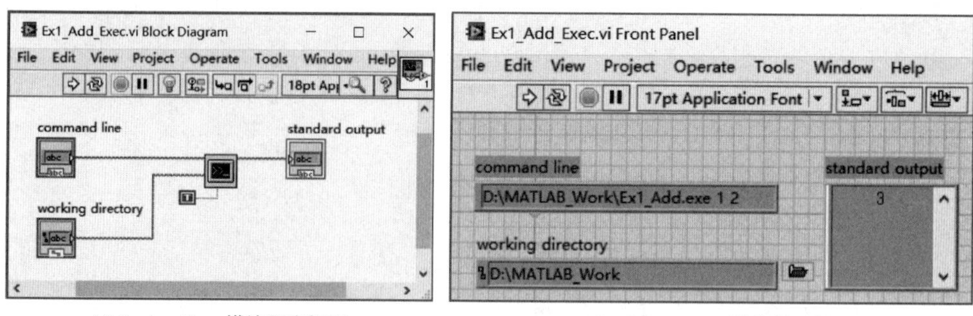

(a) System Exec模块程序框图　　(b) System Exec模块前面板

图 6-14　LabVIEW 调用 EXE 可执行文件

6.2.2 MATLAB 生成 DLL 文件

MATLAB 可以直接生成基于 C 语言的动态链接库文件。打开菜单栏中的"应用程序"菜单，可以找到 MATLAB Coder 图标，如图 6-15 所示。

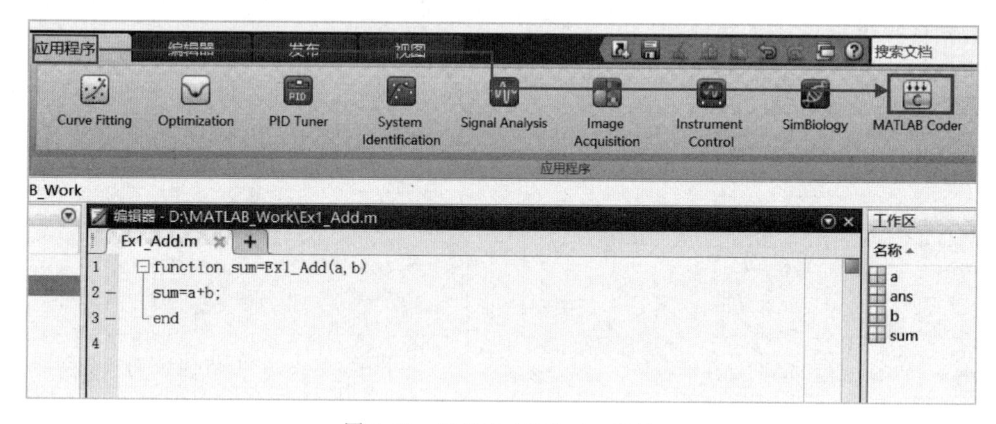

图 6-15　MATLAB Coder 工具

(1) 单击 MATLAB Coder 图标，将打开代码生成工具向导，如图 6-16 所示。在 Entry-Point Functions 文本框中，选择 Ex1_Add，单击 Next(下一步)按钮，将进入输入参数配置对话框。

(2) 在参数配置对话框中配置输入参数的类型。单击 Let me enter input or global types directly(定义函数输入的数据类型)，将输入变量 a 和 b 均设置为 double(1×1)类型，如图 6-17 所示。

(3) 验证函数的正确性。在命令行输入框中输入 Ex1_Add(1,2)，然后单击 Check for Issues 按钮，如果 Generating trial code(生成试用代码)、Building MEX(编译 MEX，其中 MEX 是 MATLAB 中调用的 C 语言的衍生程序)、Running test file with MEX(运行 MEX 测试文件)3 项全部通过，说明代码验证成功，如图 6-18 所示。

(4) 配置输出文件类型，并生成相应的库文件。本例中需要生成动态链接库文件(DLL)，因此在 Build type(编译类型)下拉列表中选择输出文件类型为 Dynamic Library (.dll)(动态库)，如图 6-19 所示。

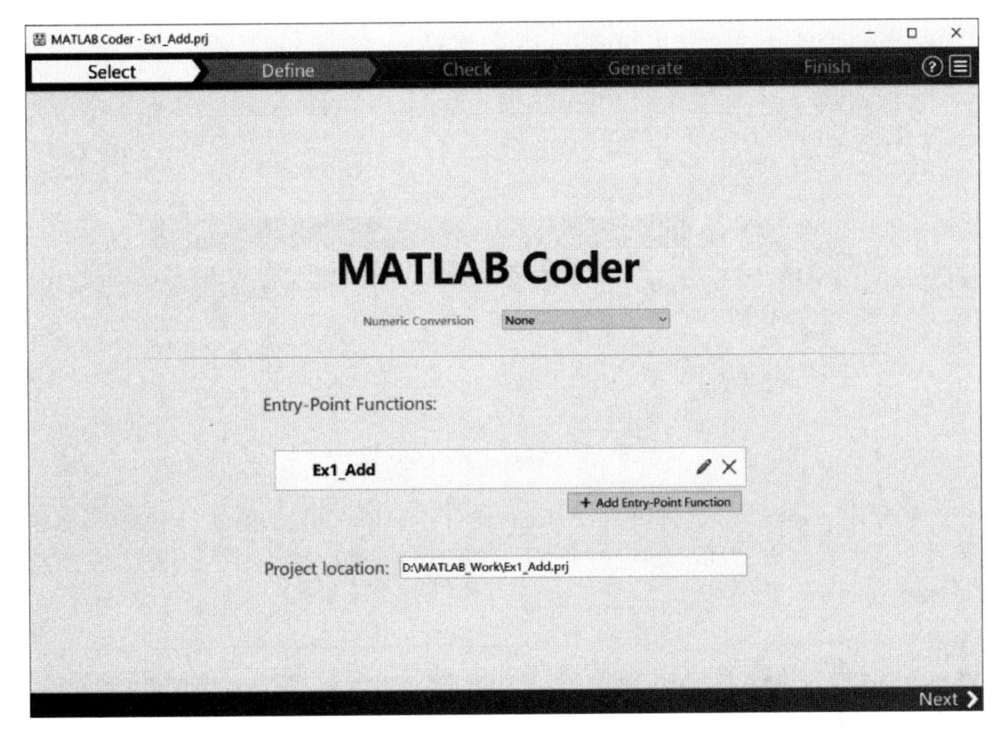

图 6-16 MATLAB Coder 界面

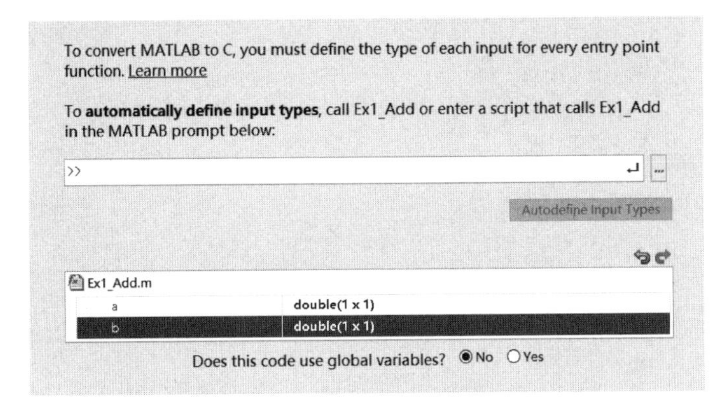

图 6-17 配置输入参数类型

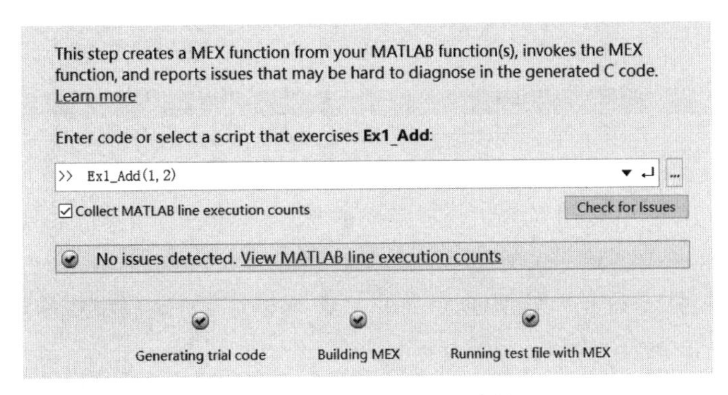

图 6-18 验证函数的正确性

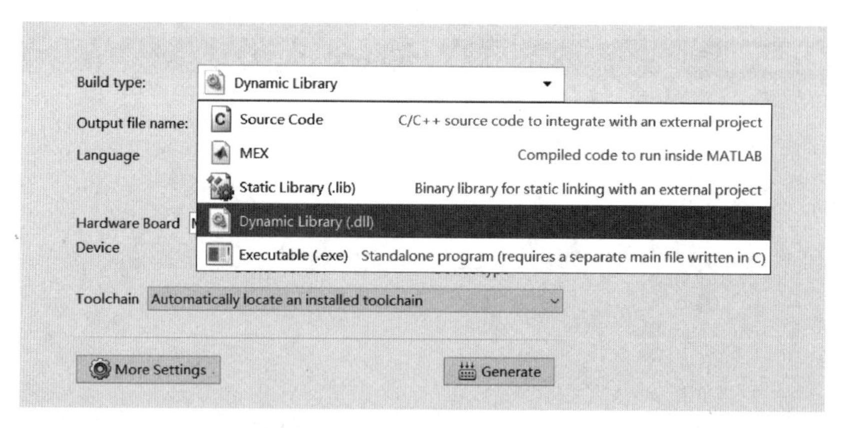

图 6-19　输出文件类型设置

(5) 单击 Generate(生成)按钮，生成 DLL 文件。如图 6-20 所示，执行完成后，在输出文件夹中包含动态链接库 Ex1_Add.dll、静态库 Ex1_Add.lib、头文件 Ex1_Add.h 以及其他的源程序等。

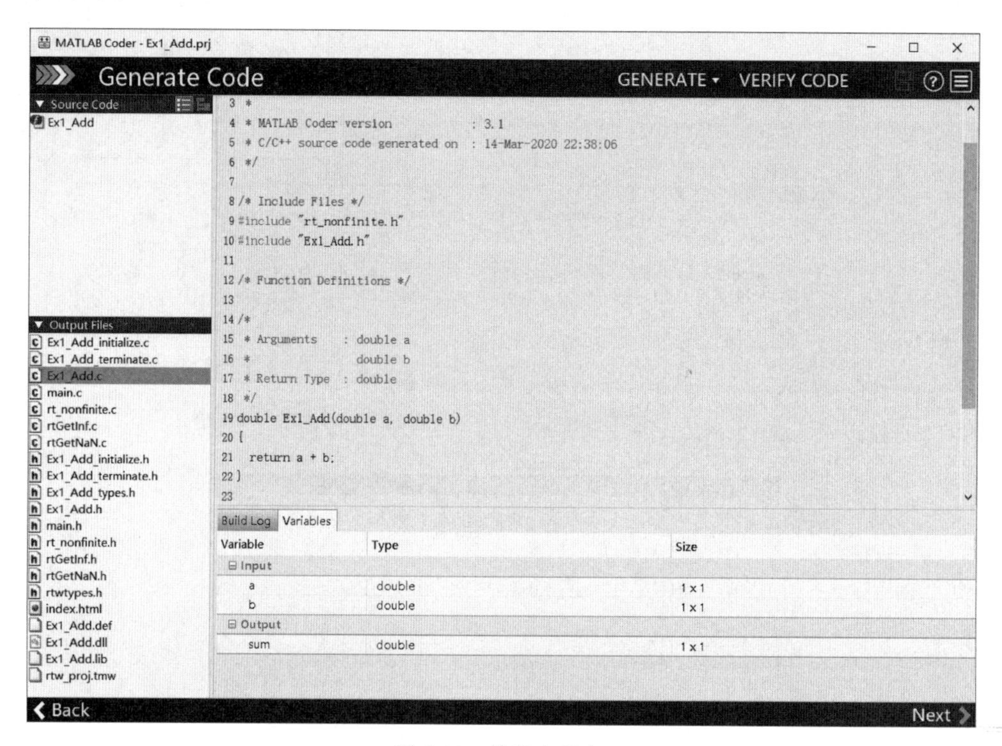

图 6-20　输出文件夹

(6) 在 LabVIEW 中调用 MATLAB 生成的 Ex1_Add.dll 文件。在 LabVIEW 中新建一个 VI，在程序框图中创建一个 CLF 模块，并封装 Ex1_Add.dll 文件，如图 6-21 所示。在前面板数值输入控件 a 和 b 中分别输入 1 和 2，运行程序，如果程序成功运行，将返回 Sum 的计算结果，如图 6-21(b)所示。

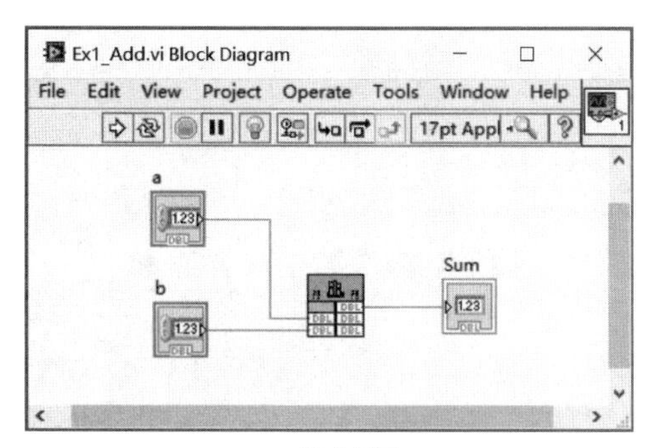

(a) 程序框图

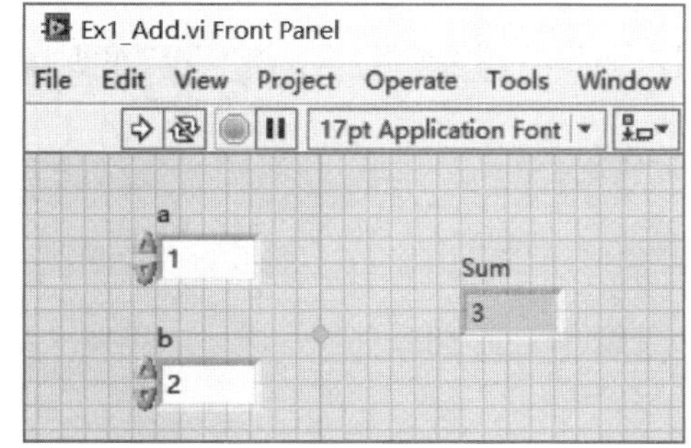

(b) 前面板

图 6-21 动态链接库文件测试

6.2.3 MATLAB 生成 COM 组件

MATLAB 可以生成 COM 组件。在“应用程序”菜单中找到 Application Compiler(应用程序编译器),如图 6-22 所示。

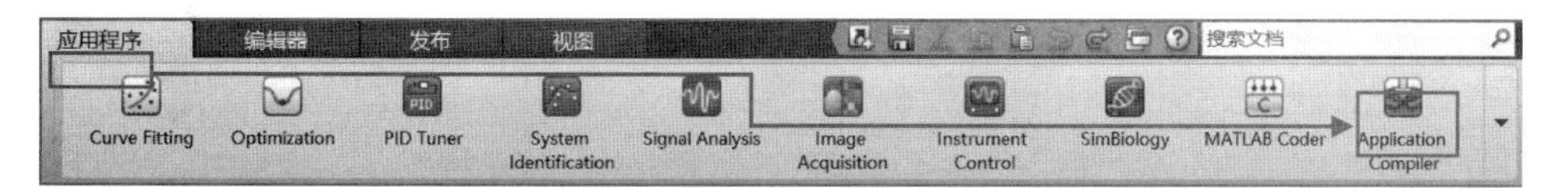

图 6-22 应用程序编译器

(1) 在弹出的对话框中,单击“新建”命令,在弹出的列表中选择 Library Compiler Project(库编译器项目)选项,如图 6-23 所示。

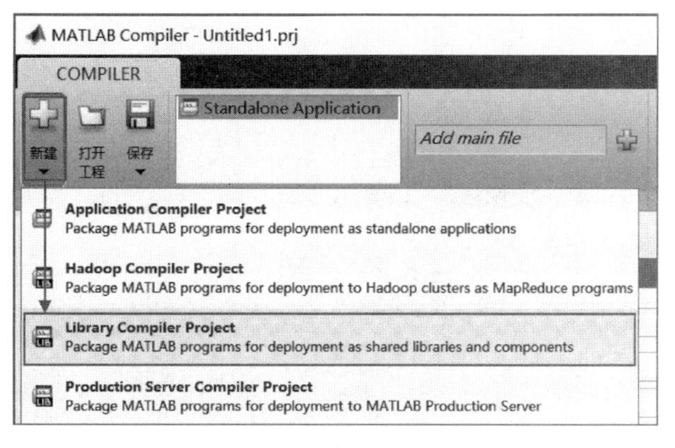

图 6-23 新建库编译项目

(2) 在 TYPE(类型)列表框中选择 Generic COM Component(通用 COM 组件),然后在 EXPORTED FUNCTIONS(输出函数)列表框中添加 Ex1_Add. m 文件,向导文本框中将自动填入 Class Name(类名)和 Method Name(方法名)等信息。单击 Package 按钮,程序将自动编译,如图 6-24 所示。

编译完成后,MATLAB 会自动跳转到输出文件夹。for_testing 文件夹下的 Ex1_Add_1.0.dll 文件就是生成的 COM 组件。接下来在 LabVIEW 中测试生成的 Ex1_Add_1.0.dll

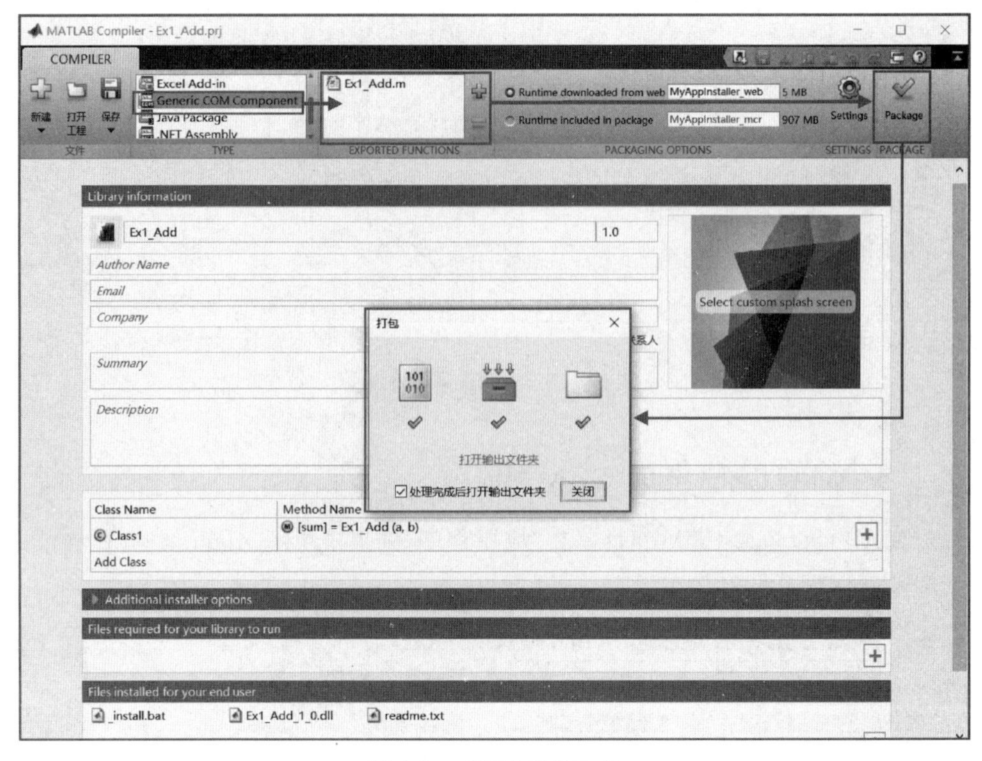

图 6-24　COM 组件生成

库文件。注意：LabVIEW 中调用基于 COM 组件库文件的方式和前面基于 C 语言的方式有些不同。

(3) 新建一个 VI，在 LabVIEW 函数选板中选择 Connectivity→ActiveX，如图 6-25 所示。再到程序框图中依次创建 Automation Open（自动打开）、Invoke Node（调用节点）和 Variant to Data（数据变量）3 个模块。

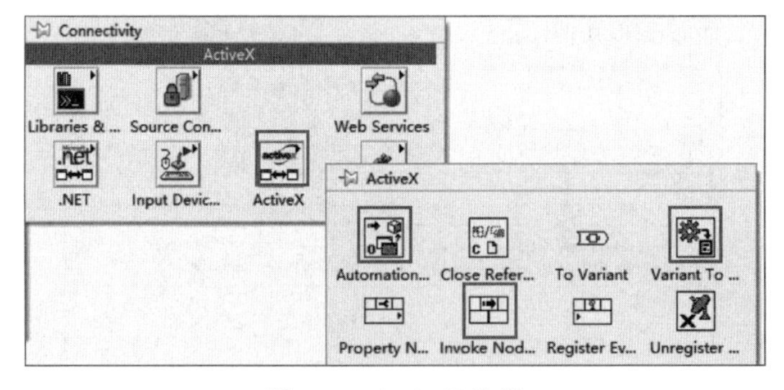

图 6-25　ActiveX 选板

(4) 右击 Automation Open 模块，在弹出的菜单中选择 Select ActiveX Class→Browse，在弹出的对话框中选择 Ex1_Add_1.0.dll 文件。Type Library（类型库）下拉列表中将显示 Ex1_Add 1.0 Type Library Version 1.0，如图 6-26 所示。与此同时，在 Automation Open 模块的 Automation Refnum 输入端口会自动生成一个 Ex1_Add.IClass1 控件。

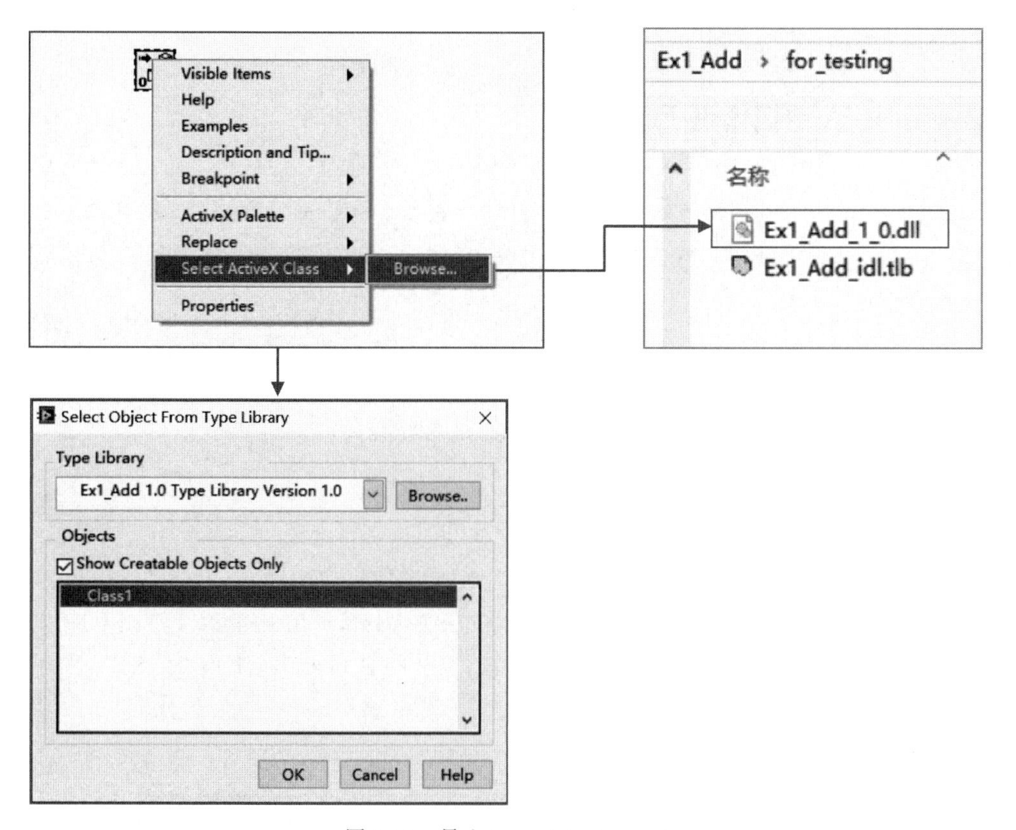

图 6-26　导入 Ex1_Add_1.0.dll

(5) 将 Automation Open 的输出连接到 Invoke Node 模块输入端。在 Invoke Node 模块的 a 和 b 端口创建两个数值输入控件 a 和 b。将 Invoke Node 的 sum 端口连接到 Variant to Data，数据类型将转换为 Double 类型。注意：将 sum 显示控件的初值设置为 0，nargout 变量的值设置为 1。在前面板中设置 a 和 b 的值分别为 1 和 2，运行程序。如果返回的 sum 值正确，说明 COM 组件调用成功，如图 6-27 所示。

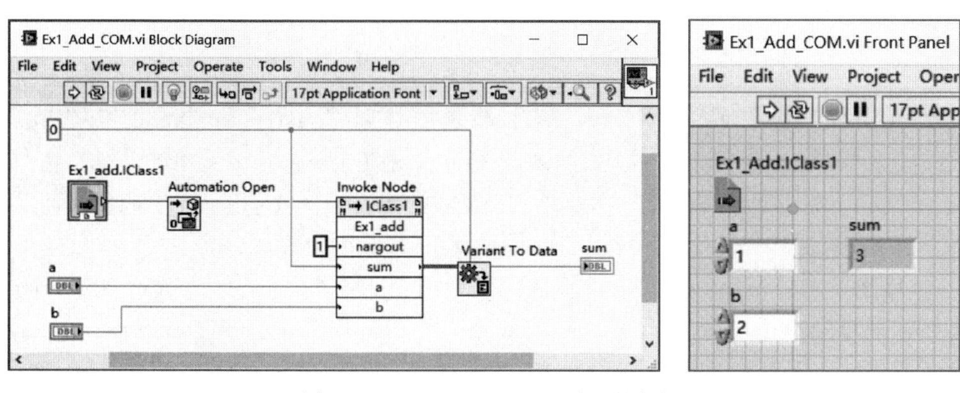

图 6-27　Ex1_Add_1.0.dll 调用测试

需要注意的是，如果要使用数组作为输入进行加法计算，输出类型必须使用二维数组，如图 6-28 所示。

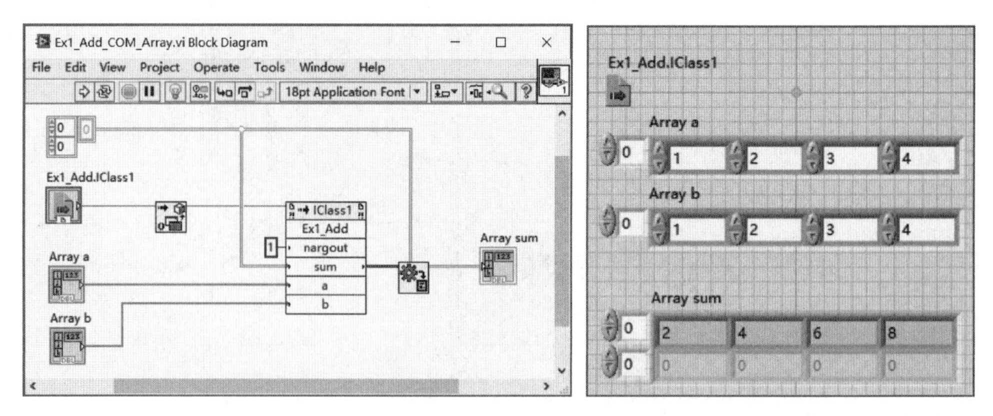

图 6-28 Ex1_Add_1.0.dll 测试

6.2.4 MATLAB 生成.NET 库文件

.NET 库文件的生成方法与 COM 组件类似，利用 Application Compiler 也可以生成.NET 程序集。注意在 TYPE 列表框中选择.NET Assembly，在 EXPORTED FUNCTIONS 列表框中选择 m 文件，如图 6-29 所示。接下来，本节将介绍 LabVIEW 中.NET 程序集的调用过程。

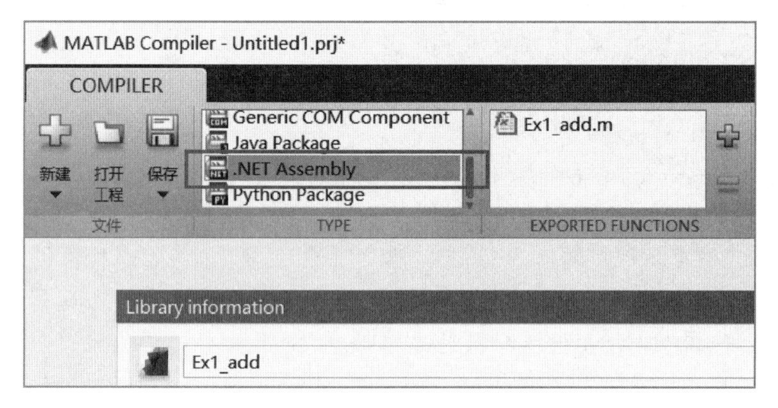

图 6-29 .NET Assembly

(1) 在函数选板 Connectivity→.NET 路径中找到 Constructor Node(构造节点)和 Invoke Node(调用节点)函数模块，如图 6-30 所示。创建 Constructor Node 模块，在弹出的 Select .NET Constructor 对话框中，单击 Browse 按钮，选择 MATLAB 生成的.NET 库文件 Ex1_add.dll，在 Assembly 下拉列表中将看到 Ex1_add(0.0.0.0)。

(2) 创建 3 个 Constructor Node 模块。其中两个配置如图 6-31(a)所示，在 Objects 列表框中选择 MWNumericArray，在 Constructors 列表框中选择 MWNumericArray(Double scalar)；另外一个配置如图 6-31(b)所示，在 Constructors 列表框中选择 MWNumericArray()。

(3) 创建 4 个 Invoke Node 模块，如果输入控件 a 和 b 是实数，按照如图 6-32(a)所示的程序框图完成各个模块之间的连线。如果输入控件 a 和 b 是数组，按照图 6-32(b)所示程序框图连线。注意：单击 Invoke Node 图标上的连线端，就可以选择相应的函数。

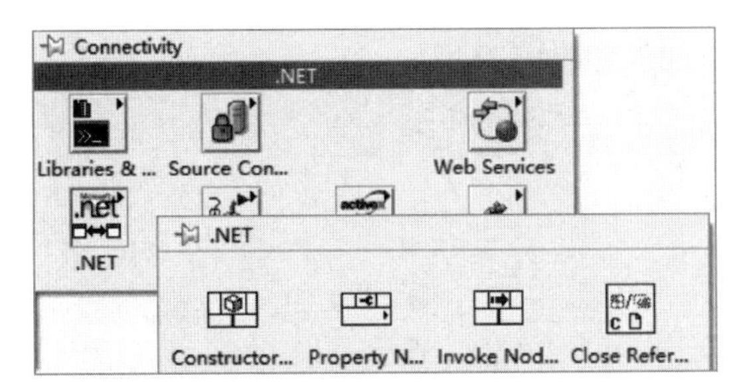

图 6-30 .NET 选板

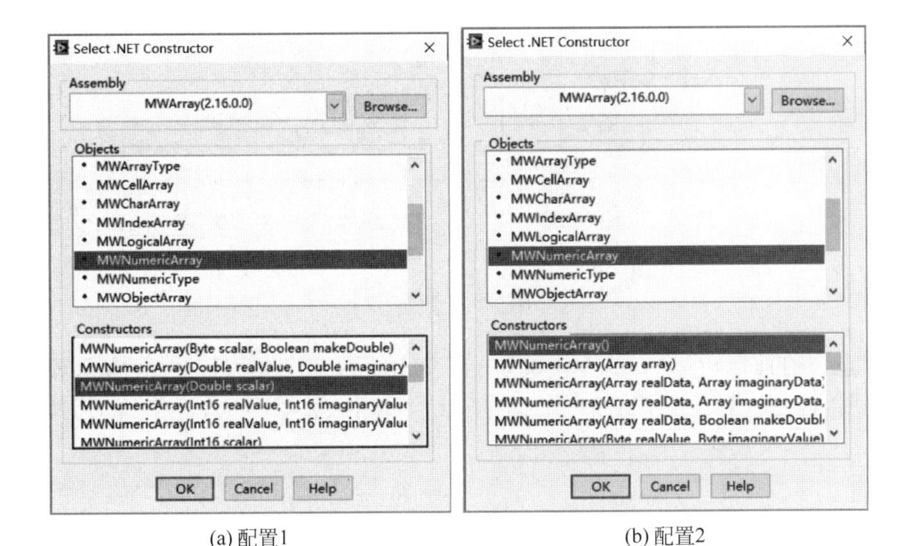

(a) 配置1　　　　(b) 配置2

图 6-31 选择.NET 构造器

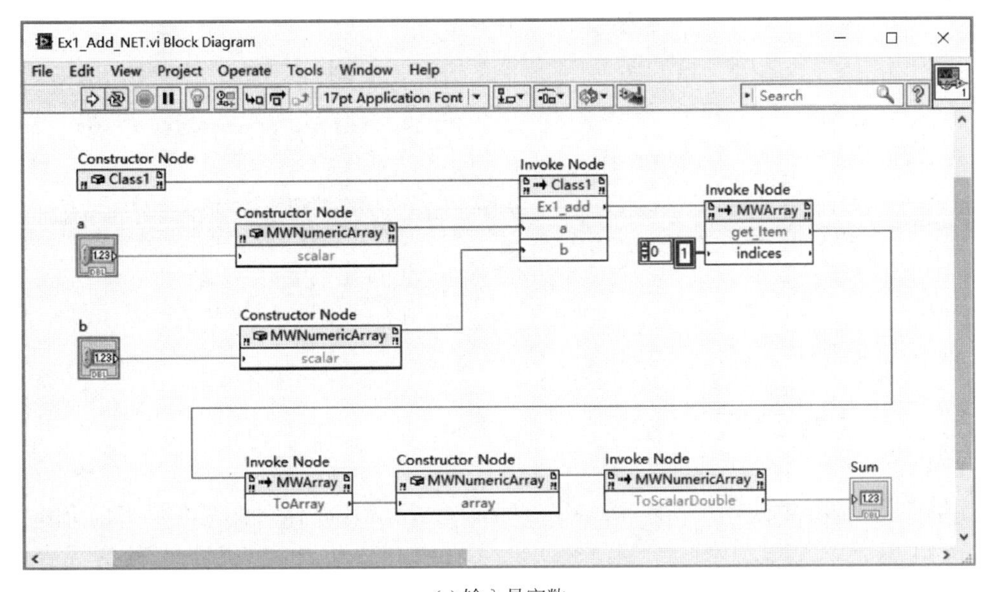

(a) 输入是实数

图 6-32 .NET 库文件调用

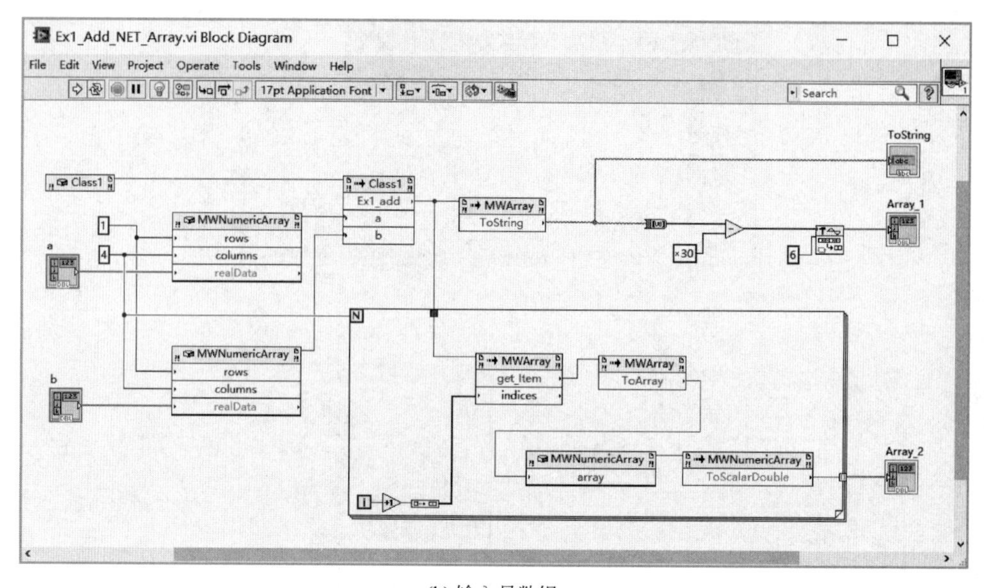

(b) 输入是数组

图 6-32 （续）

（4）切换到前面板，在输入控件 a 和 b 中分别输入 1 和 2，运行程序。如果库文件调用正确，将返回正确的计算结果，如图 6-33(a)所示。当输入是数组时，计算结果如图 6-33(b)所示。

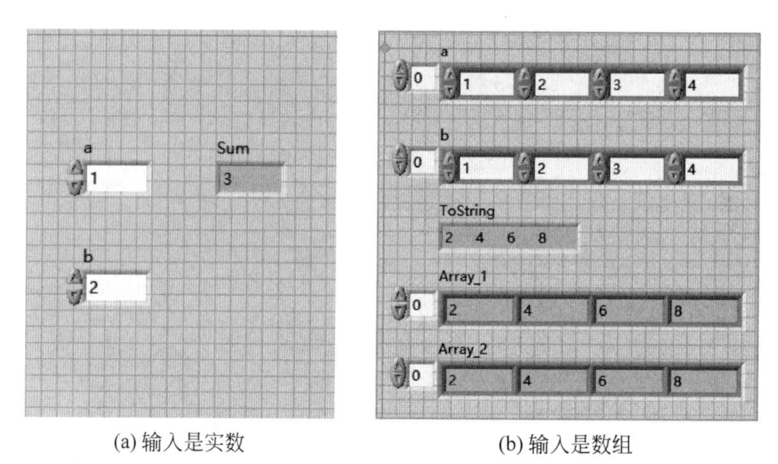

(a) 输入是实数　　(b) 输入是数组

图 6-33 前面板测试结果

6.3 混合编程实例

实际应用中，有多种方式实现 LabVIEW 和 MATLAB 混合编程。本节将以 FM 解调为例，介绍基于 MATLAB Script 模块、DLL 文件、COM 组件和.NET 工具的混合编程方法。

6.3.1 MATLAB Script 实现 FM 解调

MATLAB Script 节点是 LabVIEW 中的函数模块。通过 MATLAB Script 节点，LabVIEW 能够很方便地调用 MATLAB 程序。LabVIEW 使用 ActiveX 技术执行 MATLAB Script。需要注意的是，ActiveX 技术执行 MATLAB Script 节点时，需要额外启动一个 MATLAB 进程。

为了使 MATLAB Script 每次使用时系统能够自动启动 MATLAB 进程，需要预先对 MATLAB 进行设置。首先找到 MATLAB 的安装路径(如 C:\Program Files\MATLAB\R2016a\bin)，然后找到 matlab. exe 文件，右击该文件，在弹出的菜单中选择"属性"，在兼容性提示页面中选择"以管理员身份运行此程序"。接着从 Windows 命令行窗口进入 MATLAB 安装路径，运行命令：matlab/regserver。此后，LabVIEW 每次调用 MATLAB Script 时，就会自动启动 MATLAB Command Window，如图 6-34 所示。

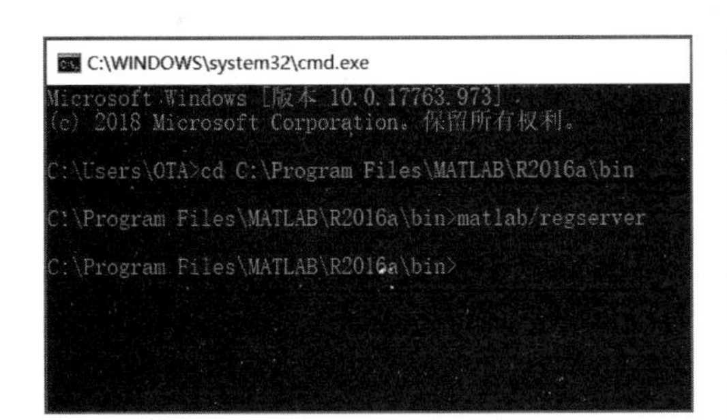

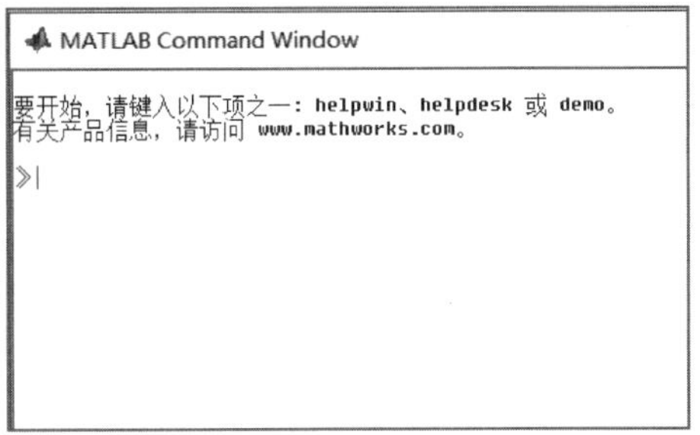

图 6-34 MATLAB 设置

接下来将以 FM 解调算法为例，说明 MATLAB Script 模块的调用方法。实际编程中，可以直接在 LabVIEW 的 MATLAB Script 模块中编写 MATLAB 程序，也可以调用已经写好的 m 文件。具体编程步骤如下。

(1) 在函数选板 Mathematics(数学)→Scripts & Formulas(脚本与公式)→Scripts Nodes(脚本节点)路径下找到 MATLAB Script 模块。

(2) 创建一个 MATLAB Script 模块，右击模块边框，弹出该模块的帮助文档(Help)、使用示例(Examples)、添加输入(Add Input)和添加输出(Add Output)等选项，如图 6-35 所示。

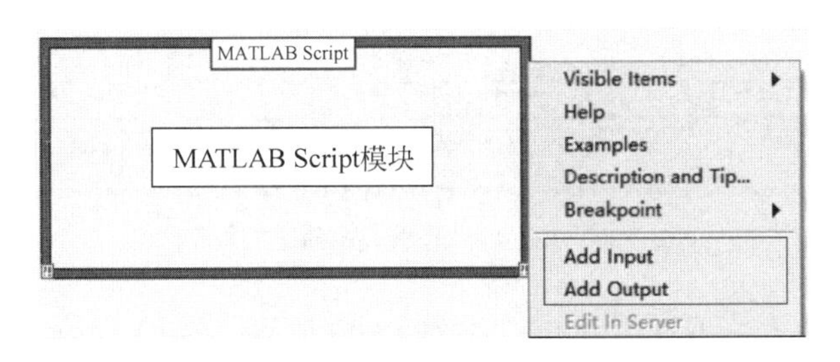

图 6-35 MATLAB Script 添加输入/输出接口

(3) 选择 Add Input，在 MATLAB Script 模块的边框左侧将新增一个输入端，将该端口命名为 ISamples，如图 6-36 所示。以同样的方式，再创建一个输入端 QSamples。然后选择 Add Output，在 MATLAB Script 模块的边框右侧将创建一个输出端，将该端口命名为 Baseband。接着将已经设计好的 FM 解调程序复制到 MATLAB Script 模块中。

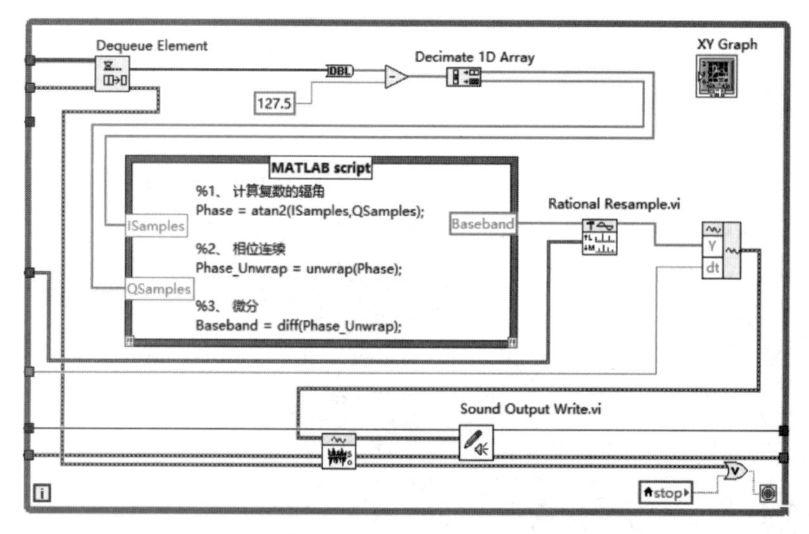

图 6-36　基于 MATLAB Script 的 FM 解调

在 MATLAB Script 模块中，也可以直接调用 m 文件。先在 MATLAB 中编写 FM 解调程序，并将其写成子函数。MATLAB Script 模块可以直接调用该函数，如图 6-37 所示。注意设置函数所在路径。在该 MATLAB Command Window 窗口中输入 pwd，可以查找 MATLAB 当前路径。

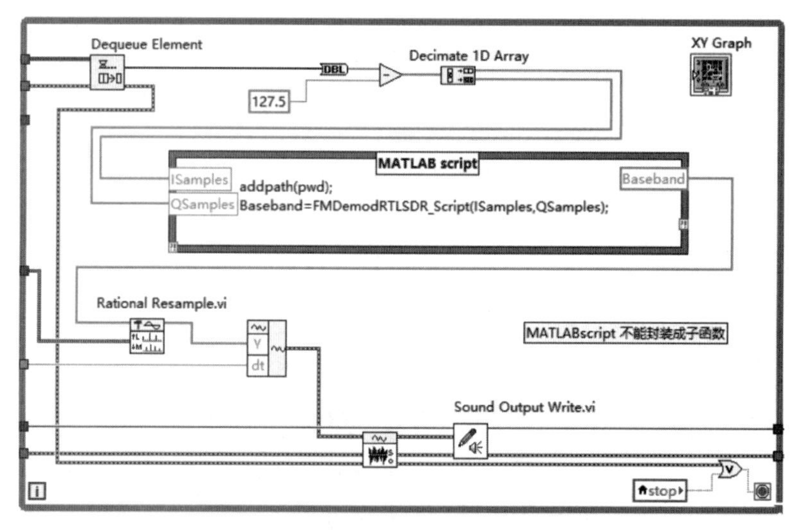

图 6-37　MATLAB Script 的 FM 解调

MATLAB Script 方式的优点是容易实现 LabVIEW 对 MATLAB 程序的调用；缺点是无法脱离 MATLAB 单独运行，并且程序的移植性较差。该方法适用于轻量的 MATLAB Script 程序开发。

最后需要指出的是，LabVIEW 中的数据类型需要与 MATLAB 中的数据类型相匹配，才能完成数据传输。在 MATLAB 2016 中，LabVIEW 与 MATLAB 之间的数据传输支持 Real、Real Vector、Real Matrix、Complex、Complex Vector、Complex Matrix 6 种格式的数据。表 6-1 所示为可支持的数据类型匹配表。

表 6-1 数据类型匹配表

LabVIEW 中数据类型	MATLAB 中数据类型
Double-Precision Floating-Point Numeric(双精度浮点数值)	Real(实数)
1D Array Double-Precision Floating-Point Numeric(一维双精度浮点数组)	Real Vector(实向量)
Multidimensional Array Double-Precision Floating-Point Numeric(多维双精度浮点数组)	Real Matrix(实矩阵)
Complex Double(双精度浮点复值)	Complex(复数)
1D Array Complex Double(一维双精度浮点复矩阵)	Complex Vector(复向量)
Multidimensional Array Complex Double(多维双精度浮点复矩阵)	Complex Matrix(复矩阵)

一般情况下，如果 MATLAB 程序语句较少，可以在 MATLAB Script 中直接编写程序。如果语句较多，则可以采用 m 文件的调用方式。这两种方法在执行效率上略有不同。在如图 6-38 所示的实例中，通过测试两者的执行时间，比较两者的执行效率。注意：将顺序结构的后一个计时器值减去前一个计时器值，就可以得到程序的执行时间。

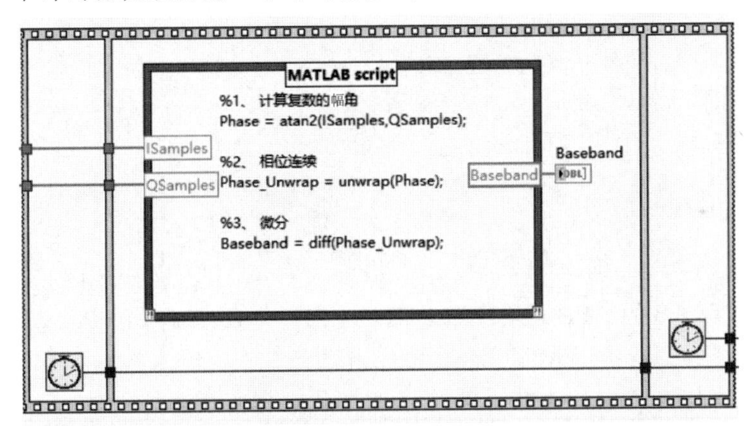

(a) MATLAB Script中编写程序

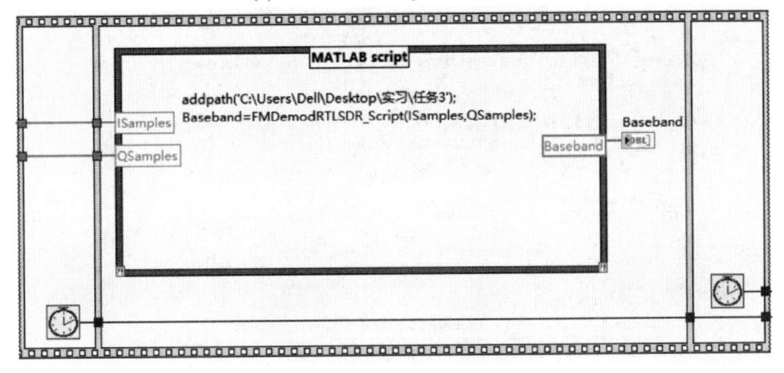

(b) m文件的调用

图 6-38 MATLAB Script 执行时间比较

经过比较可以看出，在 MATLAB Script 中直接编写程序控件和调用 m 文件两种方式所需时间在同一量级。程序语句较少时，在 MATLAB Script 中直接编写方式执行效率略高，如图 6-39 所示。

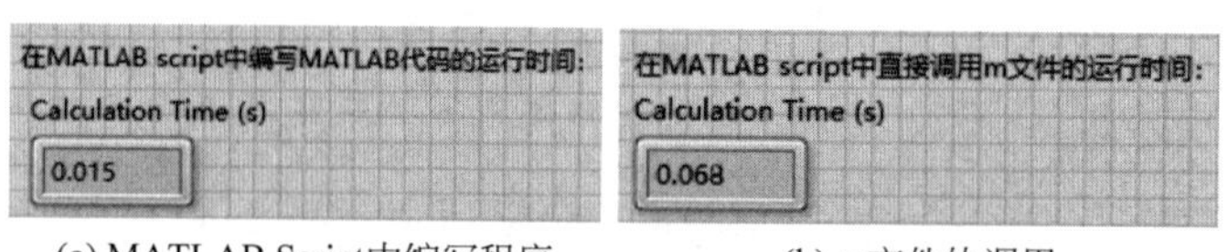

(a) MATLAB Script中编写程序　　(b) m文件的调用

图 6-39　运行时间比较

6.3.2　DLL 实现 FM 解调

本节将继续以 FM 解调算法为例，介绍 MATLAB 中 DLL 的调用方法。

(1) 启动 MATLAB，新建一个 m 文件，编写 FM 解调程序，如图 6-40 所示。FMDemodRTLSDR_DLL 函数中的 ISamples 和 QSamples 为输入变量，Baseband 为输出变量，类型均为 double 型数组。函数编写完成后，在 MATLAB 中测试程序是否有语法错误。注意：文件名和函数名均为 FMDemodRTLSDR_DLL。

```
FMDemodRTLSDR_DLL.m
1   function Baseband=FMDemodRTLSDR_DLL(ISamples,QSamples)
2   %1、 反正切
3 - Phase = atan2(ISamples,QSamples);
4
5   %2、 相位连续
6 - Phase_Unwrap = unwrap(Phase);
7
8   %3、 微分
9 - Baseband = diff(Phase_Unwrap);
10
11 - end
12
```

图 6-40　FM 解调的 m 程序

(2) 在 MATLAB 的 APP 菜单中启动 Coder 向导。在向导页面中，MATLAB 首先定义输入变量的数据类型，用于 MATLAB 到 C 语言的转换。输入的 I/Q 数据 ISamples 和 QSamples 的类型均为 double 类数组，数组长度可以根据实际情况设置。例如，本例中设置为 35831，如图 6-41 所示。

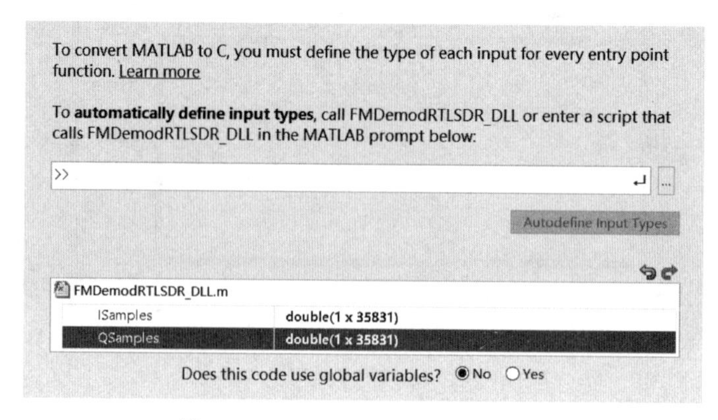

图 6-41　MATLAB Coder 设置页面

(3) 进入生成动态链接库(DLL)文件的配置页面,将 Build type 设置为 Dynamic Library(动态链接库)类型,单击 Generate 按钮,就可以生成 MATLAB DLL 文件,如图 6-42 所示。

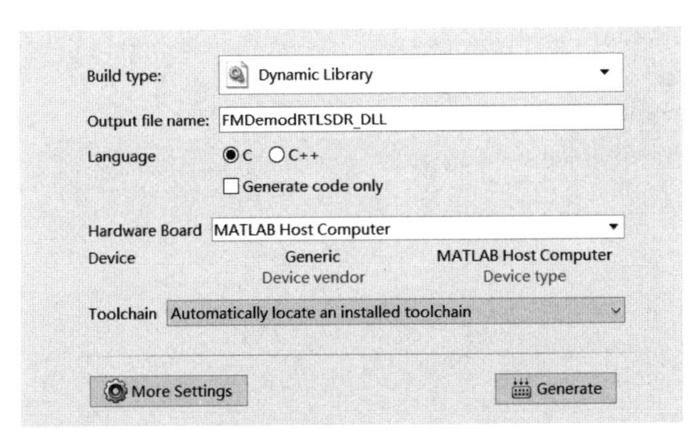

图 6-42 动态链接库生成

(4) 编译成功后,在 Output Files 列表中可以找到 FMDemodRTLSDR_DLL.c 文件,对应的头文件在 FMDemodRTLSDR_DLL.h 中,如图 6-43 所示。在 Output Files 中还可以找到 FMDemodRTLSDR_DLL.dll 库文件。需要注意的是,C 文件中的输入参数和输出参数均为 double 类数组。

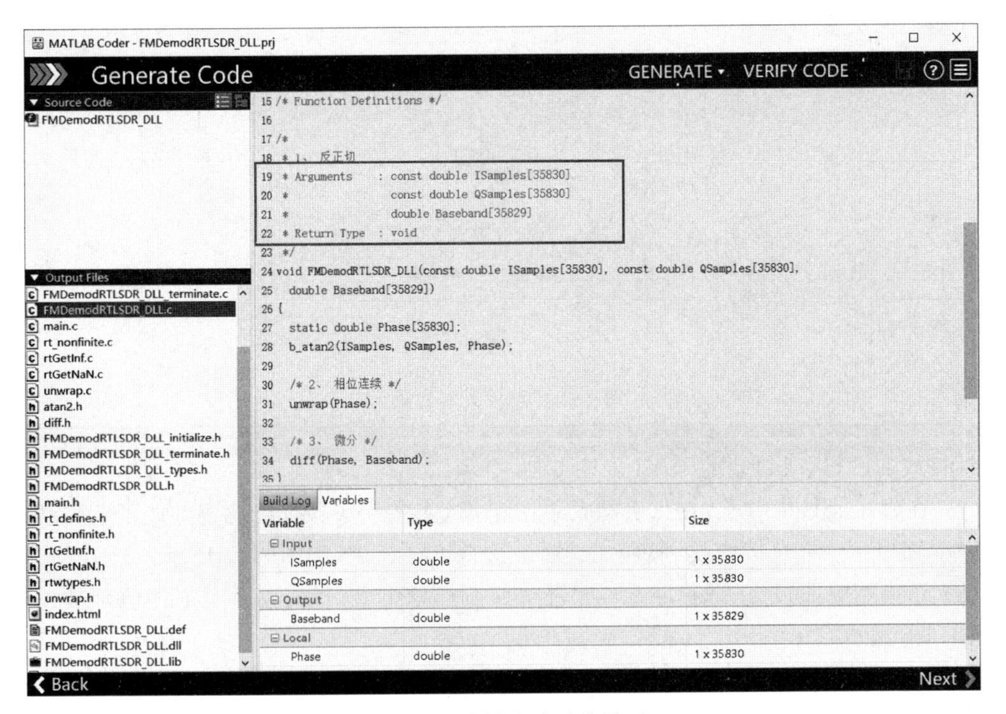

图 6-43 编译成功后的界面

(5) MATLAB 生成 DLL 文件后,启动 LabVIEW(64 位),执行 Tools(工具)→Import(导入)→Shared Library(.dll)(共享库)菜单命令启动共享库向导。选择生成的

FMDemodRTLSDR_DLL.dll 文件以及对应的头文件。在正常情况下，FMDemodRTLSDR_DLL()函数能够被检测到，如图 6-44 所示，在列表中选择所需的函数。

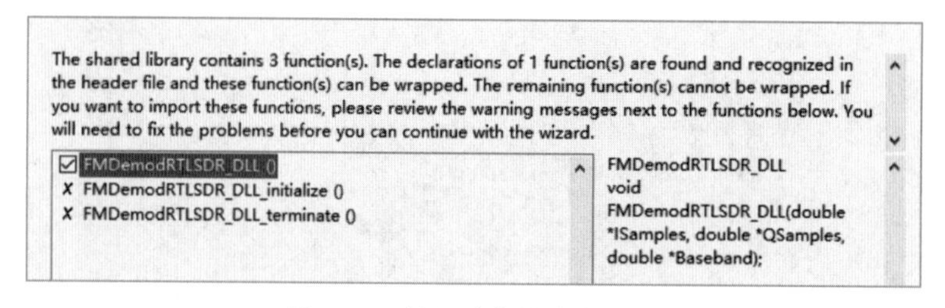

图 6-44　导入动态链接库向导

(6) 完成前面 5 步之后，将进入控件配置对话框，如图 6-45 所示。在该对话框中，可以对输入和输出参数的类型、表示法等进行设置。

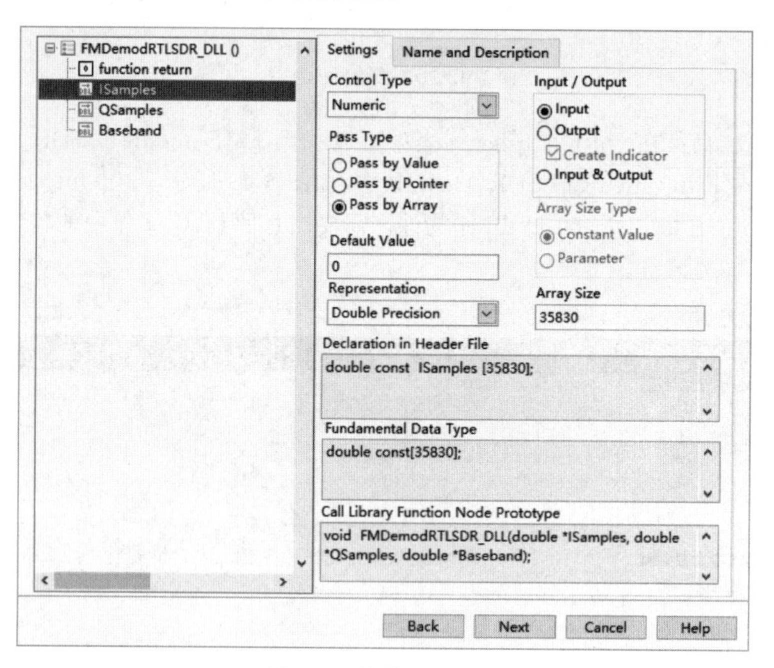

图 6-45　控件配置页面

封装成功后，生成封装的子 VI 如图 6-46 所示。

(7) 在程序面板中右击，在弹出的菜单中选择 Select a VI，找到封装好的子 VI，就可以导入完整程序中。还可以直接调用 CLF 模块进行 FM 解调，如图 6-47 所示。

(8) 切换到前面板，运行程序。如果能够听到广播电台声音，则表明 FM 信号被正确解调，DLL 调用成功。

6.3.3　COM 组件实现 FM 解调

本节将以 FM 解调为例，介绍基于 COM 组件的调用方法。与 DLL 方法不同，COM 组件将程序划分为多个独立的模块、组件进行开发，并且可以采用不同的编程语言开发。在 FM 解调实验中，可以使用 MATLAB 生成 COM 组件，供 LabVIEW 调用。

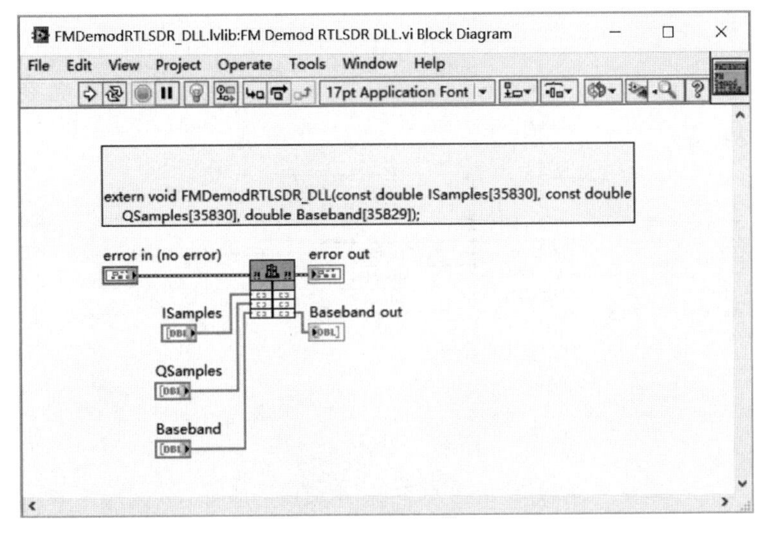

图 6-46　最终生成的子 VI

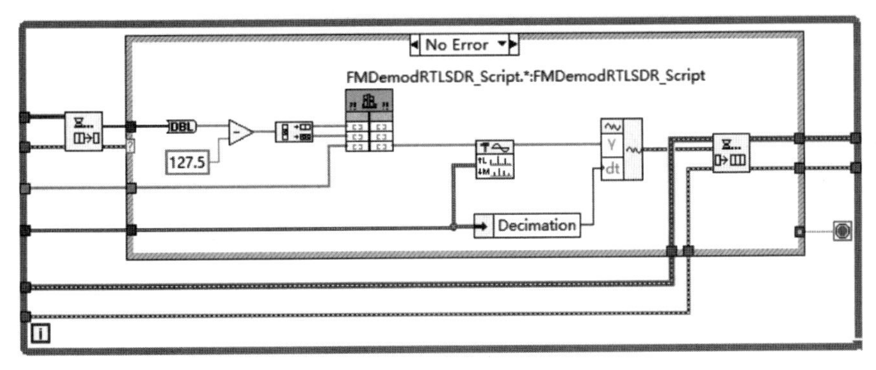

图 6-47　FM 解调测试

(1) 启动 MATLAB,新建 m 文件,编写 FM 解调程序。

(2) 在 MATLAB 命令行中输入 deploytool 命令,将出现编译器选择对话框,选择 Library Compiler(库编译器)。

(3) 在 TYPE(目标类型)列表框中选择 Generic COM Component(通用 COM 组件)。在 EXPORTED FUNCTIONS(调用函数)列表框中添加已经编写好的 m 文件。单击 Package(打包)按钮运行程序,编译成功,将生成 FMDemodRTLSDR_DLL. dll 组件。

(4) 在 LabVIEW 中调用生成的 COM 组件。创建一个 VI,在程序框图 Connectivity→ActiveX 路径下找到 Automation Open 模块,并创建该模块。右击 Automation Open 模块,选择 Select ActiveX Class,接着选择已经生成的 FMDemodRTLSDR_DLL. dll。创建 Invoke Node 模块,将 Automation Open 模块的输出端连接到 Invoke Node 模块的输入端。选择 Invoke Node 的函数名为 FMDemodRTLSDR_DLL,创建 Variant To Data 模块,将 Baseband 转换为二维数组,如图 6-48 所示。注意:需要利用 Index Array 模块将二维数组转换成一维数组。

(5) 切换到在前面板,运行程序,如果能够听到广播电台声音,则表明 COM 组件调用

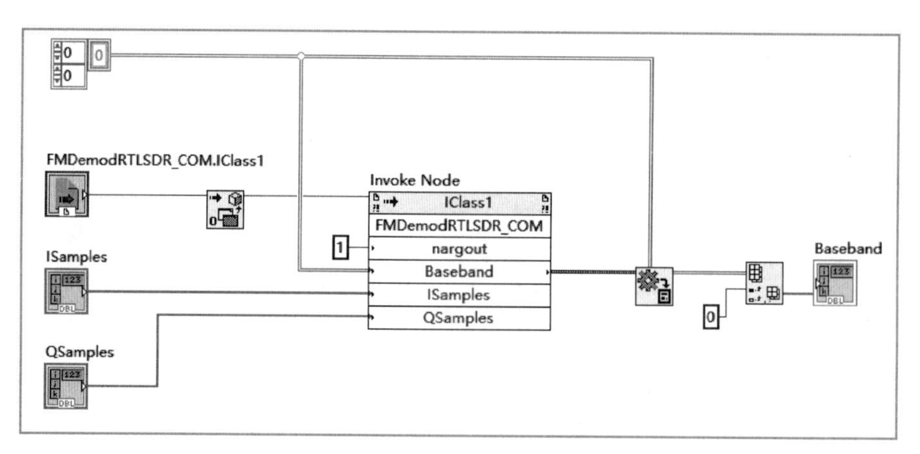

图 6-48 COM 组件调用

成功。

通过比较可以发现，与 DLL 调用方式相比，采用调用 COM 组件的方式执行效率较低。当然，COM 组件的优点是兼容多种编程语言，能够方便地进行大型、复杂程序开发。

6.3.4 .NET 组件实现 FM 解调

相较于微软公司早期研发的 COM 组件技术，.NET 技术是新一代组件开发技术，它同样能实现多种语言、跨平台的软件开发。接下来仍然以 FM 解调程序为例，介绍.NET 组件的使用方法。

首先用 MATLAB 生成.NET 组件，然后用 LabVIEW 进行调用，具体操作步骤与 COM 组件的生成和调用类似。

(1) 启动 MATLAB，新建 m 文件，编写 FM 解调程序。

(2) 在 MATLAB 命令行输入 deploytool 命令，选择 Library Compiler(库编译器)。

(3) 进入编译器界面后，在 TYPE(目标类型)列表框中选择.NET Assembly(.NET 程序集)，在 EXPORTED FUNCTIONS(调用函数)列表框中选择编写好的 m 文件。单击 Package 按钮。编译完成后，.NET 库也就成功生成了。需要注意的是，系统将生成 3 个子文件夹，分别为 for_redistribution 文件夹(包含 Net 文件和 Matlab 运行库)、for_testing 文件夹(包含用于测试的文件)、for_redistribution_files_only 文件夹(包含.NET 文件)。

(4) 使用 6.3.2 节所示的主程序。在 FM 解调部分，使用.NET 组件的方式进行。打开 for_redistribution_files_only 文件夹，需要使用到的库文件是 FMDemodRTLSDR_NET.dll。

在程序框图中，需要用到 Constructor Node(构造器节点)模块，用于构造.NET 对象，路径为 Connectivity→.NET→Constructor Node。双击该模块，在弹出的对话框中选择 FMDemodRTLSDR_NET.dll 文件，构造器选择 Class1，即可将.NET 文件加载到 LabVIEW 中。创建 Invoke Node 模块，调用.NET 对象中的函数。其余步骤和 6.2.4 节类似，整个程序框图如图 6-49 所示。

(5) 切换到前面板，运行程序，如果能够听到广播电台声音，则表明.NET 组件调用成功。

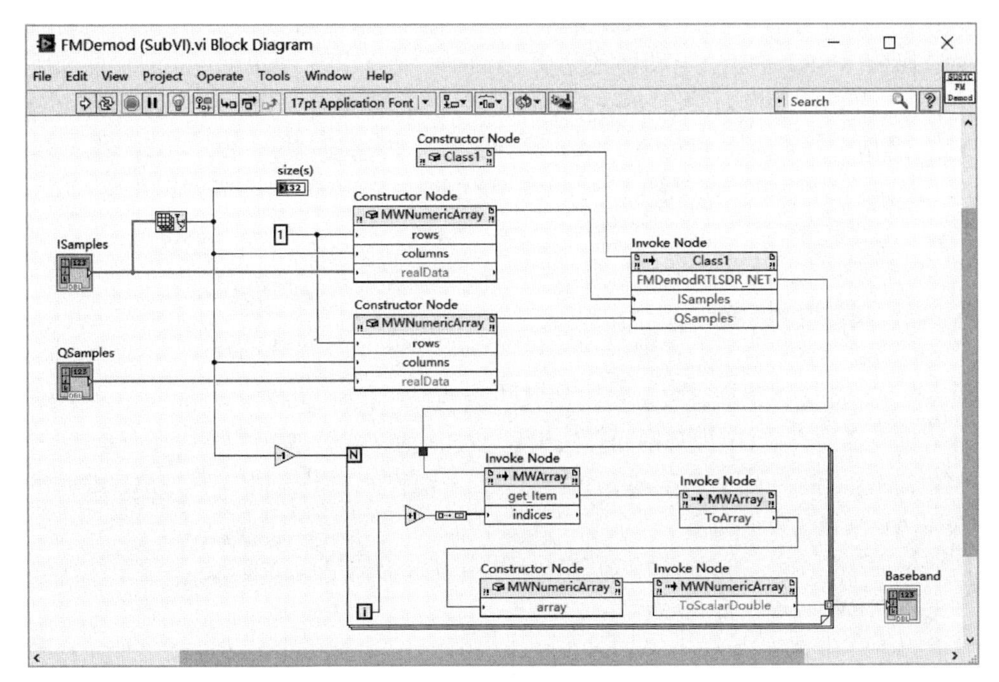

图 6-49 .NET 组件调用

6.3.5 混合编程的比较

本章介绍了多种 LabVIEW 和 MATLAB 混合编程方法。充分结合 MATLAB 的算法库和 LabVIEW 图形化编程的优势，能够快速开发出功能强大的应用程序。接下来将对这些混合编程方法进行比较。

(1) 调用 MATLAB Script 模块。MATLAB Script 模块是 LabVIEW 自带的模块，是最简单的混合编程方式。在 MATLAB Script 模块中，可以直接编写符合 MATLAB 语法规范的程序，也可以调用已经编写好的 m 程序。对于简单的工程，采用这种混合编程方法，能减少 LabVIEW 程序的复杂性。这种方法的缺点是不能脱离 MATLAB 独立运行。需要注意的是，只有 LabVIEW 中的数据类型与 MATLAB 中的数据类型相匹配，两者才能进行数据传输。

(2) 调用 DLL 文件。为了增强 LabVIEW 程序的可移植性，通过调用 DLL 文件，可以开发出独立于 MATLAB 运行的程序。该方法的基本思想是利用 MATLAB 编译器，将 MATLAB 程序编译生成 DLL 文件，最后通过 CLF 实现对 DLL 的调用。该方法执行效率高，适合大型程序开发。需要注意的是，为了将 m 程序编译生成 DLL 文件，MATLAB 需要预先安装相应的编译器。

(3) 基于 COM 组件调用。COM 是微软为计算机工业软件推出的一种软件开发技术。开发者可以采用各种编程语言，开发出功能专一的组件，使用者按照需要组合起来，就可以开发复杂的应用系统。在 MATLAB 中，可以通过 Library Compiler 将 MATLAB 程序封装成 COM 组件。在混合编程中，基于 COM 组件调用方法可以脱离 MATLAB 运行。需要注意的是，在没有安装 MATLAB 的主机上，需要预先安装 MCR(MATLAB Component Runtime)。

(4) 基于.NET 组件调用。.NET 是微软公司推出的新一代程序架构，使用面向对象的方式封装函数。.NET 的主要优点有跨语言、跨平台、安全以及对开放互联网标准和协议的支持。在 MATLAB 中，通过 Library Compiler 可以将 MATLAB 程序封装成.NET 组件。.NET 调用方法可以脱离 MATLAB 运行。需要注意的是，在 LabVIEW 中创建和使用.NET 对象，必须安装.NET CLR 4.0。若要加载.NET 2.0 混合模式程序集，必须使用.NET 2.0 配置文件。

6.4 本章小结

MATLAB 的优势是拥有大量稳定的算法库，通过结合 LabVIEW 和 MATLAB 优点，能够有效提高界面设计、硬件控制和算法编程等方面的开发效率。

本章首先介绍了 LabVIEW 和 MATLAB 混合编程的基本框架、MATLAB 编程环境以及 MATLAB 编译器安装过程。

然后以加法器为例，介绍了 MATLAB 环境下 DLL、COM、.NET 这 3 种库函数的生成过程和 LabVIEW 环境下库函数调用方法。

接着以 FM 解调算法为例，介绍了基于 MATLAB Script、DLL、COM 组件和.NET 工具的混合编程方法。

最后对 LabVIEW 和 MATLAB 混合编程方法进行了比较和总结。

第7章 软件无线电接收机

CHAPTER 7

软件无线电是继有线通信到无线通信、模拟通信到数字通信之后的第3次革命性技术。软件无线电技术的重要价值在于打破了通信功能仅依赖于硬件发展的局限，实现了通信功能由软件定义的新体系。本章将从理论出发，重点介绍软件无线电接收机中的关键技术。

7.1 软件无线电结构

早在1992年，在Joseph Mitola Ⅲ博士发表的论文中就提出了对软件无线电技术的基本构想：模拟数字转换器(ADC)应尽可能靠近天线端，将更多的信号处理任务交给数字信号处理器来完成。有了这样一个方向，研究者开始研究各种适合于软件无线电技术的结构。接下来，本节将针对软件无线电结构及其构件进行探讨。

7.1.1 低中频接收机结构

低中频接收机结构是软件无线电普遍采用的硬件实现结构，这种结构的最大特点是中频数字化，即在中频进行模/数或数/模转换。一种典型的低中频接收机结构如图7-1所示，其中，模/数转换、I/Q解调和低通滤波均在数字信号处理器上完成，与传统的超外差结构相比，中频数字化能够有效解决由于模拟器件带来的不稳定性问题。

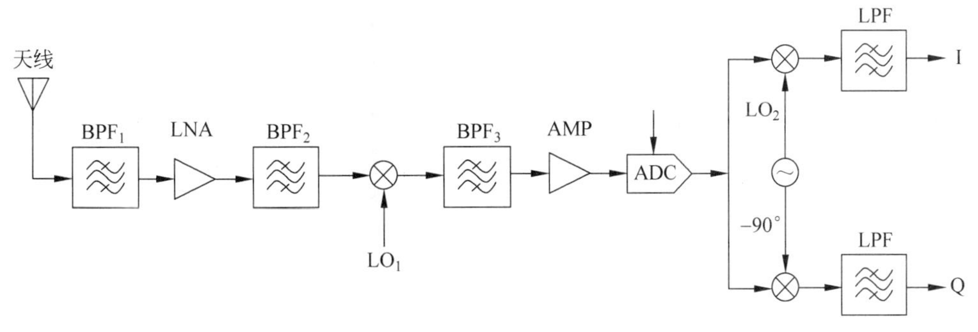

图7-1 低中频接收机结构

ADC移向天线端是软件无线电技术最显著的特征。如图7-1所示，在低中频接收结构中，ADC处在I/Q解调之前，整个接收通道的信号处理流程如下。

(1) 带通滤波器(Band Pass Filter)BPF_1将天线接收到的射频信号进行第1次信道选择，以防止信道外干扰。注意：带通滤波器会引起信号功率损耗。

(2) 为了补偿 BPF_1 带来的损耗，紧接着采用低噪声放大器(Low Noise Amplifier，LNA)对信号进行低噪声放大处理，这样处理可以提高接收机的灵敏度和动态范围。

(3) BPF_2 是镜像滤波器，其作用是镜像抑制。镜像信号进入下变频器，在低中频结构中将导致严重的干扰，所以要进行镜像抑制处理。

(4) 混频器将射频信号下变频到中频。带通滤波器 BPF_3 进一步选择中频信号，随后的 AMP(中频放大器)对中频信号进行放大处理。

(5) 模数转换器(ADC)是整个接收通道的关键器件，该器件对中频信号进行采样、量化处理，输出数字信号。

(6) 数字正交下变频器将数字中频信号变成数字基带信号，由于数字器件的稳定度很高，这种方式能有效解决 I/Q 不均衡等问题。

RTL-SDR 采用了这种低中频结构，如图 7-2 所示，其中低噪声放大器、射频滤波器、模拟下变频器、中频滤波器和可变增益放大器在 R820T 芯片上实现，ADC 以及之后的数字信号处理在 RTL2832U 上实现。

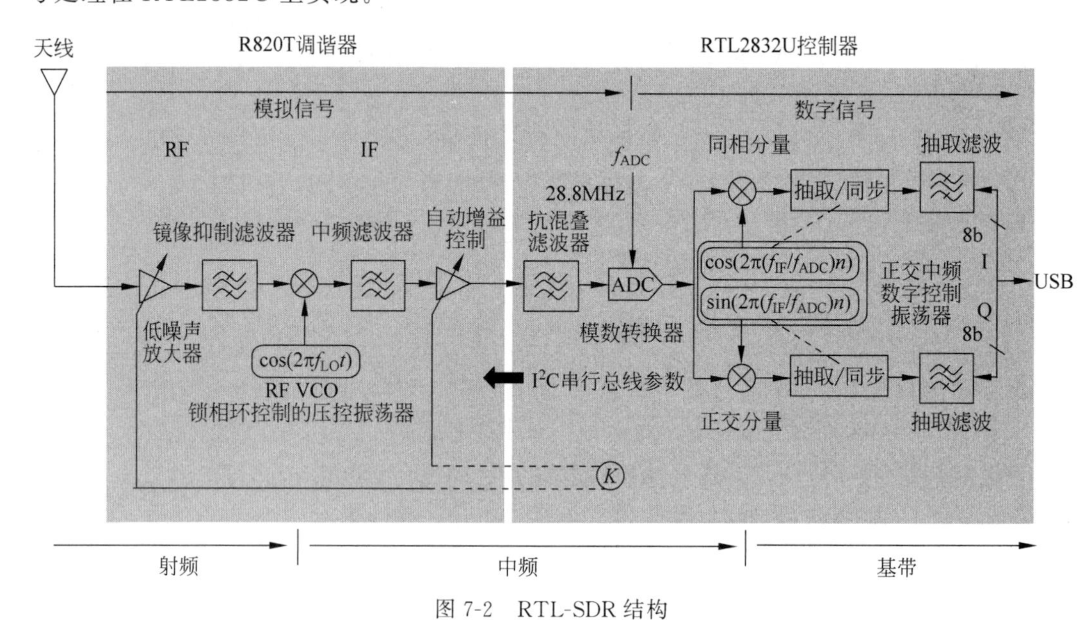

图 7-2 RTL-SDR 结构

低中频结构之所以被软件无线电采用，主要是因为它能够较好地利用数字信号处理技术解决传统的超外差结构和零中频结构中广泛存在的 I/Q 不平衡、镜像抑制、直流漂移等问题。当然，低中频结构也存在一些缺点。例如，这种结构对 ADC 的要求较高，除了要求 ADC 需要具有较高的采样率，足够的分辨率和抗噪声性能之外，还要求 ADC 具有较好的线性度和较大的动态范围。

在传统的无线电接收机中，还有两种常用的接收机结构，一种是超外差结构，另一种是零中频结构。超外差结构至今仍然被应用在调频收音机中，零中频结构在 20 世纪 80 年代广泛应用在传呼机中。接下来将简要介绍这两种典型的接收机结构。

7.1.2 超外差结构

所谓的"超外差"，指的就是本地振荡器产生的频率始终比接收目标频率高(或低)一个

固定频率，这样，混频器将输出本振频率和目标频率的差频，这个频差就是所谓的中频。混频器的本振频率 f_{LO} 为

$$f_{LO} - f_c = f_{IF} \tag{7-1}$$

其中，f_c 为接收目标频率；f_{IF} 为中频频率。

典型的超外差接收机结构如图 7-3 所示。超外差结构和低中频结构十分相似，区别在于 ADC 在接收机中所处的位置。

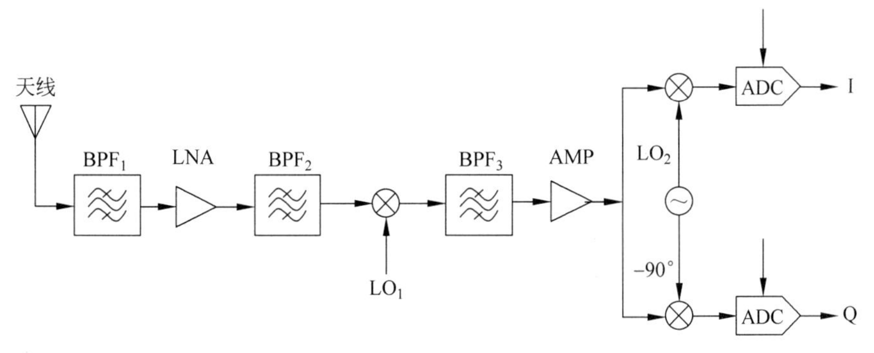

图 7-3 超外差结构

在超外差结构中，ADC 对 I/Q 解调后的基带信号进行采样。由于 I/Q 解调器是模拟器件，容易受到温度、老化和环境等因素的影响，模拟振荡器产生的信号可能不是完全正交，造成 I/Q 不平衡问题。

7.1.3 镜像抑制滤波

无论是低中频结构还是超外差结构，都需要一个关键器件，即镜像抑制滤波器，镜像抑制滤波器的主要作用是滤除镜像干扰。

镜像干扰是低中频结构和超外差结构需要重点解决的问题。如图 7-4 所示，设产生本振信号和目标信号的频率分别为 f_{LO} 和($f_{LO} - f_{IF}$)，则镜像信号的频率为($f_{LO} + f_{IF}$)。

在混频器中，目标信号和本振信号进行混频，将得中频信号 f_{IF}，与此同时，镜像信号与本振信号进行混频，也将频率搬移到 f_{IF} 上，这会与目标信号在中频处重叠，从而造成中频镜像干扰，如图 7-5 所示。

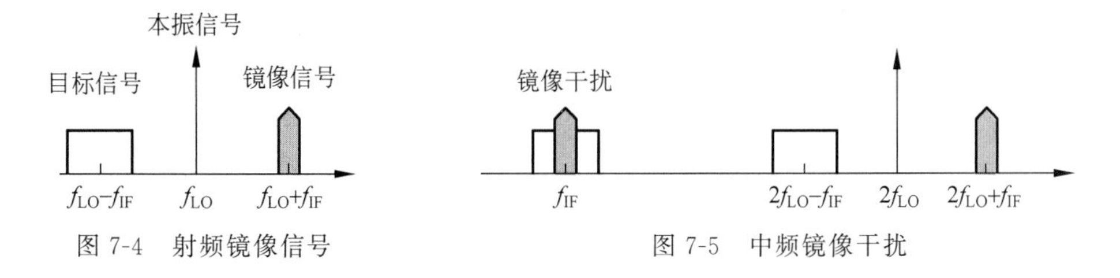

图 7-4 射频镜像信号　　图 7-5 中频镜像干扰

为了消除中频镜像干扰，在混频前需要进行镜像抑制滤波。由于软件无线电频率范围较宽，因此这个滤波器需要足够宽的带宽，以覆盖整个频带。

7.1.4 零中频结构

传统的零中频结构相对简单,直接舍去了中频处理部分。射频信号依次通过带通滤波器和放大器进行频带选择和低噪声放大,然后直接通过 I/Q 解调器将射频信号直接下变频到基带,接着对基带信号进行低通滤波,放大处理,最后利用 ADC 进行采样,获得 I/Q 信号,如图 7-6 所示。

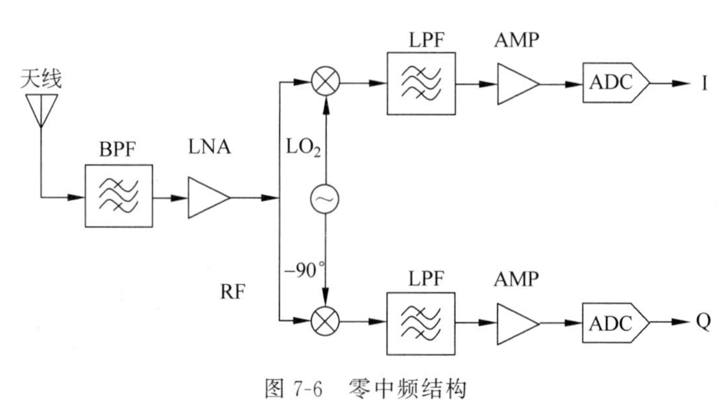

图 7-6 零中频结构

这种结构的优点是结构相对简单,体积和成本都较低。因为中频为零,目标信号与其镜像信号重叠且相等,所以不存在镜像信号干扰。同时,进一步的信道选择可以采用简单的模拟低通滤波器处理。

零中频结构的缺点也十分突出,由于信号从射频直接下变频到基带,滤波器需要较大的动态范围、较低的噪声和良好的线性度。此外,零中频结构还存在本振泄漏、直流漂移、I/Q 不平衡等问题。

7.2 数字下变频器

软件无线电将数字下变频任务交给数字信号处理器完成。数字下变频器是软件无线电接收机中的核心器件,它的作用是将 ADC 之后的中频信号转换为数字基带信号,供后端的数字信号处理器或个人计算机做进一步处理。数字下变频器主要包括数字振荡器、数字混频器和抽取低通滤波器。接下来将介绍这 3 个关键器件。

7.2.1 数字振荡器

数字振荡器(Numerically Controlled Oscillator,NCO)是所有数字系统的核心,可用来产生稳定的、频率可调的数字正余弦信号。数字振荡器主要由相位累加器、寄存器和正余弦信号产生器构成,如图 7-7 所示。

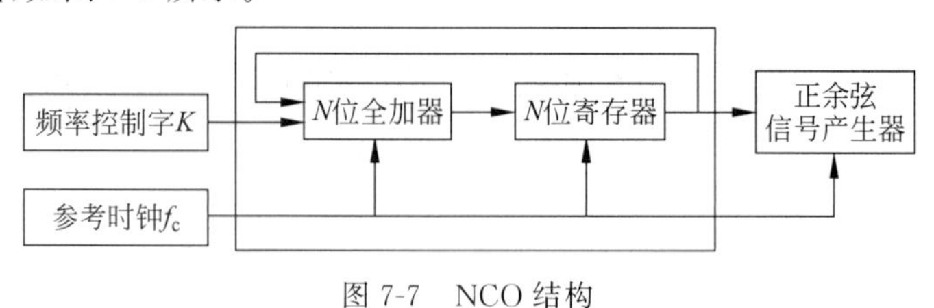

图 7-7 NCO 结构

设 NCO 的频率控制字为 K，寄存器位数为 N，相位增量为 $2\pi/M$，其中 M 表示等分数，取值一般为 2^N。产生的正弦信号 $s[n]=\sin(2nK\pi/M)$。若寄存器位数 N 和时钟频率 f_c 固定不变，则通过改变频率控制字 K，就可以得到输出频率为 $f_o=(K/M)f_c$ 的正余弦信号。

简易的 NCO 仿真如图 7-8 所示，在这个仿真中，利用移位寄存器实现相位累加器的功能，使用 Sine 函数模块作为正弦信号发生器。设寄存器位数 $N=8$，将频率控制字 K 从 1 增大到 2，可以看出，输出频率 f_o 增大至 2 倍，如图 7-8(b)所示。

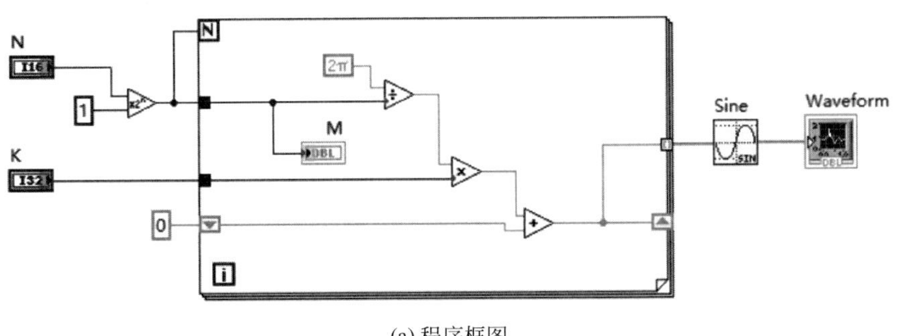

(a) 程序框图

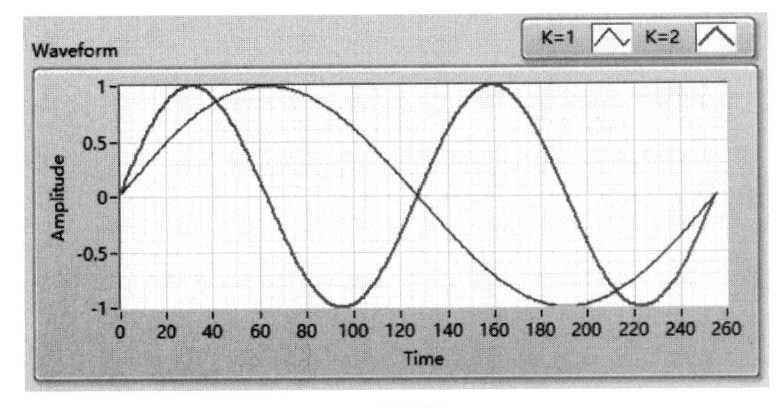

(b) 前面板

图 7-8　简易的 NCO 仿真

7.2.2　数字混频器

数字混频器的作用是将数字中频信号搬移到基带。从硬件实现的角度来看，数字混频就是将 NCO 产生的数字正余弦信号与数字中频信号相乘，然后通过数字滤波器，得到数字基带信号。这里需要注意的是，数字混频器进行频谱搬移，不改变信号的速率。

例如，设 ADC 采样之后的数字信号为 $\cos[2\pi f_c nT_s+\varphi(nT_s)]$。其中，$f_c$ 为中频频率；$\varphi(nT_s)$为基带信号；T_s 表示采样间隔。将该信号与 $\cos(2\pi f_c nT_s)$和 $\sin(2\pi f_c nT_s)$相乘后，得到的 I 路信号和 Q 路信号分别为

$$I=\frac{\cos[\varphi(nT_s)]}{2}+\frac{\cos[2\times 2\pi f_c nT_s+\varphi(nT_s)]}{2} \tag{7-2}$$

$$Q=-\frac{\sin[\varphi(nT_s)]}{2}+\frac{\cos[2\times 2\pi f_c nT_s-\varphi(nT_s)]}{2} \tag{7-3}$$

从式(7-2)和式(7-3)可以看出,I/Q 信号中包含倍频分量,需要利用数字低通滤波器将倍频分量滤除,才能完成从中频到基带的变换。此外,由于 ADC 采样率很高,数字混频之后的信号速率需要降低,以适应基带信号处理器的处理能力,因此还需要进行信号抽取处理。

7.2.3 抽取低通滤波器

在数字下变频器中,抽取低通滤波器接收来自数字混频器输出的数字信号,除了滤除高频分量之外,还需要进行抽取处理,降低数据速率,其模块框图如图 7-9 所示。在 7.3 节和 7.4 节中,将详细介绍这种滤波器的原理。

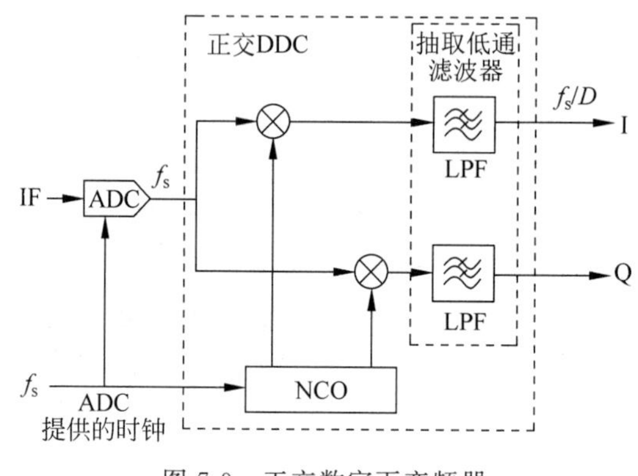

图 7-9 正交数字下变频器

在软件无线电中,通常将数字滤波和抽取结合在一起,这样做可以极大地节省硬件资源。在实际硬件电路中,这两部分往往同实现。此外,由于抽取滤波器采用数字信号处理器(Digital Signal Processor,DSP)或现场可编程门阵列(Field Programmable Gate Array,FPGA)来实现,所以基本不会出现传统滤波器中的初始器件容差、温度变化以及老化等问题。

7.3 抽取和内插

在软件无线电的数字信号处理系统中,有些信号处理模块需要不同的采样率。例如,在 FM 解调实例中,ADC 的采样率为 28.8MS/s,I/Q 采样率为 200kS/s,声音模块的采样率为 44.1kS/s,为了适应不同模块之间的级联,需要进行变速率信号处理。接下来,本节将介绍变速率信号处理系统中的基础知识和关键技术,如带通采样定理、整数倍抽取、整数倍内插和分数倍速率变换。

7.3.1 带通采样定理

设一带限信号 $x(t)$ 的频率分布在某一有限的频带(f_L, f_H)上,采样速率 f_s 满足

$$f_s = \frac{2(f_L + f_H)}{2n+1} = \frac{4f_0}{2n+1} \tag{7-4}$$

其中,n 取能满足 $f_s \geqslant 2(f_H - f_L)$ 的最大正整数;f_0 为带通信号的中心频率。如果以 f_s

进行等间隔采样，得到的信号采样值 $x(nT_s)$ 能恢复原信号 $x(t)$。根据带通采样定理进行采样，中频的范围将大大提高，这将有助于软件无线电宽频带实现。

7.3.2 整数倍抽取结构

设 $x(n)$ 表示原始采样序列，整数倍抽取指的是从 $x(n)$ 中每隔 $(D-1)$ 个数据抽取一个采样，重新形成的一个序列 $x_D(m)$。

$$x_D(m)=x(nD) \tag{7-5}$$

其中，D 为正整数，称为抽取因子。显然，$x(n)$ 和 $x_D(m)$ 都是原始信号 $x(t)$ 采样得到序列。设 f_s 表示 $x(n)$ 的采样率，根据低通采样定理，$x(n)$ 不产生频谱混叠的带宽为 $f_s/2$。设 f_D 表示 $x_D(m)$ 的采样率，则 $f_D=f_s/D$，因此 $x_D(m)$ 不产生频谱混叠的带宽为 $f_s/(2D)$。

抽取序列的频谱由抽取前原序列频谱经频移和 D 倍展宽后的频谱叠加构成，为了使抽取后的频谱不发生混叠，需要在抽取之前，对信号进行抗混叠处理，即低通滤波处理。例如，整数倍抽取结构如图 7-10 所示。

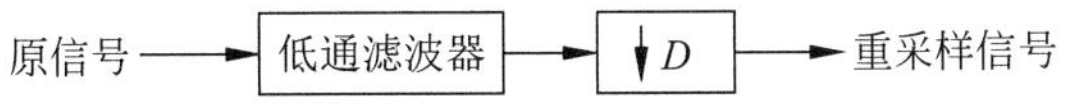

原信号 → 低通滤波器 → ↓D → 重采样信号

图 7-10　整数倍抽取结构

7.3.3 整数倍内插结构

整数倍内插指的是在两个原始采样点之间插入 $(I-1)$ 个零值，内插可以看作抽取的逆过程，设内插后新形成的序列为 $x_I(n)$。

$$x_I(n)=\begin{cases} x\left(\dfrac{n}{I}\right), n=0, & \pm I, \pm 2I, \cdots \\ 0, & \text{其他} \end{cases} \tag{7-6}$$

内插后的信号频谱相当于原始信号经过 I 倍压缩后得到的频谱，频谱中除了含有基带分量外，还含有原始信号的高频成分。因此，为了能恢复原始信号，内插后通常要进行低通滤波。例如，整数倍内插结构如图 7-11 所示。

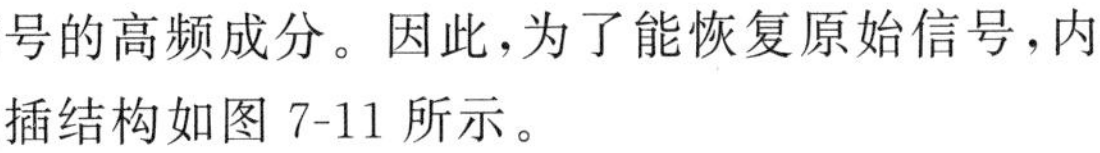

原信号 → ↑I → 低通滤波器 → 重采样信号

图 7-11　整数倍内插结构

7.3.4 分数倍速率变换

在实际的数字信号处理中，抽取和内插往往是非整数倍变换的情况。例如，在 FM 解调实验中，需要将 200kS/s 的 I/Q 采样率转换成 44.1kS/s 的 WAV 采样速率，就需要进行分数倍的变换。设分数倍变换比 $R=D/I$，在速率变换时，一般先进行内插，然后进行抽取处理，如图 7-12 所示。

在软件无线电系统中，抽取器是数字下变频器的核心器件，由于 A/D 之后的信号速率非常高，所以抽取一般在 FPGA 上实现。

原信号 → ↑I → 低通滤波器 → ↓D → 重采样信号

图 7-12 多速率滤波器

7.4 数字滤波器

在抽取器和内插器中，通常会采用有限冲激响应(FIR)数字滤波器作为低通滤波器。积分梳状(CIC)滤波器和半带(Half Band，HB)滤波器是常用的数字低通滤波器。下面将依次介绍 CIC 滤波器、Noble 恒等式和 HB 滤波器。

7.4.1 CIC 滤波器

积分梳状(CIC)滤波器是一种常用的数字低通滤波器，仅利用加法器、减法器和寄存器就可以完成数字信号的抽取和内插，适合于高速率信号处理。设 D 表示降采样的倍数，R 表示微分器延迟，取值通常为 1 或 2。CIC 滤波器的单位冲激响应为

$$h[n]=\begin{cases}1, & 0\leqslant n\leqslant RD-1\\0, & \text{其他}\end{cases} \tag{7-7}$$

对单位冲激响应进行 z 变换，得到 CIC 的系统函数

$$H(z)=\frac{1}{1-z^{-1}}\cdot(1-z^{-RD}) \tag{7-8}$$

将系统函数 $H(z)$分解成 $H_1(z)$和 $H_2(z)$的乘积，即 $H(z)=H_1(z)\cdot H_2(z)$，可以得到 $H_1(z)$和 $H_2(z)$分别为

$$H_1(z)=\frac{1}{1-z^{-1}},\quad H_2(z)=1-z^{-RD} \tag{7-9}$$

因此，CIC 滤波器实际由积分器和梳状器两个部分级联构成，如图 7-13 所示，前半部分 $H_1(z)$表示积分器，后半部分 $H_2(z)$表示梳状器。

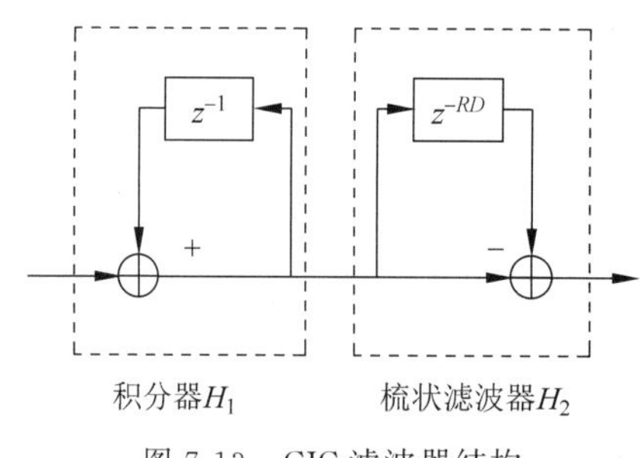

图 7-13 CIC 滤波器结构

通过数字滤波器设计工具包(Digital Filter Design Toolkit)中的 CIC 抽取滤波器模块 Decimation Filter，就可以设计 CIC 滤波器。如图 7-14 所示，设置降采样的倍数 D(Filter factor)为 6，微分器延迟 R(Differential delay)为 1，其余参数值默认。单级 CIC 滤波器幅频响应如图 7-14 所示。可以看出，梳状旁瓣幅值逐渐减小，说明 CIC 滤波器具有低通滤波器的特性，第 1 旁瓣相对于主瓣抑制为 12.36dB。

从图 7-14 还可以看出，单级 CIC 滤波器的低通滤波效果并不理想。在实际应用中，将多个 CIC 滤波器级联起来可以提升 CIC 滤波器的低通滤波性能。N 个 CIC 滤波器级联而成的低通滤波器为

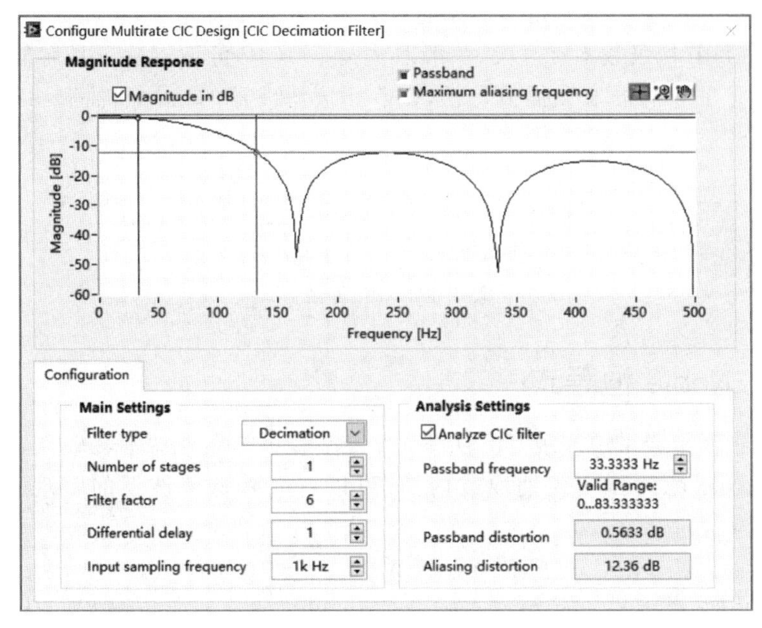

图 7-14 单级 CIC 滤波器幅频响应

$$H(z)=\left[\frac{1}{1-z^{-1}}\cdot(1-z^{-RD})\right]^{N} \tag{7-10}$$

级联数(Number of stages)设置为 5,将获得一个 5 级 CIC 滤波器,幅频响应如图 7-15 所示。对比单级 CIC 滤波器,可以明显看出,经过 5 级级联后,低通滤波器的旁瓣衰减明显加快,第 1 旁瓣相对于主瓣的抑制为 62.81dB。显然,级联数越大,低通滤波效果越好。

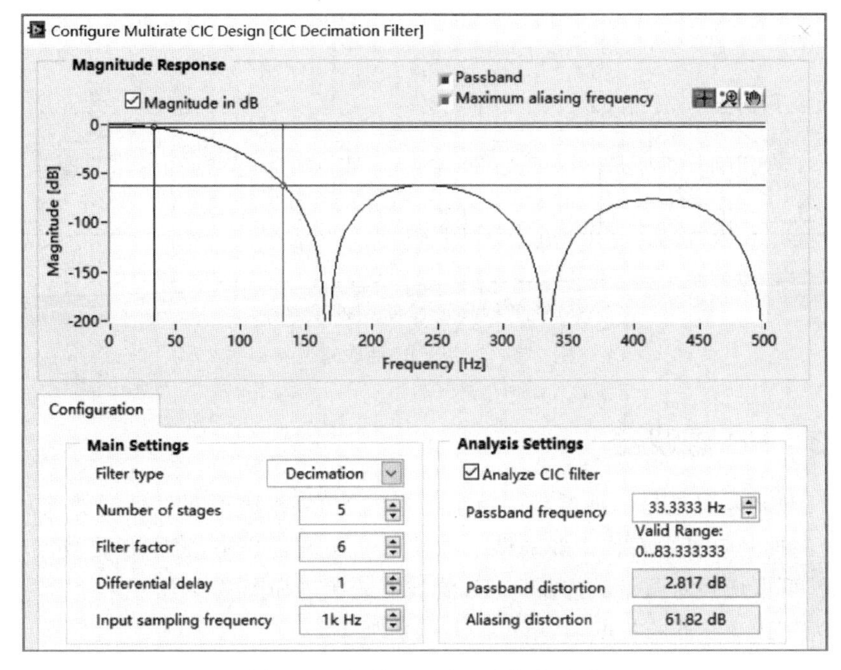

图 7-15 级联 CIC 滤波器幅频响应

CIC 滤波器级数越大，低通滤波效果越好，滤波器通带却越窄，且硬件实现的开销也随之增大。实际应用时，级数不宜过大，一般取值为 5。CIC 滤波器除了具有低通特性外，另一个重要的特点是它的抽取和插值特性，CIC 插值滤波器的结构和抽取滤波器的结构如图 7-16 所示。

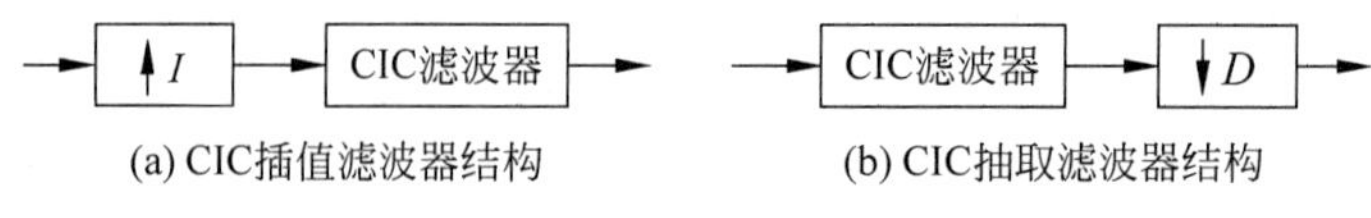

(a) CIC插值滤波器结构　　(b) CIC抽取滤波器结构

图 7-16　CIC 滤波器

7.4.2　Noble 恒等式

实际应用中通常会采用多级 CIC 方案，直接型多级方案资源消耗较大，使用经 Noble 变换的 Hogenauer 滤波器实现抽取或内插，可以有效降低滤波器的实现开销。抽取的 Noble 恒等式为

$$F(z^D)(\downarrow D)=(\downarrow D)F(z) \tag{7-11}$$

式(7-11)表明，先进行抽取，然后低通滤波，可以将滤波器的长度降低 D 倍。3 级直接型 CIC 抽取滤波器如图 7-17(a)所示，经过 Noble 变换的 CIC 抽取滤波器如图 7-16(b)所示。可以看出，调整抽取处理的顺序可以有效地降低硬件的复杂程度，并且可有效降低滤波器的阶数。

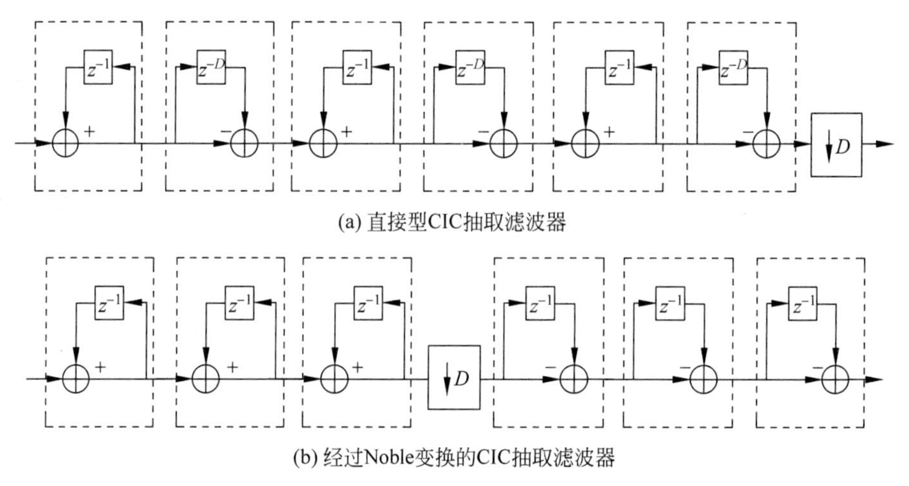

图 7-17　3 级 CIC 抽取滤波器

7.4.3　HB 滤波器

半带(HB)滤波器是另一种类型的数字低通滤波器，相比于 CIC 低通滤波器，HB 滤波器对于阻带的抑制效果更好。在多采样率滤波器的实现过程中，将 HB 滤波器放置在 CIC 滤波器之后，可以增强对阻带的抑制。HB 滤波器的频谱如图 7-18 所示。

设 N 为 HB 滤波器的长度，其单位冲激响应如下。

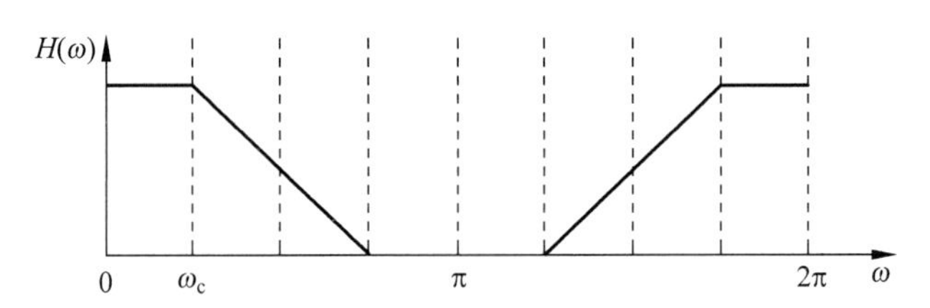

图 7-18 HB 滤波器

$$h_{\text{even}}(n)=h(N-n-1),\quad 0\leqslant n\leqslant N-1 \tag{7-12}$$

$$h_{\text{odd}}(n)=\begin{cases}0.5, & n=\dfrac{N-1}{2}\\ 0, & \text{其他}\end{cases} \tag{7-13}$$

由式(7-12)和式(7-13)可知，HB 滤波器的单位冲激响应是一个长度为奇数的序列，并且这个单位冲激序列关于$(N-1)/2$对称，除去中心点外的奇数序号的滤波器系数为零。

通过数字滤波器设计工具包中的 DFD Halfband Design 模块，可以设计 HB 滤波器。例如，长度为 47 的半带滤波器的单位冲激响应如图 7-19(a)所示，其幅频特性曲线如图 7-19(b)所示。

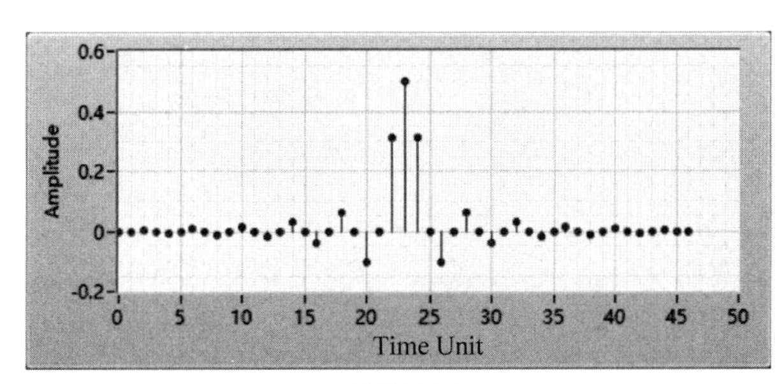

(a) 单位冲激响应

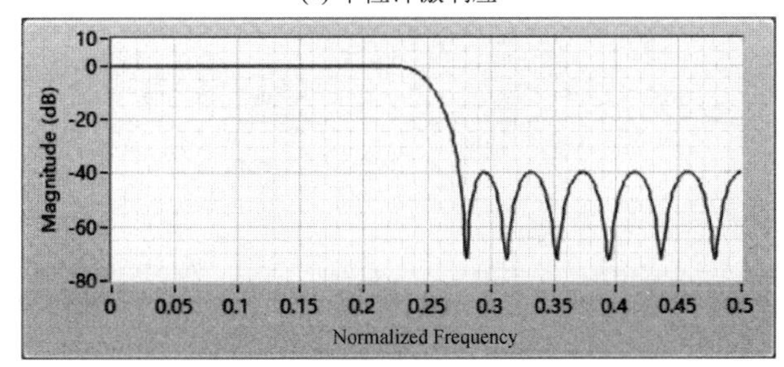

(b) 幅频特性曲线

图 7-19 长度为 47 的 HB 滤波器

7.5 本章小结

软件无线电的重要价值在于实现了通信功能由软件定义的新体系。本章从 4 方面介绍了软件无线电中的关键技术。

首先介绍了 3 种无线电接收机结构：低中频结构、超外差结构和零中频结构，并结合

RTL-SDR 实例分析了低中频结构的优点。

然后介绍了数字下变频器中的 3 个关键器件：数字振荡器、数字混频器和抽取低通滤波器。

接着介绍变速率信号处理的基本理论，主要内容包括带通采样定理、整数倍抽取和内插、分数倍速率变换等。

最后介绍了 CIC 滤波器和 HB 滤波器。CIC 滤波器和 HB 滤波器的优点是所需硬件资源较少。在数字滤波器处理中，先使用 CIC 结构的滤波器完成抽取处理，再使用 HB 结构的滤波器可增强阻带抑制。将 CIC 结构占用资源少的优点和 HB 结构阻带抑制高的优点结合，可获得较低的实现成本和较好的滤波性能。

第8章 开源软件无线电

CHAPTER 8

对于软件无线电初学者，从开源软件无线电开始，是一个不错的选择。在 GitHub 网站上，我们能够找到许多开源项目，如 HackRF 和 LimeSDR 等。接下来，本章首先将介绍开源的软件无线电开发软件 GNU Radio，然后再介绍两个入门级的开源软件无线电项目：HackRF 和 LimeSDR Mini。

8.1 开源软件无线电简介

8.1.1 GNU Radio 平台

GNU Radio 是一套开源的软件无线电开发工具包，源于美国麻省理工学院 SpectrumWare 项目。GNU Radio 能够提供一套完整的无线信号处理方案，一经推出，就得到了无线电开发者的广泛关注[①]。

近年来，随着 GNU Radio 的不断发展和完善，当前版本已经可以提供比较全面的无线电信号处理模块，如加减乘除、卷积、滤波、重采样、快速傅里叶变换等基本的信号处理模块；QAM、GMSK、PSK、OFDM 等调制/解调模块；PCCC 码、维特比、Turbo 码等编码/解码模块。此外，还有 IEEE 802.11、LTE、DVB-T 等各种通信协议库模块，开发者通过调用这些模块，就可以快速进行无线通信系统开发，提高项目的开发效率。

GNU Radio 基于 Linux 系统，可以采用 Python 脚本编程，也可以采用图形化的编程工具 GRC(GNU Radio Companion)。GRC 是一个图形化的编程环境，对于初学者很容易入门。需要指出的是，GNU Radio 中的信号处理模块采用 C++语言编写，因此，GRC 程序具有较高的执行效率。

GNU Radio 和无线电外设(如 RTL-SDR、HackRF、LimeSDR 和 USRP 等)结合起来，就可以构成一个完整的通信系统测试平台。在这个系统中，软件无线电外设负责采集真实世界中的无线信号，GNU Radio 负责处理采集之后的数字信号，如图 8-1 所示。

8.1.2 无线电开发流程

在 GitHub 网站中，可以找到许多的开源软件无线电项目。对于初学者，参考这些开源项目，并结合 GNU Radio 编程，可以快速进行多种类型的无线通信系统开发。接下来，本节

---

① https://wiki.gnuradio.org

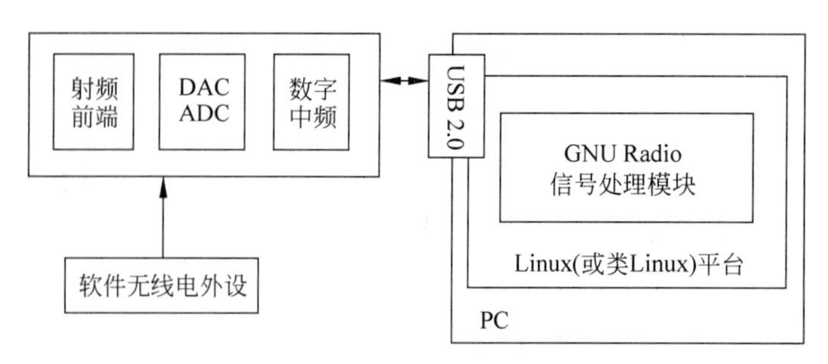

图 8-1　GNU Radio 平台

将通过实例介绍两款典型的开源项目：HackRF(https://github.com/mossmann/hackrf)和 LimeSDR Mini(https://github.com/myriadrf/LimeSDR-Mini)。

首先通过链接下载项目所有的硬件和软件开发资料，包括 BOM(物料清单)、PCB 文件、固件源程序和驱动程序源代码。要理解这些文件，除了需要具备模拟电路、数字电路、嵌入式驱动程序设计、通信原理和数字信号处理等专业基础，还需要了解无线电开发流程，如图 8-2 所示。

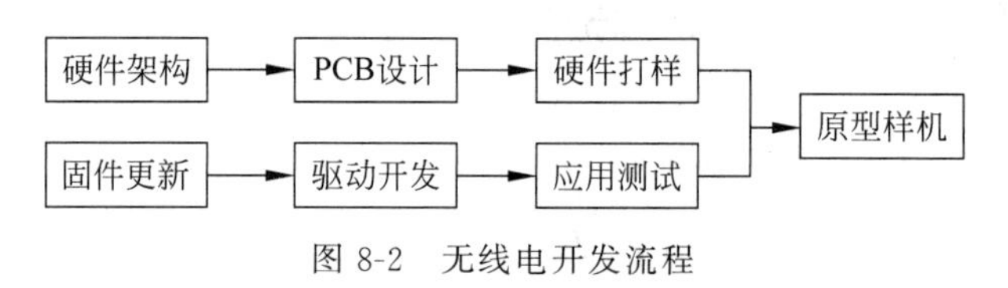

图 8-2　无线电开发流程

(1) 硬件架构。根据软件无线电结构，设计硬件的模块框图，确定主要芯片型号。

(2) PCB 设计。根据模块框图和芯片的数据文档，确定所有元器件的参数值。利用 EDA 工具绘制原理图，然后依次进行封装、生成 PCB、布局布线、覆铜、3D 预览等步骤，确认无误后，生成制造文件和物料清单(BOM 表)。

(3) 硬件打样。PCB 制板和贴片焊接一般交给工厂完成。工厂根据制造文件和 BOM 表，购进相应的物料，然后进行 PCB 制板和元器件贴片、焊接等步骤，最后完成样品制作。

(4) 固件更新。固件是一个设备最底层的软件系统。在软件无线电设备中，为了增加一些新的功能，就需要对固件进行更新。在一些开源无线电项目中，含有已经编译好的固件，根据固件的烧写说明就可以完成更新。

(5) 驱动开发。驱动程序开发的目标是编写一组接口函数集(API)。应用程序通过这些 API 控制无线电系统。

(6) 应用测试。在项目发布前，往往需要开发一套简单的演示程序，对无线电系统进行测试。如果是产品开发，还需要开发一套人机交互软件，并提供软件的使用说明。

(7) 原型样机。原型样机一般是为了验证某些算法、协议或功能的软硬件系统。这一步往往需要软硬件开发者进行联合调试，解决系统实现过程中存在的软硬件问题。项目完成后需要交付资料包括硬件设备、驱动程序、软件源程序和编译文件以及使用说明文档。

8.2 GNU Radio 开发环境

8.2.1 GRC 编程

GRC 是 GNU Radio 图形化编程环境，主要由工具栏、模块库、编程区、调试信息输出区 4 部分组成，如图 8-3 所示。GRC 操作方便，只需要将模块库中的模块拖入编程区，就完成了模块创建。详细的 GRC 编程教学可参考官方网站①。

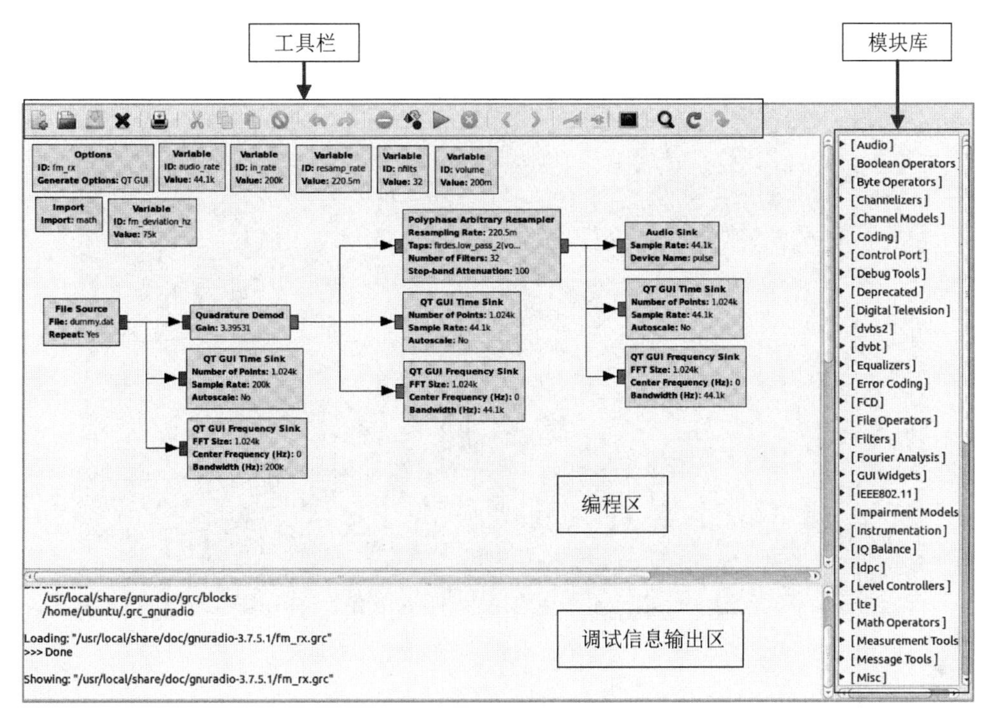

图 8-3 GRC 开发界面

8.2.2 GNU Radio 安装

在 Linux 下，GNU Radio 的安装主要有 3 种方法：①下载 GNU Radio 源文件，自行编译安装；②通过 build-gnuradio 脚本安装；③在 Ubuntu 系统下，采用 apt-get install gnuradio 命令进行安装。

在自行编译安装时，先从 GitHub 网站下载 GNU Radio 的源文件，再逐步进行编译。这就要求开发者必须掌握 Linux 中的 Make 和 Cmake 等编译方法。需要注意的是，在源文件编译之前，需要预先安装依赖工具包。

对于 Ubuntu16.04 及之前的版本，build-gnuradio 脚本是最简单的安装方法。build-gnuradio 脚本由 Marcus Leech 编写，不仅能自动下载并安装所有依赖性工具及文件库，还能同时下载安装 GNU Radio 及硬件驱动。这种方式安装的 GNU Radio 能自动更新到最新

---

① http://www.gcndevelopment.com/gnuradio/

版本。对于 Ubuntu18.04 及之后的版本，采用 Linux apt-get install gnuradio 命令就可以完成安装。

8.2.3 虚拟机 GNU Radio 环境

对于 GNU Radio 初学者，安装 Linux 系统，配置 GNU Radio 开发环境可能是一件复杂的事情，初学者可以采用虚拟机＋gnuradio.iso 镜像方式快速了解 GNU Radio。首先创建 VMware 虚拟机，加载 ISO 镜像后，就可以直接进入虚拟机 GNU Radio 开发环境，如图 8-4 所示。

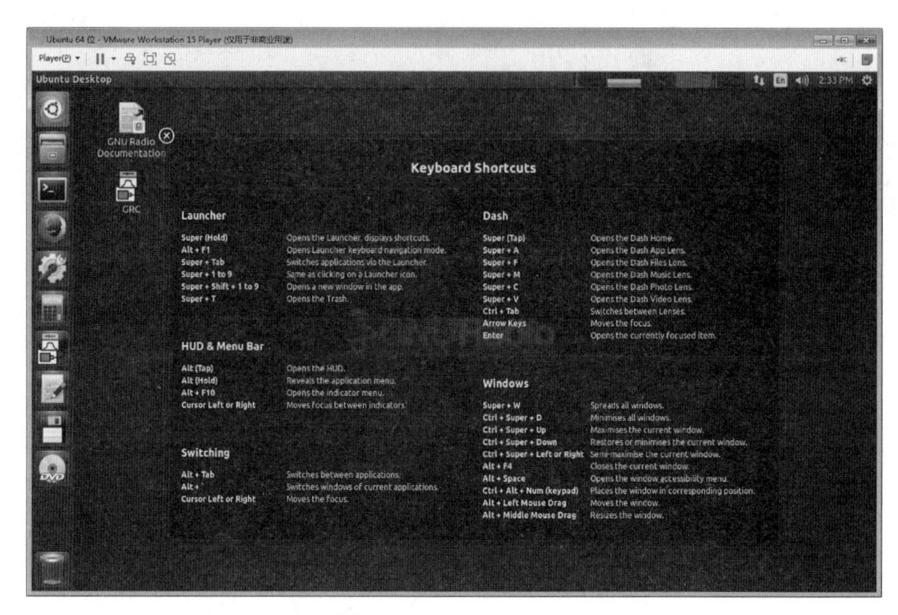

图 8-4 虚拟机 GNU Radio 开发环境

加载完成后，在 usr/local/share/gnuradio/examples 文件夹下，可以找到许多关于 GNU Radio 的学习实例，如 FM 解调、OFDM 系统和 QAM 系统等。对于初学者，可以通过这些实例快速学习 GRC 图形化编程和基础通信系统的搭建。

需要注意的是，在虚拟机环境下，不支持软件无线电硬件设备。因此，这种方式更适合纯软件仿真。如果要使用硬件，可以将 gnuradio.iso 镜像制作成 U 盘启动盘，镜像制作可以采用 UltraISO 软件完成。此外，在 PC 启动过程中，需要将 PC 的 BIOS 设置成 U 盘优先启动，此后进入的 GNU Radio 开发环境与虚拟机环境下的 GNU Radio 一致。

8.2.4 Win 64 开发环境

对于习惯 Windows 系统的开发者，GNU Radio 的 Windows 版本或许是一个不错的尝试，这种方式不需要掌握任何 Linux 操作技巧，GNURadio 目前有 Win 64 版本 gnuradio_3.7.13.5_win64.msi[①]。

文件下载后，根据安装向导直接进行安装。安装完成之后需要配置环境变量。

---

① http://www.gcndevelopment.com/gnuradio/

1）Windows 7 环境

```
C:\GNURadio\gr-python27\
C:\GNURadio\gr-python27\lib\site-packages\PyQt4
C:\GNURadio\gr-python27\Scripts
C:\GNURadio\gr-python27\lib\site-packages\pip-9.0.1-py2.7.egg\pip
C:\GNURadio\bin
C:\GNURadio\lib\site-packages\gnuradio
C:\GNURadio\lib\site-packages\gnuradio\gr
C:\GNURadio\lib\site-packages\gnuradio\qtgui
```

添加系统环境变量 PYTHONPATH：C:\GNURadio\lib\site-packages\。

2）Windows 10 环境

```
C:\GNURadio\gr-python27\
C:\GNURadio\gr-python27\lib\site-packages\PyQt4
C:\GNURadio\gr-python27\Scripts
C:\GNURadio\gr-python27\lib\site-packages\pip-9.0.1-py2.7.egg\pip
C:\GNURadio\bin
C:\GNURadio\lib\site-packages\gnuradio
C:\GNURadio\lib\site-packages\gnuradio\gr
C:\GNURadio\lib\site-packages\gnuradio\qtgui
```

添加系统环境变量 PYTHONPATH：C:\GNURadio\lib\site-packages\。

环境变量配置完成之后，启动 GNURadio Companion，此时会启动 Windows 命令行窗口，设置环境变量。然后打开一个空白的 GRC 编程界面，运行一个实例，检查程序是否能够成功运行，如图 8-5 所示。

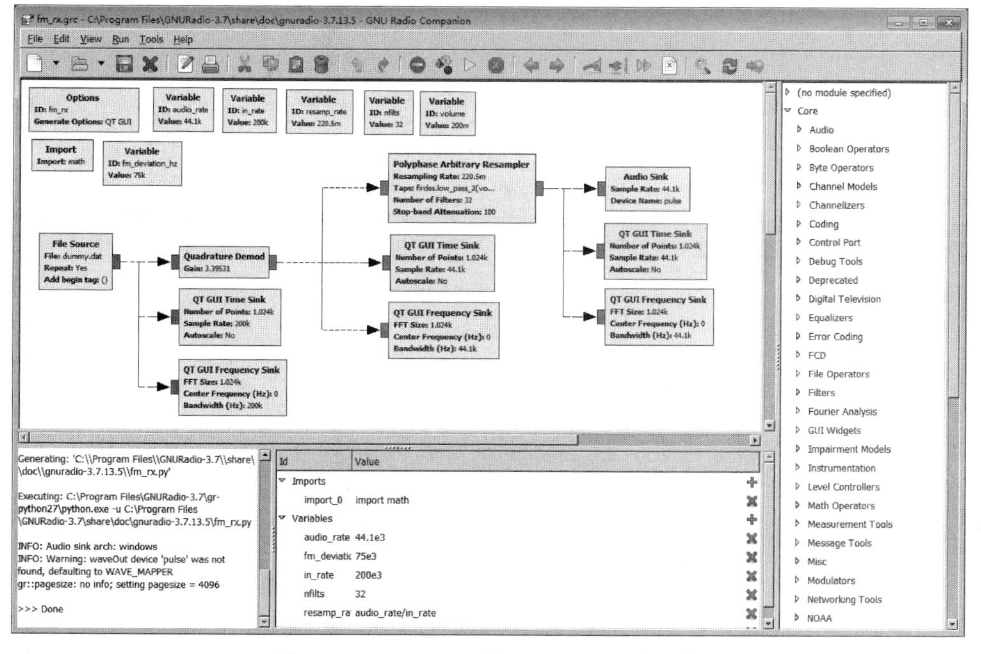

图 8-5　GNU Radio 的 Windows 开发环境

8.3 开源软件无线电 HackRF

HackRF 是一款由美国射频硬件工程师 Michael Ossmann 发起，在 Kickstarter 众筹平台发布的开源软件无线电外设项目[①]。HackRF One 的内部电路板如图 8-6 所示。与 RTL-SDR 不同，HackRF 可以进行发射（半双工）。HackRF 支持的频率范围为 30MHz～6GHz，最大带宽为 20MHz。HackRF 具有频率范围较宽、成本较低和硬件开源等优点，因此，HackRF 发布后，迅速得到了世界各地无线电爱好者的支持。

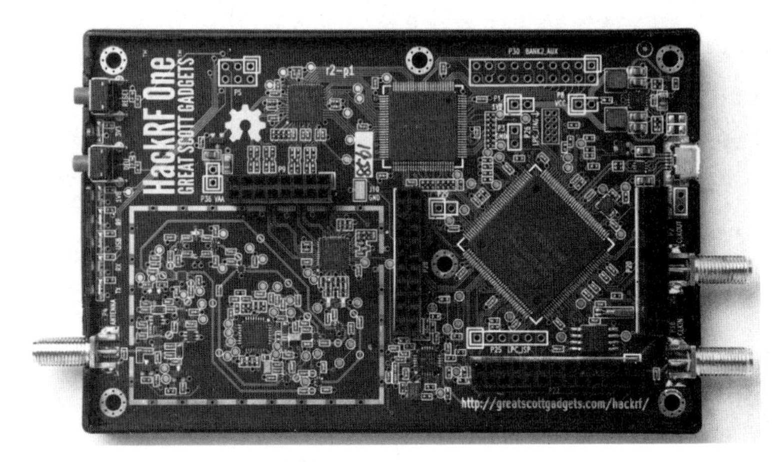

图 8-6 HackRF One 开发板

8.3.1 HackRF 硬件架构介绍

HackRF 的硬件方案如图 8-7 所示，HackRF 通过 USB 2.0 与主机通信。这里以接收过程为例，说明信号处理流程。

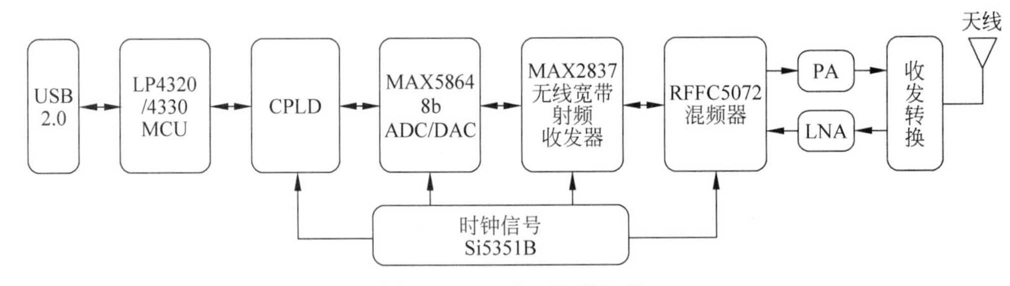

图 8-7 HackRF 硬件架构

当天线接收到无线信号后，通过编程控制放大该信号。然后将信号利用混频器 RFFC5072 和变频器 MAX2837 进行两次下变频，得到模拟基带信号。接着进行采样、量化、抽取和滤波，得到数字基带信号。最后通过 USB 2.0 送入主机进行处理。每个模块的作用如下。

① http://www.hackrf.net/

(1) USB 2.0 接口：该接口是PC主机与微控制器之间的通信接口，通过这个接口，PC主机可以将I/Q信号传输到HackRF内部，也可以从HackRF内部获取I/Q信号。

(2) 微控制器(LPC4320/4330)：HackRF内部采用ARM Cortex M4芯片作为其主控制器，其主频为204MHz，含有64KB的ROM和264KB的SRAM。微控制是整个开发板的核心，负责发送和接收USB2.0链路上的数据，并且控制开发板上所有的射频芯片。

(3) 复杂可编程逻辑器件(Complex Programmable Logic Device，CPLD)(XC2C64A)：采用Xilinx(赛灵思)公司CoolRunner-II系列CPLD，在HackRF中，CPLD的主要作用是数据中转。

(4) 模/数(ADC)和数/模转换器(DAC)(MAX5864)：采用Maxim(美信半导体)MAX5864系列芯片，采样位数是8b，采样率为22MHz，其主要作用是对发送的数据进行数模转换，对接收到的数据进行模数转换。

(5) 变频器(MAX2837)：采用美信半导体MAX2837系列芯片，其频率范围为2.3～2.7GHz，MAX2837主要作用是将信号混频到基带，输出差分的I/Q信号，并对信号进行带宽限制。

(6) 混频器(RFFC5072)：采用RFMD公司RFFC5072芯片，其作用是将信号混频到2.6GHz的固定中频(中频范围为2.150～2.750GHz)。RFFC5072提供的本振范围为80～4200MHz。

(7) 射频前端放大器(MGA-81563)：LNA/PA在射频前端采用一级放大，并最终通过T/R Switch与天线连接。

(8) 射频开关(SKY13317和SKY13350)：SKY13317为20MHz～6.0GHz射频单刀三掷(SP3T)开关；SKY13350为0.01～6.0GHz射频单刀双掷(SPDT)开关。

(9) 时钟生成器(Si5351C)：I2C可编程任意CMOS时钟生成器，由800MHz分频提供40MHz、50MHz以及采样时钟。

8.3.2 HackRF 开发板资源

通过GitHub网站，可以下载到HackRF的开源资料。在HackRF的文件夹中，doc文件夹中存放的是开发板图片、Gerbers文件、原理图PDF文件、BOM表等硬件打样文件；firmware文件夹中存放的是固件相关文件；hardware文件夹中存放的是原理图源文件等资料；Host文件夹中存放的是驱动程序源代码。需要注意的是，因为HackRF是完全开源，所有的硬件和软件都可以被研究和修改，注意所有的开源资料需要根据GNU GPL等开源协议使用[①]。

在GNU Radio环境下中，可以根据说明文件，编译相应的源文件，获得运行所需的库文件。编译成功之后，开发者可以在GNU Radio环境下运行FM接收机程序，对库文件进行测试。

8.3.3 HackRF 的开源项目

在GitHub网站中搜索HackRF，就能够找到许多基于HackRF的开源项目，如LTE小区搜索、BTLE/BT 4.0低功耗蓝牙、FM收音机、电子战训练、无线话筒重放和AIS(船舶

① http://www.hackrf.net/

自动识别系统)接收等。下面将介绍两个基于 HackRF 的开源项目。

1. 项目 1：基于 HackRF 和 GNU Radio 的 FM 接收机(编程环境：GRC)

(1) 在 Ubuntu 中启动 GRC,创建一个 osmocom Source 模块,设置 HackRF 的中心频率、采样率和增益等硬件相关参数,如图 8-8 所示。当程序运行时,该模块从 HackRF 中读取 I/Q 数据。

(2) FM 解调处理,直接调用 GRC 库中的 WBFM Receive 模块进行解调,无须关心 WBFM Receive 模块内部编程。需要注意的是,在 FM 解调之前,需要低通滤波处理和波形重采样处理。

(3) 创建 Audio Sink 模块,将解调后的信号送入声卡播放出来,注意声卡可以接收的采样率,一般设置为 44.1kHz 或 48kHz。

(4) 为了调试方便,可以在流程图中选择一些测试点,测量信号的时域波形和频谱,如图 8-8 所示。通过这些测量结果,可以对系统进行调试。

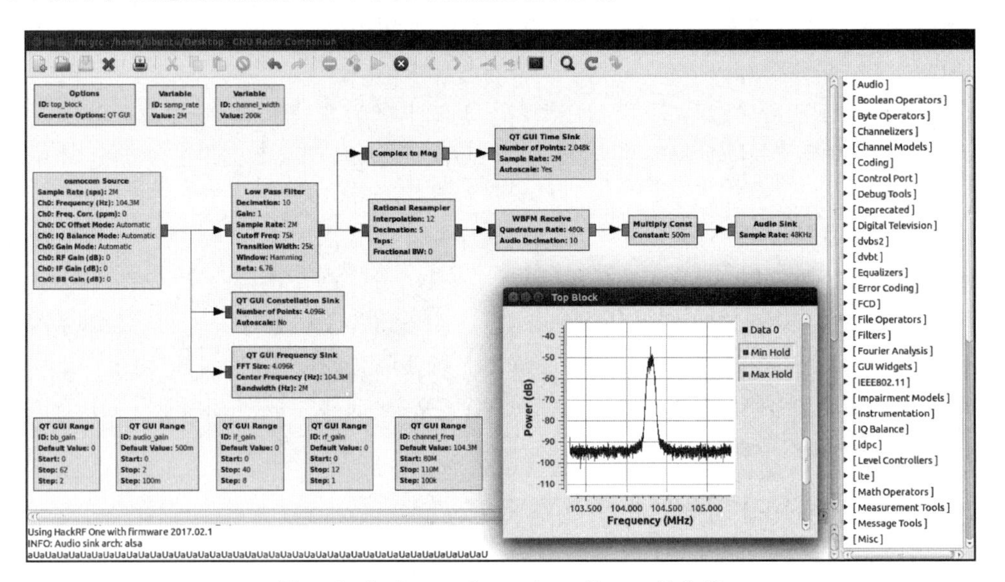

图 8-8 基于 GRC 和 HackRF 的 FM 接收机

在 LabVIEW 中,可以采用 DLL、.NET 等方法直接控制 HackRF,也可以采用 LabVIEW 和 MATLAB 混合编程的方法控制 HackRF。接下来,将介绍基于.NET 技术的控制方法。

2. 项目 2：基于 HackRF 和 LabVIEW 的 FM 接收机(硬件：HackRF)

在开源项目 NetHackrf① 中,采用 C# 语言编写了 HackRF 的接口程序,利用 VS 可以编译生成相应的库文件 NetHackrf.dll。在 LabVIEW 中,利用.NET 模块中的 Invoke Node 和 Property Node 这两个函数模块,就可以调用 HackRF 接口程序,从而实现对 HackRF 的控制,如图 8-9 所示。

调用 HackrfDeviceList 函数,将返回 hackrf_device 设备列表数组。如果只连接一个 HackRF 硬件,取出数组的第 1 个元素,利用 OpenDevice 函数将返回 HackRF 对象句柄。

① https://github.com/makar853/nethackrf

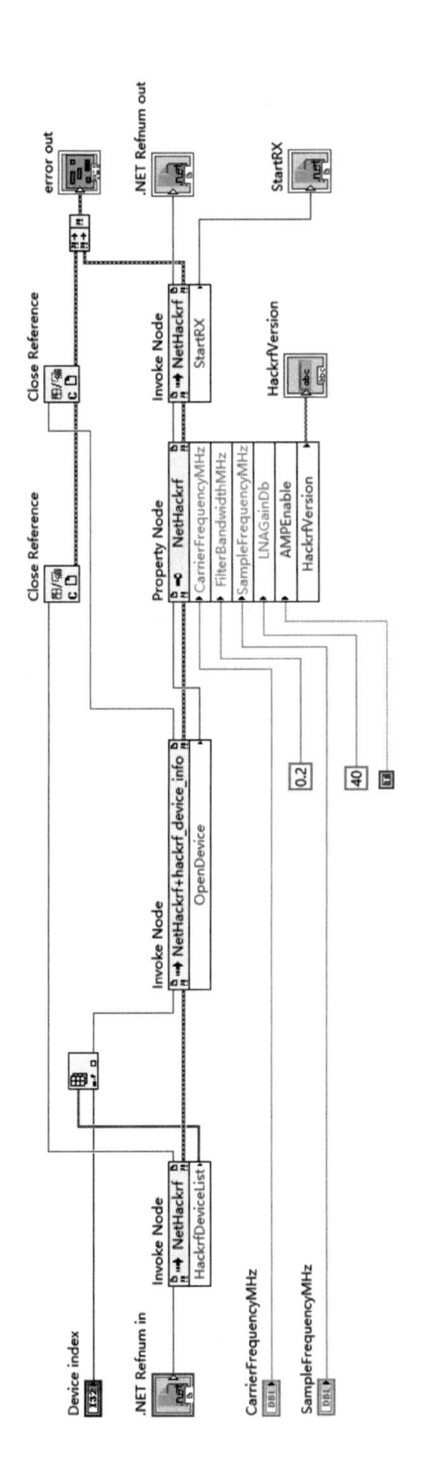

图 8-9 NetHackrf 接口函数

在 Property Node 模块中，可以配置 HackRF 射频参数，如载波频率、滤波器带宽、I/Q 采样率、LNA 增益、天线功率、时钟输出、VGA 增益和 TXVGA 增益等，如图 8-9 所示。调用 StartRX 或 StartTX 函数将返回系统 I/O 流句柄，通过该句柄，就可以写或读 HackRF 的 I/Q 交织数据。需要注意的是，HackRF 是半双工设备，在同一时刻，只能发送或接收。

HackRF 射频参数配置完成之后，调用 Read 函数，将返回 I/Q 交织数据。采用反正切法，就可以进行 FM 解调。

8.4 开源软件无线电 LimeSDR

LimeSDR 是英国 Lime Microsystems 公司开发的软件无线电项目①。LimeSDR Mini 是一款全双工的开源软件无线电，频率范围为 10MHz～3.5GHz。由于 LimeSDR Mini 成本较低，又是全双工，在 Crowdsupply 众筹平台上发布不久就取得成功。LimeSDR Mini 开发板如图 8-10 所示。

图 8-10　LimeSDR Mini 开发板

8.4.1 LimeSDR Mini 硬件架构

LimeSDR Mini 的硬件架构如图 8-11 所示。LimeSDR Mini 采用 USB 3.0 进行主机通信，内部采用 FPGA＋LMS7002M（现场可编程 RF 收发器）硬件架构。其中，FPGA 是整个系统的核心，主要负责 USB 3.0 接口和 LMS7002M 之间数据传输。LMS7002M 是射频前端核心器件，主要负责射频信号和数字中频处理，接下来将重点介绍这两个器件。

（1）USB 接口（USB 3.0）。USB 3.0 有两个作用：①为 LimeSDR Mini 供电；②为 LimeSDR Mini 和主机提供数据传输通道。USB 3.0 的传输速度可以达到 500MB/s，满足当前大多数通信系统的开发需求。

（2）FPGA（Altera MAX10 FPGA）。FPGA 采用 Altera MAX10 芯片。这款芯片的优点是成本低、性价比高、内部集成 Flash、供电方案简单、功耗极低、内置锁相环、I/O 性能优秀、分布式 RAM 资源、内部具有 18×18 乘法器资源。在 LimeSDR Mini 中，Altera MAX10 FPGA 芯片的主要功能是为 USB 3.0 接口和 LMS7002M 之间的数据传输提供接口，同时也为板载 LED、EEPROM 等功能器件提供接口。FPGA 内部代码根据 Apache 2.0

---

① https://wiki.myriadrf.org/LimeMicro:LMS7002M_Datasheet

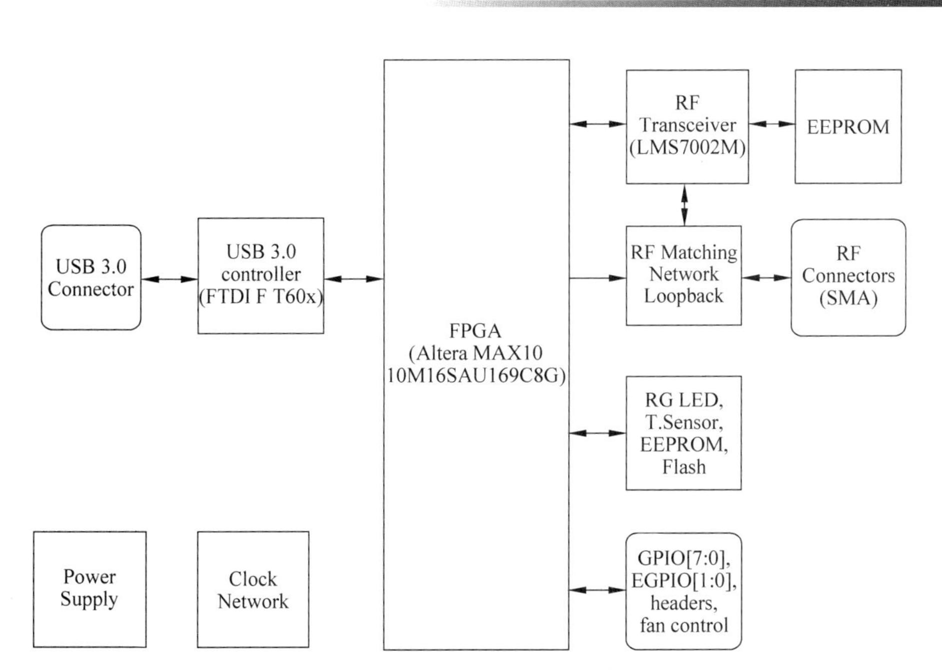

图 8-11 LimeSDR Mini 的硬件架构

协议开源，可以方便地重新定义和固件更新。

(3) 现场可编程 RF 收发器(LMS7002M)。LMS7002M 是 LimeSDR Mini 的射频前端的核心芯片，也是 Lime Microsystems 公司的核心技术。LMS7002M 支持全双工，包含两个发射通道和两个接收通道。每个发射通道分为 TX_1 和 TX_2 射频输出通道；每个接收通道分为 RX_L，RX_H 和 RX_W 3 个射频输入通道。需要注意的是，LimeSDR Mini 仅使用了 LMS7002M 接收通道 1 的 RX1_H 和 RX1_W 两个射频输入通道和发射通道 1 的 TX1_1 和 TX1_2 射频输出通道，如图 8-12 所示。接收通道和发射通道支持的频率范围如下：

- TX1_1：射频输出支持 2～3.5GHz 频率范围；
- TX1_2：射频输出支持 10MHz～2GHz 频率范围；
- RX1_H：射频输入支持 2～3.5GHz 频率范围；
- RX1_W：射频输入支持 10MHz～2GHz 频率范围。

详细指标可参考 LMS7002M 的说明文档(LMS7002M_Datasheet)。这里需要说明的是，LMS7002M 类似于 FPGA，但是这个芯片并没有 FPGA 内部的门阵列。它是一个射频芯片，可以调整为 100kHz～3.8GHz 的任何频率。这种类型的器件称为现场可编程射频芯片(FPRF)。

LMS7002M 内部结构如图 8-12 所示。射频信号处理流程大致如下：在接收过程中，两个接收端可以分别接收不同波段的信号，通过低噪声放大器放大后，由混频器下变频至基带，再由 RXTIA 实现自动增益控制(Automatic Gain Control，AGC)，接着通过低通滤波器 RXLPF 滤波，再通过增益放大器 RXPGA 进行增益控制，接着通过模数转换器进行数字化处理，最后将数字信号传入收发信号处理器进行处理。发射是接收的逆过程。值得一提的是，发射和接收均采用零中频架构。此外，LMS7002M 还可实现数字回环，即发送端 I/Q 接口与接收端 I/Q 接口连接后，可以进行收发传输和电路验证。

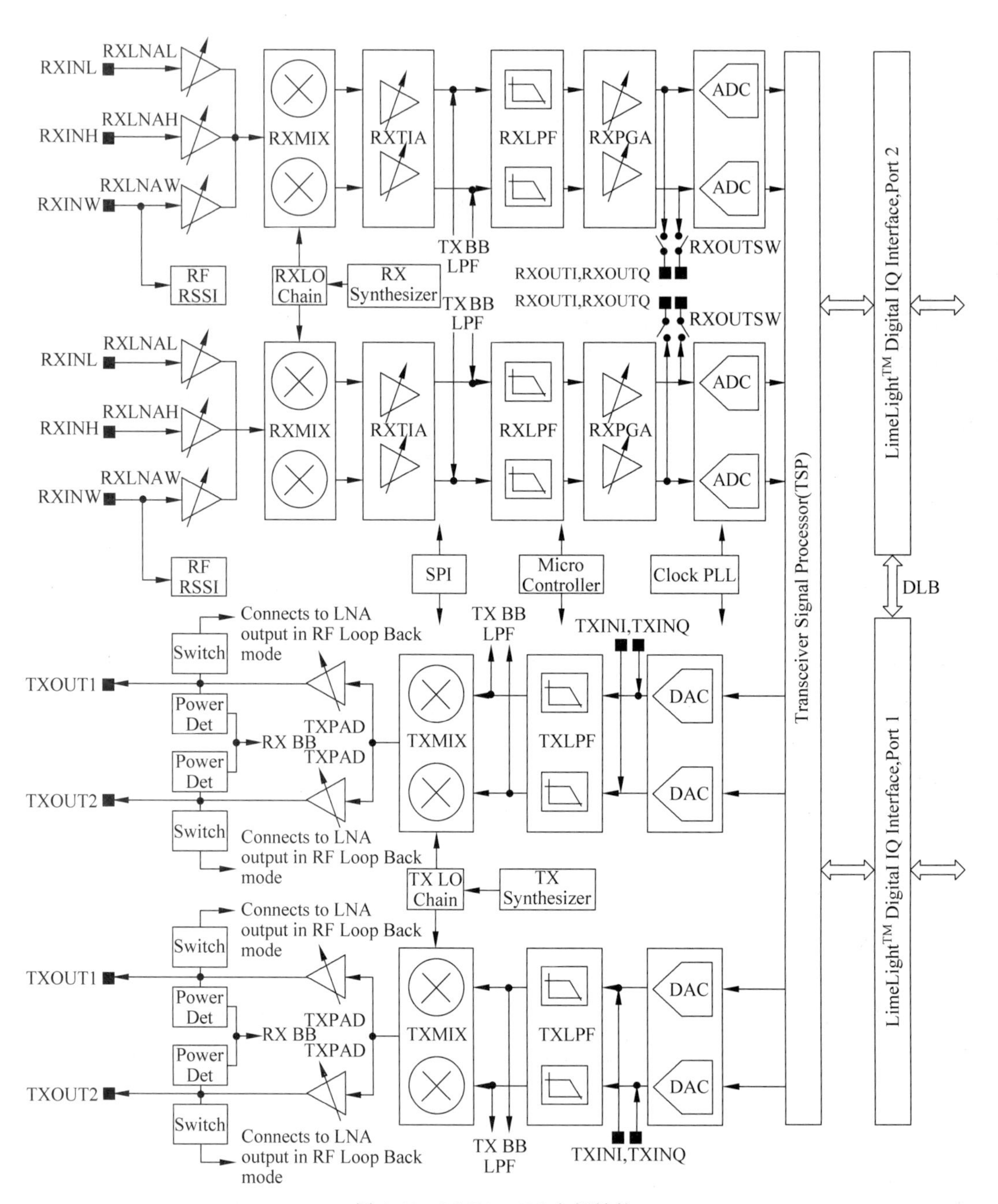

图 8-12　LMS7002M 内部结构

8.4.2 LimeSDR Mini 开发板资源

由于 LimeSDR Mini 项目开源，通过 GitHub 网站，可以下载到 LimeSDR Mini 的所有软硬件资料。在 hardware 文件夹中存放了当前以及早期版本的开发资料，如开发板 3D 图片、PCB 打样、原理图、BOM 表等文件。Lime Microsystems 官方提供了软件套件 Lime Suite，利用这个套件，可以对 LimeSDR Mini 进行测试。LimeSDR Mini 完全开源，所有的硬件和软件都可以被研究和修改，注意所有的开源资料需要根据 GNU GPL 等开源协议使用。

8.4.3 LimeSDR Mini 开源项目

在 GitHub 网站中，基于 LimeSDR Mini 的开源项目也有很多，下面将通过一个典型的开源项目基于 LimeSDR Mini 和 LabVIEW 的 FM 接收机，来了解 LimeSDR Mini 的使用。

动态链接库 LimeSuite. dll 提供了 LimeSDR Mini 的接口函数[①]，利用 CLF 模块，就可以调用这些接口函数，如图 8-13 所示。本次实验所需的函数如下。

- LMS_GetDeviceList 函数：返回连接在主机的 LMS 设备列表。
- LMS_Open 函数：返回 LMS 设备句柄。
- LMS_Init 函数：初始化 LMS 芯片。
- LMS_EnableChannel 函数：使能或者禁用指定的 RX 通道。
- LMS_SetSampleRate 函数：设置 TX/RX 通道的 I/Q 采样速率。
- LMS_SetLOFrequency 函数：设置 RF 中心频率。
- LMS_SetAntenna 函数：设置 TX/RX 通道天线。
- LMS_SetLPFBW 函数：设置 LMS 芯片模拟低通滤波器带宽。
- LMS_SetNormalizedGain 函数：设置归一化增益，范围为[0,1]。
- LMS_SetGaindB 函数：设置最优增益，范围为[0dB,73dB]。
- LMS_SetupStream 函数：创建新的数据流对象。
- LMS_StartStream 函数：开启数据流。
- LMS_RecvStream 函数：从数据流 FIFO 中读取 I/Q 数据。

LabVIEW 从 LimeSDR Mini 中获取 I/Q 数据后，利用反正切法对 I/Q 数据进行 FM 解调，利用 FFT 函数计算 FM 频谱，前面板布局如图 8-14 所示。完整的 FM 接收机程序框图在项目文件 LMS_FM_Demodulate_Example. vi 中，无须额外编程，在主机 USB 接口插入 LimeSDR Mini 就可以运行。

程序说明如下。

(1) 根据项目的说明文档，接口函数在 LabVIEW 2018 生成，因此 FM 接收机程序只能在 LabVIEW 2018 及以上的版本使用。

(2) 运行需要动态链接库 LimeSuite. dll 文件，这个库文件是 64 位，所以运行的 LabVIEW 需要是 64 位。

(3) 需要安装 LimeSDR 驱动，下载 WinDriver_LimeSDR-USB，在对应的操作系统下安装对应的驱动。

---

① https://github.com/eleday/LimeSDR_LabVIEW_Driver

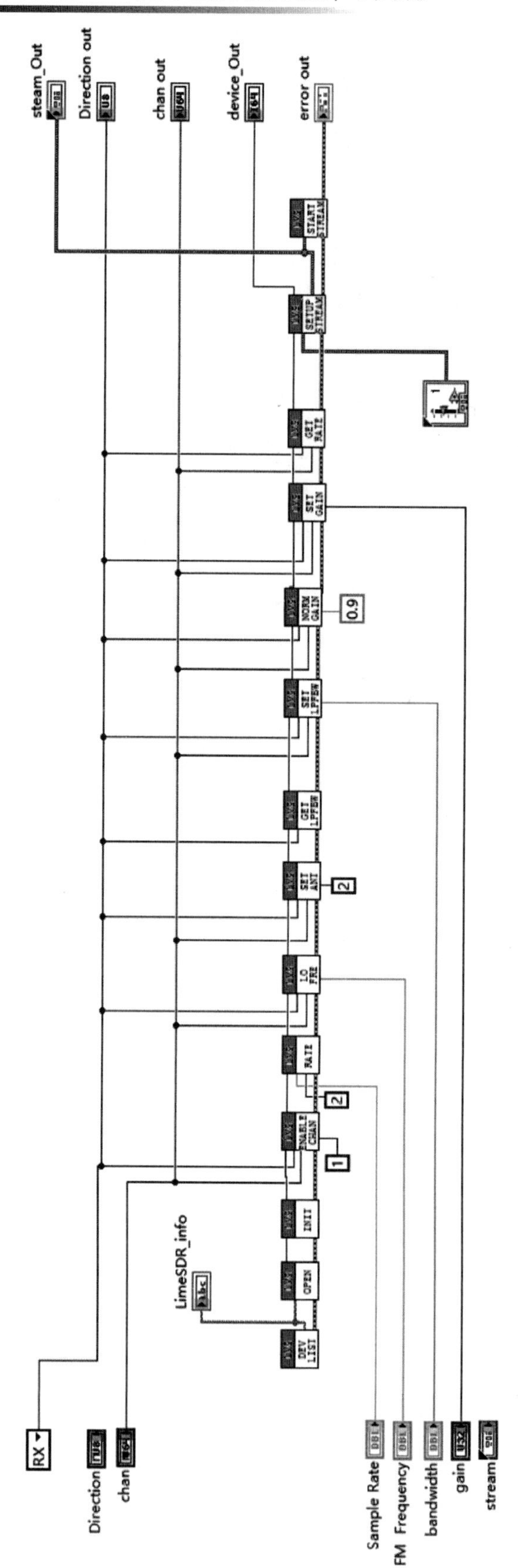

图 8-13 LimeSDR 接口函数

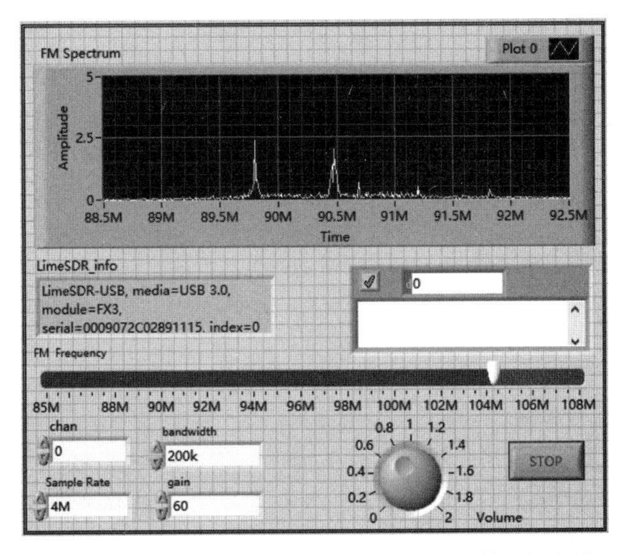

图 8-14　基于 LimeSDR Mini 的 FM 接收机前面板布局

8.5　本章小结

开源软件无线电是学习软件无线电软硬件开发的重要途径。GitHub 网站提供了大量开源项目。本章重点介绍了利用 GitHub 资源进行开发的方法。

首先介绍了软件无线电开发的一般流程,包括硬件架构、PCB 设计、硬件打样、固件更新、驱动开发、应用测试和原型样机。

然后介绍了开源软件无线电平台 GNU Radio 及其图形化的编程开发环境 GRC,以及它们的安装方法。

接着介绍了两款硬件开源项目 HackRF 和 LimeSDR,重点介绍了它们的硬件架构、开发板资源。

最后通过 FM 接收机实例,介绍了开发板的接口函数及其使用方法。

第 9 章

CHAPTER 9

高性能软件无线电

USRP(Universal Software Radio Peripheral)是一款高性能的通用软件无线电外设,这种外设连接在普通计算机后,就能够变成高性能的软件无线电实验平台,通常应用在高校的教学科研项目中。本章将首先介绍 USRP 的硬件接口和内部结构,然后介绍 USRP 在 LabVIEW 下的驱动函数,最后通过 FM 收发机设计实例进一步介绍 USRP 的使用方法。

9.1 USRP 概述

9.1.1 USRP 简介

USRP 连上一台普通的计算机之后,就可以构成一款高性能的软件无线电实验平台,利用这个平台,就可以对各种无线传输系统进行原型验证。USRP 最早由美国 Ettus Research 公司设计并制造,后来被美国国家仪器公司(NI)收购,现在看到更多的是 NI USRP。

目前美国 NI 公司和 Ettus Research 公司都提供 USRP。其中,美国 NI 公司根据频率覆盖,提供了多种型号的 NI USRP,如常用的 NI USRP-2920,NI USRP-2900 和 NI USRP-2922 等。NI USRP-2900 的频率范围是 70MHz~6GHz; NI USRP-2920 的频率范围是 50MHz~2.2GHz; NI USRP-2922 的频率范围是 400MHz~4.4GHz。

LabVIEW 或 MATLAB/Simulink 都可以作为上位机软件控制 USRP。如果采用 LabVIEW 控制 USRP,需要额外安装 USRP 的硬件驱动,如 NI-USRP 14.0; 如果使用 MATLAB/Simulink 控制 USRP,需要安装 USRP 支持包 USRP® Support from Communications Toolbox。

本章使用的 USRP 型号是 NI USRP-2922,Ettus Research 公司的 USRP N210 性能指标与其对应。这款设备可实现在接收和发送全双工通信,利用这款设备,可以进行物理层算法原型验证、动态频谱接入、认知无线电、频谱监测和 MIMO 多天线无线通信等方面的研究。

9.1.2 USRP 硬件接口

如图 9-1 所示,USRP 2922 前面板设计包括 RX1/TX1 和 RX2 天线、6V3A 电源、指示灯、千兆以太网接口、MIMO 扩展口、外部参考源输入(REF IN)、秒脉冲时间基准输入(PPS IN)等。

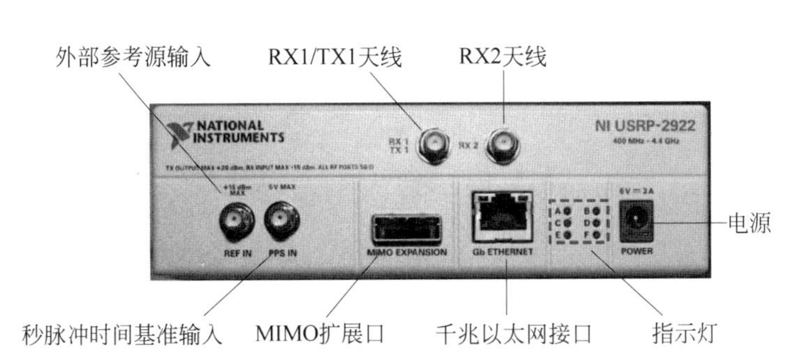

图 9-1 USRP 2922 输入输出接口

1) RX1/TX1、RX2 天线

RX1/TX1 是射频(RF)信号的输入输出端口,通过 SMA 接口连接天线,具有 RF 信号的发送和接收功能。RX2 是 RF 信号的输入端口,通过 SMA 接口连接天线,只具有 RF 信号的接收功能。

2) 6V 3A 电源

USRP 通过 6V 3A 的电源接口连接适配器对其供电。USRP 母板仅需要 5V,6V 用于驱动子板。系统上电,电源接口左侧的 LED 会按照程序点亮,这表明系统正在运行。

3) 指示灯

USRP 硬件或软件调试时,前面板的指示灯非常有用,它们能够显示 USRP 设备当前的运行状态,具体含义如表 9-1 所示。

表 9-1 USRP 前面板指示灯状态说明

LED	含　　义	LED	含　　义
LED A	灯亮表示正在发射	LED D	灯亮表示已装载固件程序
LED B	灯亮表示已连接 MIMO 线缆	LED E	灯亮表示时钟参考锁定
LED C	灯亮表示正在接收	LED F	灯亮表示已装载 CPLD 程序

4) 千兆以太网接口

USRP 通过千兆以太网接口与计算机连接,如图 9-2 所示。在使用正常 USRP 之前,除了安装 LabVIEW 之外,还需要成功安装 NI USRP 驱动程序,本书使用的驱动程序是 NIUSRP 14.1。另外还需要配置计算机的 IP 地址,这部分将在 7.3 节进一步说明。

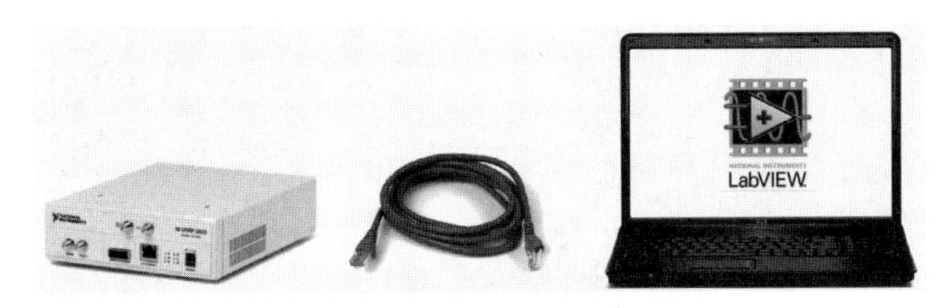

图 9-2 USRP 与计算机的连接

5）其他接口

MIMO 扩展口、外部参考源输入（REF IN）接口和秒脉冲时间基准输入（PPS IN）接口在本书实验中不涉及，具体可参考 NI 帮助文档。

9.1.3 USRP 内部结构

从功能上来说，USRP 在整个无线电系统中承担了射频和数字中频。具体来说，USRP 中实现所有的高速信号处理，如 A/D、D/A 转换、数字上/下变频以及抽取/插值等；计算机则完成所有和波形相关的低速信号处理，如数字调制/解调、信源编/解码、信道编/解码、滤波等。

USRP 内部主要由两部分完成相关的信号处理：USRP 母板和子板。例如，USRP 2922 硬件内部主要包括一个带有高速信号处理功能的母板和一个频率覆盖范围为 400MHz～4.4GHz 的子板，如图 9-3 所示。

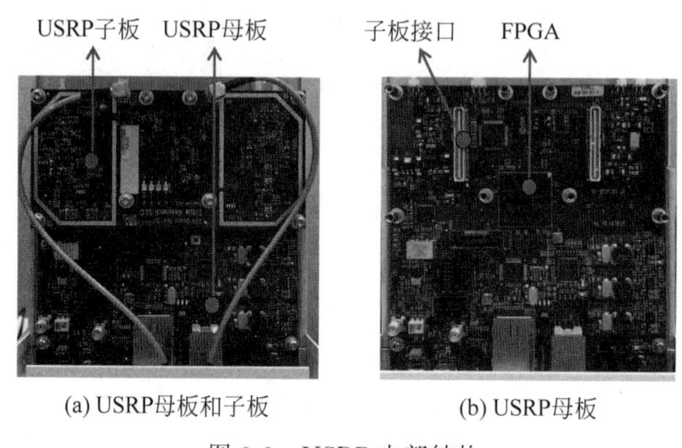

(a) USRP母板和子板　　(b) USRP母板

图 9-3　USRP 内部结构

其中，USRP 子板处理的是模拟信号，而 USRP 母板处理的则是高速数字信号，它们之间的硬件结构如图 9-4 所示。

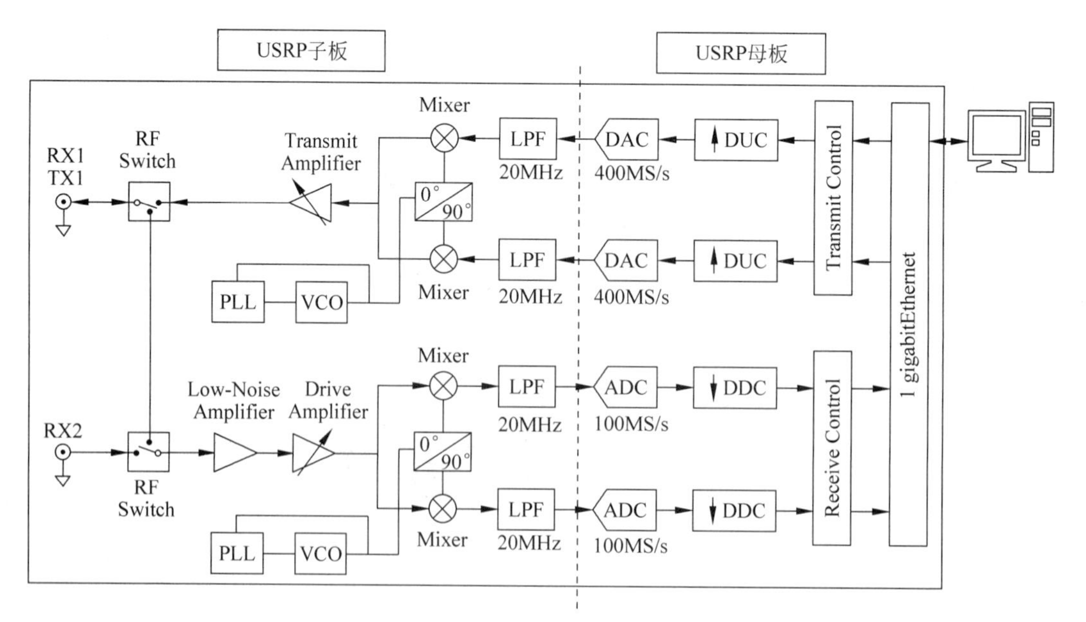

图 9-4　USRP 硬件结构图

USRP 采用典型的软件无线电结构,在接收链路中,USRP 子板首先将天线接收到的射频信号依次进行高频放大、混频和低通滤波等处理,然后将处理后得到的信号(中频信号)送至母板中的 A/D、D/A 转换器进一步处理。USRP 母板利用模数转换器(ADC)对中频信号进行采样,利用 FPGA 对采样后的数字信号进行抗混叠滤波、下变频(DDC)、抽取等数字信号处理,最后将抽取后的 I/Q 采样信号通过千兆以太网接口传递到计算机。发射过程是接收过程的逆过程。关于 USRP 2922 的硬件结构,关键器件的指标如下。

(1) 在 USRP 母板中,FPGA 母板连接着两个 14 位高速模数转换器(ADC,100MS/s)和 4 路 16 位数模转换器(DAC,400MS/s)。

(2) 低通滤波器的截止频率是 20MHz,ADC 的采样速率是 100MS/s。根据低通采样定理,它可以对最高频率为 50MHz 的低通信号进行直接采样。根据带通采样定理,ADC 可以直接数字化更高频的中频信号。

(3) 数字下变频器(DDC)的主要作用是将 ADC 采样后的信号从数字中频转换到复基带信号。主要过程分为两步:①将数字中频信号变成零中频信号;②对零中频信号进行抽取,使数据传输速率可以适应 PC 的计算能力。

(4) 数字上变频器(DUC)的主要作用是对复基带信号进行内插,上变频到数字中频,并最终通过 DAC 发送到子板。

(5) USRP 提供两个天线接口,其中天线 TX1/RX1 具有收发功能;天线 RX2 只有接收功能。

9.2　USRP 频谱扫描

9.2.1　静态 IP 地址设置

NIUSRP 2922 通过千兆以太网接口与计算机以太网接口连接。在使用网线连接 USRP 之前,需要将 PC 的 IP 地址配置为 192.168.10.1。如图 9-5 所示,进入本地连接,单击“属性”按钮,弹出“本地连接 属性”对话框,选中“Internet 协议版本 4(TCP/IPv4)”,单击“属性”按钮,就可以进入 IP 地址配置页面。需要注意的是:NI USRP 2922 出厂默认的 IP 地址一般是 192.168.10.2,两个以太网卡需要在同一个网段且 IP 地址不能冲突,因此,PC 的 IP 地址可以配置为:192.168.10.X,X 是 1~255 除了 2 以外的任何整数。

9.2.2　USRP 驱动安装

USRP 2922 只有在计算机成功安装 NI USRP 驱动之后才能被识别和使用。NI USRP 驱动自 2012 年推出后已经升级了多个版本,本书实验采用的是 2015 年 7 月发行的 NI USRP 14.1。需要注意的是,该版本支持 Windows 7 32-bit 和 Windows 7 64-bit 操作系统,支持的硬件涵盖了几乎所有型号的 NI USRP,当然也包括 NI USRP 2922。

下载 NI USRP 14.1①,双击 NIUSRP141.exe 可执行文件就可以安装该程序。如图 9-6 所示,单击 Unzip(解压)按钮将完成解压缩,依据安装向导,单击 Next(下一步)按钮就可以完成安装。成功安装 NI USRP 14.1 后,就可以在 LabVIEW 函数选板中找到 NI USRP 驱

① http://www.ni.com/download/ni-usrp-14.1/5335/en/

动，如图 9-7 所示。

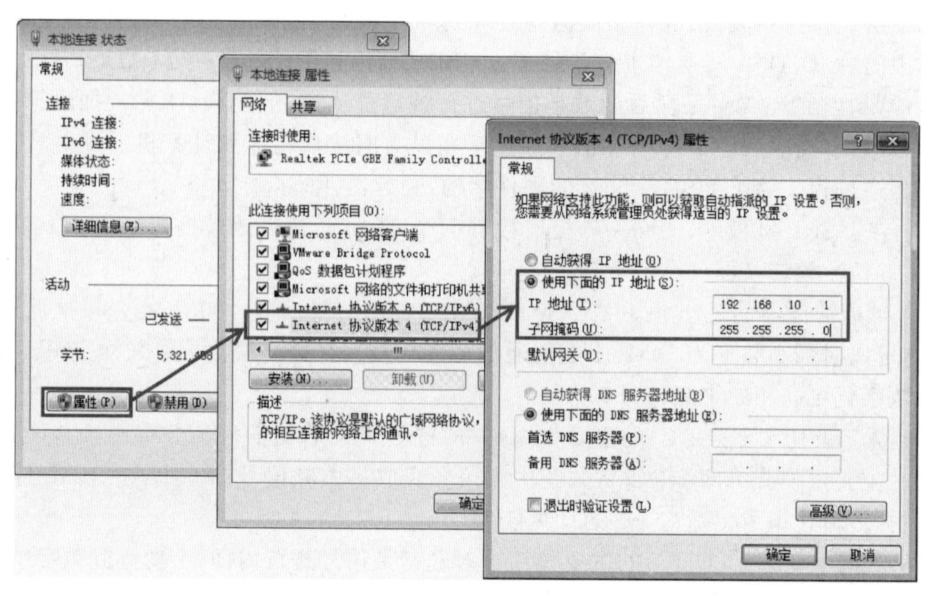

图 9-5　计算机 IP 地址的配置

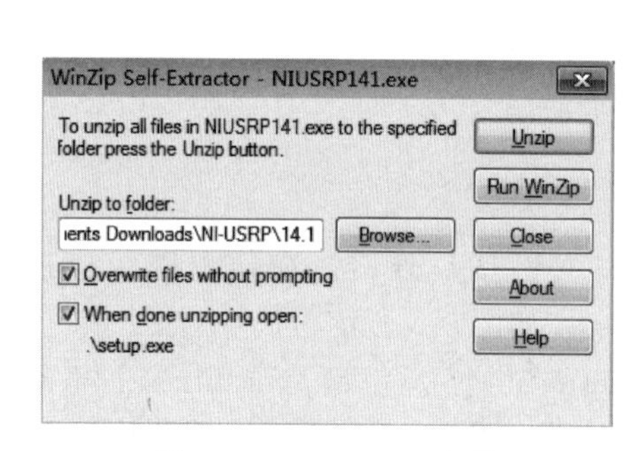

图 9-6　USRP 14.1 安装

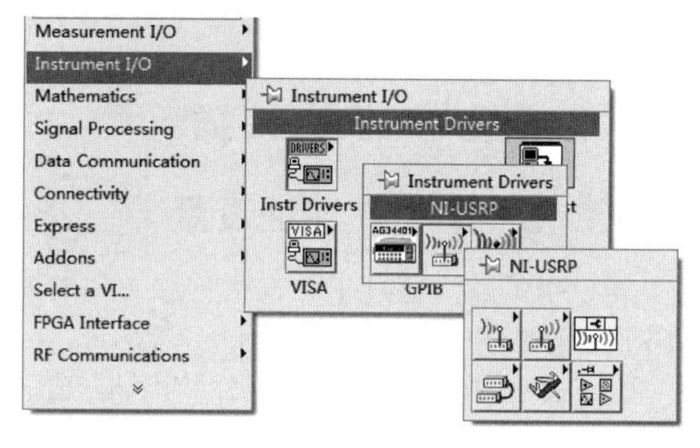

图 9-7　USRP 14.1 驱动

在 IP 地址设置完成以及 NI USRP 驱动安装完成后，可以利用 NI 公司提供的 NI-USRP Configuration Utility 工具软件寻找已经连接的 NI USRP 设备，这个工具软件在 National Instruments/NI-USRP/utilities 文件夹下。

如果计算机的 IP 地址和网线连接都正确，启动 NI-USRP Configuration Utility 工具软件后，将显示找到已连接的设备，如图 9-8 所示。

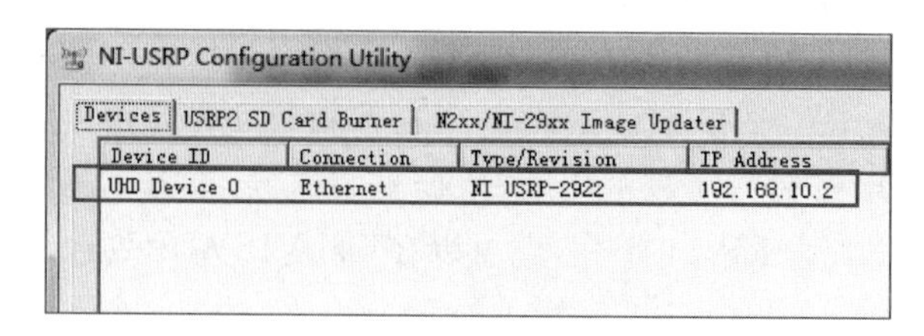

图 9-8　NI-USRP 配置工具界面

9.2.3　USRP 频谱扫描

NI-USRP Configuration Utility 软件检测到 NI USRP 2922 后，可以利用 USRP 驱动中的频谱扫描函数模块 niUSRP EX Spectral Monitoring (History). vi 扫描频谱，该模块的路径如图 9-9 所示。

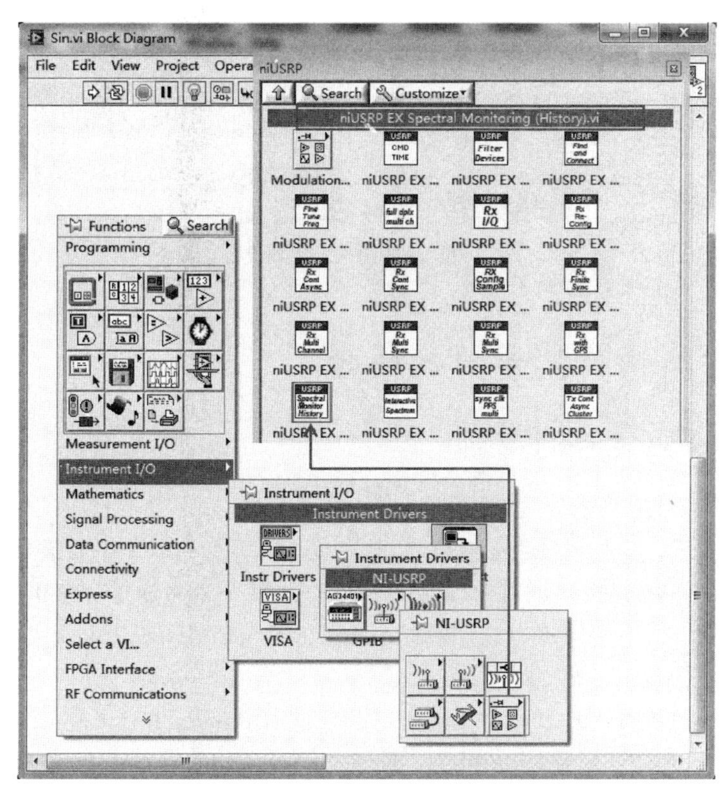

图 9-9　NI USRP 频谱扫描

设扫描的中心频率为 916MHz，I/Q 采样率为 4MS/s，射频增益为 20dB，接收天线为 RX1。频谱扫描结果如图 9-10 所示。如果 USRP 连接有误或 IP 地址配置有误，运行程序时会报错。

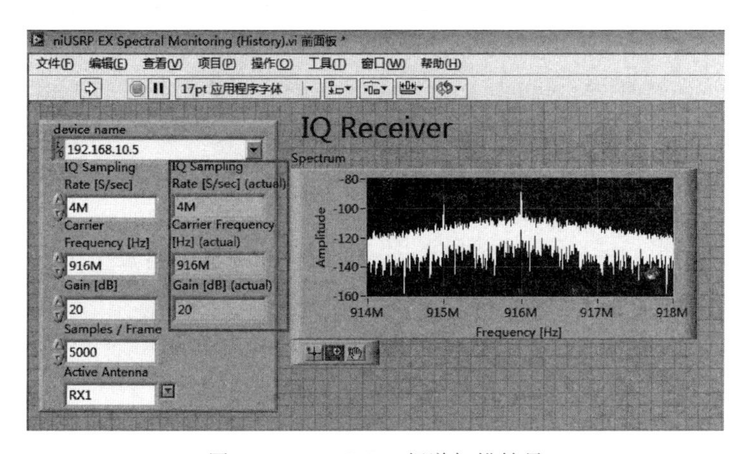

图 9-10　NI USRP 频谱扫描结果

需要注意的是，USRP 函数会返回参数设置的合理值，当参数设置超出 USRP 2922 能够接受的范围时，USRP 内部会自动调整，调整到一个与设置值最接近的合理值。举例来说，USRP 的频率范围为 440MHz～4.4GHz，如果设置的频率为 300MHz，那么 USRP 会自动调整为 380MHz，并返回调整后的值。如果设置的频率为 6GHz，那么 USRP 会自动调整为 4.42GHz，并返回调整后的值，如图 9-11 所示。

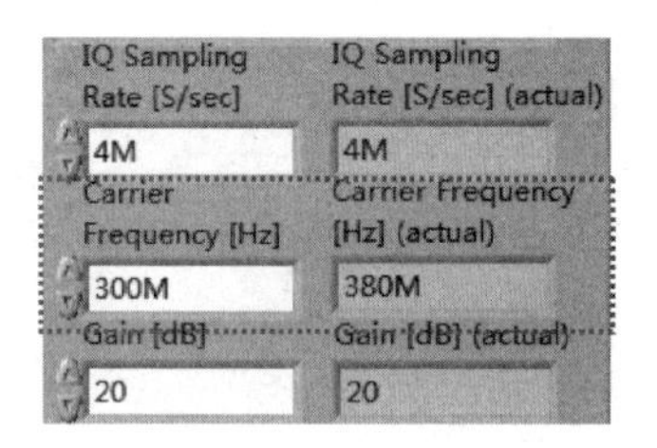

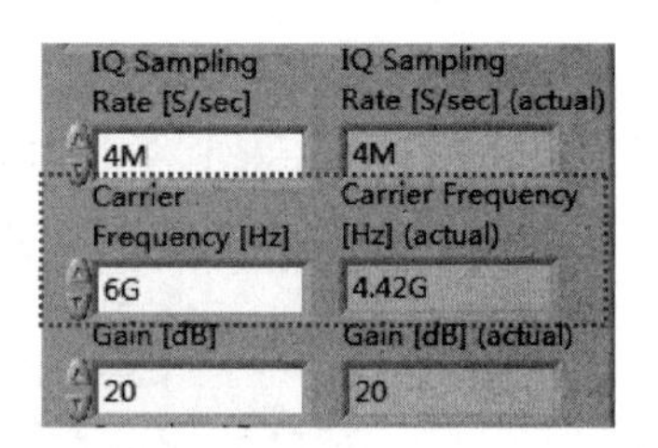

图 9-11 NI USRP 参数设置

9.3 正弦信号的发射和接收

9.3.1 正弦信号的发射

USRP 和计算机连接成功后，就可以利用 LabVIEW 工具包中相应的输入/输出(I/O)接口模块控制 USRP 发送和接收无线信号，这些模块在函数选板中的位置如图 9-12 所示。

利用这些 I/O 接口模块，就可以控制 NI-USRP。接下来将通过一个正弦信号接收实例熟悉这些 I/O 接口模块的使用方法。利用一个 USRP 和 NI-USRP 的发射模块，可以构建发射机的程序框图，编程步骤如下。

(1) 创建一个空白 VI，在函数选板中找到 Instruments I/O→Instrument drivers→NI USRP→Tx→Open TX Session 模块。创建 Open TX Session 模块，通过该模块，就能够设置 USRP 的 IP 地址。右击 Open TX Session 模块的 device name 端口，在弹出的菜单中选择 Create→Control，就可以创建一个 IP 地址输入控件。

(2) 创建一个 Configure Signal 模块，右击 I/Q Rate 端口，创建一个 IQ 采样率输入控件。右击 carrier frequency 端口，创建一个载波频率输入控件。右击 gain 端口，创建一个增益输入控件。右击 active antenna 端口，创建一个天线输入控件。接着创建显示控件，显示实际设置的参数值，右击 Coereced IQ Rate 端口，创建一个 I/Q 采样率显示控件。以同样的方式，创建 Coereced carrier frequency 和 Coereced gain 显示控件。将 Open Tx Session 模块的 Session handle out 端口连接到 Configure Signal 模块的 Session handle 端口。

(3) 创建一个 While 循环。在 USRP 驱动模块中，创建一个 Write Tx Data 模块，通过该模块，就可以将复基带信号传到 USRP 中。将 Configure Signal 模块的 Session handle out 端口连接到 Write Tx Data 模块的 Session handle 端口。创建一个停止按钮，连接到 Write Tx Data 模块的 end of Data 端口。

(4) 创建一个 Close Session 模块，将 Write Tx Data 模块的 Session handle out 端口连接到 Write Tx Data 模块的 Close Session 端口。将错误输入输出端口连起来，构建一个错误输出管道。

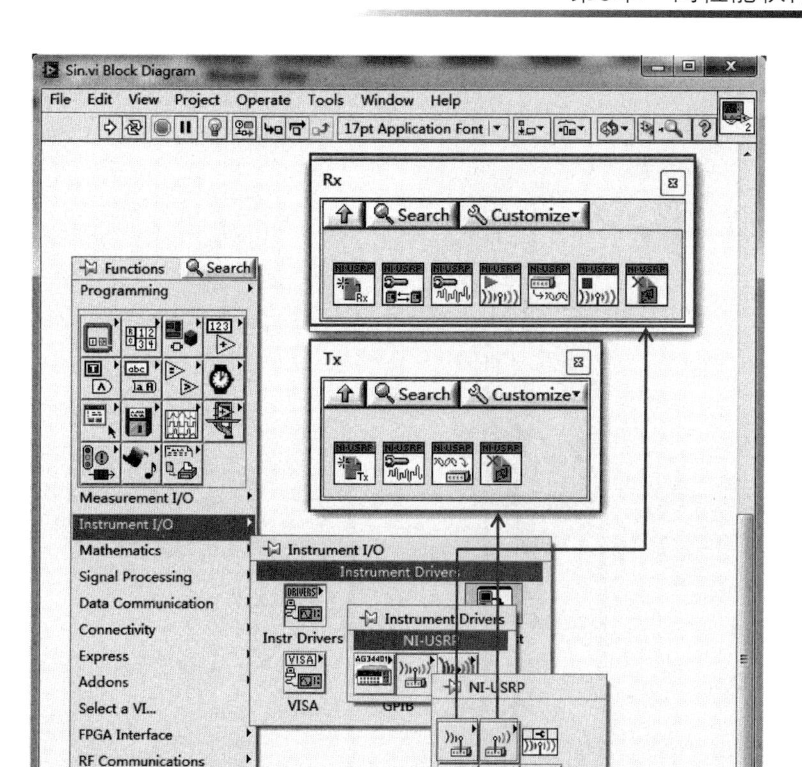

图 9-12　NI-USRP I/O 接口模块

(5) 创建基带信号。在 Programming→Array 路径下找到 Initial Array 模块,创建该模块。右击 Initial Array 模块的元素输入端口,选择 Create→Constant(常数),将常数值设为1。右击 Initial Array 模块的维数端口,选择 Create Control 创建一个维数输入控件。将 Initial Array 模块的输出连接到 Write Tx Data 的 Data 输入端口,就完成了发射机部分的编程,程序框图如图 9-13 所示。

(6) 回到前面板,先将前面板中的控件重新排列一下,再进行参数设置,参数值如表 9-2 所示。需要注意的是,运行发射机程序时,USRP 将返回参数的实际值;当设置的参数超出了 USRP 给定的范围时,USRP 函数模块会自动纠正到一个合理值,并且返回该值。配置后的前面板如图 9-14 所示。

表 9-2　正弦信号发生器参数配置

参　　数	值
Device names	192.168.10.2
Carrier frequency/GHz	2.400 01
IQ rate/($kS\cdot s^{-1}$)	200
Gain/dB	0
Waveform size	10 000
Active antenna	TX1

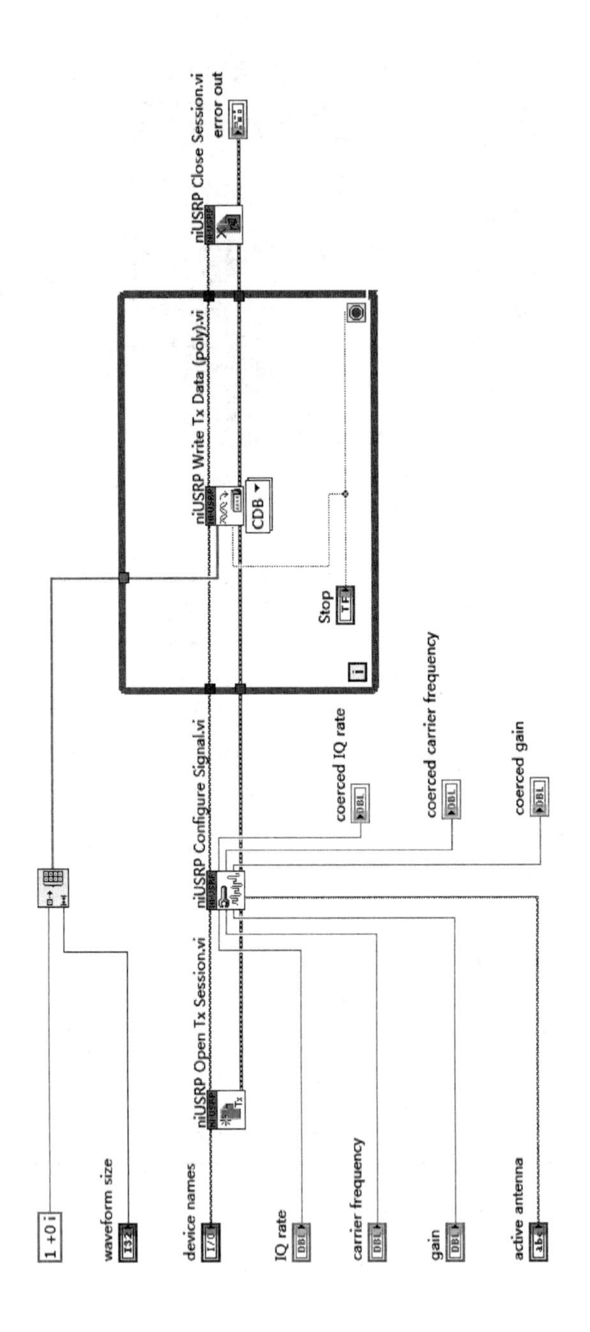

图 9-13 正弦信号发射的程序框图

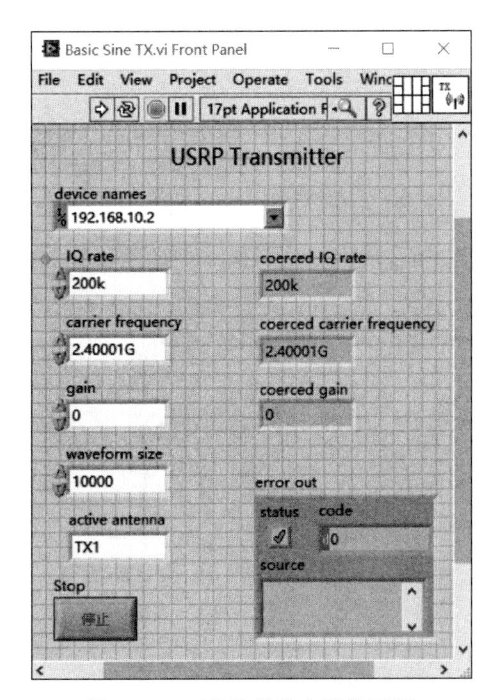

图 9-14　正弦信号发生器前面板

9.3.2　正弦信号的接收

USRP 可以创建接收模块接收已经发射的正弦信号。为了验证发射是否成功，接下来采用 LabVIEW 工具库中的函数模块构建接收程序框图，并进一步在波形图中观测接收 I/Q 信号的时域波形和频谱。具体编程步骤如下。

(1) 创建一个空 VI，在函数选板中找到 Instruments I/O→Instrument driver→NI USRP→Rx→Open Tx Session 函数模块，在程序框图创建 Open Rx Session 模块。与发射机模块类似，创建一个 Device name 输入控件。

(2) 创建 Configure Signal 模块，依次创建 IQ Rate、Carrier Frequency、gain 和 active antenna 4 个输入控件。依次创建 IQ Rate、Carrier Frequency 和 gain 3 个显示控件。接着创建一个 Initiate 模块，将 3 个模块的 session handle 端口连接起来。

(3) 创建一个 While 循环，创建一个停止按钮，然后在循环体中创建 Fetch Rx Data (poly)模块，该模块可以获取 USRP 接收的数据。将两个模块的 session handle 端口连接起来，在 While 循环体中创建 Complex to Re/Im 模块，这个模块可以输出接收波形的实部和虚部。

(4) 在前面板中创建两个波形图显示控件，在程序框图中将对应的波形图显示控件的图标放置在 While 循环体中，并将提取的实部和虚部合并后输入波形图显示控件中。创建一个频谱测量工具，将其测量的频谱输出至另外一个波形图显示控件之中。

(5) 创建一个 niUSRP Abort 模块和一个 niUSRP Close Session 模块。将错误端口依次连接，构成错误输出管道，最后的程序框图如图 9-15 所示。同时运行所创建的正弦信号发射程序和接收程序，在波形图中观察接收信号的同相和正交分量的波形，以及它们的频谱。

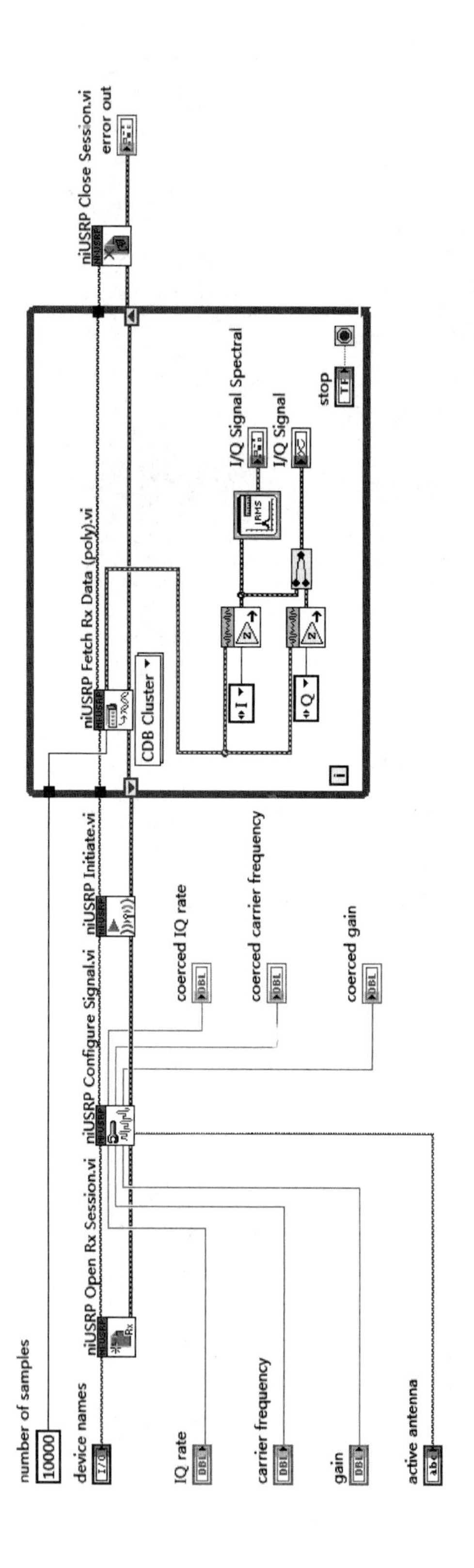

图 9-15　正弦信号接收端程序框图

同时运行发射机和接收机程序的时候，在接收端可以看到一对幅度为0.5的正弦信号出现，如图9-16所示。通过信号频谱图可以看到信号的频率为10kHz。这个时候，就成功接收到了一对正弦信号。

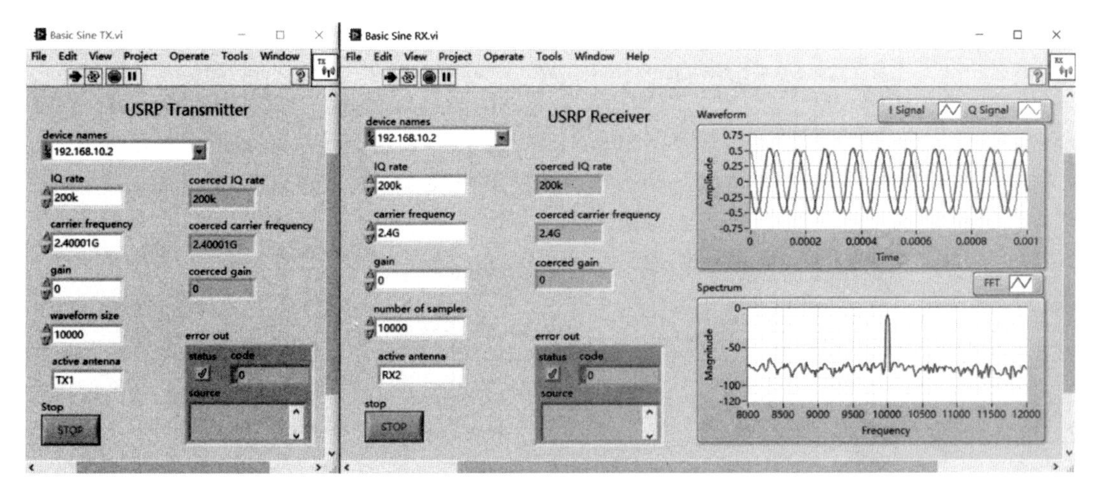

图9-16　正弦信号接收端前面板

9.3.3 USRP控制参数

接下来，将介绍正弦信号接收实例中的各个参数的用法。USRP可以通过配置物理层参数定义无线电。USRP可以配置的参数有6个：IP地址、I/Q采样率、载波频率、天线、增益和采样缓存。下面将逐一介绍这6个参数。

1. IP地址

主机和USRP通信之前，需要正确配置IP地址。这里需要注意两点：①USRP的IP地址必须和主机的IP地址在同一个网段；②niUSRP Open Tx Session模块和niUSRP Open Rx Session模块配置的IP地址必须与USRP本身的IP一致。

2. I/Q采样率

I/Q采样率即是每秒钟获得I/Q采样值的数目。设置合理的I/Q采样率可提高主机的运行效率。例如，在语音收发实验中，语音信号的频率范围是0～20kHz，所以I/Q采样率设置为200kHz就足够恢复原始的语音信号。

3. 载波频率

载波频率就是中心频率，有效值为400MHz～4.4GHz。在调频收音机实验中，可以设置的中心频率为87.5～107MHz；在正弦信号收发实验中，载波频率设置为2.4GHz。

4. 天线

USRP有两根天线：TX1/RX1和RX2，在正弦信号收发实验中，发射机天线设置为TX1，接收机天线设置为RX2。

5. 增益

增益指的是模拟信号增益，即在ADC之前或DAC之后信号的增益，有效值为0～38dB。值得注意的是，接收通道增大增益，同时也会放大噪声。

6. 采样缓存

当 I/Q 采样率一定时，采样缓存的大小等于采样率和采样时间的乘积。当采样时间一定时，采样率越大，采样缓存越多，消耗主机的内存也就越大，需要进行信号处理数据越多，程序运行时可能会出现卡机现象。

9.3.4 USRP 驱动模块

通过 USRP 驱动模块，可以实现对 USRP 的控制，那么这些模块是如何组织起来的呢？从功能上看，USRP 驱动模块可以分为 3 类：配置类模块、读/写类模块和关闭类模块，各类模块之间的逻辑连接关系如图 9-17 所示。

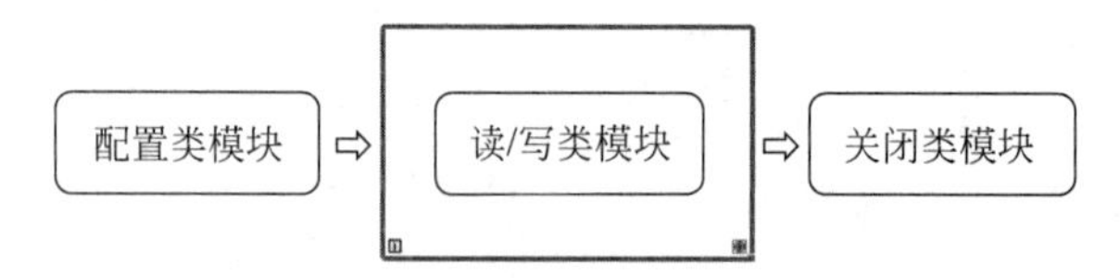

图 9-17 USRP 模块的连接关系

其中，读/写类模块需要放在循环体中，对数据进行循环读/写操作；读/写完毕后需要关闭会话，释放资源。下面将逐一介绍各个模块的功能，模块分类如图 9-18 所示。

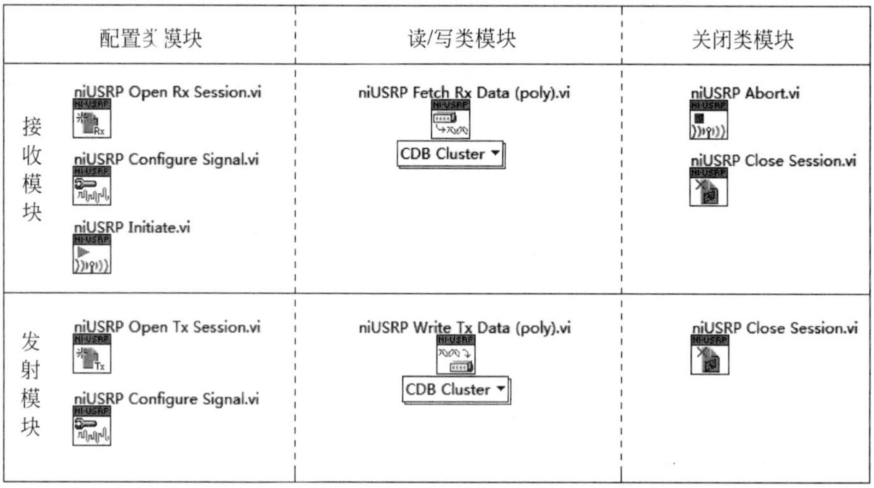

	配置类模块	读/写类模块	关闭类模块
接收模块	niUSRP Open Rx Session.vi niUSRP Configure Signal.vi niUSRP Initiate.vi	niUSRP Fetch Rx Data (poly).vi CDB Cluster	niUSRP Abort.vi niUSRP Close Session.vi
发射模块	niUSRP Open Tx Session.vi niUSRP Configure Signal.vi	niUSRP Write Tx Data (poly).vi CDB Cluster	niUSRP Close Session.vi

图 9-18 USRP 模块分类

1. niUSRP Open Rx Session. vi

niUSRP Open Rx Session 模块的功能是为射频信号的接收创建一个会话句柄(Session Handle)，如图 9-19 所示，该模块的功能是配置接收 USRP 的 IP 地址，输出的是会话句柄。

2. niUSRP Configure Signal. vi

niUSRP Configure Signal 模块的主要功能是配置 I/Q 速率、载波频率、射频增益和天线 4 个参数，如图 9-20 所示。该模块具有参数自动纠正功能。例如，当载波频率的设置超过硬件使用范围时，该模块将频率自动设置为硬件使用范围的上限，同时，输出端可以显示实际配置的 USRP 频率。该模块既可以用于配置发射机，也可以用于配置接收机。

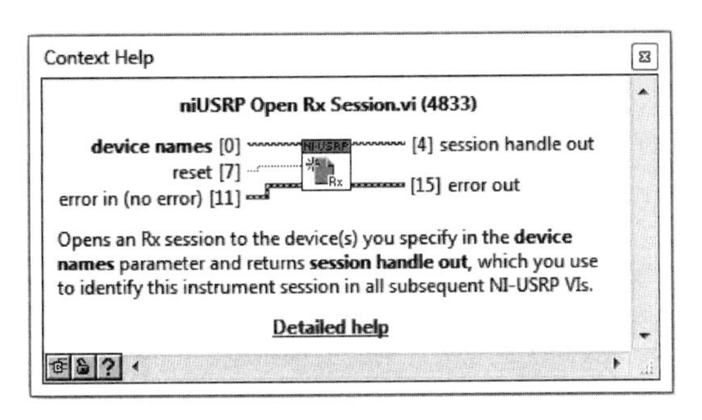

图 9-19 niUSRP Open Rx Session. vi

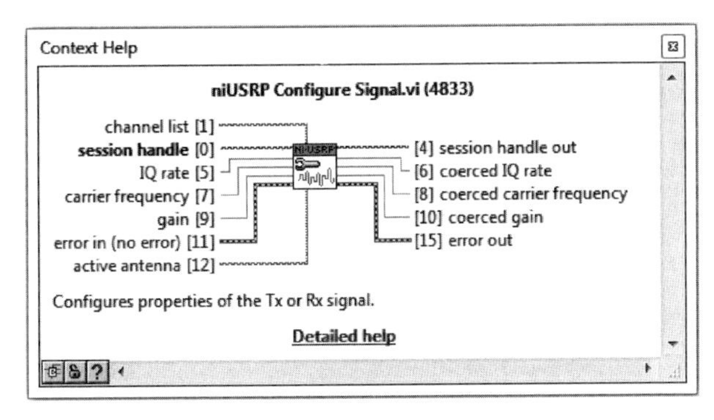

图 9-20 niUSRP Configure Signal. vi

3. niUSRP Initiate. vi

niUSRP Initiate 模块的功能是启动接收会话，告诉 USRP 接收参数配置已经完成，USRP 可以开始捕获 I/Q 数据，如图 9-21 所示。

4. niUSRP Open Tx Session. vi

niUSRP Open Tx Session 模块是发射机 IP 配置模块，它的主要功能是配置发射机的 IP 地址，并返回一个会话句柄，如图 9-22 所示。

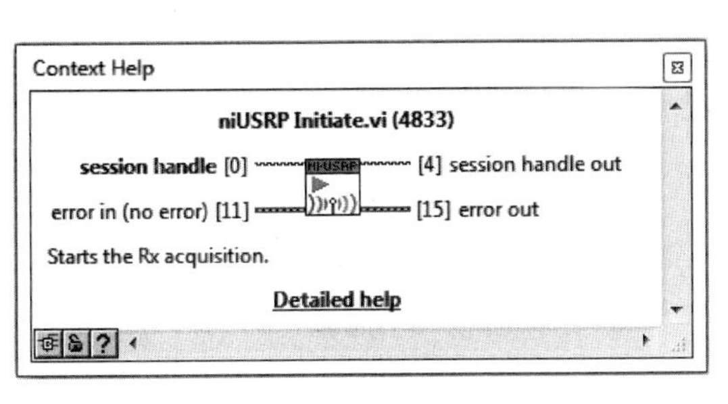

图 9-21 niUSRP Initiate. vi

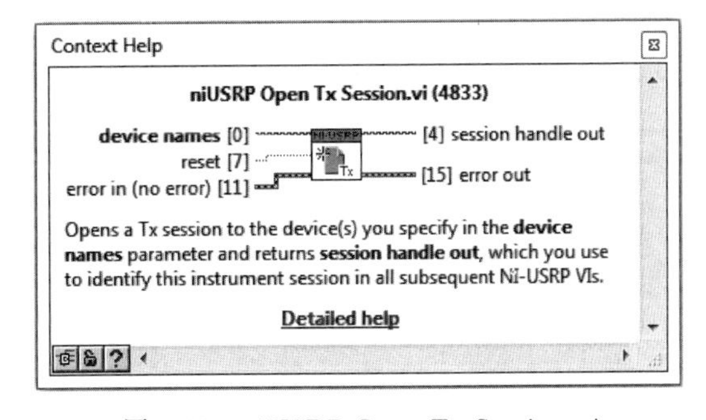

图 9-22 niUSRP Open Tx Session. vi

5. niUSRP Fetch Rx Data(poly). vi

niUSRP Fetch Rx Data 模块的功能是从 USRP 中读取接收的数据，如图 9-23 所示，注意该模块输出的是复基带信号。

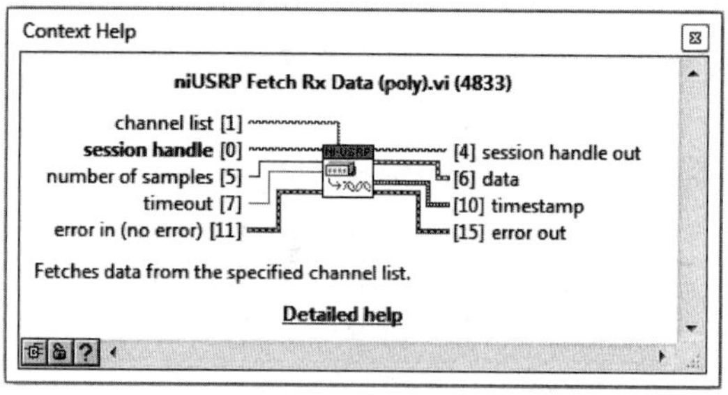

Context Help
niUSRP Fetch Rx Data (poly).vi (4833)
channel list [1]
session handle [0]
number of samples [5]
timeout [7]
error in (no error) [11]
[4] session handle out
[6] data
[10] timestamp
[15] error out
Fetches data from the specified channel list.
Detailed help

图 9-23　niUSRP Fetch Rx Data(poly). vi

6. niUSRP Write Tx Data(poly). vi

niUSRP Write Tx Data 模块的功能是向 USRP 写入数据，如图 9-24 所示。需要注意的是，该模块输入的数据是复基带信号。

Context Help
niUSRP Write Tx Data (poly).vi (4833)
channel list [1]
session handle [0]
data [5]
timeout [7]
end of data? [9]
error in (no error) [11]
use waveform dt for IQ rate? [12]
[4] session handle out
[15] error out
Writes data to the specified channel list.
Detailed help

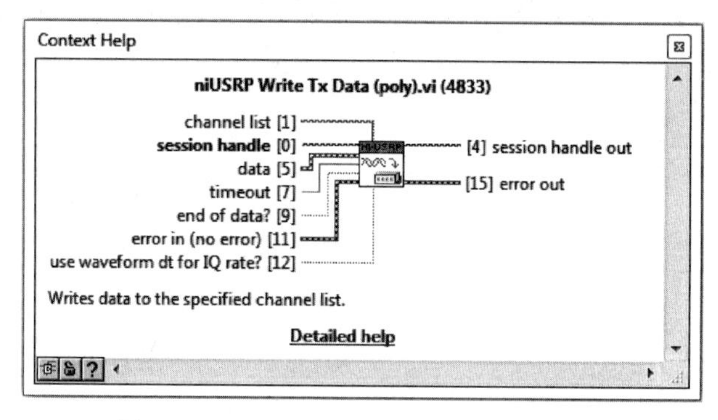

图 9-24　niUSRP Write Tx Data(poly). vi

7. niUSRP Abort. vi

niUSRP Abort 模块的作用是暂停一个获取进程，可以在不关闭会话的条件下修改配置参数，如图 9-25 所示。

8. niUSRP Close Session. vi

niUSRP Close Session 模块的作用是关闭会话，释放 USRP 缓存，如图 9-26 所示，注意在循环读写结束时，要调用该模块。

Context Help
niUSRP Abort.vi (4833)
session handle [0]
error in (no error) [11]
[4] session handle out
[15] error out
Stops an acquisition previously started.
Detailed help

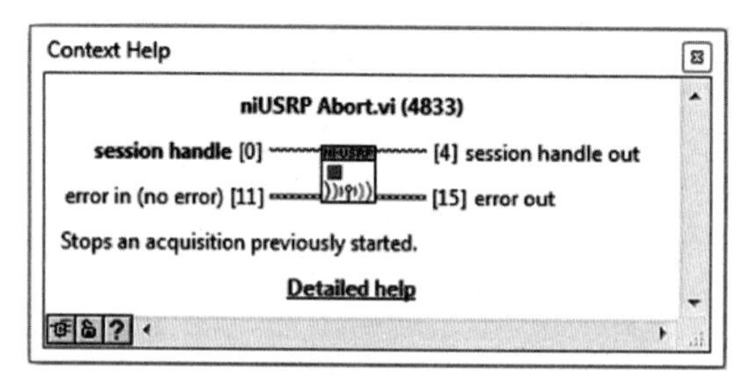

图 9-25　niUSRP Abort. vi

Context Help
niUSRP Close Session.vi (4833)
session handle [0]
error in (no error) [11]
[15] error out
Closes the session handle to the device.
Detailed help

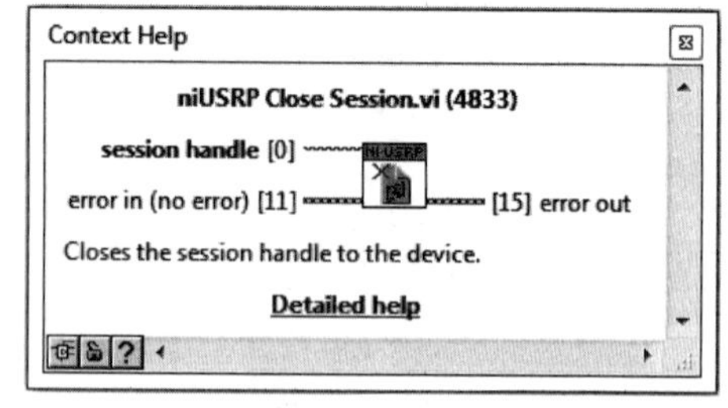

图 9-26　niUSRP Close Session. vi

9.4 基于USRP的FM收发机

9.4.1 基于USRP的FM发射机

FM复基带信号生成分为4大步骤：读取音乐信号、上采样、FM调制和复基带信号创建，如图9-27所示，通过USRP接口函数模块，就可以将创建的复基带信号变成实际的物理信号，并通过天线辐射到空间中。

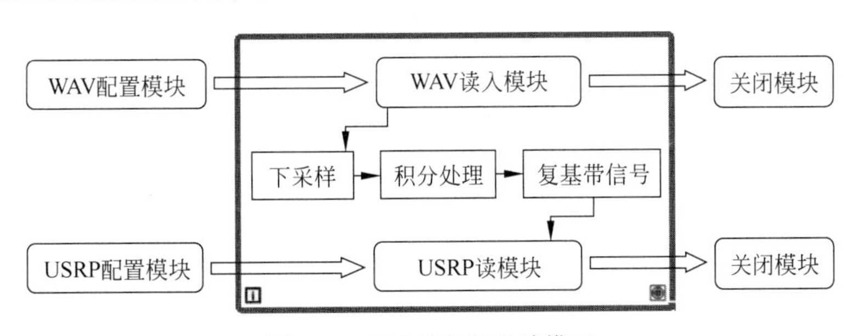

图9-27 FM发射机设计模型

(1) 新建一个空白的VI，根据图9-27所示的FM发射机设计模型，创建一个While循环。然后再创建Sound File Info、Sound File Open和Sound File Read 3个模块。将WAV格式的音乐信号读入While循环体内。注意：读取后的数据是一个簇数组，只有数组的第1项有数据，可以利用数组处理模块获取簇数组第1项的值作为基带信号。

(2) 对读入循环体内的信号进行上采样处理。由于WAV信号的采样率为44.1kS/s，而设置的I/Q采样率为200kS/s，因此需要对原WAV信号进行上采样处理。在函数选板中的Signal Processing→Signal Operation路径找到并创建一个Rational Resample模块。需要注意的是，Rational Resample模块需要输入resample factor。resample factor是一个簇结构，第1个元素是decimation，第2个元素是interpolation，其中decimation设置为wav sample rate，interpolation设置为IQ rate。

(3) 进行FM调制过程中的积分处理。根据FM调制原理，这里需要使用积分器模块，在路径Mathematics→Integration & Differentiation找到Integral x(t)模块，将Rational Resample模块的Y输出端连接到Integral x(t)模块的X输入端，此外，该积分器模块还需要输入采样间隔dt，将IQ rate的倒数作为采样间隔dt。

(4) 将积分后的信号作为相位，计算FM复基带信号的I路信号和Q路信号。创建两个乘法器，将积分器输出的信号乘以2π。然后再乘以FM最大频偏，乘法器输出的信号通过cos和sin两个函数进行处理，然后利用Re/Im toCmplex模块，将得到FM复基带信号。

(5) 将FM复基带信号直接输出到niUSRP Write Tx Data (poly)模块中，将FM复基带信号写入USRP。这里需要注意，控制USRP还需要创建Open Tx Session、Configure Signal和Close Session 3个模块，它们的用法和正弦信号发射机相同。FM发射机的程序框图如图9-28所示。

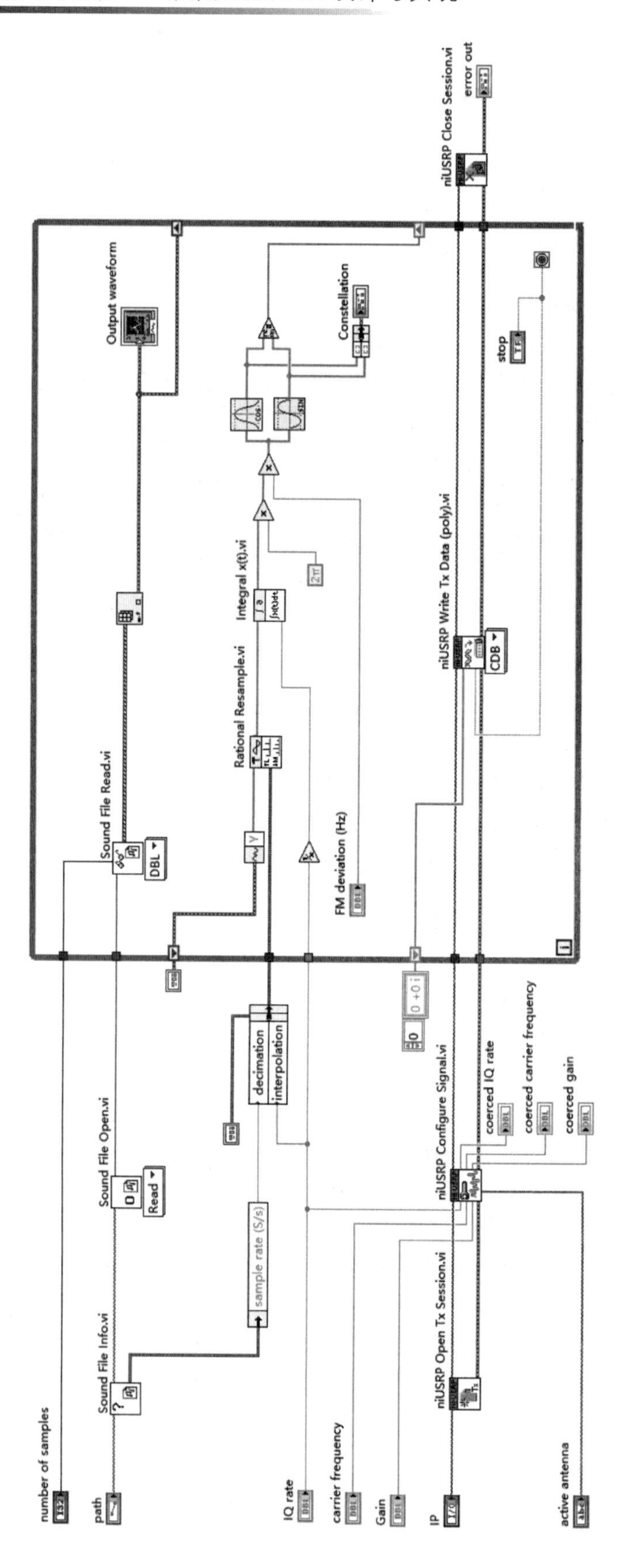

图 9-28 FM 发射机程序框图

（6）回到前面板，配置硬件参数，选择一个 WAV 文件，运行程序，可以看到，FM 复基带信号的实部和虚部构成的星座图是一个圆，如图 9-29 所示。

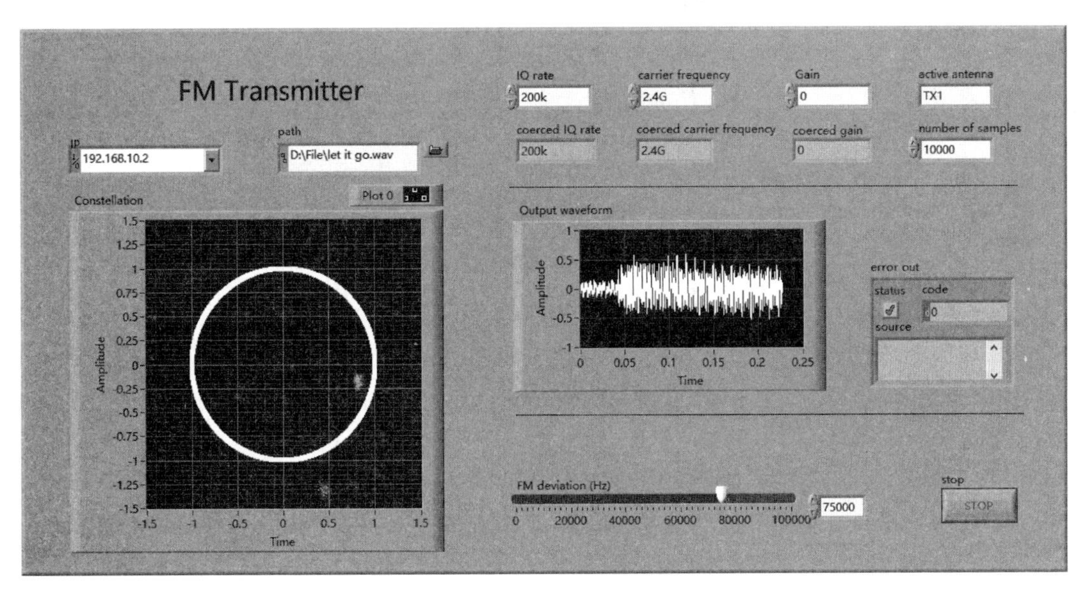

图 9-29　FM 发射机前面板

9.4.2　基于 USRP 的 FM 接收机

FM 解调处理有 5 个主要步骤：计算复基带相位、相位展开、微分处理、下采样和音乐信号播放，如图 9-30 所示。

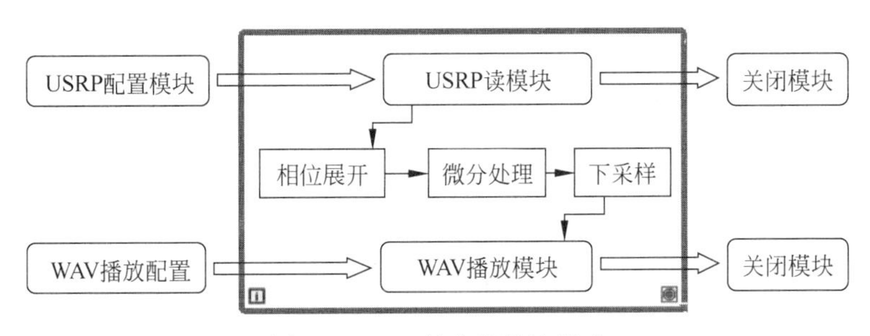

图 9-30　FM 接收机设计模型

（1）新建一个空白的 VI，在前面板依次创建 niUSRP Open Rx Session、niUSRP Configure、niUSRP Initiate、niUSRP Fetch Rx Data、niUSRP Abort 和 niUSRP Close 6 个模块，按照正弦信号接收的例子，配置并连接这些模块。

（2）利用 Comlex to polar 模块计算 FM 复基带信号的相位。利用 Unwrap Phase 模块进行相位展开。Unwrap Phase 模块的作用是将不连续的相位变成连续相位，Unwrap Phase 模块在函数选板中的位置如图 9-31 所示。

（3）创建一个 Derivative x(t)微分处理模块，在 Mathematics→Integration & Differentiation 路径可以找到 Derivative x(t)模块。将 Unwrap Phase 模块的 Unwrapped Phase 输出端连

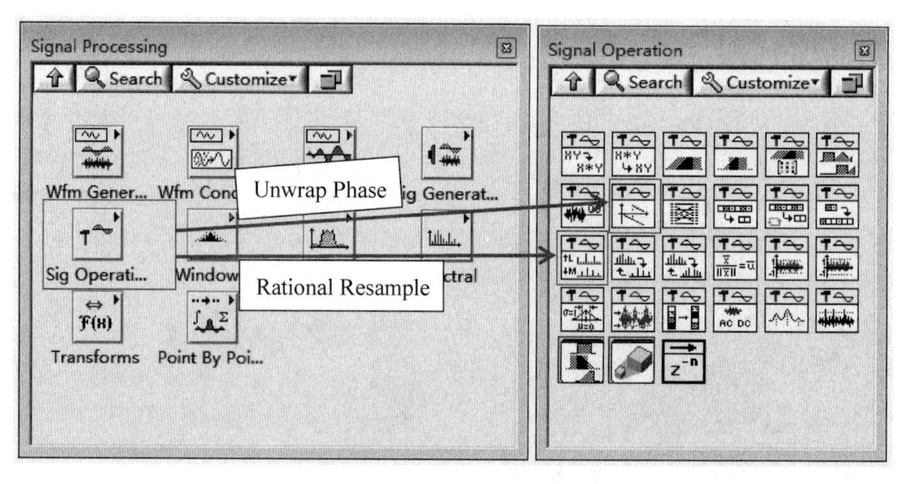

图 9-31 Unwrap Phase 模块

接到 Derivative x(t)模块的输入端。右击该模块的 method 端口，在弹出的菜单中选择 Create→Constant，创建一个数值常量，在弹出的选项中选择 Backward。

(4) 波形重采样处理。由于接收信号的 I/Q 采样率为 200kS/s，而音乐信号播放模块的采样率为 44.1kS/s，因此需要重采样。重采样 Rational Resample 模块在函数选板中的路径如图 9-31 所示。Rational Resample 模块需要输入 resample factor，其 decimation 设置为 IQ rate，interpolation 设置为 wav sample rate。

(5) 创建一个 Build Waveform 模块，该模块可以将数组和 dt 值写到波形结构中。注意：dt 的值设置为 wav sample rate 的倒数。创建一个频谱测量模块，用于显示解调后基带信号的频谱。

(6) 创建音乐播放模块，将 FM 解调后的信号通过扬声器播放出来。依次创建 Sound Output Configure、Sound Output Write 和 Sound Output Clear 这 3 个模块。创建一个归一化处理 Normalize Waveform 模块，将 Build Waveform 模块的输出端连接到 Normalize Waveform 模块的输入端，将 Normalize Waveform 模块的输出端连接到 Sound Output Write 模块的输入端，程序框图如图 9-32 所示。

(7) 切换到前面板，参数设置如图 9-33 所示。运行发射机程序，同时运行接收机程序。如果程序正确且 USRP 正常运行，就可以听到音乐，并且在 XY 图控件中可以看到 FM 接收星座图和 FM 解调后信号的频谱。

9.4.3 基于 USRP 的研究项目

USRP 作为高性能的软件无线电平台，还可以用于前沿技术研究，如 5G 通信系统、Wi-Fi 系统、雷达系统、物联网等。表 9-3 列出了《无线研究手册》(第 3 版)介绍的部分研究项目[①]。

① http://ec.chinaaet.com/ni/academy

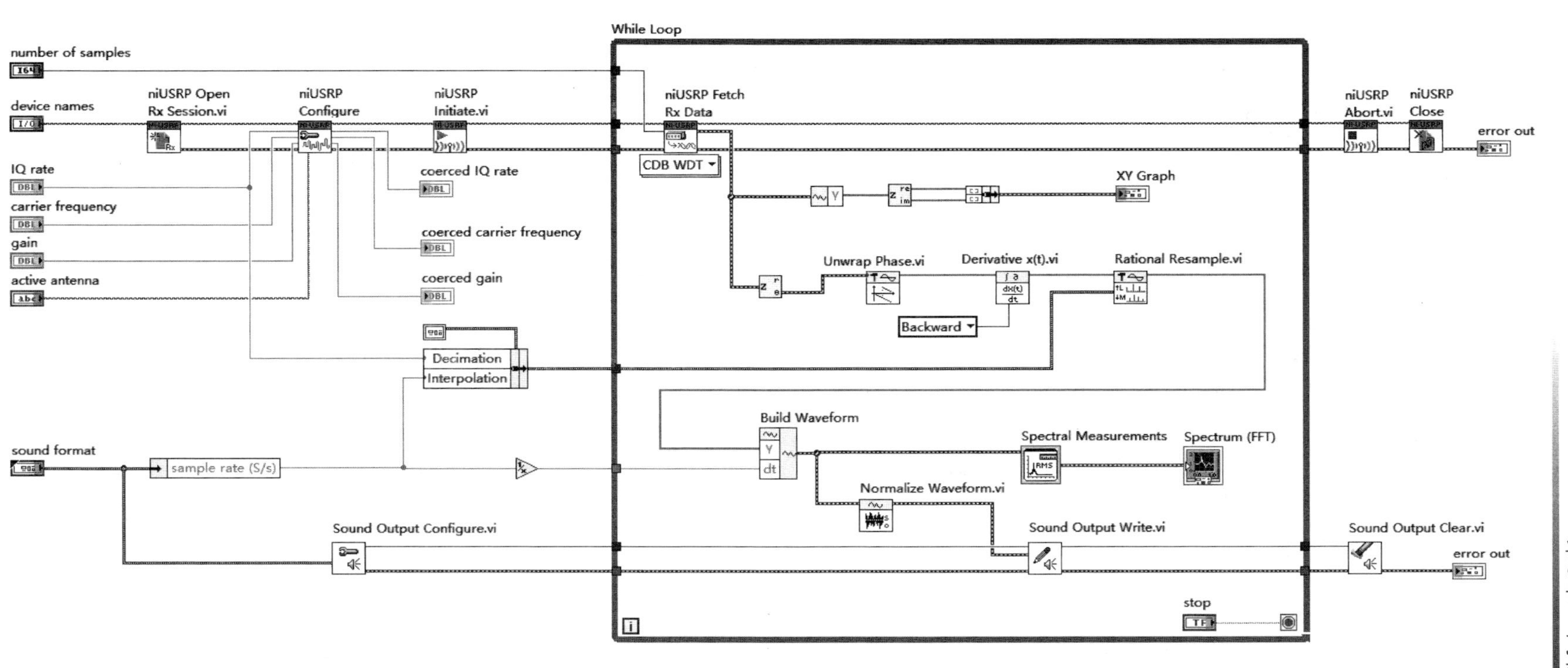

图 9-32　FM 接收机程序框图

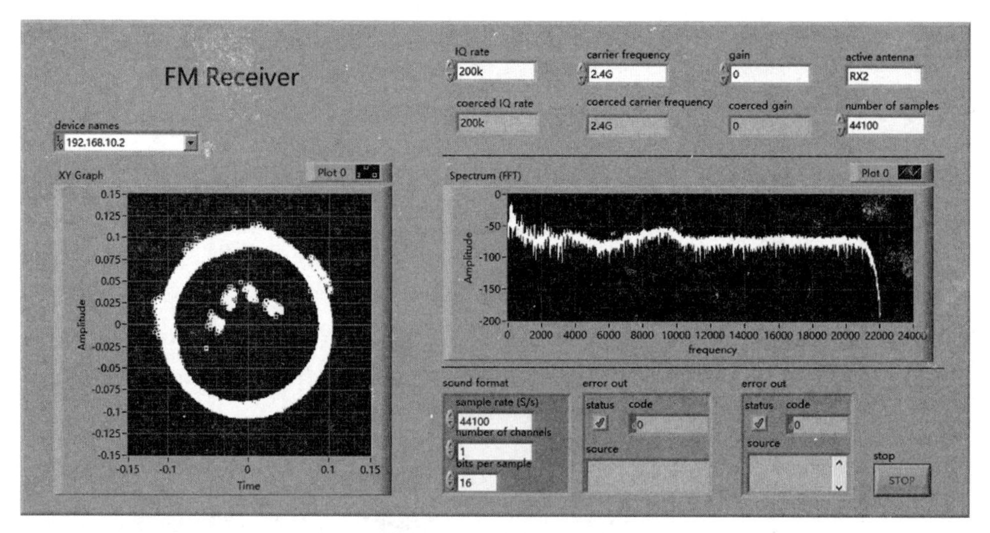

图 9-33　FM 接收机前面板

表 9-3　无线研究项目

序　　号	分　　类	研究课题
1	5G 通信	针对 5G 及未来应用的基于 UTW-OFDM 的灵活波形方案[1]
2		5G D2D 通信实验 SDR 平台[2]
3		全双工软件无线电技术[3]
4		带宽压缩的高频谱效率通信系统[4]
5		并行信道探测仪平台方案[5]
6		分布式大规模 MIMO：TDD 互易校准算法[6]
7	雷达	基于雷达应用的宽带多通道信号系统[7]
8		无源和有源雷达成像系统[5]
9		基于多天线技术的可靠无线通信系统[8]
10	物联网	基于工业物联网未来工厂的无线电传播分析系统[7]

9.5　本章小结

USRP 是一款高性能的通用软件无线电外设，可以用于无线通信实验教学和研究。

本章首先对 USRP 的基本功能作了简要介绍，然后详细介绍了 USRP 各个接口的功能以及 USRP 内部的逻辑结构。

---

① http://www.dco.cce.i.kyoto-u.ac.jp/en/

② http://seemoo.tu-darmstadt.de/

③ https://www.esat.kuleuven.be/telemic/research/NetworkedSystems

④ https://www.ucl.ac.uk/iccs/

⑤ http://www.sim.ac.cn/

⑥ http:/seemoo.tu-darmstadt.de/

⑦ http://www.elka.pw.edu.pl/

⑧ http://www.es.aau.dk/

接着通过 USRP 频谱扫描实例，介绍了 USRP 接收机的使用方法。再通过一个正弦信号接收实例，介绍了 USRP 接口函数使用方法。

最后，以 USRP 的 FM 收发机为例，介绍了基于 USRP 和 LabVIEW 的软件无线电收发系统设计和实现方法。

第10章 数字通信算法

CHAPTER 10

软件无线电的核心思想是将更多的基带信号处理交给PC端来完成。在无线通信链路中，基带信号处理包含数字调制/解调、脉冲成形/匹配滤波、符号同步、帧同步、频偏校正、信道估计、时域/频域均衡、信道编码/解码和多天线传输等。本章将介绍这些信号处理模块。

10.1 数字通信算法简介

在无线通信中，复杂问题主要来源于无线信道，如无线信道的衰落、传播时延、多径效应和多普勒频移等，正是这些实际的问题，使接收端信号处理过程变得十分复杂。针对这些问题，无线通信的早期研究已经给出了成熟的解决方案。近些年，随着5G时代的到来和社会生活方式的变化，如直播业务的急剧增长、高铁出行使终端移动速度加快等，无线通信技术也面临了新的问题和挑战，与此同时，新的通信算法也相继被提出、应用和完善。

无线通信算法是无线通信技术中的核心，也是解决这些问题的关键。对于初学者，要直接理解这些算法是相当困难的，因为开发者除了需要具备专业的通信知识外，还需要具备微积分、线性代数和概率论等数学基础。接下来，本章将采用通俗的语言，并结合实例介绍这些无线通信算法，以摆脱底层数学知识的束缚，使初学者能够直观地理解这些算法的基本功能。本章将着重介绍接收端基带信号处理算法，具体算法如下①。

(1) 最大似然估计算法：应用在数字解调模块中，进行抽样判决。

(2) 匹配滤波算法：应用在匹配滤波模块中，使符号抽样获得最大信噪比。

(3) 最大功率法：应用在符号同步模块中，输出最佳符号抽样时刻。

(4) 滑动相关算法；应用在帧同步模块中，输出训练序列所在的位置。

(5) 摩尔(Moose)算法：应用在频偏校正模块中，以消除频偏的影响。

(6) 时域均衡算法：应用在窄带时域均衡模块中，以消除多径效应的影响。

(7) 最小二乘法：应用在窄带通信系统中，进行窄带信道估计。

(8) Bit-Flipping算法：应用在信道解码模块中，提高传输的可靠性。

除了基本的算法之外，本章最后还将介绍正交频分复用(Orthogonal Frequency Division Multiplexing，OFDM)和多天线传输(MIMO)两种典型的传输技术。

---

① Digital Wireless Communication: Physical Layer Exploration Lab Using the NI USRP，2012.

10.1.1　多径传播模型

加性高斯白噪声(Additive White Gaussian Noise,AWGN)信道是数字通信算法仿真中通常采用的信道模型。这种信道假设噪声服从高斯分布,对噪声进行建模。在实际的无线通信链路中,往往还需要考虑信号的衰减、传播时延、多径效应等实际问题,并且需要对这些特征进行建模,码间干扰(Inter Symbol Interference,ISI)信道通常会被采用。一个含有两条路径的传播信道如图 10-1 所示。

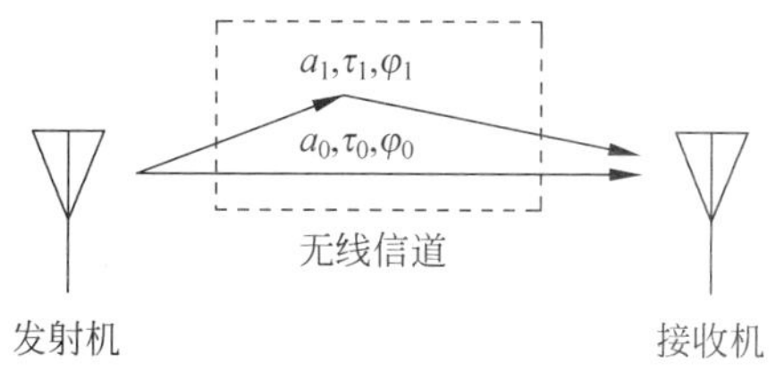

图 10-1　无线信道模型

假设无线信道有一条直射路径和一条反射路径,路径衰减分别为 α_0 和 α_1;传播时延分别为 τ_0 和 τ_1;相位偏移分别为 φ_0 和 φ_1;信道噪声为加性高斯白噪声为 $v(t)$,则接收的信号 $z(t)$ 可表示为

$$z(t)=\alpha_0 e^{j\varphi_0}x(t-\tau_0)+\alpha_1 e^{j\varphi_1}x(t-\tau_1)+v(t) \tag{10-1}$$

由于无线电波存在反射、散射和衍射等传播机制,所以实际的无线信道拥有无数条路径,且随着时间和空间不断变化,要完全描述这种信道是十分复杂的。本章为了避免复杂的公式推导,将采用式(10-1)所示的信道模型进行分析和讨论。

10.1.2　基带信号处理流程

前面的章节已经介绍了软件无线电测试平台的搭建方法:一台普通的计算机连上一台软件无线电外设。在普通计算机上,进行的是数字基带信号处理,如信源编码/解码、符号映射/抽样判决、脉冲成形/匹配滤波和同步等处理;在软件无线电上,进行的是中频信号和射频信号处理,如数字上变频/下变频、数模转换/模数转换、模拟上变频/下变频、镜像抑制和滤波等,信号处理流程如图 10-2 所示。

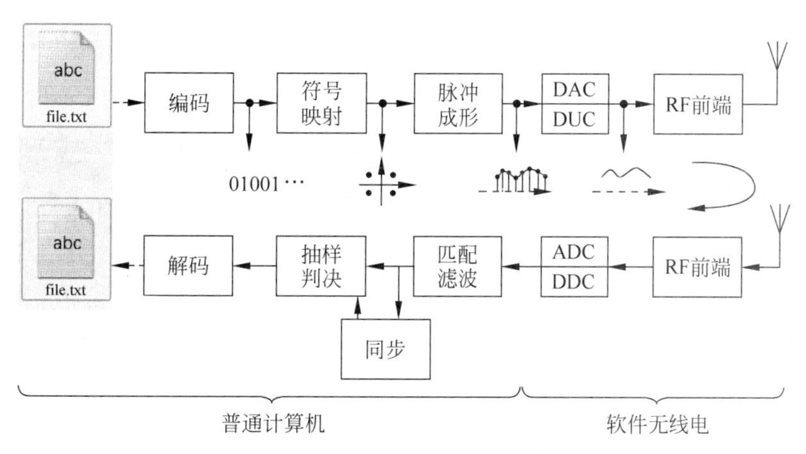

图 10-2　无线信号处理流程

需要注意的是,除了这些基本的功能模块之外,如果考虑采用 ISI 信道模型,还需信道估计、时域均衡和频偏纠正等模块,对无线信道产生的问题进行处理,关于这些模块功能,将

在后面介绍。

10.1.3 星座图测量

星座图是测量数字通信系统性能的主要工具，通过测量接收符号的星座图，就能够直观地看出系统的噪声、频率偏移和相位偏移等情况。QPSK 的星座图如图 10-3 所示，星座图的横坐标表示 I 路信号，纵坐标表示 Q 路信号。

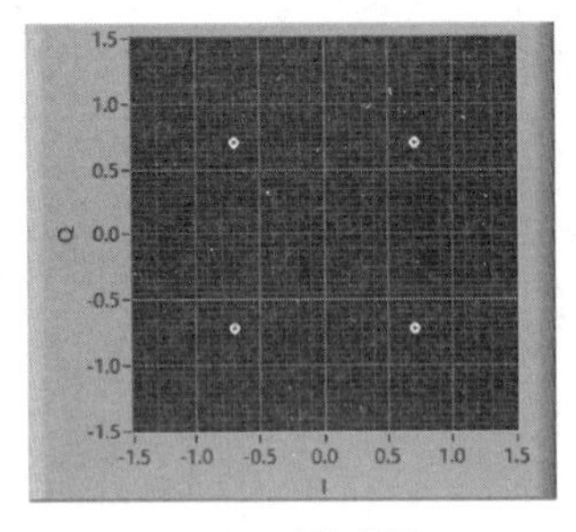

(a) QPSK星座图

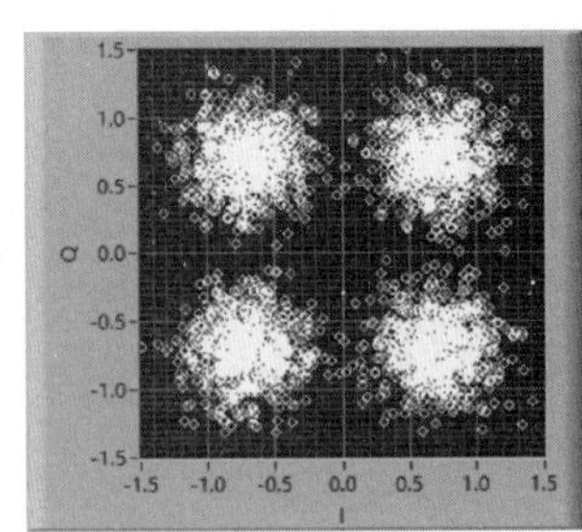

(b) 噪声：−10dB

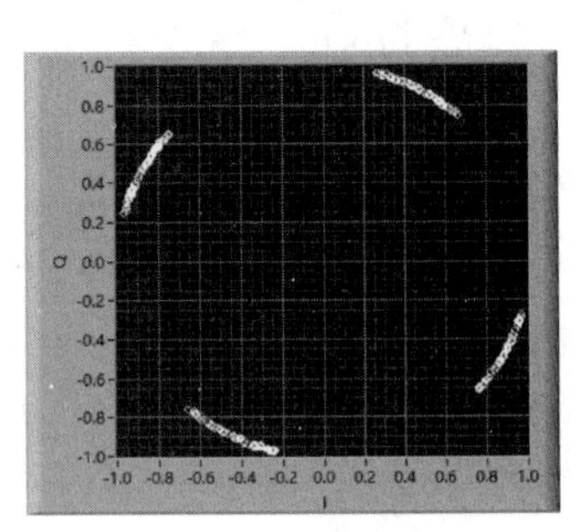

(c) 频偏：200Hz

图 10-3　QPSK 的星座图

星座点越集中，说明系统的传输性能越好，反之则说明性能越差。如图 10-3(b)所示，当系统噪声较大时，星座点也随之发散，当星座点扩散到其他象限时，就会引起误码。通过星座图还可以观测系统频偏情况，如图 10-3(c)所示，当系统出现频偏时，星座点会发生逆时针旋转。

10.1.4 眼图测量

眼图是测量数字通信系统传输性能的另一个重要工具。与星座图不同，眼图测量的对象是复基带信号。通过眼图，不仅可以观测到系统噪声，还可以观测符号间干扰、最佳采样时刻、定时误差等相关情况。例如，QPSK 的眼图如图 10-4 所示，从图 10-4(b)中可以看出，当系统中存在噪声时，眼图线宽将增大；从图 10-4(c)中可以看出，当系统中存在多径时，眼图张开程度降低。

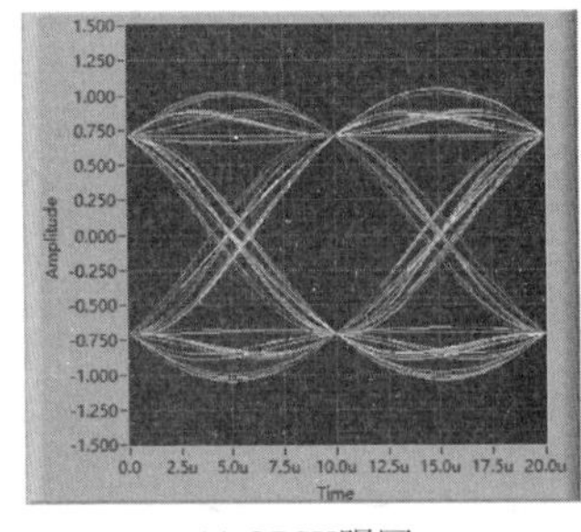

(a) QPSK眼图

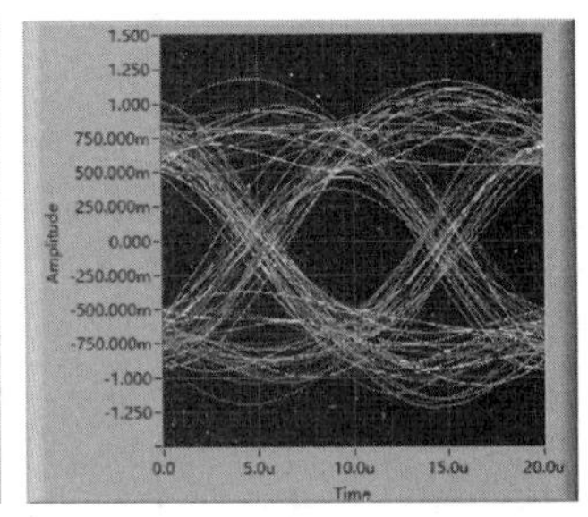

(b) 噪声：−15dB

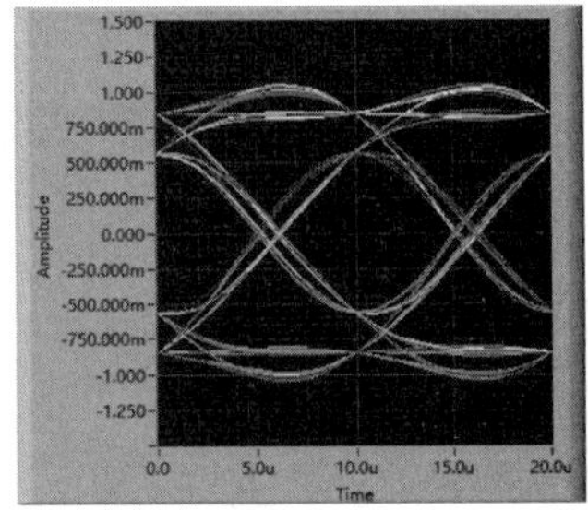

(c) 多径效应

图 10-4　QPSK 的眼图

在同一个波形图中显示相邻多个符号周期对应的波形，就形成了眼孔图样。如图 10-4(a)所示，在 QPSK 中，3 个符号周期对应有 8 种可能的波形，将这 8 种波形叠加在同一个窗口中，就形成了外形看上去像人眼的图，因此称为“眼图”。在通信系统中，通常利用眼图判断码间干扰情况，以及确定接收符号的最佳采样时刻。例如，根据奈奎斯特第一准则，最佳采样时刻是“眼睛”张开程度最大时对应的时刻。

10.2 数字调制和解调

数字调制和解调模块是数字通信系统中的两个核心模块。接下来将详细介绍这两个模块的基本原理和实现方法。

10.2.1 技术需求

在高通骁龙 835 芯片的技术指标中，LTE 下行链路支持 256QAM、上行链路支持 64QAM。这里的 256QAM 和 64QAM 表示的是什么意思呢？它们又是如何实现的呢？这里的 QAM，指的就是正交幅度调制。接下来将详细介绍这种调制技术。

10.2.2 符号映射

比特和符号都是信息的表示方式。显然，比特无法直接在物理信道上进行传输，需要映射成为某种波形才能够在物理信道上进行传输。在数字系统调制中，调制的目的是将比特映射成符号。例如，在 4QAM 调制系统中，00 映射成为初相位为 $\pi/4$ 的余弦信号；01 映射成为初相位为 $3\pi/4$ 的余弦信号；11 映射成为初相位为 $5\pi/4$ 的余弦信号；10 映射成为初相位为 $7\pi/4$ 的余弦信号，如图 10-5 所示。为了表示方便，将余弦信号表示成一个复数，复数的实部和虚部由 I 路信号和 Q 路信号构成，这个复数就是数字调制符号，将调制符号表示在直角坐标中，就可以看到对应的星座图。

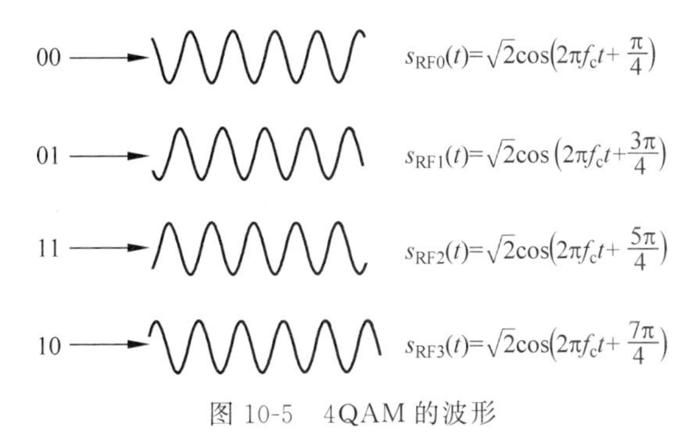

图 10-5 4QAM 的波形

星座图和符号映射都可以定义比特和符号之间的映射关系。如图 10-6 所示，在 4QAM 符号映射表中，给出了这 4 种比特组合（00，01，11，10）与符号之间的对应关系，接收机只要按照相同的符号映射表进行解码，就可以根据接收符号恢复出原始比特。需要注意的是，这里星座图中采用了格雷编码。

10.2.3 抽样判决

经过无线信道之后的符号是含有噪声的，如何对含有噪声的符号抽样进行判决，是接收机解调模块需要解决的问题。理论上，最大似然估计算法就可以解决这个问题。假设噪声

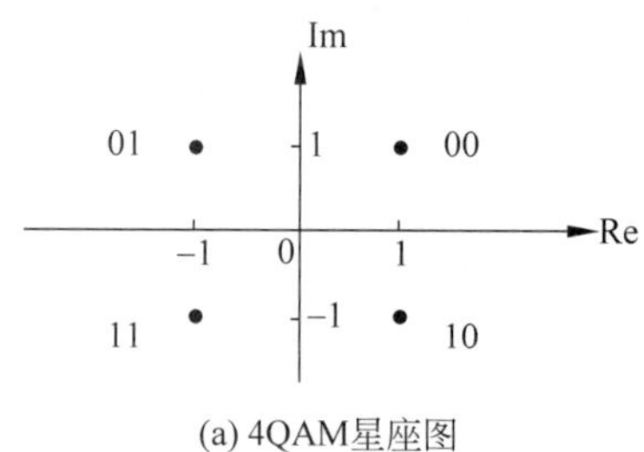

(a) 4QAM星座图

4QAM	
比特	符号
00	1+1i
01	−1+1i
11	−1−1i
10	−1+1i

(b) 4QAM符号映射表

图 10-6　符号映射

服从高斯分布，抽样判决的过程如下：首先计算接收符号和参考符号之间的欧氏距离，然后找到欧氏距离最短的那个参考符号作为判决结果，最后通过符号逆映射进行比特恢复，这种方法也称为最大似然估计算法。

如图 10-7 所示，在 4QAM 接收星座图中，设实心的点表示参考符号，空心的圆圈表示接收的符号，最大似然估计法首先计算接收符号与参考符号之间的欧氏距离 d_1、d_2、d_3、d_4，显然，d_1 最小，这就意味着参考符号(0.707+0.707i)将作为判决结果，根据符号映射表，可以得到解码结果为 00。

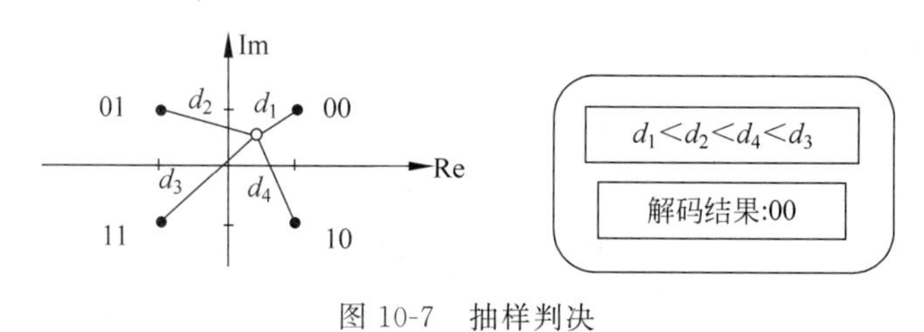

图 10-7　抽样判决

10.3　脉冲成形和匹配滤波

脉冲成形和匹配滤波是无线电收发两端复基带波形处理的关键模块。接下来将详细介绍脉冲成形和匹配滤波这两个模块的基本原理和实现方法。

10.3.1　技术需求

调制符号要变成基带波形，才能在物理信道上进行传输，这就需要有相应的系统来做变换处理，脉冲成形模块就可以实现这个功能。在设计脉冲成形系统时，需要考虑两个因素：①为了防止频谱泄漏，需要控制脉冲成形后波形信号的带宽；②为了提高系统传输性能，需要尽可能减小符号间干扰。

在接收端，为了满足最佳接收机的设计要求，通常不是直接使用升余弦滚降函数作为脉冲成形函数，而是采用它的一种改进，即根升余弦滚降函数作为脉冲成形函数，这种改进能够使抽样符号获得最大信噪比。

10.3.2　脉冲成形模型

脉冲成形的目标是将调制符号映射成基带波形。简单来说，基带波形的生成过程分为

3 步：①符号上采样；②脉冲函数设计；③卷积运算。如图 10-8 所示，脉冲成形模型的输入是调制符号，输出是(复)基带波形，核心是脉冲成形滤波器。

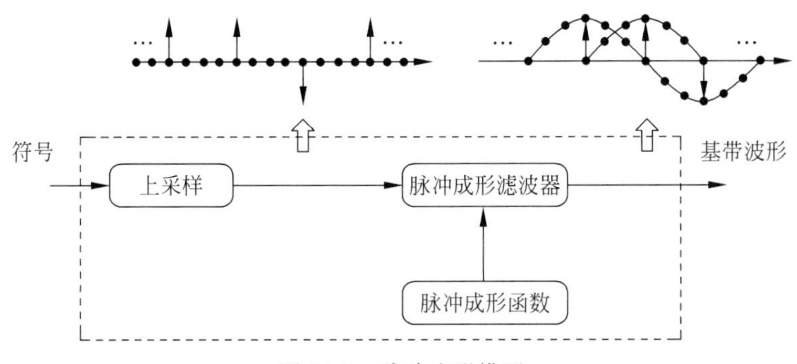

图 10-8 脉冲成形模型

调制符号进入脉冲成形滤波器之前，需要进行上采样处理，以获得具有一定符号周期的冲击序列。所谓的上采样，简单来说，就是在相邻调制符号之间插入若干个 0，如图 10-8 所示。

脉冲成形函数是脉冲成形滤波器实现的关键。在通信原理中，脉冲成形函数根据奈奎斯特第一准则(无码间串扰准则)来设计。典型的脉冲成形函数是升余弦滚降函数，其数学表达式为

$$g_{\mathrm{rc}}(t)=\frac{\sin \pi t/T}{\pi t/T}\cdot\frac{\cos(\pi\alpha t)}{1-4\alpha^2 t^2/T^2} \tag{10-2}$$

其中，T 为符号周期；α 为升余弦滚降因子。显然，当 $\alpha=0$ 时，升余弦滚降函数就变成了 sinc 函数。实际上，升余弦滚降函数可以看成是对 sinc 函数的一种改进，而升余弦滚降函数的优点在于：它不仅满足无码间干扰条件，还可以通过调节升余弦滚降因子调节波形带宽和拖尾效应之间的矛盾。

升余弦滚降因子增大，升余弦滚降函数的拖尾衰减速度越快，符号间干扰就越小，但是其频域上的带宽却将增大，带宽增大，就意味着需要占用更多的频谱资源。如图 10-9 所示，例如，当升余弦滚降因子为 1 时，升余弦拖尾最小，但是其占用的带宽最大。因此，如何合理地选择余弦滚降因子，是通信系统设计过程中的一个重要问题。

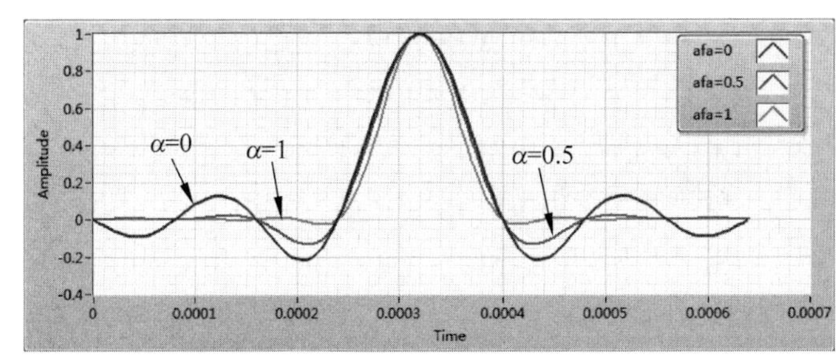

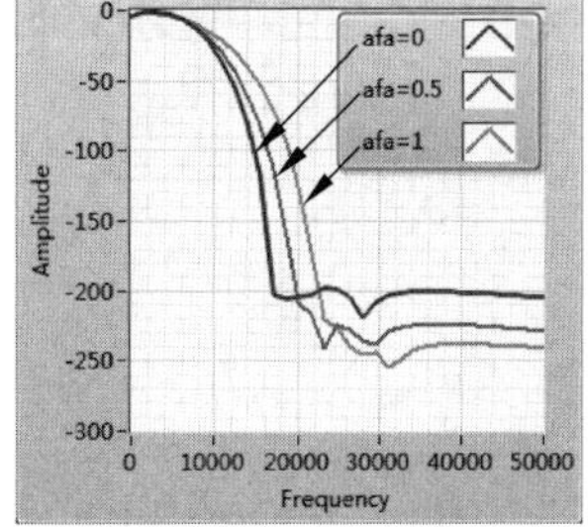

图 10-9 脉冲成形和信号带宽

10.3.3 匹配滤波

在实际应用中，通常不直接使用升余弦滚降函数作为脉冲成形函数，而是采用它的一种改进，即根升余弦滚降函数作为脉冲成形函数，这样做是为了满足最佳接收机的设计要求，根升余弦滚降函数的数学表达式为

$$g_{\text{sqrt}}(t)=\frac{4\alpha}{\pi\sqrt{T}}\cdot\frac{\cos\left[(1+\alpha)\pi t/T\right]+\dfrac{\sin\left[(1-\alpha)\pi t/T\right]}{4\alpha t/T}}{1-(4\alpha t/T)^{2}} \tag{10-3}$$

其中，α 为根升余弦滚降因子，$g_{\text{sqrt}}(t)$的时域波形和$g_{\text{rc}}(t)$类似，不同的是，$g_{\text{sqrt}}(t)$是偶函数，即$g_{\text{sqrt}}(t)=g_{\text{sqrt}}(-t)$，其镜像函数就是它的本身。根升余弦滚降因子对$g_{\text{sqrt}}(t)$波形的影响与升余弦滚降因子对$g_{\text{rc}}(t)$的影响类似。

根据 LabVIEW 帮助文档可知，如果发射机采用根升余弦滚降函数作为脉冲成形函数，那么接收机需要采用相同的根升余弦滚降函数作为其匹配滤波函数，如图 10-10 所示。注意两个根升余弦滚降函数的卷积等于升余弦函数。

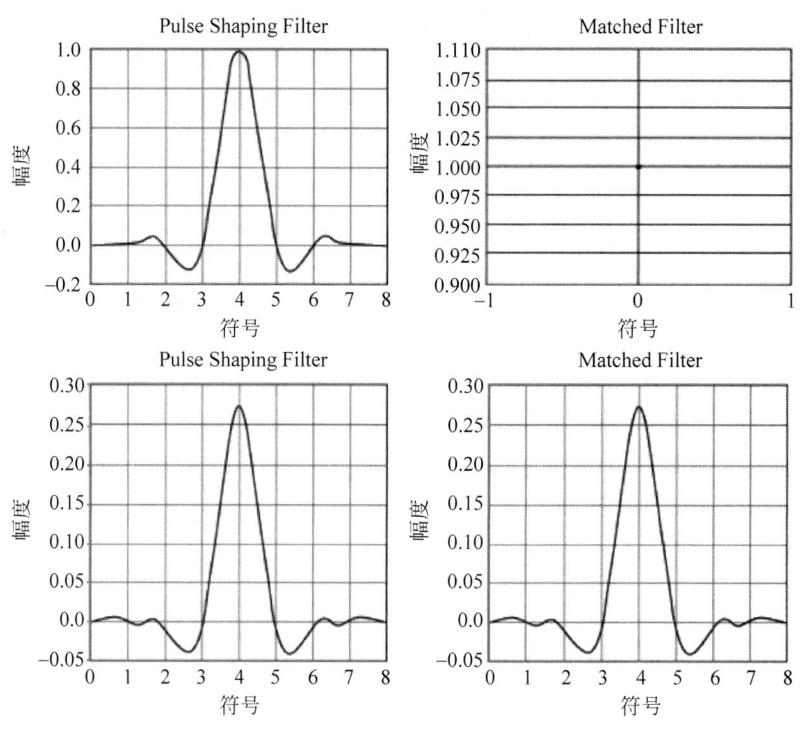

图 10-10　脉冲成形函数和匹配滤波函数

10.4 同步技术

在无线通信系统中，同步问题是一个关键问题。本节所讨论的同步，分为符号同步、帧同步和频率同步。其中，符号同步的目标是确定最佳符号抽样时刻；帧同步的目标是确定信息比特所在的位置；频率同步则用于消除频偏带来的影响。接下来将逐一介绍这些技术。

10.4.1 符号同步

根据奈奎斯特无码间干扰准则，接收机在奈奎斯特采样时刻进行采样，才不会受到其他符号的干扰，否则就会造成码间干扰，如图 10-11 所示，只有在箭头所示的时刻进行采样，采样值才不会受到其他符号间的干扰。

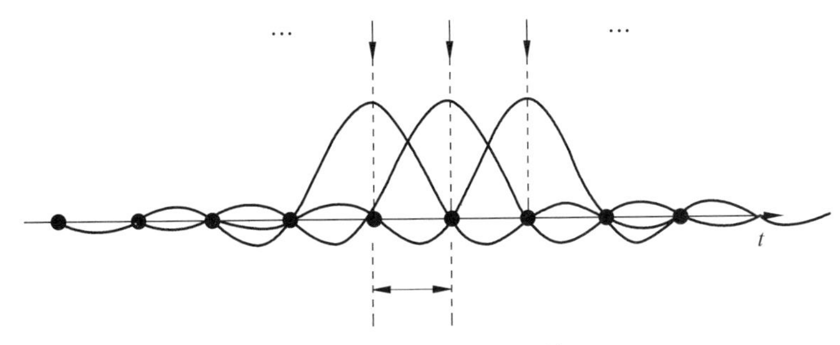

图 10-11 最佳采样时刻

从图 10-11 可以看出，如果提前或推迟采样，采样值都将受到其他符号的干扰，这显然不是希望的结果。在实际系统中，无线信号的传播存在随机时延，如果不调整采样时刻，传播时延会对系统传输性能造成严重影响，如图 10-12(b)所示，信道存在时延而又不进行相应的调整，那么接收星座图中的星座点明显发散。如何估计无线传播时延，从而找到最佳采样时刻呢？在无线通信系统中，这是一个很重要的问题。

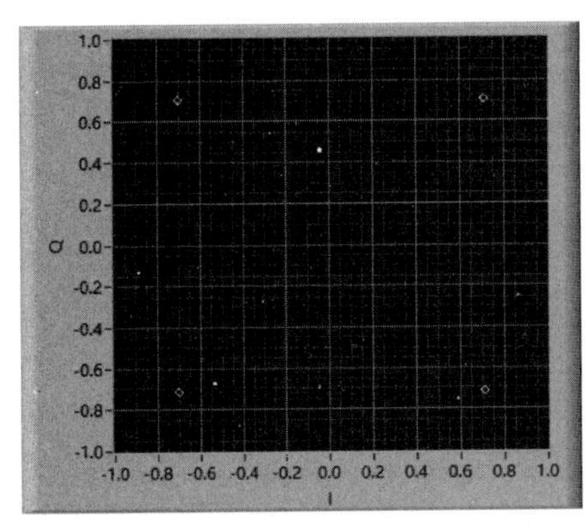

(a) 无传播时延

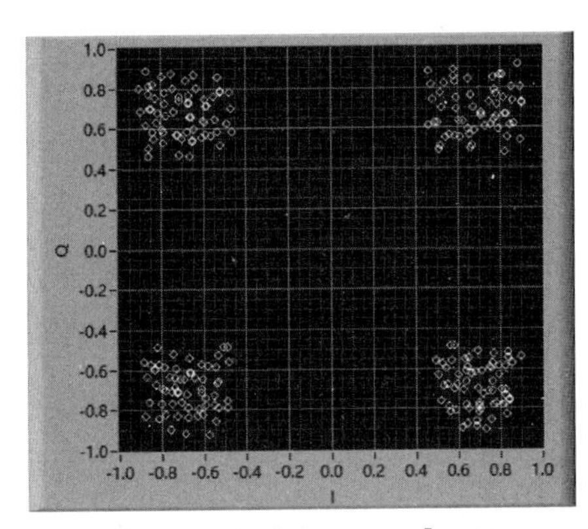

(b) 传播时延: 3.5×10^{-7}s

图 10-12 信道具有传播时延

实际上，对于任何无线传输信道，都具有一定随机时延，通常情况下，这个时延很小，但是能够对系统的传输性能造成严重影响。因此，符号同步的关键是如何从复基带信号中估计出这个时延，只要估计出这个时延，就能够调整采样时刻，使系统达到最佳状态。

接收机进行符号同步的方法通常有两种。一种是外同步法，这种方法利用辅助的硬件实现符号同步。例如，发射机和接收机共用一套时钟系统，用单独的信道使收发双方时间同步。另一种是自同步法，这种方法利用复基带波形自身的特征进行符号定位。

最大能量法就是一种符号同步方法。最大能量法的基本思想是得到具有最大能量的抽样值。为了实现这一目标，可以采用盲检测的方式进行。如图 10-13 所示，假设右移的信号是接收的信号，具有 τ_d 个单位时延。第 1 组采样时刻对应的采样值能量是 P_0，第 2 组采样时刻对应的采样值能量是 P_1，第 3 组采样时刻对应的采样值能量是 P_2，第 4 组采样时刻对应的采样值能量是 P_3，通过比较，很容易判断，对于延时信号，P_2 是最大值，因此，第 3 组对应的采样时刻是最佳采样时刻，对应的延时是 τ_d 的估计。

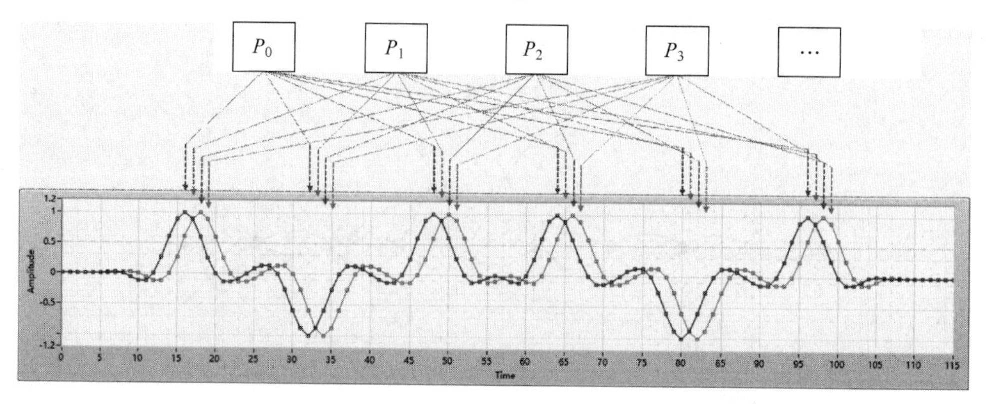

图 10-13　最大能量法示例

10.4.2　帧同步

接收机获得调制符号序列之后，接下来的问题是如何从符号序列中找到数据序列的位置，这个问题就是所谓的帧同步问题。在实际的通信系统中，可以将调制符号封装成某种数据包格式解决这个问题，如图 10-14 所示，这里的数据包由包头、训练序列、数据序列和保护间隔 4 部分组成，如果接收机能够确定训练序列在符号序列中的位置，就能够找到数据序列的起始位置。因此，找到训练序列的位置是实现帧同步问题的关键。

包头	训练序列	数据序列	保护间隔

图 10-14　数据包格式

解决这个问题的关键是训练序列的设计。训练序列一般是通信收发双方均已知的一种序列，通过该序列，接收机能够从接收的符号序列中准确地找到训练序列的位置，从而找到数据序列的位置，这个过程称为帧同步。

理论和实践表明，要解决帧同步问题，设计的训练序列需要具有强自相关性，如 802.11 协议中的巴克码序列、4G-LTE 协议中的 Zadoff-Chu 序列。

帧同步的目标是从一串符号序列 $y[n]$ 中识别出训练序列 $t[n]$，最容易想到的就是匹配法，就是将训练序列与接收到的符号序列逐个匹配。滑动相关算法就采用了这个思想，首先将训练序列 $t[n]$ 从左向右依次移位，与符号序列 $y[n]$ 进行滑动"比对"，这里的"比对"是通过计算互相关的方法进行的，即训练序列与符号序列对应时刻的值相乘，然后将结果相加，得到和值 $R[n]$，找到 $R[n]$ 中最大值对应的时刻，就是 $y[n]$ 中训练序列的位置。

如图 10-15 所示，假设这里生成的是"负、负、正"的训练序列 $t[n]$，然后将 $t[n]$ 从左到右依次与 $y[n]$ 进行移位、"比对"操作，计算出 $R[n]$，找到 $R[n]$ 中最大值对应的索引，就找到了 $y[n]$ 中训练序列的位置。这里的"比对"操作，也就是计算 $R[n]$ 过程，就是我们常说

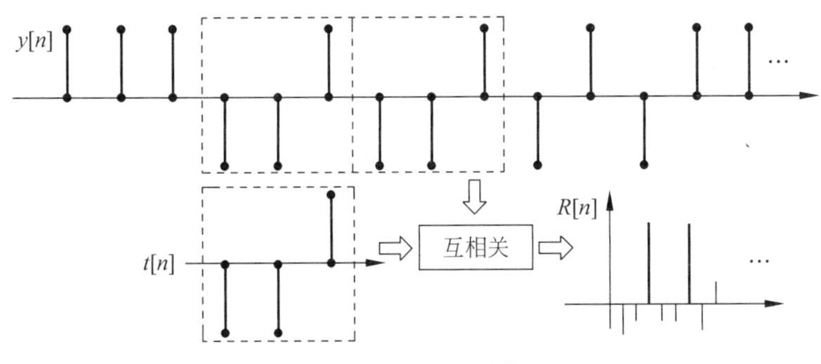

图 10-15 滑动相关算法

的互相关。也就是说，将训练序列 $t[n]$ 和符号序列 $y[n]$ 做互相关计算，得到的结果就是 $R[n]$。容易想到，在“比对”成功时，得到的互相关最大，其值等于训练序列各个元素的平方和，找到最大的 $R[n]$ 对应的索引，就可以确定训练序列的位置。

10.4.3 频率同步

在无线信号传输过程中，多普勒效应会导致载波信号的频率发生偏移，进而影响系统性能。如图 10-16 所示，f_c 表示发射载波频率，f'_c 表示相干载波频率，频率偏移量 f_o（频偏）定义为 $f_o=f_c-f'_c$。频偏会引起星座点旋转，从而引起误码，如图 10-17 所示。因此，如何消除频偏对接收性能的影响，是无线通信系统中的一个重要问题。

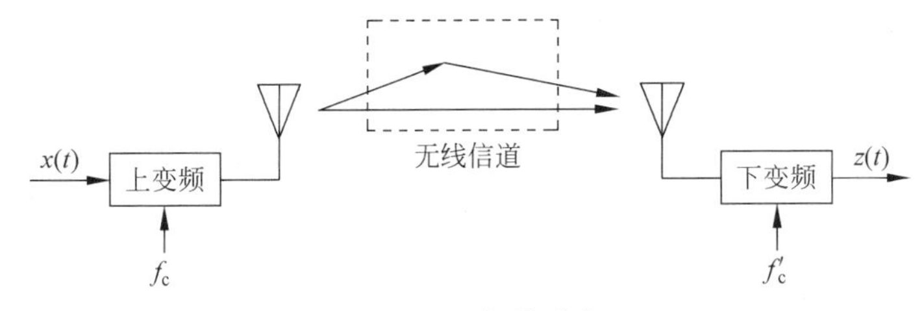

图 10-16 频偏形成

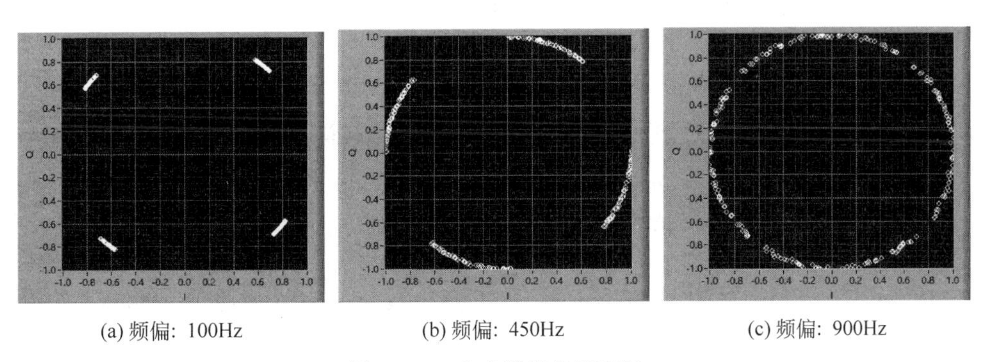

(a) 频偏：100Hz (b) 频偏：450Hz (c) 频偏：900Hz

图 10-17 含有频偏的星座图

根据相干解调原理，当频偏值为 f_o 时，会对接收到的信号 $z(t)$ 带来 $e^{j2\pi f_o t}$ 的相位旋转，且 f_o 越大，旋转的角度越大。为了消除频偏对信号接收的影响，需要进行两步操作：首先由接收序列对频偏 f_o 进行估计，然后将接收信号 $z(t)$ 乘以 $e^{-j2\pi f_o t}$ 进行频偏纠正。

频偏如何进行估计呢？将训练序列设计成周期序列就可以解决这个问题。由于相位随着时间而变化，可以利用训练序列的周期性，通过计算两个周期符号的相位差，就可以估计出接收信号的频偏。设数组 $y[n]$ 表示符号序列值，f_o 表示频偏，v 表示高斯噪声，后一个周期符号抽样值 $\hat{y}[n+N]$ 与当前周期符号抽样值 $\hat{y}[n]$ 的关系为

$$\hat{y}[n+N]=\hat{y}[n]\cdot e^{j2\pi f_o N} \tag{10-4}$$

如图 10-18 所示，在这个训练序列中，周期的长度 N 为 3，根据式(10-4)可以得到 3 个方程。将它们联立为方程组，利用最小二乘法，就可以从方程组中求解出频偏 f_o，最后利用摩尔算法进行频偏纠正。

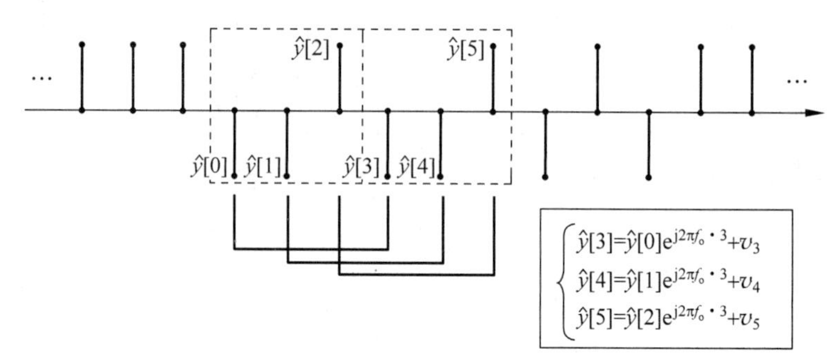

图 10-18　摩尔算法示例

10.5 信道估计和时域均衡

无线电波在传播的过程中存在反射、绕射、散射等特性，这使得接收的信号中存在多个不同延时的副本，这些副本叠加在一起，就产生了多径效应。多径效应会造成符号间的干扰，为了消除这种干扰的影响，首先需要对无线信道的参数进行实时估计，然后设计逆系统来解决这个问题。无线信道参数估计的过程，称为信道估计，设计逆系统消除多径效应的过程，称为时域均衡。接下来将介绍信道估计和时域均衡技术。

10.5.1 多径效应引起的问题

无线电波传播会产生多径效应，而多径效应会引起符号间干扰。如图 10-19 所示，假设需要传递的信号由 4 个符号构成，信道的冲激响应由 5 个不同强度、不同时延的冲激函数构成，在接收端，接收机得到的将是不同时延冲激响应的叠加。例如，第 1 个符号的第 2 个副本，会对第 2 个、第 3 个以及第 4 个符号造成干扰，这种符号之间的干扰，就是我们所说的 ISI。同理，第 2 个符号的第 2 个副本也会对第 3 个、第 4 个符号造成干扰等等。ISI 的存在，使抽样判决产生的错误增加，最终导致通信传输系统性能下降。

10.5.2 离散时间等效信道

在基带数字信号处理中，采用离散时间等效信道进行系统分析会更加方便。如图 10-20 所示，$h_c(t)$表示实际的无线信道，$h[n]$表示离散时间等效信道。

离散时间等效信道的输入和输出均为离散时间信号，内部对 ADC 和 DAC、射频前端和

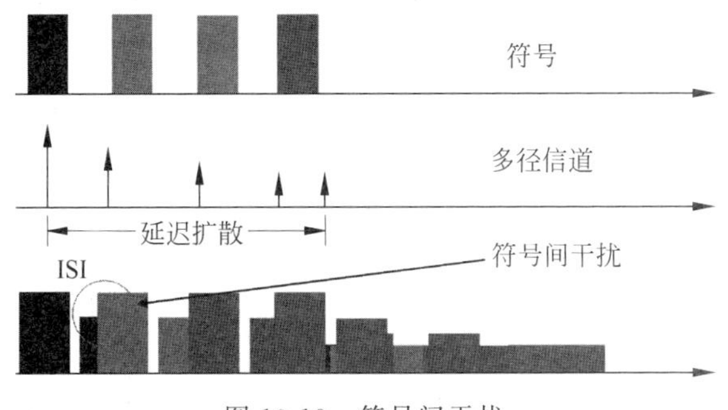

图 10-19　符号间干扰

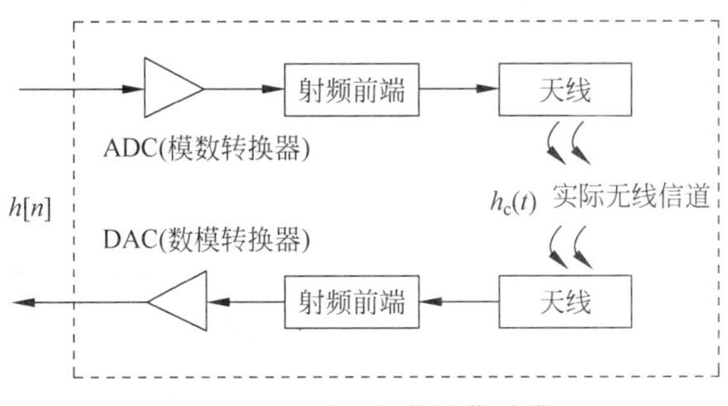

图 10-20　离散时间等效信道模型

天线进行建模。设 B 为射频前端带通滤波器的带宽，T 为 I/Q 信号的采样率，则 $h[n]$和 $h_c(t)$之间的数学关系为

$$h[n]=TB\int \operatorname{sinc}[B(nT-\tau)]h_c(\tau)\mathrm{e}^{\mathrm{j}2\pi f_c\tau}\mathrm{d}\tau \tag{10-5}$$

根据这个关系式，就可以计算出离散时间等效信道。接下来将根据这个等效信道进行均衡系统设计。

10.5.3　时域均衡系统设计

设发射的信号为 $x[n]$，离散时间等效信道为 $h_1[n]$，接收机接收的信号为 $y[n]$，则 $y[n]$等于 $x[n]$和 $h_1[n]$的卷积，即

$$y[n]=x[n]*h_1[n] \tag{10-6}$$

如图 10-21 所示，为了消除信道 $h_1[n]$带来的影响，在接收端，设计其逆系统 $h_1^{-1}[n]$，将获得信号 $z[n]$，即

$$z[n]=y[n]*h_1^{-1}[n]=x[n]*h_1[n]*h_1^{-1}[n] \tag{10-7}$$

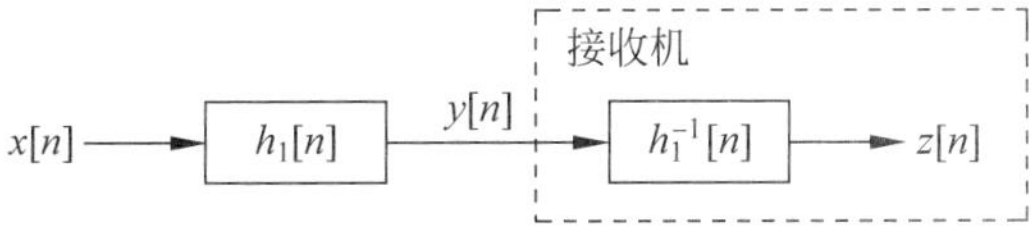

图 10-21　时域均衡的一般模型

根据信号与系统理论，当 $h_1[n]*h_1^{-1}[n]=\delta[n]$时，$z[n]=x[n]$。这里设计逆系统

$h_1^{-1}[n]$,并用其消除 $h_1[n]$影响的过程,称为时域均衡。接下来将通过一个实例说明这个过程。

如图 10-22 所示,假设无线信道有两条路径:一条直射路径和一条反射路径。直射路径的衰减系数和时延分别为 0.8 和 1,反射路径的衰减系数和时延分别为 0.6 和 2。为了消除多径信道 $h_1[n]$产生的影响,接收机需要设计逆系统 $h_2[n]$。

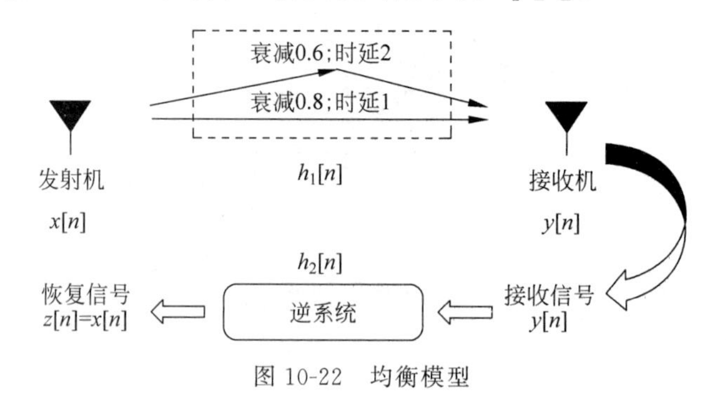

图 10-22　均衡模型

发射系统是一个 FIR 系统,根据信道参数,可以获得系统冲击响应 $h_1[n]$,即

$$h_1[n]=0.8\delta[n-1]+0.6\delta[n-2] \tag{10-8}$$

设接收系统的冲击响应为 $h_2[n]$,根据 $h_2[n]*h_1[n]=\delta[n]$,则

$$0.8h_2[n-1]+0.6h_2[n-2]=\delta[n] \tag{10-9}$$

显然,接收系统是一个 IIR 系统。因此,在接收端,设计一个 IIR 系统,就可以消除多径效应造成的影响。

10.5.4　信道估计方法

根据时域均衡分析,只要设计出了接收系统 $h_2[n]$,就可以消除多径信道 $h_1[n]$造成的影响。然而,这里有一个前提条件,就是要先获得 $h_1[n]$。在实际情况下,接收机并不知道信道状态,如有多少条路径、每条路径的衰减和时延是多少,因此也就不知道 $h_1[n]$。

一个简单的想法是根据训练序列(收发双方均已知的序列)计算出 $h_1[n]$。设 $t[n]$为训练序列,则接收信号 $y[n]$为

$$y[n]=t[n]*h_1[n] \tag{10-10}$$

设 N_t 为训练序列的长度,$v[n]$为信道噪声,将式(10-10)表示为矩阵形式,即

$$\underbrace{\begin{bmatrix} y[L] \\ y[L+1] \\ \vdots \\ y[N_t-1] \end{bmatrix}}_{\boldsymbol{y}} = \underbrace{\begin{bmatrix} t[L] & \cdots & t[0] \\ t[L+1] & \cdots & t[1] \\ \vdots & & \vdots \\ t[N_t-1] & \cdots & t[N_t-1-L] \end{bmatrix}}_{\boldsymbol{T}} \underbrace{\begin{bmatrix} h[0] \\ h[1] \\ \vdots \\ h[L] \end{bmatrix}}_{\boldsymbol{h}} + \underbrace{\begin{bmatrix} v[L] \\ v[L+1] \\ \vdots \\ v[N_t-1] \end{bmatrix}}_{\boldsymbol{v}} \tag{10-11}$$

根据最小二乘法,可以得到式(10-11)的解为

$$\boldsymbol{h}_{\mathrm{LS}}=(\boldsymbol{T}^*\boldsymbol{T})^{-1}\boldsymbol{T}^*\boldsymbol{y} \tag{10-12}$$

其中,$\boldsymbol{T}^*$ 为矩阵 $\boldsymbol{T}$ 的共轭转置。根据式(10-12),就可以求出信道的冲击响应$h_1[n]$。根据训练序列求解 $h_1[n]$的过程称为信道估计。

10.5.5　窄带信道估计和均衡

在窄带通信系统中，由于信道状态变化缓慢，可以认为：在一个数据包周期内，信道状态保持不变，因此，在窄带通信系统中，可以认为训练序列和数据序列经历了相同的信道。于是，信道估计和均衡系统可以这样设计：①在接收信号中找到训练序列；②求出信道的冲激响应；③设计时域均衡系统；④利用时域均衡系统处理数据序列。

信号处理流程如图 10-23 所示，设发射信号由训练序列 $t[n]$ 和数据序列 $s[n]$ 构成，设接收的信号为 $y[n]$。接收的符号经过帧同步模块之后，就可以找到训练序列 $t'[n]$ 所在的位置，然后根据 $t'[n]$ 求出信道的冲击响应 $h_1[n]$；接着根据 $h_1[n]$ 和 $h_2[n]$ 之间的卷积关系，进一步求出 $h_2[n]$；最后将 $y[n]$ 中的数据序列和 $h_2[n]$ 进行卷积运算，消除 $y[n]$ 中由多径信道 $h_1[n]$ 带来的影响。

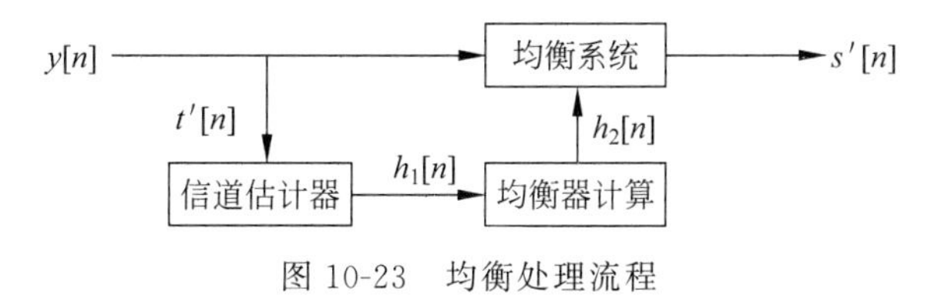

图 10-23　均衡处理流程

在窄带信道中，信道的长度很大程度上确定了 ISI 的严重程度。在时域均衡系统中，增大时域均衡器阶数，均衡效果将会得到改善，当然，所需的滤波器资源也就越多。

10.6　正交频分复用

近年来，随着社会科技的发展，移动通信系统已经呈现出宽带化和高速化的特征，如移动直播使终端信息传输需要更高的网速、高铁使人们出行速度越来越快。从专业角度来说，通信系统的宽带化，会导致多径效应显著增强；终端移动的高速化，会导致多普勒偏移显著增强。这两个问题，将直接导致传统窄带通信系统已经不能适应新的应用需求。本节将介绍另一种传输技术——正交频分复用，也就是 OFDM 技术。

10.6.1　宽带信道引起的问题

从时域上看，多径效应是造成符号间干扰的主要原因，从频域上看，多径效应引起频率选择性衰落。多径信道的冲激响应如图 10-24(a)所示，其对应的频率响应如图 10-24(b)所示。从频谱图中可以看出，不同频率的信号，对应的信道衰减不同，展现出频率选择。

对于窄带通信系统，其占用带宽较小，采样率较低，信道的冲激响应接近于单位冲激函数，因此，窄带信道可以看成是平坦衰落信道，如图 10-25(a)所示。对于宽带系统，由于占用带宽较大，采样率较高时，多径效应变得更加明显，信道将变成频率选择性衰落，如图 10-25(b)所示。

10.6.2　OFDM 的基本思想

在宽带通信系统中，信道是频率选择性衰落而非平坦衰落信道，这使接收机的信号恢复

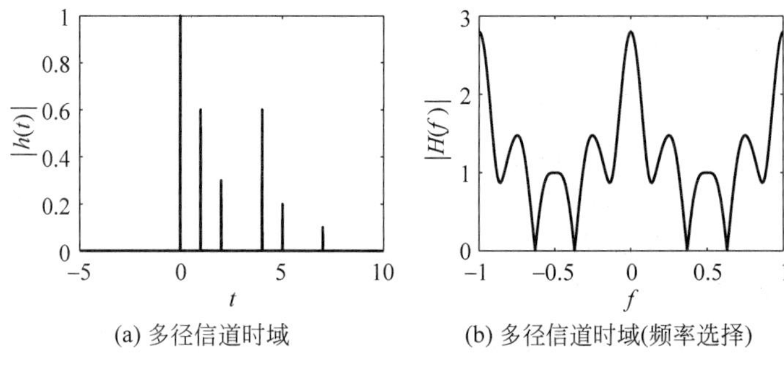

(a) 多径信道时域　　(b) 多径信道时域(频率选择)

图 10-24　频率选择性衰落

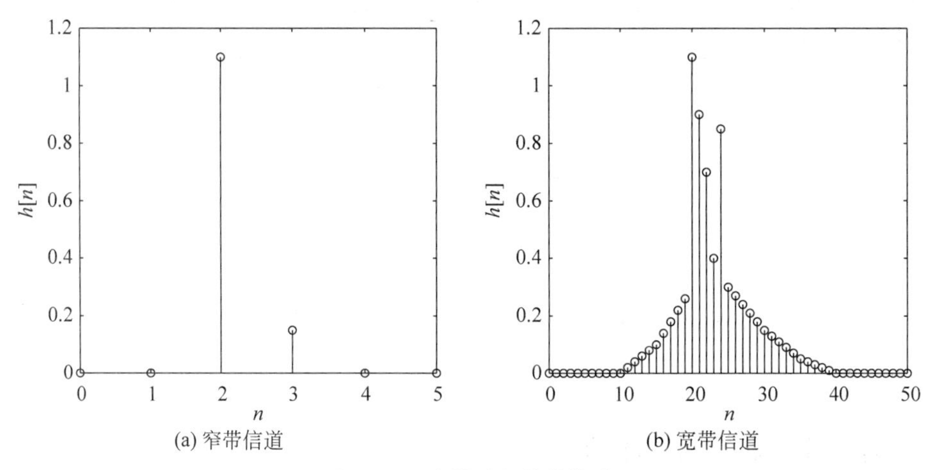

(a) 窄带信道　　(b) 宽带信道

图 10-25　离散时间等效信道

变得困难起来。需要换一种思路来解决问题,如果将宽带信道划分成多个带宽很小的子信道,在每个子信道上,近似看成是平坦衰落,这样一来,可以解决频率选择性衰落问题,如图 10-26(a)所示。早期的频分复用技术就是采用这种方法解决选择性衰落问题。OFDM 系统正是采用这种想法去克服频率选择性衰落问题的。

OFDM 将宽带信道划分成若干子信道,每个子信道可认为是平坦衰落。与传统频分复用技术不同的是,OFDM 允许子信道之间相互交叠,如图 10-26(b)所示。只要频谱采样点不受到其他子载波干扰就可以。因此,OFDM 只需要将传输的符号分配到这些子信道上进行传输,就可以有效对抗频率选择性衰落。举一个日常生活中的例子,这就好比我们在路况较差的交通道路上行车,遇到堵车时,汽车还不如自行车,为什么呢? 因为自行车对路况要求低。

10.6.3　OFDM 的基本模型

初步介绍 OFDM 的基本思想之后,接下来将进一步介绍 OFDM 的实现方案。OFDM 发射机将需要传输的信号看作频谱,利用 IDFT,得到频谱对应的时域信号; OFDM 接收机将接收的信号做 DFT 变换,求得信号的频谱,从而恢复原始信号。OFDM 的基本的框架如图 10-27 所示,设发射机发射的信号是序列$\{s_0,s_1,\cdots,s_{N-1}\}$,经过 IDFT 变换,得到时域信号 $x[n]$; 设无线信道是离散时间等效信道 $h[n]$,设接收机接收的信号是 $\bar{y}[n]$,经过 DFT

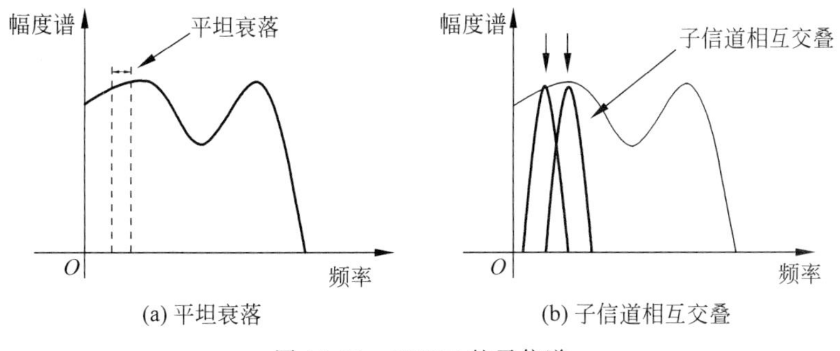

(a) 平坦衰落　　(b) 子信道相互交叠

图 10-26　OFDM 的子信道

变换，将得到恢复后的信号$\{Y_0, Y_1, \cdots, Y_{N-1}\}$。显然，如果$h[n]=\delta[n]$，则$x[n]=\bar{y}[n]$，恢复后的信号就是原始信号。

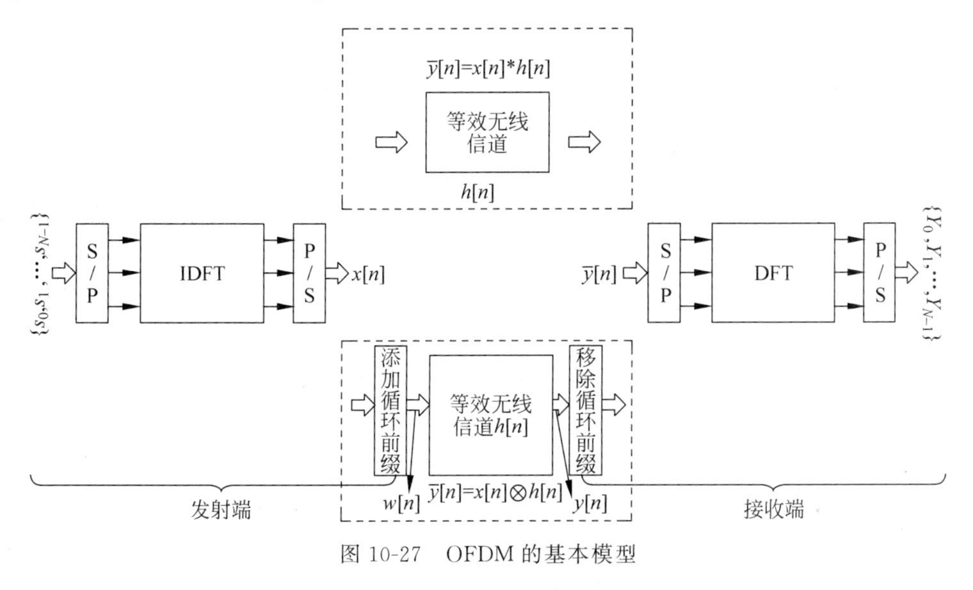

图 10-27　OFDM 的基本模型

根据实际情况，这个实现方案有两个问题：①实际的宽带信道不可能是单冲激函数；②没有定义 DFT/IDFT 的点数，无法保证循环卷积等于线性卷积。OFDM 通过添加循环前缀(CP)的方式解决这两个问题。通过添加循环前缀，OFDM 还可以进一步对抗符号间干扰、使子载波之间正交性得到保持。当然，添加循环前缀也会占用一些时间资源。

10.6.4　OFDM 中的循环前缀

从 OFDM 模型可知，接收机接收的信号$\bar{y}[n]$是$x[n]$和$h[n]$线性卷积的结果。要从$\bar{y}[n]$恢复出$x[n]$，还得消除$h[n]$的影响。先计算$\bar{y}[n]$的 N 点 DFT，然后除以$h[n]$的 N 点 DFT，就可以恢复原始信号。需要注意的是，这里将$\bar{y}[n]$看作$x[n]$和$h[n]$循环卷积的结果。

循环卷积是否等于线性卷积呢？这里的 N 起着关键作用。设 length($x[n]$)表示$x[n]$的长度，length($h[n]$)表示$h[n]$的长度，如果满足

$$N \geqslant \text{length}(x[n]) + \text{length}(h[n]) \tag{10-13}$$

循环卷积就等于线性卷积。如果这个条件不能得到满足，那么，循环卷积就不等于线性卷积。这里的问题是，如果式(10-13)所示的条件无法得到满足，那么如何获得循环卷积的结果呢？

将信号 $x[n]$添加循环前缀就可以解决这个问题。这里所谓的循环前缀，指的就是将序列 $x[n]$的后 M 位复制到 $x[n]$前面，得到信号 $x_{cp}[n]$，即

$$x_{cp}[n]=\underbrace{x[N-M],\cdots,x[N-1]}_{\text{循环前缀}},x[0],x[1],\cdots,x[N-1] \tag{10-14}$$

这里，M 需要大于或等于信道 $h[n]$的长度。信号 $x_{cp}[n]$通过信道 $h[n]$之后，将得到的线性卷积前 M 位去掉，就可以获得循环卷积的结果，循环卷积不等于线性卷积这个问题就可以得到解决。

10.6.5 OFDM的优势及其应用

OFDM技术之所以能够被当前主流的移动通信系统采用，根本原因是它能够有效解决窄带通信系统无法解决的问题。归纳起来，OFDM系统有如下优点。

(1) OFDM系统可有效对抗宽带信道下频率选择性衰落带来的影响，从而提高系统的传输效率。

(2) OFDM频谱效率高。由于子载波之间的正交性，OFDM系统的频谱可以相互重叠，在一定程度上节省了带宽。

(3) OFDM中的IDFT和DFT采用FFT和IFFT计算，可大大降低算法的复杂度，便于硬件实现。

(4) OFDM通过引入循环前缀，可将线性卷积变成循环卷积、可有效地对抗符号间干扰和多载波间干扰，并且使子载波正交性得到满足。

OFDM技术的应用已有近40年的历史，早期主要用于军用的无线高频通信系统，直到20世纪90年代，OFDM技术的研究才深入到无线调频信道上的宽带数据传输。

目前OFDM技术在4G-LTE、高速无线局域网、数字音频广播中已得到广泛使用。OFDM仍将作为5G主要的调制方式。

值得一提的是，OFDM经过了20年的发展，也产生了许多新的变种，如OQAM-OFDM，它与OFDM技术相比，带外频谱泄漏更低，不需要严格的载波同步，因此具有更好的兼容性，能够适应更多的业务需求。

10.7 信道编码

在数字通信系统中，信息传输的效率和可靠性是衡量系统性能的两个重要指标。在前面的章节中，无论是均衡技术还是正交频分复用技术，都是为了提高系统的传输效率。在通信过程中，随机比特错误是不可避免的，那么传输系统的可靠性如何得到保障呢？信道编码技术将解决这一问题。接下来，本节将简要介绍无线通信系统中的信道编解码技术。

10.7.1 信道编码简介

在介绍信道编码之前，想想生活的一个场景，就是电话报号。我们是如何确保传递给对

方的号码是正确的呢？最简单的方法是多播报几遍，或者让对方复述一遍。这两个策略，都是为了保证接收方能够收到正确的信息。在通信系统中，信道编码的目的也是这样的，为了使接收机接收到正确的比特，必须采用一些校验方法，以确保接收信息的正确性。

在消息传递过程中，比特错误是不可避免的，所以如何提高信息传输的可靠性，是信道编码需要解决的问题。根据香农编码理论：只要传输速率小于信道容量（信道的最大传输速率），就存在一种编码方案，使误码率任意小。这个理论告诉我们，在噪声信道中，无误码传输是可能的。

信道编码的目的是找到一种编码方法对消息比特进行校验，以达到对消息比特检错或纠错的目的。要对消息比特进行校验，就需要增加额外的冗余比特，消息比特和冗余比特共同构成了码字。直观上看，冗余比特越多，校验的可靠性越高，但是冗余比特的增加会降低信息的传输效率。

冗余比特有多种生成方式，最简单的一种方式是将消息比特进行多次重复，这种编码方法称为重复码。冗余比特还可以由消息比特的线性组合构成，这种编码方法也称为线性分组码。例如，(7,4)汉明码就是一种典型的线性分组码，这里的 7 表示的是码字长度，4 表示的是消息比特长度，如图 10-28 所示。

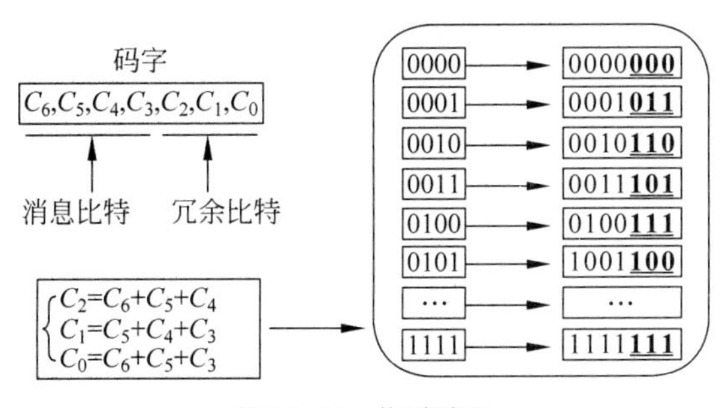

图 10-28　信道编码

在(7,4)汉明码的编码策略中，C_0、C_1、C_2 是冗余比特，或称为校验比特；C_3、C_4、C_5、C_6 是消息比特。由图 10-28 所示的方程组可知，校验比特由信息比特的模 2 相加获得，根据方程组，最终可以得到(7,4)汉明码对应的码字。

10.7.2　生成矩阵和校验矩阵

将图 10-28 所示的方程组转换成矩阵形式，对应的矩阵称为生成矩阵，利用这个生成矩阵，可以方便地计算码字。如图 10-29 所示，假设消息比特$\boldsymbol{m}_{1\times4}$ 是一个 1 行 4 列的向量，将 $\boldsymbol{m}_{1\times4}$ 右乘生成矩阵$\boldsymbol{G}_{4\times7}$，就可以得到码字$\boldsymbol{C}_{1\times7}$。

仍然以图 10-28 所示的方程组为例，将方程组的右边移到左边，也就是将消息比特移到等式的左边，得到的方程组如图 10-30 所示，注意这里的加号（减号）是比特模 2 运算。将方程组写成矩阵的形式，得到矩阵 $\boldsymbol{H}$，就是校验矩阵。

设接收机接收的比特为行向量 $\boldsymbol{R}$，校验矩阵为 $\boldsymbol{H}$，要判断是否有误比特发生，只需要判断其伴随式 $\boldsymbol{S}$ 是否为 0 向量，如图 10-31 所示。在这个例子中，假设只有一位比特发生错误，如果伴随式 $\boldsymbol{S}$ 为 0 向量，则系统没有比特发生错误；如果伴随式 $\boldsymbol{S}$ 不为 0 向量，则系统有比特错误发生。

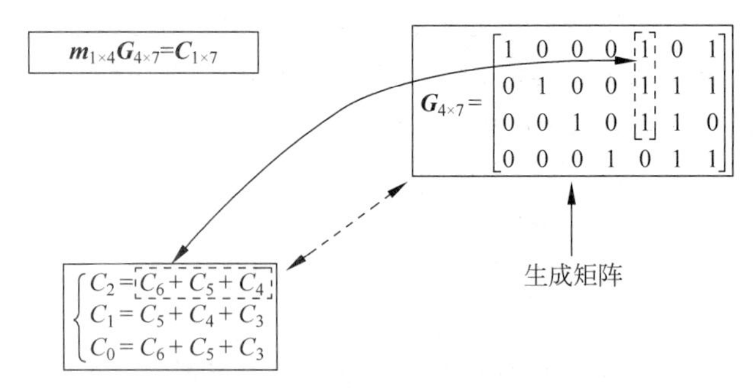

图 10-29 生成矩阵

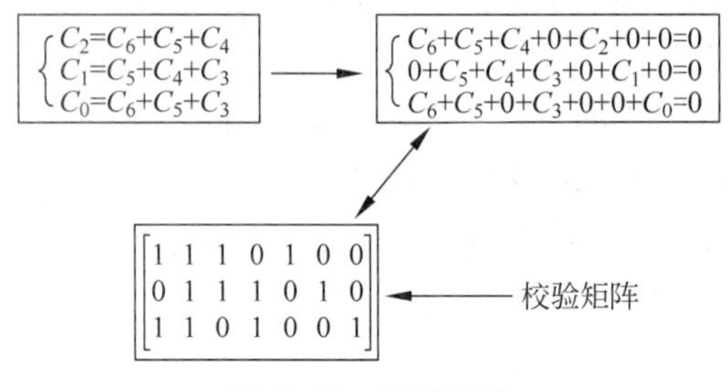

图 10-30 校验矩阵

$$\boldsymbol{S}^{\mathrm{T}}=\boldsymbol{H}\cdot\boldsymbol{R}^{\mathrm{T}}=\begin{bmatrix}1&1&1&0&1&0&0\\0&1&1&1&0&1&0\\1&1&0&1&0&0&1\end{bmatrix}\begin{bmatrix}r_6\\r_5\\r_4\\r_3\\r_2\\r_1\\r_0\end{bmatrix}=\begin{bmatrix}r_6+r_5+r_4+r_2\\r_5+r_4+r_3+r_1\\r_6+r_5+r_3+r_0\end{bmatrix}=\begin{bmatrix}S_2\\S_1\\S_0\end{bmatrix}\overset{?}{=}\begin{bmatrix}0\\0\\0\end{bmatrix}$$

图 10-31 校验方法

10.7.3 低密度奇偶校验码

根据香农编码理论，只要传输速率小于信道容量，就存在一种编码方案，使误码率任意小。香农编码理论虽然没有给出达到香农限的具体编码方案，但是指出了逼近香农容量的方向：

(1) 编码应采用随机编码；

(2) 码字无限长；

(3) 采用最大似然估计解码。

根据这个指导性的意见，许多编码方案相继被提出，不断逼近香农限。低密度奇偶校验码，也就是我们所说的 LDPC(Low Density Parity Check)，就是许多方案中的一种。

LDPC 方案的特点是构造具有稀疏特性的校验矩阵，对于一个 m 行 n 列的校验矩阵，每行中包含 1 的个数(行重)远远小于列数，每列中包含 1 的个数(列重)远远小于行数，在规则的 LDPC 中，行重和列重的比值等于列重和行重的比值。

一个规则 LDPC 校验矩阵(20,3,4) 如图 10-32 所示，在这个校验矩阵中，20 表示的是码字长度,4 表示每行中 1 的个数,3 表示每列中 1 的个数,注意,行重和列重的密度相同,均为 1/5。利用校验矩阵和生成矩阵的关系,可以获得其对应的生成矩阵。

$$
\left[\begin{array}{ccccc|ccccc|ccccc|ccccc}
1&1&1&1&0&0&0&0&0&0&0&0&0&0&0&0&0&0&0&0\\
0&0&0&0&1&1&1&1&0&0&0&0&0&0&0&0&0&0&0&0\\
0&0&0&0&0&0&0&0&1&1&1&1&0&0&0&0&0&0&0&0\\
0&0&0&0&0&0&0&0&0&0&0&0&1&1&1&1&0&0&0&0\\
0&0&0&0&0&0&0&0&0&0&0&0&0&0&0&0&1&1&1&1\\
\hline
1&0&0&0&1&0&0&0&1&0&0&0&1&0&0&0&0&0&0&0\\
0&1&0&0&0&1&0&0&0&1&0&0&0&0&0&0&1&0&0&0\\
0&0&1&0&0&0&1&0&0&0&0&0&0&1&0&0&0&1&0&0\\
0&0&0&1&0&0&0&0&0&0&1&0&0&0&1&0&0&0&1&0\\
0&0&0&0&0&0&0&1&0&0&0&1&0&0&0&1&0&0&0&1\\
\hline
1&0&0&0&0&1&0&0&0&0&0&1&0&0&0&0&0&1&0&0\\
0&1&0&0&0&0&1&0&0&0&1&0&0&0&0&1&0&0&0&0\\
0&0&1&0&0&0&0&1&0&0&0&0&1&0&0&0&0&0&1&0\\
0&0&0&1&0&0&0&0&1&0&0&0&0&1&0&0&1&0&0&0\\
0&0&0&0&1&0&0&0&0&1&0&0&0&0&1&0&0&0&0&1
\end{array}\right]
$$

图 10-32　(20,3,4)LDPC 校验矩阵

10.7.4　泰勒图

校验矩阵的优劣实际上决定了整个校验系统的性能,泰勒图可以直观地描述校验矩阵内部结构,从而判断校验矩阵的性能。如图 10-33 所示,校验矩阵 $\boldsymbol{H}$ 中的行表示约束方程,也就是校验节点,对应泰勒图中的方形节点;校验矩阵 $\boldsymbol{H}$ 中的列表示码字,也就是变量节点,对应泰勒图中的圆形;校验矩阵 $\boldsymbol{H}$ 中的 1 表示校验节点和变量节点之间有连线。根据这个关系,就可以得到校验矩阵对应的泰勒图。利用这个图,可以直观地判断校验矩阵 $\boldsymbol{H}$ 的性能。一般来说,一种好的校验矩阵,连线分布尽可能均匀,应避免出现 4-环或 6-环[①]。

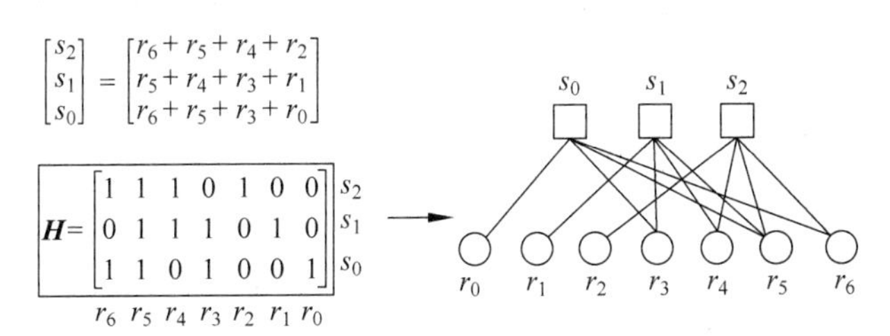

图 10-33　泰勒图

10.7.5　Bit-Flipping 解码算法

Bit-Flipping 解码算法[②]是一种典型信道解码算法,通常应用在 LDPC 解码中。Bit-Flipping 解码算法的执行流程分为 4 步:①变量节点将自己的接收比特传递给校验节点;②校验节点获得信息后,进行反馈更新,注意这里的更新策略,如校验节点接收来自信息节点 c_1,c_2,c_4 的信息,则做一次除 c_1 的模 2 运算,将推断的结果反馈给 c_1;③每个变量节点根据多个约束条件反馈的结果,根据少数服从多数的原则,修改自己的判决结果;④将修改后的结果再次发给校验节点,校验节点再做一次校验,若所有条件均满足,则返回判决结果,若仍然不满足,则重复进行更新反馈。

---

① Robert G. Gallager. Low-Density Parity-Check Codes,1963.

② Tuan Ta. A Tutorial on Low Density Parity-Check Codes,The University of Texas at Austin,2009.

如图10-34所示，假设发送的码字是$\boldsymbol{c}$，接收的码字是$\boldsymbol{y}$，若码字的第2位发生了错误，在第1次迭代时，c_2，c_4，c_5和c_8将自己接收的比特发给校验节点f_1，校验节点f_1开始计算反馈。对于c_2，它得到的反馈$E_{1,1}$等于c_4，c_5和c_8接收比特的模2运算和。同样，对于c_4，它得到的反馈是c_2，c_5和c_8接收比特的模2运算和，其他变量节点得到的反馈计算过程也是如此。根据相同的方法，分别校验节点f_2，f_4完成反馈。

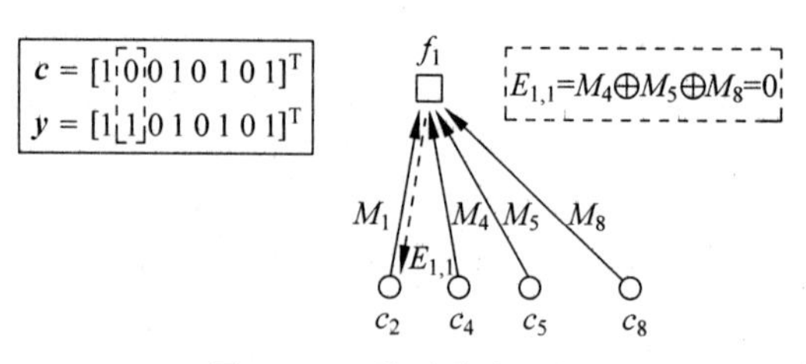

图10-34 校验节点更新

对于每个变量节点，将接收到与自己关联的校验节点的反馈，如何判断自己接收的比特是否发生误码呢？将自己接收的比特分别和不同校验节点反馈的比特做模2加运算，正确的情况下，模2加运算的结果为0，如果不为0，变量节点表示的比特有可能发生错误。根据投票规则，如果计算结果中，错误的比例大于50%，则变量节点所示的比特发生反转；如果小于或等于50%，保持原比特不变，如图10-35所示。例如，在这个例子中，c_1得到两个反馈，分别是来自f_2和f_4的，f_2指示可能有误码发生，f_4指示没有误码发生，c_1判决结果保持不变。再看一个例子，c_2得到两个反馈，分别是来自f_1和f_2的，很明显，f_1和f_2都指示可能有误码发生，因此，c_2在进行第2次迭代时，需要将自己接收的比特反转，再传给校验节点，注意，这里反转后的结果是0，以同样的方法，其他的码元进行判决，最后将判决的结果再次发给校验节点，进行第2次迭代。

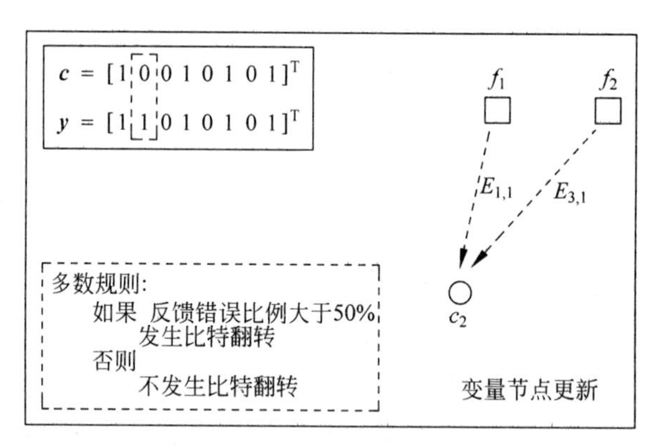

图10-35 LDPC解码实例

10.8 多天线技术

香农定理告诉我们：当信噪比和带宽一定时，信道的传输极限速率将确定。如果希望进一步提高传输速率，需要寻求新的解决方案。在无线通信系统中，天线是处于最前端的信号处理部分，提高天线系统的性能和效率，将会给整个系统带来可观的增益。接下来，将介绍多天线通信技术。

10.8.1　信道容量

当信噪比和带宽一定时，信道的传输极限速率为 C，即信道容量将确定。在单天线的情况下，信道容量和信噪比的对数成正比，如图 10-36 所示。

在 MIMO 系统中，通过增加收发天线个数提升信道容量，设发射机和接收机均有 n 根天线，信道矩阵 $\boldsymbol{h}$ 是一个正交信道矩阵，那么信道容量 C 将随收发天线数 n 的增大而增大。同时，提供更高的空间分集增益。

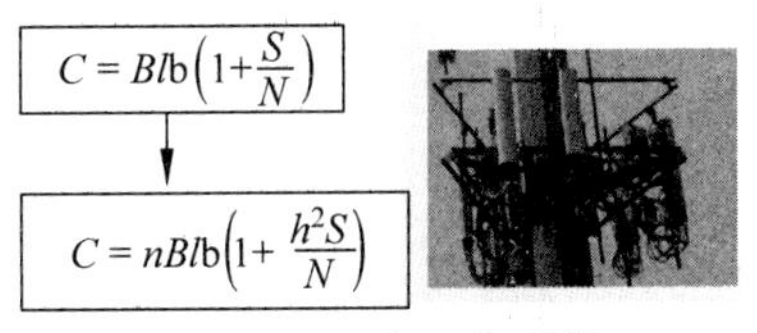

图 10-36　多天线系统

10.8.2　多天线模型

为了尽可能抵抗时变多径衰落对信号传输的影响，传统天线系统的发展经历了从单发/单收天线 SISO，到多发/单收 MISO，以及多发/多收 MIMO 天线的阶段。MIMO 技术之所以能够有效抵抗这种时变多径衰落，主要原因是发射机到接收机之间传播路径的增加。如图 10-37 所示，在 MISO、SIMO 和 MIMO 系统中，收发机之间的传播路径明显多于 SISO 系统。MISO 和 SIMO 两种方案也有一些区别，考虑到实际情况，如终端用户希望接收机尽量简单，发射端(基站)结构可以复杂，因此 MISO 系统更有优势。

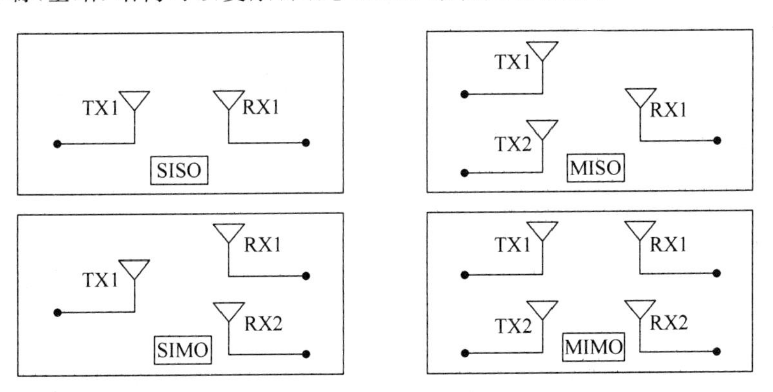

图 10-37　多天线传播模型

10.8.3　Alamouti 传输方案

Alamouti 传输方案是一种典型的 MISO 传输系统。这种传输方案可以在同一时隙发送不同符号，这种发送方案的好处是系统获得分集增益为 2，但是这种方案无法提高传输速率。

Alamouti 传输方案如图 10-38 所示，在第 1 个时隙，TX1 和 TX2 天线发射的信号分别为 s_1 和 s_2；在第 2 个时隙，TX1 和 TX2 天线发射的信号分别为 $-s_2^*$ 和 s_1^*。

接收机接收到 $\boldsymbol{s}^1$ 和 $\boldsymbol{s}^2$ 之后，首先进行信道估计，获得 h_1 和 h_2 估计值，在组合器中，根据接收的信号 r_1 和 r_2，以及信道 h_1 和 h_2，计算出接收符号 $\tilde{s}_1$ 和 $\tilde{s}_2$，最后根据最大似然估计进行判决。

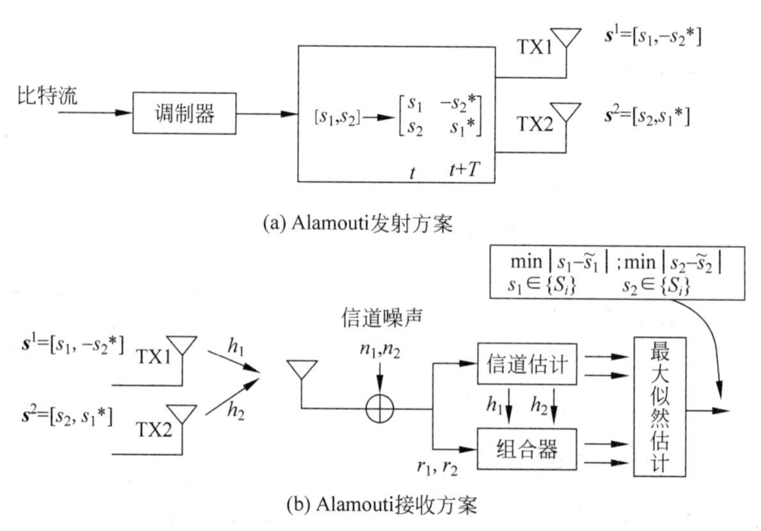

图 10-38 Alamouti 传输方案

10.8.4 线性预编码

为了识别 MIMO 信道矩阵 $\boldsymbol{H}$ 中的主要路径，可以将多个信道矩阵 $\boldsymbol{H}$ 进行奇异值分解(Singular Value Decomposition，SVD)。如图 10-39 所示，设接收的信号为$[r_1,r_2^*]$，发射信号为$[s_1,s_2]$，信道矩阵为 $\boldsymbol{H}$，高斯噪声为$[n_1,n_2^*]$，将 $\boldsymbol{H}$ 进行奇异值分解，可得 $\boldsymbol{H}=\boldsymbol{U\Sigma V}^{\mathrm{H}}$，$\boldsymbol{\Sigma}$ 表示对角矩阵，$\boldsymbol{\lambda}_i$ 表示特征向量。

为了消除矩阵 $\boldsymbol{V}$ 的影响，发射机在发射信号$[s_1,s_2]$之前，将发射信号$[s_1,s_2]$左乘 $\boldsymbol{V}$，这样处理之后，接收机信号处理的开销将减少，这个过程称为预编码。此处的 $\boldsymbol{V}$ 即码本，3GPP 定义了一系列 $\boldsymbol{V}$ 矩阵，基站端和用户端均可获得。

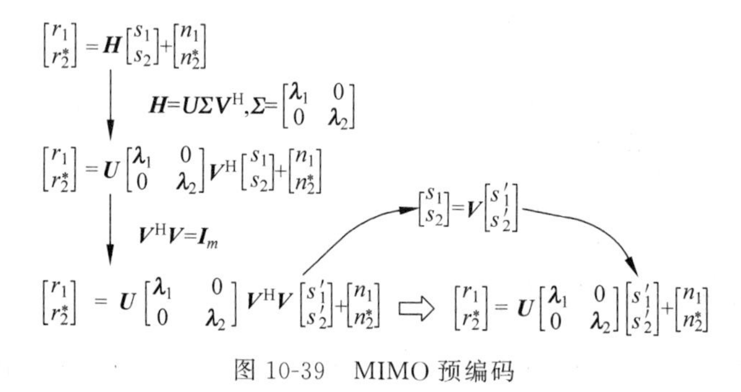

图 10-39 MIMO 预编码

10.8.5 MIMO-OFDM 技术

MIMO-OFDM 是将 MIMO 通信的空分复用和分集特征与使用 OFDM 调制时的均衡性相结合。实际上，MIMO-OFDM 目前是 MIMO 通信的实际方法。它在 IEEE 802.11n 和 IEEE 802.11ac 中使用。一种称为 MIMO-OFDMA 的变体应用在 WiMAx、3GPP LTE 和 3GPP LTE Advanced。本节将简要介绍 MIMO-OFDM 在空分复用中的应用。

如图 10-40 所示，空分复用在 OFDM 模块之前，将调制符号流变成多路。每路 OFDM

调制模块输出 OFDM 符号，然后依次进行上采样、脉冲成形、数模转换以及射频前端处理，最后将射频信号通过天线发射出去。

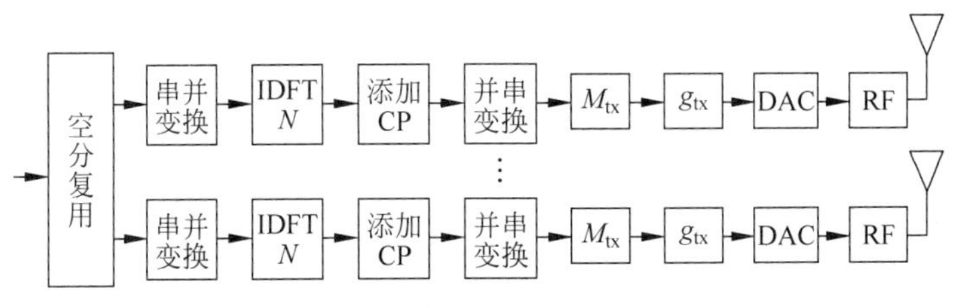

图 10-40　MIMO-OFDM 发射机模型

如图 10-41 所示，MIMO-OFDM 接收机与发射机信号处理过程正好相反，首先通过多路天线接收信号，每路信号依次进行射频前端处理、模数转换、匹配滤波、下采样等处理，接着进行 OFDM 模块处理，将 OFDM 符号还原成原始信号，最后通过检测器进行符号逆映射，还原发射机传输的比特。

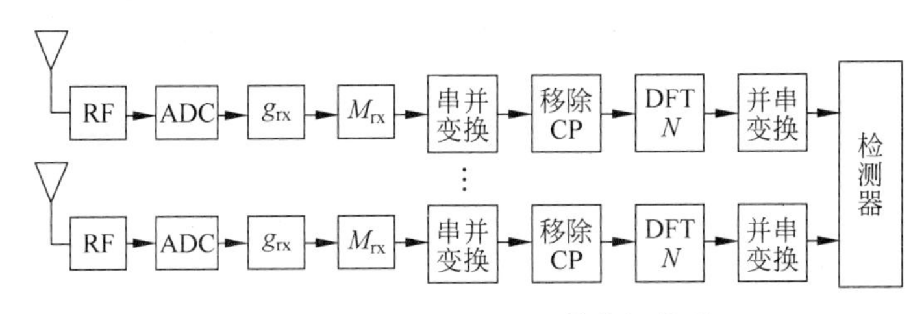

图 10-41　MIMO-OFDM 接收机模型

10.9　本章小结

软件无线电的目标是通过软件的方式进行基带信号处理。本章介绍了无线通信信号处理中的基本问题以及相关算法。

首先介绍了无线信道中的多径传播模型、基带信号处理流程和数字通信系统测量的两个基本工具：星座图和眼图。

然后依据信号处理流程，依次介绍了数字调制/解调技术、脉冲成形、匹配滤波、符号同步、帧同步、频偏校正、信道估计、时域均衡、正交频分复用技术、信道编码/解码和多天线传输等。

基带信号处理是软件无线电最重要的任务，只有充分理解了这些无线通信信号处理方法，才能够更好地使用软件无线电进行验证和开发。

参考文献

[1] 陈树学，刘萱. LabVIEW 宝典[M]. 北京：电子工业出版社，2011.

[2] 樊昌信，曹丽娜. 通信原理[M]. 7 版. 北京：国防工业出版社，2013.

[3] HAYKIN S，MOHER M. Communication Systems[M]. 5th ed. Cham：Springer International Publishing，2014.

[4] 杨学志. 通信之道：从微积分到 5G[M]. 北京：电子工业出版社，2016.

[5] STEWART R W，BARLEE K W，ATKINSON D，et al. Software Defined Radio Using MATLAB & Simulink and the RTL-SDR[M]. Glasgow：Strathclyde Academic Media，2015.

[6] 陈爱军. 深入浅出通信原理[M]. 北京：清华大学出版社，2018.

[7] 石剑，蒋立平，王建新. 基于 RTL-SDR 的软件无线电接收机设计[J]. 电子设计工程，2018，26(7)：79-87.

[8] POISEL R A. 电子战接收机与接收系统[M]. 楼才义，等译. 北京：电子工业出版社，2016.

[9] 管致中，夏恭恪，孟桥. 信号与线性系统[M]. 4 版. 北京：高等教育出版社，2004.

[10] 李庆华. 通信 IC 设计[M]. 北京：机械工业出版社，2016.

[11] 周鹏，许钢，马晓瑜. 精通 LabVIEW 信号处理[M]. 北京：清华大学出版社，2013.

[12] 陈树学. LabVIEW 实用工具详解[M]. 北京：电子工业出版社，2014.

[13] 徐何，李滔，李勇. MATLAB 与 LabVIEW 混合编程方法应用研究[J]. 科学技术与工程，2010，10(33)：8267-8271.

[14] MITOLA，J，MAGUIRE G Q. Cognitive Radio：Making Software Radios More Personal[J]. Personal Communications，IEEE，1999，6(4)：13-18.

[15] 楼才义，徐建良，杨小牛. 软件无线电原理与应用[M]. 2 版. 北京：电子工业出版社，2014.

[16] 赵友平，谭焜. 认知软件无线电系统版：原理与基于 Sora 的实验[M]. 北京：清华大学出版社，2014.

[17] 白勇，胡祝华. GNU Radio 软件无线电技术[M]. 北京：科学出版社，2017.

[18] RAZAVI B. 射频微电子学(原书第 2 版 · 精编版)[M]. 邹志革，等译. 北京：机械工业出版社，2016.

[19] HEATH R W. 无线数字通信：信号处理的视角[M]. 郭宇春，张立军，李磊，译. 北京：机械工业出版社，2019.

[20] 杜勇. 数字滤波器的 MATLAB 与 FPGA 实现[M]. 北京：电子工业出版社，2014.

[21] 杨宇红，袁焱，田砾. 通信原理实验教程：基于 NI 软件无线电教学平台[M]. 北京：清华大学出版社，2015.

[22] PROAKIS J G，SALEHI M. 数字通信[M]. 5 版. 张力军，等译. 北京：电子工业出版社，2018.

[23] RICE M，HALL P. Digital Communications：A Discrete-Time Approach[J]. Journal of Pathology and Bacteriology，2008，94：417-427.

[24] JOHNSON C R，SETHARES W A. Telecommunication Breakdown：Concepts of Communication Transmitted via Software-Defined Radio[M]. Upper Saddle River：Prentice Hall，2003.

[25] 姜楠，王健. 信息论与编码理论[M]. 北京：清华大学出版社，2010.

[26] ALAMOUTI S M. A Simple Transmit Diversity Technique for Wireless Communications[J]. IEEE Journal on Selected Areas in Communications，1998，16(8)：1451-1458.

图书资源支持

感谢您一直以来对清华大学出版社图书的支持和爱护。为了配合本书的使用，本书提供配套的资源，有需求的读者请扫描下方的“书圈”微信公众号二维码，在图书专区下载，也可以拨打电话或发送电子邮件咨询。

如果您在使用本书的过程中遇到了什么问题，或者有相关图书出版计划，也请您发邮件告诉我们，以便我们更好地为您服务。

我们的联系方式：

地　　址：北京市海淀区双清路学研大厦 A 座 714

邮　　编：100084

电　　话：010-83470236　010-83470237

资源下载：http://www.tup.com.cn

客服邮箱：tupjsj@vip.163.com

QQ：2301891038（请写明您的单位和姓名）

教学资源・教学样书・新书信息

人工智能科学与技术
人工智能|电子通信|自动控制

资料下载・样书申请

书圈

用微信扫一扫右边的二维码，即可关注清华大学出版社公众号。